全国高校土木工程专业应用型本科规划推荐教材

工程结构抗震设计

周 云 主编

中国建筑工业出版社

图书在版编目（CIP）数据

工程结构抗震设计/周云主编. —北京：中国建筑工
业出版社，2013.1（2023.2重印）
全国高校土木工程专业应用型本科规划推荐教材
ISBN 978-7-112-15099-1

Ⅰ. ①工… Ⅱ. ①周… Ⅲ. ①建筑结构-防震设
计-高等学校-教材 Ⅳ. ①TU352.104

中国版本图书馆 CIP 数据核字（2013）第 023232 号

本教材根据土木工程专业本科教学大纲要求，结合《建筑抗震设计规范》GB
50011—2010、《公路桥梁抗震设计细则》JTG/T B 02—01—2008 和《城市桥梁抗
震设计规范》CJJ 166—2011 等有关国家现行规范和规程编写。

全书共 11 章，包括概述、建筑结构抗震概念设计、场地与地基基础抗震设
计、结构地震反应分析与抗震验算、砌体结构和底框架抗震墙砌体结构抗震设计、
多层及高层混凝土结构抗震设计、多层及高层钢结构抗震设计、钢筋混凝土单层
厂房抗震设计、桥梁抗震设计、地下结构抗震设计和隔震与耗能减震结构设计等
内容。每章后附有思考题和习题。

本书可作为高等学校全日制本科生、成人教育、自学考试有关土建类专业结
构抗震设计课程的教材，也可作为有关土建类研究生的教学参考书，并可供从事
土木工程抗震与减震研究、设计和施工等工作的工程技术人员参考。

* * *

责任编辑：王　跃　吉万旺
责任设计：董建平
责任校对：刘梦然　赵颖

全国高校土木工程专业应用型本科规划推荐教材
工程结构抗震设计
周　云　主编
*
中国建筑工业出版社出版、发行（北京西郊百万庄）
各地新华书店、建筑书店经销
霸州市顺浩图文科技发展有限公司制版
北京建筑工业印刷厂印刷
*
开本：787×1092 毫米　1/16　印张：22¼　字数：540 千字
2013 年 4 月第一版　2023 年 2 月第三次印刷
定价：**45.00** 元
ISBN 978-7-112-15099-1
（23190）

序

  自 1952 年院系调整之后，我国的高等工科教育基本因袭了前苏联的体制，即按行业设置院校和专业。工科高校调整成土建、水利、化工、矿冶、航空、地质、交通等专科院校，直接培养各行业需要的工程技术人才；同样的，教材也大都使用从前苏联翻译过来的实用性教材，即训练学生按照行业规范进行工程设计，行业分工几乎直接"映射"到高等工程教育之中。应该说，这种过于僵化的模式，割裂了学科之间的渗透与交叉，并不利于高等工程教育的发展，也制约了创新性人才的培养。

  作为传统工科专业之一的土木工程，在我国分散在房建、公路、铁路、港工、水工等行业，这些行业规范差异较大、强制性较强。受此影响，在教学过程中，普遍存在对行业规范依赖性过强、专业方向划分过细、交融不够等问题。1998 年教育部颁布新专业目录，按照"大土木"组织教学后，这种情况有所改观，但行业影响力依旧存在。相对而言，土木工程专业的专业基础课如建材、力学，专业课程如建筑结构设计、桥梁工程、道路工程、地下工程的问题要少一些，而介于二者之间的一些课程如结构设计原理、结构分析计算、施工技术等课程的问题要突出一些。为此，根据全国土木工程专业教学指导委员会的有关精神，配合我校打通建筑工程、道桥工程、地下工程三个专业方向的教学改革，我校部分教师以突出工程性与应用性、扩大专业面、弱化行业规范为切入点，将重点放在基本概念、基本原理、基本方法的应用上，将理论知识与工程实例有机结合起来，汲取较为先进成熟的技术成果和典型工程实例，编写了《工程结构设计原理》、《基础工程》、《土木工程结构电算》、《工程抗震设计》、《土木工程试验与检测技术》、《土木工程施工》六本教材，以使学生更好地适应"大土木"专业课程的学习。

  希望这一尝试能够为跨越土建行业鸿沟、促进土木工程专业课程教学提供有益的帮助与探索。

  是为序。

中国工程院院士

周福霖

2012 年 7 月于广州大学

前　言

根据高等学校土木工程学科专业指导委员会的有关精神，配合打通建筑工程、道路与桥梁工程、地下工程三个专业方向的教学改革，以"强化基础、拓宽知识、注重概念、实用与创新并重"为原则编写本教材。

在教材编写时，注重基本内容（基本概念、基本原理）深入浅出，突出原理与方法的具体应用，突出实践性，彰显应用特色。本书除了包含传统的房屋建筑结构抗震设计的内容外，增加了多高层钢结构、桥梁、地下结构抗震设计和工程结构隔震减震设计等内容。为了培养学生的实践能力与系统设计能力，提升学生的工程素养，增设结合实际的典型例题。本教材结合国家现行《建筑抗震设计规范》GB 50011—2010、《公路桥梁抗震设计细则》JTG/T B02—01—2008 和《城市桥梁抗震设计规范》CJJ 166—2011 等最新规范和规程而编写。

本书由广州大学周云制定编写大纲和统稿。全书共 11 章，其中第 1 章由广州大学周云撰写，第 2 章、第 3 章由广州大学邓雪松撰写，第 4 章由广州大学陈原撰写，第 5 章由东北石油大学李晓丽和广州大学吴从晓撰写，第 6 章由华北水利水电学院王廷彦撰写，第 7 章、第 8 章由东北石油大学李晓丽和广州大学吴从晓撰写，第 9 章由广州大学孙卓撰写，第 10 章由广州大学邓雪松撰写，第 11 章由广州大学周云撰写。

在编写本书时，参考和引用了公开发表的一些文献和资料，谨向这些作者表示感谢。

由于水平有限，书中难免有缺点和错误，热切希望读者批评指正。

4

目　录

第1章 概 述

　　地震是由于地球内部介质局部发生急剧破裂，引起能量突然释放后，并以波的形式传播到地面，从而引起地面振动的现象。它就像海啸、龙卷风、冰冻灾害一样，是地球上经常发生的一种自然灾害。地震是极其频繁的，全球每年发生地震约550万次，其中约5万次人们可以感觉到，造成破坏的约有1000次，7级以上的大地震有十几次，8级以上的大震1～2次。强烈地震会引起地震区的地面剧烈颠簸和摇动，往往造成建筑物和设施的破坏，为减轻或避免这些破坏，需要对地震及结构抗震性能进行深入研究。

　　本章主要针对地震基本知识，如地震成因、烈度、震级、抗震设防等方面进行简单介绍。

1.1 地震的类型

　　地震按地震的成因、震源深度、人的感觉等方式分为不同的类型，具体介绍如下。

1.1.1 按成因分类

　　按照地震的成因可将地震分为六类：构造地震、火山地震、陷落地震、爆炸地震、水库地震、油田注水诱发地震。

　　（1）构造地震

　　构造地震是由地球构造运动所引起的地震。地球从地表至核心由三种性质不同的物质构成：最外层是很薄的地壳，平均厚度约为30km；中间一层是地幔，厚度约为2900km，最里面部分叫地核，半径约为3500km（图1-1）。

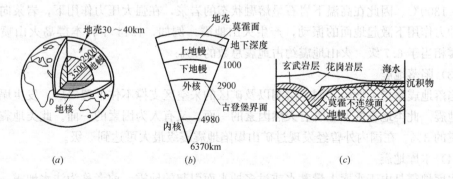

图 1-1　地球的构造
（a）地球断面；（b）分层结构；（c）地壳剖面

　　地球的内部在不停地运动，并在它的运动过程中，释放出巨大的能量。组成地壳的岩层在巨大能量的作用下，也不停地连续变动，不断地发生褶皱、断裂和错动（图1-2），

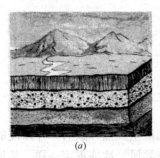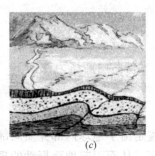

图 1-2　构造地震形成示意图

(a) 岩层原始状态；(b) 岩层受力后发生变形；(c) 岩层断裂，产生振动

这种地壳构造状态的变动，使岩层处于复杂的地应力作用之下。地壳运动使地壳某些部位的地应力不断加强，当应力的积聚超过岩石的强度极限时，岩层就会发生突然断裂和猛烈错动，从而引起振动。振动以波的形式传到地面，形成地震。由于岩层的破裂往往不是沿一个平面发展，而是形成由一系列裂缝组成的破碎地带，沿整个破碎地带的岩层不可能同时达到平衡，因此，在一次强烈地震（即主震）之后，岩层的变形还有不断的零星调整，从而形成一系列余震。

构造地震约占地震总数的 90%，其特点是震源较浅，活动频繁，延续时间长，影响范围广，给人类带来的损失最严重。世界上许多著名的大地震都属于此类，例如 1976 年唐山大地震，在几十秒内，将一座用了近百年才建设起来的工业城市几乎夷为平地。

构造地震按其地震序列可分为孤立型地震（前震、余震少而弱，地震能量几乎全部通过主震释放出来）、主震型地震（前震很少或无，但余震很多，90% 以上的地震能量是通过主震释放出来的）、震群型地震（没有突出的主震，地震能量通过若干次震级相近的地震分批释放出来）。

（2）火山地震

火山地震是由于火山爆发，岩浆猛烈冲击地面时引起的地面振动引发的地震。地球内部温度很高，往深处每增加 100m，温度上升 2～5℃，在地下 100km 深处的地温已达到 1200～1300℃。因此在高温下岩石呈熔融状态的岩浆，在强大压力作用下，岩浆向上喷出在其冲力作用下激起地面的振动，产生火山地震。例如，1914 年日本樱岛火山喷发产生的地震相当于 6.7 级。火山地震约占地震总数的 7%。

（3）陷落地震

陷落地震是指天然的岩洞、溶洞以及矿区的采空区支撑不住上覆岩层，发生塌陷而形成的地震。此类地震的发生既有天然因素的一面，又有人为因素的一面。此类地震约占产生地震的 3%。在国内外曾经发现过矿山塌陷地震震级最大可达到 5 级。

（4）水库地震

水库地震是由于水库大量蓄水或过多抽水而引起的地震。前者称为注水地震，后者称为抽水地震。有些地方，历史上没有或很少发生过地震，但在兴建大型水库后，地震频频发生，甚至发生强烈的破坏性地震。例如广东新丰江水库区，自 1959 年截流蓄水后，便频繁出现小地震，于 1962 年 3 月 19 日发生了 6.1 级的强烈地震，其后余震活动不断。

（5）爆炸地震

爆炸地震是指工业大爆破或地下核爆炸所激发的地震。一次核爆炸本身就产生一次地震，爆炸中心相当于一个6级左右的地震源。同时，爆炸可诱发构造地震，表现为核爆炸后接连发生地震，就如大震后的余震。如1968年美国完成地下核试验就引起了地球1万次余震；1976年美国进行核试验几分钟后发生了危地马拉地震，使几万人丧生。

（6）油田注水诱发地震

油田注水诱发地震是在油田开采中，广泛采用人工注水驱动工艺，从而产生的地震。例如，1970年加拿大斯内普油田注水导致5.1级地震。油田注水地震一般震源浅，震级也不高。

1.1.2　按震源深度分类

地震按照震源深度划分可分为以下几类：

（1）浅源地震：震源深度小于70km的地震。

（2）中源地震：震源深度在70～300km范围内的地震。

（3）深源地震：震源深度大于300km的地震，但到目前为止，所观测到的地震震源深度最深为720km，这可能与岩石圈板块的最深俯冲深度有关。

我国发生的绝大多数地震属于浅源地震，一般深度在5～40km。如1976年7月28日唐山大地震，深度为11km，而1999年9月21日台湾大地震，深度仅为1.1km。我国的深源地震分布十分有限，由于深源地震所释放出来的能量在长距离传播中大部分被损耗掉，所以对地面建筑物的影响很小。

1.1.3　按人的感觉分类

地震按照正常人在安静状态下的感觉程度划分可分为以下几类：

（1）无感地震：正常人在安静状态下感觉不到的，只能用地震仪器测量出来的地震。其震级一般小于3级。

（2）有感地震：正常人在安静状态下能够感觉到的地震，其震级大于3级。震级在3～5级的地震称为小震，一般不会造成破坏；震级在5～7级的地震称为中震，可以造成不同程度的破坏；震级大于7级的称为大地震，常造成严重的破坏。

1.2　地震波及地面运动主要特性

1.2.1　地震波

地震引起的振动以波的形式从震源向各个方向传播并释放能量，这就是地震波，地震波是一种弹性波。根据在地壳中传播的路径不同，地震波可分为体波和面波。

（1）体波

地震波在地球内部是以体波的形式传播的。体波又分为纵波与横波（图1-3），纵波的介质质点振动方向与波的传播方向是一致的，在纵波由震源向外传播的过程中介质不断被压缩和疏松，所以纵波亦称压缩波或P波。纵波既能在固态物质中传播，也能在液态与气态物质中传播，通常其振幅与周期都比较小。横波的介质质点振动方向与波的传播方向是

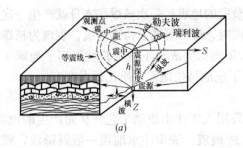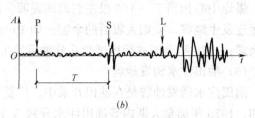

图 1-3 体波

(a) 震源、震中与地震波的传播方式示意图；(b) 地震波记录

垂直的，是剪切波或 S 波。横波只能在固态物质中传播，通常其振幅较大周期比较长。

假定地球介质为弹性各向同性，根据弹性波动理论，可以得到：

$$V_P = \sqrt{(\lambda + 2\mu)/\rho} \tag{1-1}$$

$$V_S = \sqrt{\mu/\rho} \tag{1-2}$$

式中 ρ——介质密度；

V_P——P 波或纵波波速；

V_S——S 波或横波波速；

λ、μ——拉梅常数。

若设定 E 为介质弹性模量，ν 为泊松比，则有：

$$\lambda = \frac{E\nu}{(1+\nu)(1-2\nu)} \tag{1-3}$$

$$\mu = \frac{E}{2(1+\nu)} \tag{1-4}$$

$$V_P = \sqrt{\frac{E(1-\nu)}{\rho(1+\nu)(1-2\nu)}} \tag{1-5}$$

$$V_S = \sqrt{\frac{E}{2\rho(1+\nu)}} = \sqrt{\frac{G}{\rho}} \tag{1-6}$$

在一般情况下，当 $\nu = 0.22$，则可得纵波与横波波速之间的关系为：

$$V_P = 1.67 V_S \tag{1-7}$$

由此可见，P 波（纵波）速度比 S 波（横波）的波速要快，总是率先到达，英文 Primary 是首先的意思，也叫做初波；而横波要慢一些，Secondary 是其次的意思，故称之为次波。

(2) 面波

面波是指沿地表或地壳不同地质层界面传播的地震波。一般认为，面波是体波经地层界面多次反射、折射所形成的次生波。

面波包括两种形式的波，即勒夫波（L 波）和瑞利波（R 波）。勒夫波传播时，质点在地平面内产生与波前进方向相垂直的运动，在地面上表现为蛇形运动，如图 1-4 (a) 所示。瑞利波传播时，质点在波的传播方向和地表面法向所组成的平面内做与波前进方向

4

相反的椭圆运动，在地面上表现为滚动形式，如图1-4 (b) 所示。面波的传播速度较慢，约为剪切波传播速度的 90%，而面波周期长、振幅大、衰减慢，故能传播到很远的地方。面波使地面既垂直振动又水平振动。

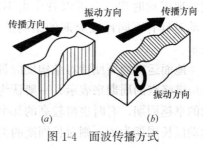

图 1-4 面波传播方式
(a) 勒夫波；(b) 瑞利波

综上所述，地震波的传播速度以纵波最快，剪切波次之，面波最慢。所以在一般地震波记录图上，纵波最先到达，剪切波次之，面波到达最晚，然而就振幅而言，后者最大。由于面波的能量要比体波大，所以造成建筑物和地表破坏主要以面波为主。大量震害调查表明，一般建筑物的震害主要是由水平振动引起，因此，由体波和面波共同引起的水平地震作用通常是最主要的地震作用。

1.2.2 地面运动主要特性

地震时引起的地面运动称为地震动。地震动过程是一个非常复杂的随机过程，某个单独的地震动记录，通常为地面运动的加速度、速度或位移等物理量随时间的变化过程，是一个具有随机性的不规则时间函数。如图 1-5 为 1940 年 5 月 18 日美国加利福尼亚州帝谷（Imperial Valley）7.1 级地震距震中 9km 的埃尔森特罗（El-Centro）测得的 N-S 方向地面运动加速度记录。从图 1-5 可知该加速度记录曲线是由一系列非周期的加速度脉冲组成，具有从开始震动，初步增强，最后衰减至零的过程，一般将这一现象称为地震的不规则性，它主要取决于震级、震源特性、震中距的地震波传播介质的特性等因素。一般就结构抗震设计而言，地面运动的一般特性用地震振动幅、频谱和持时描述。

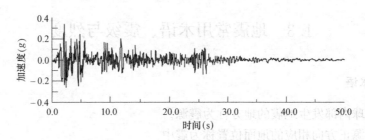

图 1-5 美国埃尔森特罗（El -Centro）强震加速度实测记录（1940，NS）

（1）幅值

地震振动幅值主要是指地面运动的加速度、速度和位移的某种最大值或某种意义下的有效值，目前采用最多的地震动幅值是地面运动最大加速度幅值，它可描述地震动强弱程度，且与震害有密切关系，可作为地震烈度的参考物理指标。

地震动幅值的大小受震级、震源机制、传播途径、震中距、局部场地条件等因素影响。一般情况，在近场地内，基岩上的加速度幅值大于软弱场地上的加速度幅值，而远场地则相反。

（2）频谱

地震动不是简单的简谐运动，而是振幅和频率都在变化的无规则振动。但是对于给

5

定的地震动时程，总可以看作由不同频率的简谐波组合而成。地震动频谱特性是指地震动对具有不同自振周期的结构的反应特性，通常采用反应谱、功率谱和傅里叶谱来表示。

地面运动的周期性对结构反应具有重要的影响，一般地面运动的周期可用地震加速度反应谱峰点的周期来表示，一般认为，加速度反应谱曲线最高峰值点所对应的周期为地震动的卓越周期，有时也将较高的几个峰值点对应的周期都称为地震动的卓越周期。如地面运动以长周期为主，则对长周期的柔性建筑物危害大；反之，地面运动以短周期为主，则对短周期的刚性建筑物危害大。这就是所谓的共振效应。

一般震级大，断层错位的冲击时间长，震中距离远，场地土层松软、厚度大的地方，地震动加速度反应谱的主要峰点偏于较长的周期；反之，震级小，断层错位的冲击时间短，震中距离近，场地土层坚硬、厚度薄的地方，地震动加速度反应谱的主要峰点偏于较短的周期。

（3）持时

地震时地面运动持续的时间对建筑物的破坏程度有较大的影响。在相同的地面运动最大加速度作用下，当强震的持续时间长，该地点的地震烈度高，建筑物的地震破坏重；反之，强震持续时间短，该地点的地震烈度低，建筑物地震破坏轻。如 1940 年美国 El-Centro 地震的强震持续时间为 30s，该地点的地震烈度为 8 度，建筑物破坏较严重，而 1966 年的日本松代地震，其地面运动最大加速度略大于 El-Centro 地震，但强震持续时间只为 4s，则该地震烈度仅为 5 度，未发现明显的建筑物破坏。

实际上，地震动强震持时对建筑结构反应的影响主要表现为结构开裂以后的阶段，在地震动作用下，一个结构从开裂到倒塌一般有个过程，很明显在结构发生开裂后，连续运动时间越长，结构倒塌的可能性就越大。

1.3　地震常用术语、震级与烈度

1.3.1　常用术语

震源：地球内部发生地震的地方称为震源。

震中：震源正方向相应的地面位置称为震中。

震源深度：震中到震源的垂直距离，称为震源深度。

震中距：建筑物到震中之间的距离称为震中距。

图 1-6　术语解释示意图

震源距：建筑物到震源之间的距离称为震源距。

极震区：在震中附近，振动最剧烈，破坏最严重的地区称为极震区。

等震线：一次地震中，在其所波及的地区内，根据烈度表可以对每一个地点评估出一个烈度，烈度相同点的外包线称为等震线，如图 1-6 所示。

1.3.2 震级

地震震级（Magnitude）是地震的强度级别，地震震级用震源所释放出的能量多少来确定。目前，国际上常用的是里氏震级，1935 年 Richter 提出的震级定义为：震级等于标准地震仪（指 Wood-Anderson 扭摆仪，其标准要求是摆的自振周期为 0.8s，阻尼系数为 0.8，放大倍数为 2800）记录到的震中距为 $\Delta=100km$ 处的地面最大水平位移 A（以微米为单位）的常用对数：

$$M=\lg A \tag{1-8}$$

例如，在距震中 100km 处的地面最大水平位移 $A=10^4 \mu m$，则该次地震的震级：

$M=\lg A=\lg 10^4=4$，则此次的地震震级为 4 级。

地震震级 M 与震源释放的能量 E（尔格）之间有以下经验关系：

$$\lg E=11.8+1.5M \tag{1-9}$$

根据上述关系，震级相差一级，地震波的振幅值增加 10 倍，地震所释放的能量要相差 31.6 倍，一个 6 级地震所释放的能量相当于一个 2t 级的原子弹所释放的能量，目前记录到最大的地震是 2011 年日本东海岸发生 9.0 级特大地震。

1.3.3 烈度

地震烈度是度量某一地区地面和建筑物遭受一次地震影响的强弱程度。由于地面振动的强烈程度与震级大小、震源深度、震中距大小有关，与该地区地层的土质有关，还与该地区的地形地貌有关。因此，每次地震中不同地区的地震烈度是不一样的。

地震烈度是一个定性指标，尽管烈度表给出了地面运动速度和加速度的参考指标，但主要是根据该地区"大多数房屋的震害程度"与"人的感觉以及其他现象"来综合评定的。国际上大多数国家的烈度表都采用十二级别分类，个别国家，如日本，则采用 0~7 级的 8 级别分类。工程抗震设防的依据一般是采用烈度，而不是震级；目前的发展趋势则是直接采用地面运动加速度值作为工程抗震设计的依据。我国目前采用的烈度表是《中国地震烈度表》GB/T 17742—2008（见表 1-1），该烈度表以统一的尺度衡量地震的强烈程度，从无感到地面剧烈变化及山河改观划分为 12 个级别。

中国地震烈度表　　　　　　　　　　　　　表 1-1

地震烈度	人的感觉	房屋震害			其他震害现象	水平向地震动参数	
		类型	震害程度	平均震害指数		峰值加速度（m/s²）	峰值速度（m/s）
I	无感	—	—	—	—	—	—
II	室内个别静止中的人有感觉	—	—	—	—	—	—
III	室内少数静止中的人有感觉	—	门、窗轻微作响	—	悬挂物微动	—	—
IV	室内多数人、室外少数人有感觉，少数人梦中惊醒	—	门、窗作响	—	悬挂物明显摆动，器皿作响	—	—
V	室内绝大多数、室外多数人有感觉，多数人梦中惊醒		门窗、屋顶、屋架颤动作响，灰土掉落，个别房屋墙体抹灰出现细微裂缝，个别屋顶烟囱掉砖	—	悬挂物大幅度晃动，不稳定器物摇动或翻倒	0.31（0.22~0.44）	0.03（0.02~0.04）

地震烈度	人的感觉	房屋震害			其他震害现象	水平向地震动参数	
		类型	震害程度	平均震害指数		峰值加速度 (m/s²)	峰值速度 (m/s)
VI	多数人站立不稳，少数人惊逃户外	A	少数中等破坏，多数轻微破坏和/或基本完好	0.00～0.11	家具和物品移动；河岸和松软土出现裂缝，饱和砂层出现喷砂冒水；个别独立砖烟囱轻度裂缝	0.63 (0.45～0.89)	0.06 (0.05～0.09)
		B	个别中等破坏，少数轻微破坏，多数基本完好				
		C	个别轻微破坏，大多数基本完好	0.00～0.08			
VII	大多数人惊逃户外，骑自行车的人有感觉，行驶中的汽车驾乘人员有感觉	A	少数毁坏和/或严重破坏，多数中等破坏和/或轻微破坏	0.09～0.31	物体从架子上掉落；河岸出现塌方，饱和砂层常见喷水冒砂，松软土上地裂缝较多；大多数独立砖烟囱中等破坏	1.25 (0.90～1.77)	0.13 (0.10～0.18)
		B	少数中等破坏，多数轻微破坏和/或基本完好				
		C	少数中等和/或轻微破坏，多数基本完好	0.07～0.22			
VIII	多数人摇晃颠簸，行走困难	A	少数毁坏，多数严重和/或中等破坏	0.29～0.51	干硬土上亦出现裂缝，饱和砂层绝大多数喷砂冒水；大多数独立砖烟囱严重破坏	2.50 (1.78～3.53)	0.25 (0.19～0.35)
		B	个别毁坏，少数严重破坏，多数中等和/或轻微破坏				
		C	少数严重和/或中等破坏，多数轻微破坏	0.20～0.40			
IX	行动的人摔倒	A	多数严重破坏或/和毁坏	0.49～0.71	干硬土上多处出现裂缝，可见基岩裂缝、错动，滑坡、塌方常见；独立砖烟囱多数倒塌	5.00 (3.54～7.07)	0.50 (0.36～0.71)
		B	少数毁坏，多数严重和/或中等破坏				
		C	少数毁坏和/或严重破坏，多数中等和/或轻微破坏	0.38～0.60			
X	骑自行车的人会摔倒，处不稳状态的人会摔离原地，有抛起感	A	绝大多数毁坏	0.69～0.91	山崩和地震断裂出现，基岩上拱桥破坏；大多数独立砖烟囱从根部破坏或倒毁	10.00 (7.08～14.14)	1.00 (0.72～1.41)
		B	大多数毁坏				
		C	多数毁坏和/或严重破坏	0.58～0.80			
XI	—	A	绝大多数毁坏	0.89～1.00	地震断裂延续很长；大量山崩滑坡	—	—
		B					
		C		0.78～1.00			
XII	—	A	几乎全部毁坏	1.00	地面剧烈变化，山河改观	—	—
		B					
		C					

注：表中给出的"峰值加速度"和"峰值速度"是参考值，括弧内给出的是变动范围。

下面对该烈度表中各烈度的划分作以说明：

（1）评定地震烈度时，Ⅰ度～Ⅴ度应以地面上以及底层房屋中的人的感觉和其他震害现象为主；Ⅵ度～Ⅹ度应以房屋震害为主，参照其他震害现象，当用房屋震害程度与平均震害指数评定结果不同时，应以震害程度评定结果为主，并综合考虑不同类型房屋的平均震害指数；Ⅺ度和Ⅻ度应综合房屋震害和地表震害现象。

（2）以下三种情况的地震烈度评定结果，应作适当调整：

当采用高楼上人的感觉和器物反应评定地震烈度时，适当降低评定值；

当采用低于或高于Ⅶ度抗震设计房屋的震害程度和平均震害指数评定地震烈度时，适当降低或提高评定值；

当采用建筑质量特别差或特别好房屋的震害程度和平均震害指数评定地震烈度时，适当降低或提高评定值。

（3）评定烈度的房屋类型。

用于评定烈度的房屋，包括以下三种类型：

A类：木构架和土、石、砖墙建造的旧式房屋；

B类：未经抗震设防的单层或多层砖砌体房屋；

C类：按照Ⅶ度抗震设防的单层或多层砖砌体房屋。

（4）房屋破坏等级及其对应的震害指数。

房屋破坏等级分为基本完好、轻微破坏、中等破坏、严重破坏和毁坏五类，其定义和对应的震害指数 d 如下：

基本完好：承重和非承重构件完好，或个别非承重构件轻微损坏，不加修理可继续使用。对应的震害指数范围为 $0.00 \leqslant d < 0.10$。

轻微破坏：个别承重构件出现可见裂缝，非承重构件有明显裂缝，不需要修理或稍加修理即可继续使用。对应的震害指数范围为 $0.10 \leqslant d < 0.30$。

中等破坏：多数承重构件出现轻微裂缝，部分有明显裂缝，个别非承重构件破坏严重，需要一般修理后可继续使用。对应的震害指数范围为 $0.30 \leqslant d < 0.55$。

严重破坏：多数承重构件破坏较严重，非承重构件局部倒塌，房屋修复困难。对应的震害指数范围为 $0.55 \leqslant d < 0.85$。

毁坏：多数承重构件严重破坏，房屋结构濒于崩溃或已倒毁，已无修复可能。对应的震害指数范围为 $0.85 \leqslant d < 1.00$。

（5）各类房屋平均震害指数 D 可按下式计算：

$$D = \sum_{i=1}^{5} d_i \lambda_i \tag{1-10}$$

式中　d_i——房屋破坏等级为 i 的震害指数；

　　　λ_i——破坏等级为 i 的房屋破坏比，用破坏面积与总面积之比或破坏栋数与总栋数之比表示。

（6）农村可按自然村，城镇可按街区为单位进行地震烈度评定，面积以 $1 \mathrm{km}^2$ 为宜。

（7）当有自由场地强震动记录时，水平向地震动峰值加速度和峰值速度可作为综合评定地震烈度的参考指标。

（8）表中数量词的含义为：个别指 10% 以下；少数指 10%～45%；多数指 40%～70%；大多数指 60%～90%；绝大多数指 80% 以上。

1.4 地震震害

强烈的地震是一种危害极大的突发性自然灾害。研究地震产生的震害，是为了防范未来的大震。目前，在科学技术还不能控制地震发生的情况下，调查研究地震震害的现状，分析震害规律，总结人们预防地震和减轻地震灾害的经验，是抗震设防、保证人民财产安全的有效途径。通常地震震害主要有三个方面：地表破坏、结构工程破坏以及次生灾害。

1.4.1 地表破坏

地震时造成的地表破坏主要有地裂缝、地陷、喷砂冒水及山体滑坡等。

地面裂缝是地震最常见的现象，主要有两种类型：一种是强烈地震时由于地下断层错动延伸至地表而形成的裂缝，称为构造地裂缝，这类裂缝与地下断裂带的走向一致，其形成与断裂带的受力性质有关，一般规模较大，形状比较规则，通常呈带状出现，裂缝带长度最大可达到几十公里，宽度甚至达几十米；另一种地裂缝是在古河道、湖河岸边、陡坡等土质松软地方产生的地表交错裂缝，其大小形状不一，规模也比较小。当穿过道路、结构物时通常会使其产生破坏。图 1-7 所示为汶川地震时产生的地裂缝。

地陷大多发生在岩溶洞和采空（采掘的地下坑道）地区，在喷水冒砂地段，也可能发生下陷。地震中发生地陷的地方，有可能对地下空间产生较严重的破坏作用，从而使其上部结构物破坏。图 1-8 所示为智利地震时发生的地陷现象。

图 1-7 地裂缝

图 1-8 地陷

喷砂、冒水在地震中是非常多见的现象（图 1-9）。砂和水有的从地震裂缝或孔隙中喷出，有的从水井或池塘喷出，分布很广。喷砂现象主要出现在平原地区，特别是河流两岸最低平的地方。喷口有时会沿着一定方向成线状分布，喷出的砂子有时可达 1～2m 的厚度，掩盖相当大的面积。喷砂是含水层砂土液化的一种表现，即在强烈地震作用下，地表附近的砂土层失去了原来的粘结性，呈现了液体的性质，从而喷出地面。冒水是因为地震时，岩层发生了构造变动，改变了地下水的储存、运动条件，使一些地方地下水急剧增加。地震喷砂、冒水有时淹没农田、堵塞水渠、道路等。

在强烈地震中陡坡、河岸等处土体往往失稳，从而形成山石崩裂、滑动。有时会造成破坏道路、掩埋村庄、堵河成湖等严重震害，如图 1-10 所示。

1.4.2 结构工程破坏

地震时各类结构的破坏是导致人民生命财产损失的主要原因，也是结构工程抗震工作的主要对象。据统计，由它所造成的人员伤亡占总数的 95%。过去建造的房屋，抗震性能普遍较低，地震造成的房屋损失破坏情况十分严重。结构工程的破坏情况随结构类型及抗震措施的不同而有较大差别，下面介绍几种常见的破坏情况。

图 1-9 喷砂冒水

图 1-10 山体滑坡

（1）结构丧失整体稳定性而引起的破坏

在地震作用下，由于结构构件连接不牢、支承长度不足、节点破坏及支撑失效等原因，导致结构物丧失整体稳定性，从而发生局部或整体倒塌，如图 1-11 所示。

图 1-11 结构失稳引起的破坏

（2）结构强度不足引起的破坏

结构在强烈地震作用下，将承受很大的惯性力，构件的内力将比静力荷载作用时有大幅度增加，而且力的作用性质往往也会有较大的变化。如果一个建造在地震区的结构物没有考虑抗震设防或设防不足，其构件将会因抗剪、抗压、抗弯或抗扭强度不足而造成破坏，如图 1-12 所示。

（3）结构塑性变形能力不足引起的破坏

结构塑性变形能力又称为延性，是结构抵抗塑性变形的能力，结构通过塑性变形来吸收和消耗地震输入能量，是抗倒塌破坏、提高结构抗震潜力的重要因素。

在强烈地震作用下，结构将产生很大的塑性变形，如果结构的塑性变形能力不足，则会导致结构的破坏。如图 1-13 所示，就是由于结构的底层柱子的延性不够而产生的破坏。在设计中可采用多种构造措施和耗能手段来增强结构与构件的延性，如对于钢筋混凝土框架结构采用强柱弱梁、强剪弱弯、强节点弱构件等措施来提高结构的延性。

（4）地基失效引起的破坏

图 1-12 　强度不足引起的破坏

地震时一些结构的上部结构本身并没有发生破坏，但是由于地基失效（地基土液化或地基震陷等）而造成倾斜甚至倒塌。如图 1-14 所示为日本神户地震后由于土壤液化而引起的桥梁的破坏。

图 1-13 　结构塑性变形不足引起的破坏

图 1-14 　日本神户地震引起的桥梁破坏

1.4.3 　次生灾害

地震时，如果水坝、给排水设施、燃气管网、供电线路以及装有易燃、易爆、有毒物质的容器等发生破坏，就会引起水灾、火灾和空气污染等灾害。次生灾害的另一种形式是海啸，海底发生大地震能激起巨大的海浪，传到海岸积成几十米高的巨浪而形成海啸，使海港和码头建筑遭到严重破坏。这种由于地震间接引起的灾害称为次生灾害。次生灾害造成的损失有时比地震直接造成的损失还要大，特别是在大城市和大工业区更为显著。例如，1906 年美国旧金山大地震，震后的 3 天火灾烧毁了 521 个街区的 2.8 万栋建筑物。2011 年 3 月 11 日，日本东海岸发生 9.0 级特大地震，引发的海啸造成日本福岛第一核电站核泄露，导致辐射污染。

综上可知，地震震害给人类造成了巨大的损失。人们在不断深化对地震震害认识的同时，也在积极地探索抗震减震的办法。

1.5 工程抗震设防

1.5.1 工程抗震设防标准

工程抗震设防是指对建筑结构进行抗震设计并采取一定的抗震构造措施，以达到结构抗震的效果和目的。

国内外大量震害表明，采用科学合理抗震设防标准、抗震设计方法和抗震构造措施，是当前减轻地震灾害的最有效途径。1976 年 7 月 28 日在我国一个拥有 150 万人口的唐山市，遭遇 7.8 级地震的袭击，顷刻间整座城市化为一片瓦砾，人员死亡高达近 24.2 万人，经济损失超过百亿元。可是，1985 年一个拥有 100 余万人口的智利瓦尔帕莱索币虽遭受了同样 7.8 级地震的袭击，人员伤亡却只有 150 人，而且，不到一周时间，整个城市就恢复原样。同样大小的地震，城市人口也差不多相同，却产生了如此不同的后果，只是因为瓦尔帕莱索币的建筑物和设施曾进行了有效的抗震设防。

从上述的震例不难看出，工程抗震是减轻地震灾害和损失的十分有效的措施，工程抗震的成效很大程度上取决于所采用的工程设防标准，而制定恰当、合理的设防标准不仅需要有可靠的科学和技术依据，并同时要受到社会经济、政治等条件的制约。那么是不是对建筑物和设施的设防标准越高越好呢？当然不是这样。最佳的或者说可行、合理的设防标准的确定，特别是可接受的最低设防标准的制定，需要在保证地震作用下的工程安全性与优化的经济效益和社会影响之间取得平衡。

1. 抗震设防烈度

抗震设防的依据是抗震设防烈度，地震烈度按不同的频度和强度通常可划分为小震烈度、中震烈度和大震烈度。所谓的小震烈度即为多遇地震烈度，是指在 50 年期限内，一般场地条件下，可能遭遇的超越概率为 63% 的地震烈度值，相当于 50 年一遇的地震烈度值；中震烈度即为基本烈度，是指在 50 年期限内，一般场地条件下，可能遭遇的超越概率为 10% 的地震烈度值，相当于 474 年一遇的地震烈度值；大震烈度即为罕遇地震烈度，是指在 50 年期限内，一般场地条件下，可能遭遇的超概率为 2%～3% 的地震烈度值，相当于 1600～2500 年一遇的地震烈度值。三种烈度的关系如图 1-15 所示。

由烈度概率分布分析可知，基本烈度与多遇烈度差约为 1.55 度，而基本烈度与罕遇烈度相差约为 1 度。例如，当基本烈度为 8 度时，其多遇烈度为 6.45 度左右，罕遇烈度为 9 度左右。

抗震设防烈度是按国家批准权限审定的作为一个地区抗震设防依据的地震烈度。一般情况下可采用中国地震烈度区划图的地震基本烈度；对做过抗震防灾规划的城市，可按批准的抗震设防区划（设防烈度或设计地震动参数）进行

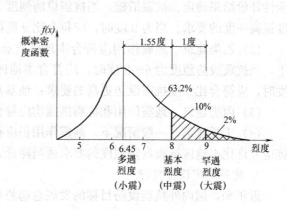

图 1-15 三种烈度关系示意图

抗震设防。例如广州、北京的设防烈度分别为7度及8度。我国规定的抗震设防区是指地震烈度为6度或6度以上的地区。目前《建筑抗震设计规范》GB 50011—2010（在本书中简称《建筑抗震设计规范》）适用于6～9度地区的建筑结构一般抗震设计。抗震设防烈度为10度地区及行业有特殊要求的建筑抗震设计应按相关专门规定执行。

2. 建筑抗震设防分类

在进行建筑物抗震设计时，应按照遭受地震破坏后可能造成的人员伤亡、经济损失和社会影响的程度及建筑功能在抗震救灾中的作用，将建筑工程划分为不同的类别，区别对待，采取不同的设计要求。《建筑工程抗震设防分类标准》GB 50223—2008将建筑工程分为以下四个抗震设防类别：

(1) 特殊设防类：指使用上有特殊设施，涉及国家公共安全的重大建筑工程和地震时可能发生严重次生灾害等特别重大灾害后果，需要进行特殊设防的建筑，简称甲类建筑；如国家和区域的电力调度中心、三级医院中承担特别重要任务的用房等。

(2) 重点设防类：指地震时使用功能不能中断或需尽快恢复的生命线相关建筑，以及地震时可能导致大量人员伤亡等重大灾害后果，需要提高设防标准的建筑，简称乙类建筑；如医疗、广播、通信、交通、幼儿园、小学及中学等单位的用房及大型体育馆等建筑。

(3) 标准设防类：指大量的除(1)、(2)、(4)款以外按标准要求进行设防的建筑，简称丙类建筑。

(4) 适度设防类：指使用上人员稀少且震损不致产生次生灾害的建筑，允许在一定条件下适度降低要求的建筑，简称丁类建筑。一般指储存物品价值低、人员活动少的单层仓库建筑。

其中一个建筑各区段的重要性有显著不同时，可按区段划分抗震设防类别。下部区段的类别不应低于上部区段。不同行业的相同建筑，当所处地位及地震破坏所产生的后果和影响不同时，其抗震设防类别也可不相同。

3. 建筑抗震设防标准

在进行建筑物抗震设计时，应根据建筑物的抗震设防类别，采取不同的抗震设防标准。《建筑抗震设计规范》规定应符合下列要求：

(1) 甲类建筑，地震作用应高于本地区抗震设防烈度的要求，其值应按批准的地震安全性评价结果确定。抗震措施，当抗震设防烈度为6～8度时，应符合本地区抗震设防烈度提高一度的要求。当为9度时，应符合比9度抗震设防更高的要求。

(2) 乙类建筑，地震作用应符合本地区抗震设防烈度的要求。抗震措施：一般情况下，当抗震设防烈度为6～8度时，应符合本地区抗震设防烈度提高一度的要求；当为9度时，应符合比9度抗震设防更高的要求；地基基础的抗震措施，应符合有关规定。

(3) 丙类建筑，地震作用和抗震措施均应符合本地区抗震设防烈度的要求。

(4) 丁类建筑，一般情况下，地震作用仍应符合本地区抗震设防烈度的要求；抗震措施应允许比本地区抗震设防烈度的要求适当降低，但抗震设防烈度为6度时不应降低。

4. 建筑抗震设防目标

近年来，国内外抗震设防目标的发展总趋势是要求建筑物在使用期间，对不同频率和强度的地震，应具有不同的抵抗能力。我国《建筑抗震设计规范》所采纳三水准设防的设防要求，即"小震不坏，中震可修，大震不倒"，具体内容如下：

第一水准：在遭受低于本地区设防烈度（基本烈度）的多遇地震影响时，建筑物一般不受损失或不需修理仍可继续使用；

第二水准：在遭受本地区规定的设防烈度的地震影响时，建筑物（包括结构和非结构部分）可能有一定损坏，但不致危及人民生命和生产设备安全，经一般修理或不需修理仍可继续使用；

第三水准：在遭受高于本地区设防烈度的罕遇地震影响时，建筑物不致倒塌或发生危及生命的严重破坏。

1.5.2 两阶段抗震设计方法

根据上述三水准抗震设防目标的要求，在第一水准（小震）时，结构应处于弹性工作阶段，因此，可以采用线弹性动力理论进行建筑结构地震反应分析，以满足强度要求。在第二和第三水准（中震、大震）时，结构已进入弹塑性工作阶段，主要依靠其变形和吸能能力来抗御地震。在此阶段，应控制建筑结构的层间弹塑性变形，以避免产生不易修复的变形（第二水准要求）或避免倒塌和危及生命的严重破坏（第三水准要求）。因此，应对建筑结构进行变形验算。

在具体进行建筑结构的抗震设计时，为简化计算，《建筑抗震设计规范》提出了两阶段设计方法，即建筑结构在多遇地震作用下应进行抗震承载能力验算以及在罕遇地震作用应进行薄弱部位弹塑性变形验算的抗震设计要求，即：

第一阶段设计：首先按与基本烈度相应的众值烈度（相当于小震）的地震参数，用弹性反应谱法求得结构在弹性状态下的地震作用效应；然后与其他荷载效应按一定的组合原则进行组合，对构件截面进行抗震设计或验算，以保证必要的强度；再验算在小震作用下结构的弹性变形。这一阶段设计，用以满足第一水准的抗震设防要求。

第二阶段设计：在大震作用下，验算结构薄弱部位的弹塑性变形，对特别重要的建筑和地震时易倒塌的结构除进行第一阶段设计外，还要按第三水准烈度（大震）的地震动参数进行薄弱层（部位）的弹塑性变形验算，并采取相应的构造措施，以满足第三水准的设防要求（大震不倒）。

在设计中通过良好的抗震构造措施使第二水准要求得以实现，从而达到"中震可修"的要求。

1.5.3 建筑抗震性能化设计

两阶段设计方法虽然较为简单，且设计结果较为经济，但在某些方面局限了结构的抗震性能。首先，仅仅以正常使用状态和极限承载能力状态作为设计阶段，并不能保证结构在除此两种状态之外的处于其他状态时的损伤程度和功能完整性；其次，这种设计仅仅要求结构满足基本的抗震设防目标，局限了业主对结构抗震方面提出更高的设防要求。

当建筑有使用功能上或其他的专门要求时，可以按高于一般情况的设防目标（三水准，两阶段设计）进行建筑结构抗震性能化设计。建筑抗震性能化设计，是指以结构抗震性能目标为基准的结构抗震设计。

（1）建筑抗震性能设计的主要内容

建筑抗震性能设计主要内容应包括确定地震设防水准、结构性能水准、结构抗震性能目标、结构抗震分析和设计方法等方面。

地震设防水准是指工程设计中如何根据客观的设防环境和已定的设防目标，并考虑具体的社会经济条件来确定采用多大的设防参数。

结构性能水准是指结构在特定的某一级地震设防水准下预期损伤的最大程度。

结构性能目标是针对某一级地震设防水准而期望建筑物能够达到的性能水准或等级。

我国抗震性能化设计仍然是以现有的控制科学水平和经济条件为前提的，一般综合考虑使用功能、设防烈度、结构的不规则程度和类型、结构发挥延性变形的能力、造价、震后的损失及修复难度等因素。不同的抗震设防类别，其性能设计要求也有所不同。

(2) 性能目标的确定方法

抗震性能化设计，要尽可能达到可操作性——相对定量的预期地震水准、结构破坏状态和使用功能保持程度。

在结构设计使用年限内可能遭遇的各种水准的地震影响，一般情况，可选定多遇地震、设防烈度地震和罕遇地震的地震作用。

结构在遭遇各种水准的地震影响时，结构的损坏状态和继续使用的可能情况，见表1-2。

建筑地震破坏等级划分 表 1-2

名称	破坏描述	继续使用的可能性	变形参考值
基本完好（含完好）	承重构件完好；个别非承重构件轻微损坏；附属构件有不同程度破坏	一般不需修理即可继续使用	$<[\Delta u_{\mathrm{e}}]$
轻微损坏	个别承重构件轻微裂缝(对钢结构构件指残余变形)，个别非承重构件明显破坏；附属构件有不同程度破坏	不需修理或需稍加修理，仍可继续使用	$1.5\sim2[\Delta u_{\mathrm{e}}]$
中等破坏	多数承重构件轻微裂缝(或残余变形)，部分明显裂缝(或残余变形)；个别非承重构件严重破坏	需一般修理，采取安全措施后可适当使用	$3\sim4[\Delta u_{\mathrm{e}}]$
严重破坏	多数承重构件严重破坏或部分倒塌	应排险大修，局部拆除	$<0.9[\Delta u_{\mathrm{p}}]$
倒塌	多数承重构件倒塌	需拆除	$>[\Delta u_{\mathrm{p}}]$

注：1. 个别指5%以下，部分指30%以下，多数指50%以上；
2. 中等破坏的变形参考值，大致取规范弹性和弹塑性位移角限值的平均值，轻微损坏取1/2平均值。

参照上述等级划分，地震下可供选定的高于一般情况的预期性能控制目标可大致归纳见表1-3。

预期性能控制目标 表 1-3

地震水准	性能 1	性能 2	性能 3	性能 4
多遇地震	完好	完好	完好	完好
设防烈度地震	完好，正常使用	基本完好，检修后继续使用	轻微损坏，简单修理后继续使用	轻微至接近中等损坏，变形$<3[\Delta u_{\mathrm{e}}]$
罕遇地震	基本完好，检修后继续使用	轻微至中等破坏，修复后继续使用	其破坏需加固后继续使用	接近严重破坏，大修后继续使用

完好、基本完好、轻微损坏、中等破坏和接近严重破坏相应的构件承载力和变形状态可描述如下：

完好，即所有构件保持弹性状态：各种承载力设计值（拉、压、弯、剪、压弯、拉弯、稳定等）满足规范对抗震承载力的要求 $S < R/\gamma_{RE}$，层间变形（以弯曲变形为主的结构宜扣除整体弯曲变形）满足规范多遇地震下的位移角限值 $[\Delta u_e]$。这是各种预期性能的基本要求——多遇地震下必须满足规范规定的承载力和弹性变形的要求。

基本完好，即构件基本保持弹性状态：各种承载力设计值基本满足规范对抗震承载力的要求 $S \leqslant R/\gamma_{RE}$（其中的效应 S 为不含抗震等级的调整系数），层间变形可能略微超过弹性变形限值。

轻微损坏，即结构构件可能出现轻微的塑性变形，但不达到屈服状态，按材料标准值计算的承载力大于作用标准组合的效应。

中等破坏，结构构件出现明显的塑性变形，但控制在一般加固即恢复使用的范围。

接近严重破坏，结构关键的竖向构件出现明显的塑性变形，部分水平构件可能失效需要更换，经过大修加固后可恢复使用。

对性能1，结构构件在预期大震下仍基本处于弹性状态，则其细部构造仅需要满足最基本的构造要求，工程实例表明，采用隔震、减震技术或低烈度设防且风力很大时有可能实现；条件许可时，也可对某些关键构件提出这个性能控制目标。

对性能2，结构构件在中震下完好，在预期大震下可能屈服，其细部构造需满足低延性的要求。例如，某6度设防的核心筒-外框结构，其风力是小震的2.4倍，风载层间位移是小震的2.5倍。结构所有构件的承载力和层间位移均可满足中震（不计入风载效应组合）的设计要求；考虑水平构件在大震下损坏使刚度降低和阻尼加大，按等效线性化方法估算，竖向构件的最小极限承载力仍可满足大震下的验算要求。于是，结构总体上可达到性能2的要求。

对性能3，在中震下已有轻微塑性变形，大震下有明显的塑性变形，因而，其细部构造需要满足中等延性的构造要求。

对性能4，在中震下的损坏已大于性能3，结构总体的抗震承载力仅略高于一般情况，因而，其细部构造仍需满足高延性的要求。

建筑的抗震性能化设计，立足于承载力和变形能力的综合考虑，具有很强的针对性和灵活性。针对具体工程的需要和可能，可以对整个结构，也可以对某些部位或关键构件，灵活运用各种措施达到预期的性能目标——着重提高抗震安全性或满足使用功能的专门要求。例如，可以根据楼梯间作为"抗震安全岛"的要求，提出确保大震下能具有安全避难通道的具体目标和性能要求；可以针对特别不规则、复杂建筑结构的具体情况，对抗侧力结构的水平构件和竖向构件提出相应的性能目标，提高其整体或关键部位的抗震安全性；也可针对水平转换构件，为确保大震下自身及相关构件的安全而提出大震下的性能目标；地震时需要连续工作的机电设施，其相关部位的层间位移需满足规定层间位移限值的专门要求；其他情况，可对震后的残余变形提出满足设施检修后运行的位移要求，也可提出大震后可修复运行的位移要求。建筑构件采用与结构构件柔性连接，只要可靠拉结并留有足够的间隙，如玻璃幕墙与钢框之间预留变形缝隙，震害经验表明，幕墙在结构总体安全时可以满足大震后继续使用的要求。

思 考 题

1. 地震按其成因可分为哪几种类型？

2. 什么是地震波？地震波有哪几种？各类波的传播速度大小关系如何？

3. 烈度的含义是什么？震级与能量之间有什么关系？

4. 抗震设防目标是如何确定的？

5. 什么是两阶段设计方法？简述其设计步骤。

6. 简述地震动的特性。

7. 地震房屋破坏等级如何划分的？

8. 解释建筑抗震性能设计的意义，如何确定结构抗震性能目标？

9. 以唐山、汶川、玉树、智利、日本、中国台湾等地震为例，简述地震的成因、地震波的形式和特点、地震烈度、抗震设防的目的、地震破坏及地震作用的特点。

第 2 章　建筑结构抗震概念设计

2.1　概　　述

由于地震是一种随机事件，以现有的科技水平，难以预估实际地震发生的时间、空间和强度；同时在结构分析方面，以现有的技术水平，也不可能充分而准确地考虑结构的空间作用、结构材料的性质（特别是结构进入弹塑性后的非弹性性质）等性能，因此单独的抗震计算并不能真实反映结构在地震中的受力和变形情况。目前抗震设计一般包括抗震概念设计、抗震计算和构造措施三方面。概念设计在总体上把握抗震设计的基本原则，抗震计算为建筑抗震设计提供定量手段，构造措施在可以保证结构整体性、加强局部薄弱环节等意义上保证抗震计算结构的有效性。

上述抗震设计三个层面的内容是一个不可分割的整体，忽视任何一部分，都可能导致抗震设计的失败，有关抗震计算和构造措施将在后续章节论述，本章先讨论抗震概念设计的有关问题。所谓的概念设计是指根据从以往工程结构的震害和设计经验中总结出来的基本设计原则和设计思想，进行建筑和结构的总体布置，为抗震设计的完成提供正确的概念和思路。

概念设计强调，在工程设计之初，主要把握建筑场地的选择、建筑体型（平、立面）确定、能量输入、刚度分布、构件延性、结构体系等几个方面内容，从总体上消除建筑中的薄弱环节。这样再辅以必要的计算和抗震构造措施，就有可能使设计出的建筑具有良好的抗震性能和足够的抗震可靠度。

2.2　建筑场地、地基和基础的选择

2.2.1　建筑场地的选择

地震震害表明，地震造成建筑物的破坏，不仅与建筑本身的抗震性能有关，还与建筑物所在的场地条件有关，如地震引起的地表错动与地裂、地基土的不均匀沉陷、滑坡以及粉土和砂土液化等。

因此在地震区选择建筑场地时，应根据工程需要和地震活动情况、工程地质和地震地质的有关资料，对抗震有利、一般、不利和危险地段作出综合评价，宜选择对抗震有利的地段（如表 2-1 所示）。对不利地段，应提出避开要求；当无法避开时应采取有效的措施。对危险地段，严禁建造甲、乙类的建筑，不应建造丙类的建筑。

地段类别	地质、地形、地貌
有利地段	稳定基岩，坚硬土，开阔、平坦，密实、均匀的中硬土等
一般地段	不属于有利、不利和危险的地段
不利地段	软弱土、液化土，条状突出的山嘴，高耸孤立的山丘，陡坡、陡坎，河岸和边坡的边缘，平面分布上成因、岩性、状态明显不均匀的土层(如故河道、疏松的断层破碎带、暗埋的塘浜沟谷和半填半挖地基)，高含水量的可塑黄土，地表存在结构性裂缝等
危险地段	地震时可能发生滑坡、崩塌、地陷、地裂、泥石流等及发震断裂带上可能发生地表位错的部位

2.2.2 地基和基础设计基本要求

(1) 同一结构单元的基础不宜设置在性质截然不同的地基上。

(2) 同一结构单元不宜部分采用天然地基部分采用桩基；当采用不同基础类型或基础埋深显著不同时，应根据地震时两部分地基基础的沉降差异，在基础、上部结构的相关部位采取相应措施。

(3) 地基为软弱黏性土、液化土、新近填土或严重不均匀土时，应根据地震时地基不均匀沉降和其他不利影响，采取相应的措施。

2.3 建筑结构的平面立面形式及结构布置规则性

国内外历次大地震震害表明，平面不规则、质量中心与刚度中心偏离过大和抗扭刚度太弱的结构以及竖向刚度突变太大等不规则结构，在地震中往往破坏严重，而简单、规则的建筑结构则震害轻。主要是因为，结构形式越复杂，力学模型与实际结构的差距越大，受力分析越困难，相应的抗震构造措施也复杂。

建筑平、立面布置的基本原则是：对称、规则、质量与刚度变化均匀，避免形成平面和立面的不规则。这里的"规则"包含了对建筑的平面、立面外形尺寸，抗侧力构件布置、质量分布，以及承载力分布等诸多要求。

因为结构对称有利于减轻结构的地震扭转效应，而形状规则的建筑物，在地震时结构各部分的振动易于协调一致，应力集中现象较少，因而有利于抗震。质量与刚度变化均匀有两方面的含义：其一是指结构平面，应尽量使结构刚度中心与质量中心相一致，否则，扭转效应将使远离刚度中心的构件产生较严重的震害；其二是指结构立面，沿高度方向，质量与结构刚度不宜有悬殊的变化，竖向抗侧力构件的截面尺寸和材料强度宜自下而上逐渐减小，避免抗侧力结构的侧向刚度和承载力突变。地震震害和理论分析均表明：结构刚度有突然削弱的薄弱层，在地震中会造成局部变形集中，从而加速结构的破坏，甚至倒塌。而结构上部刚度减小较快时，会形成地震反应的"鞭梢效应"，即变形在结构顶部集中的现象。

2.3.1 建筑结构平面规则性

建筑结构平面布置的关键是避免结构的扭转并确保水平传力途径的有效性。应使结构的刚度中心和质量中心一致或基本一致，以减小扭转。因此对每个结构单元应尽量采用方形、圆形、正多边形、矩形、椭圆形等简单规则对称的平面形式（如图2-1所示）。

同时结构主要的抗侧力构件布置也应规则、对称（如图2-2所示），避免主要抗侧力构件（如钢筋混凝土抗震墙、核心筒等）的偏置（如图2-3所示）。

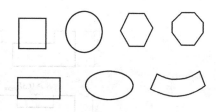

图 2-1　简单的平面形式

按规则性，建筑抗震规范将结构分为规则结构和不规则结构两类。规则结构一般指，建筑体型（平立面）规则，结构布置均匀，对称并具有较好的抗扭刚度，结构竖向布置均匀，结构刚度，承载力和质量均匀、无突变。

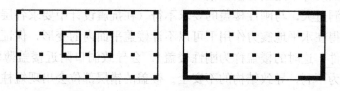

图 2-2　合理的结构布置

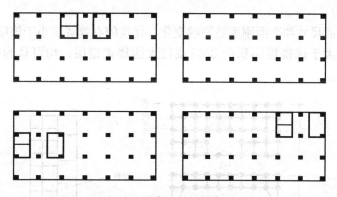

图 2-3　不合理的结构布置

平面不规则、质量中心与刚度中心偏离过大和抗扭刚度太弱的结构，容易形成扭转破坏。《建筑抗震设计规范》给出以下几种平面不规则类型：

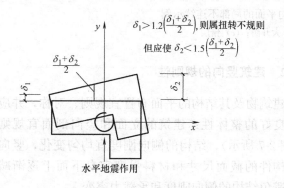

$\delta_1 > 1.2\left(\dfrac{\delta_1+\delta_2}{2}\right)$,则属扭转不规则

但应使 $\delta_2 < 1.5\left(\dfrac{\delta_1+\delta_2}{2}\right)$

图 2-4　建筑结构平面的扭转不规则示例

（1）建筑结构平面扭转不规则

在规定的水平力作用下，当楼层的最大弹性水平位移（或层间水平位移）大于该楼层两端弹性水平位移（或层间位移）平均值的1.2倍时，就属于扭转不规则（如图2-4所示）。

（2）建筑结构平面凹凸不规则

平面轮廓凹凸不平，外伸段容易产生局部振动而引发凹角处破坏。当凹进的一侧尺寸大于相应投影方向的总尺寸的30%为凹凸不规则，如图2-5所示。

21

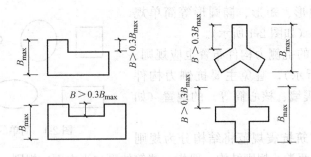

图 2-5　建筑结构平面的凹角不规则示例

（3）楼盖平面局部不连续和楼盖错层

楼盖平面开洞过大，与刚性楼盖的要求不符（在抗震设计中要求各层楼盖在水平方向有较大刚性，使得在水平地震力作用下可以不计楼盖平面内的变形，保证水平力能有效传递给所有抗震构件，这时的楼盖称为刚性楼盖），会导致洞口附近楼盖薄弱部位的抗侧力构件受力情况极为不利，导致结构的不安全。楼盖的错层部位会出现短柱或矮墙，它们均属于不利抗震的构件，由于短柱、矮墙抵抗水平位移的刚度极大，承受的水平地震力极大故极易破坏，而且同一楼层内竖向构件的侧向刚度参差不齐，地震剪力的分配极为复杂，也难以合理控制。

当楼盖的平面尺寸和平面刚度急剧的变化，楼盖的有效宽度小于该层楼盖典型宽度的50%，洞口面积大于该楼层面积的 30% 或较大的楼盖错层，均可认为楼盖局部不连续（如图 2-6 所示）。

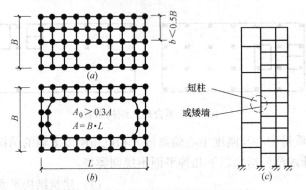

图 2-6　建筑结构平面的局部不连续示例
（a）、（b）大开洞；（c）错层

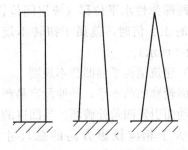

图 2-7　有利的立面体形

2.3.2　建筑竖向的规则性

建筑物及其结构的平面布置宜规则、对称，并应具有良好的整体性；建筑的立面和竖向剖面宜规则（如图 2-7 所示），结构的侧向刚度宜均匀变化，竖向结构构件的截面尺寸和材料强度宜自下而上逐渐减小，避免结构的侧向刚度和承载力突变。

当结构竖向布置不均匀，结构的刚度、承载力、质量分布不均匀时，容易形成薄弱层，在地震中会造成局部变形集中，从而加速结构的破坏，甚至倒塌。我国《建筑抗震设计规范》给出以下几种平面不规则类型：

（1）侧向刚度不规则

若结构的侧向刚度沿竖向有突变，包括几何尺寸突变、形成软弱层等（如图2-8所示），都会在水平地震作用下发生弹性位移的集中现象，大震下的这种水平弹塑性位移还会明显加大，会导致建筑物的严重破坏甚至倒塌。

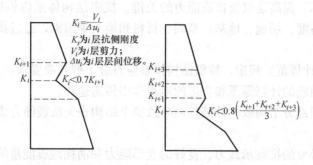

$$K_i = \frac{V_i}{\Delta u_i}$$

K_i 为 i 层抗侧刚度；
V_i 为 i 层剪力；
Δu_i 为 i 层层间位移。

$K_i < 0.7 K_{i+1}$

$K_i < 0.8 \left(\frac{K_{i+1} + K_{i+2} + K_{i+3}}{3} \right)$

图 2-8　沿竖向的侧向刚度不规则（有软弱层）

（2）竖向抗侧力构件的不连续

结构抽柱、抽梁，抗震墙不落地时（如图2-9所示），竖向构件承担的地震作用不能直接传给基础，相当于结构坐落于软硬差异极大的地基上，一旦水平转换构件（如转换梁）稍有损坏，则后果严重。

（3）楼层的水平承载力突变

楼层的水平抗剪承载力 Q 沿高度如有突变（如图2-10所示），会形成薄弱层，并在地震过程中首先产生较大的塑性变形，刚度遽然降低，变形遽然增大并继续发展，产生明显的塑性变形集中，一旦超过结构所具有的变形能力，则整个结构有可能倒塌。

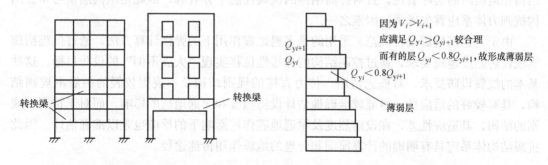

因为 $V_i > V_{i+1}$
应满足 $Q_{yi} > Q_{yi+1}$ 较合理
而有的层 $Q_{yi} < 0.8 Q_{yi+1}$，故形成薄弱层

$Q_{yi} < 0.8 Q_{yi+1}$

薄弱层

转换梁　　　　　转换梁

图 2-9　竖向抗侧力构件不连续示例　　图 2-10　竖向水平抗剪承载力非均匀变化（有薄弱层）

《建筑抗震设计规范》规定，建筑设计应根据抗震概念设计的要求明确建筑形体的规则性。当建筑形体（形体指建筑平面形状和立面、竖向剖面的变化）及其构件布置不规则时，应选用符合实际的结构计算模型，进行较精细的抗震分析，估计其局部应力和变形集中及扭转影响，判明其易损部位，采取措施提高抗震能力；当设置防震缝时，应将建筑分成规则的结构单元。防震缝应根据烈度、场地类别、房屋类型等留有足够的宽度，其两侧的上部结构应完全分开，伸缩缝、沉降缝应符合防震缝的要求。

2.4 结构体系的选择

2.4.1 确定抗震结构体系的总则

大量的震害表明，采取合理的抗震结构体系，加强结构的整体性，增强结构的各个构件是减轻地震破坏、提高建筑物抗震能力的关键。抗震结构体系应根据建筑物的重要性、设防烈度、房屋高度、场地、地基、基础、材料和施工等因素，经过技术、经济条件比较综合确定。

《建筑抗震设计规范》规定，抗震结构体系应符合下列各项要求：

（1）应具有明确的计算简图和合理的地震作用传递途径。

（2）应避免因部分结构或构件破坏而导致整个结构丧失抗震能力或对重力荷载的承载能力。

（3）应具备必要的抗震承载力、良好的变形能力和消耗地震能量的能力。

（4）对可能出现的薄弱部位，应采取措施提高其抗震能力。

《建筑抗震设计规范》规定，结构体系尚宜符合下列各项要求：

（1）宜有多道抗震防线。

（2）宜具有合理的刚度和承载力分布，避免因局部削弱或突变形成薄弱部位，产生过大的应力集中或塑性变形集中。

（3）结构在两个主轴方向的动力特性宜相近。

2.4.2 抗震结构体系应具有明确的计算简图和合理的地震作用传递途径

抗震结构体系要求受力明确、传力合理且传力路线不间断，使结构的抗震分析更符合结构在地震时的实际表现，且对提高结构的抗震性能十分有利，因此是结构选型与布置结构抗侧力体系应首先考虑的因素之一。

由于《建筑抗震设计规范》采用的是多遇地震作用下的弹性计算方法，通过抗震措施实现设防烈度地震要求，通过控制结构的弹塑性位移实现"大震不倒"的设防目标。这些基本的抗震设防要求，对概念清晰、传力直接的规则结构及不规则较轻的一般不规则结构，具有较好的适应性，也能较准确地估计设防烈度和罕遇地震的影响。而对于特别不规则的结构，其适应性差，在设防烈度及罕遇地震作用影响下的反应也难以准确估计。因此抗震结构体系应具有明确的计算简图和合理的地震作用传递途径。

2.4.3 应避免因部分结构或构件破坏而导致整个结构丧失抗震能力或对重力荷载的承载能力

对于合理的结构体系应遵循抗侧力构件在楼层平面内布置均匀、对称，在竖向应连续。楼层内抗侧力构件的平面布置主要考虑减少地震作用的扭转效应，保证结构构件受力的合理性。比如，对于钢筋混凝土框架-剪力墙结构，其剪力墙布置应分散、均匀和纵横向相连；对于钢筋混凝土框架结构应避免单跨框架体系；对于单榀框架结构，若一根框架柱退出工作，则该榀框架梁因没有支承而垮塌，也将导致楼板和相邻柱破坏。

对于砌体结构的大房间宜布置在中间而不宜都布置在一侧等。如楼层平面内的某个构件或部分构件设置的刚度过大、致使该构件承担的地震作用较相邻构件大得多，一旦该构件开裂则会使其抗侧力刚度降低而产生内力重分布，若不能很好地通过楼（屋）盖满足重新分布，则会导致该构件或与之相连构件破坏严重、甚至垮塌。在《高层建筑混凝土结构技术规程》JGJ 3—2010 中对于框架-剪力墙和剪力墙结构的较长剪力墙，规定宜开设洞口将其均匀分成若干墙段，每个独立墙段的总高度与截面宽度之比不应小于 2，墙肢截面高度不宜大于 8m，就是不要把每道剪力墙刚度设置得过大，避免造成个别剪力墙承担地震作用过多而一旦破坏则导致整个结构丧失抗震能力的状况。

因此，抗震设计中的一个重要原则是结构应具有较好的赘余度和内力重分配的功能，即使部分构件退出工作，其余构件仍能承担地震作用和相应的竖向荷载，避免整体结构连续垮塌。

2.4.4 抗震结构体系应具备必要的抗震承载力、良好的变形能力和消耗地震能量的能力

对于抗震结构体系足够的抗震承载力、良好的变形能力是应同时满足的条件。有一定的承载能力而缺少一定的变形能力（如未形成约束的砌体结构），很容易引起脆性破坏而倒塌；有较好的变形能力而抗震承载力比较小，在地震作用下结构构件过早开裂和钢筋屈服，过大的变形导致非结构构件破坏和结构本身的失稳破坏。结构必要的抗震承载力和良好的变形能力的结合便是地震作用下具有的消耗地震能量的能力。

2.4.5 抗震结构体系对可能出现的薄弱部位，应采取措施提高其抗震能力

地震震害和模型试验表明，在地震作用下结构往往从薄弱的部位开裂、钢筋屈服和产生内力重分布；当某楼层相对于其他楼层的承载力弱得较多时，则会集中在该楼层发展弹塑性变形、形成变形集中和破坏集中的现象，结构其他楼层仅出现轻微破坏或没有破坏；具有薄弱部位的结构不能发挥大部分构件的抗震能力，这样的结构体系是不合理的。合理的结构体系之一是使同楼层同类构件之间的抗震能力均衡，结构沿竖向承载力均匀；在地震作用下使得结构构件都发挥其抗震能力。由于建筑功能等因素造成可能出现的薄弱部位，对可能出现的薄弱部位应采取提高抗震承载力和增加约束、加密箍筋等措施提高变形能力。

2.4.6 抗震结构体系宜有多道抗震防线

（1）多道抗震防线的必要性

多道抗震防线指的是：①一个抗震结构体系，应由若干个延性较好的分体系组成，并由延性较好的结构构件连接起来协同工作，如框架-抗震墙体系是由延性框架和抗震墙两个系统组成；双肢或多肢抗震墙体系由若干个单肢墙分系统组成。②抗震结构体系应有最大可能数量的内部、外部赘余度，有意识地建立起一系列分布的屈服区，以使结构能够吸收和耗散大量的地震能量，一旦破坏也易于修复。

多道抗震防线对抗震结构是必要的。一次大地震，某场地产生的地震动，一个接一个的强脉冲对建筑物产生多次往复式冲击，造成积累式的破坏。如果建筑物采用的是单一结构体系，仅有一道抗震防线，该防线一旦破坏后，接踵而来的持续地震动就会使建筑物倒塌。特别是当建筑物的自振周期与地震动卓越周期相近时，建筑物由此而发生的共振，更

加速其倒塌进程。如果建筑物采用的是多重抗侧力体系，第一道防线的抗侧力构件在强烈地震袭击下遭到破坏后，后备的第二道乃至第三道抗震防线的抗侧力构件立即接替，抵挡住后续的地震动冲击，可延缓建筑物的破坏进程甚至免于倒塌。在遭遇到建筑物基本周期与地震动卓越周期相同或接近的情况时，多道防线就显示出其优越性。当第一道抗侧力防线因共振而破坏，第二道防线接替后，建筑物自振周期将出现较大的改变，与地震动卓越周期错开，使建筑物的共振现象得以缓解，减轻地震的破坏作用。

因此，对抗震建筑设置多道抗震防线可以有效减轻地震作用对建筑物的破坏。

（2）第一道抗震防线的构件选择

在框架-抗震墙、框架-支撑、筒体-框架、筒中筒等双重抗侧力体系中，框架、筒体、抗震墙、竖向支撑以及砌体填充墙等承力构件，都可以充当第一道防线主力构件，率先抵御水平地震作用。由于它们各自在结构中的受力条件不同，地震对其影响也不同。原则上，应优先选择不负担或少负担重力荷载的竖向支撑或填充墙，或者选用轴压比较小的抗震墙、实墙筒体之类构件，作为第一道抗震防线的抗侧力构件。一般情况下，不宜采用轴压比很大的框架柱兼做第一道防线的抗侧力构件。

地震引起建筑物的破坏，重力起了关键作用。地震中建筑物倒塌的宏观现象表明，一般情况下，倒塌物很少远离原来的位置。据此可以认为，地震的往复作用使结构遭到严重破坏，而最后倒塌则是结构因破坏而丧失了承受重力荷载的水平。按照上述原则，充当第一道抗震防线的构件即使有破坏，也不会对整个结构的竖向承载能力有太大影响。如果利用轴压比较大的框架柱充当第一道防线，框架柱在侧力作用下损坏后，竖向承载能力就会大幅度下降，当下降到低于所负担的重力荷载时，就会危及整个结构的安全。

如因条件所限只能采用单一的框架体系，框架就成为整个体系中唯一的抗侧力构件，那就应该采用"强柱弱梁"型延性框架。因为单就重力荷载而言，梁仅承担一层的楼面荷载，而且宏观经验还表明，梁破坏后，只要钢筋端部锚固未失效，悬索作用也能维持楼面不立即坍塌。柱的情况就严峻得多，因为它承担着上面各楼层的总负荷，它的破坏将危及整个上部楼层的安全。强柱型框架在水平地震作用下，梁的屈服先于柱的屈服，这样就可以做到利用梁的变形来消耗输入的地震能量，使框架柱退居到第二道防线的位置。

具有较多填充墙的钢筋混凝土框架结构也是具有两道防线的结构体系，只不过是第一道防线填充墙的抗震性能比较差。对于这类房屋的抗震设计，应从考虑填充墙对框架结构的不利影响和提高填充墙的抗震能力入手。考虑填充墙对框架结构的不利影响则应考虑填充墙对框架柱产生的附加剪力和轴力，同时还要考虑填充墙开洞对于洞口标高处框架柱附加剪力的影响。

（3）利用赘余构件增多抗震防线

高层建筑采用的框架-抗震墙、框架-支撑、芯筒-框架、内墙筒-外框筒等双重抗侧力体系（如图2-11所示），在水平地震等侧向力作用下，其中属于弯曲型构件的抗震墙、竖向支撑或实墙筒体，与属于剪切型构件的框架，通过各层楼盖进行协同工作，这些体系在抗御地震时，具有两道防线，一道是支撑或墙体，一道是框架。

为了进一步增加这些双重体系的抗震防线，可以在位于同一轴线上的两片单肢抗震墙（图2-12a）、抗震墙与框架（图2-12b）、两列竖向支撑（图2-12c）或在芯筒与外框架之间（图2-12d），于每层楼盖处设置一根两端刚接的抗弯梁，并使这些梁的线刚度与主体

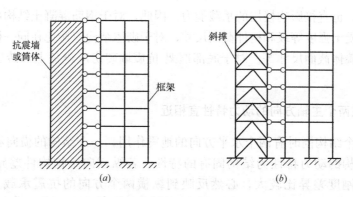

图 2-11 双重体系的结构

(a) 框架-抗震墙体系；(b) 框架-支撑体系

结构线刚度的比值，大于两者屈服强度的比值；再通过恰当的配筋，使它具有较好的延性，而且属于弯曲型破坏机制。如此处理后，当结构遭遇地震时，可以利用这些连系梁首先承担地震前期脉冲的冲击，以达到保护主体的目的。

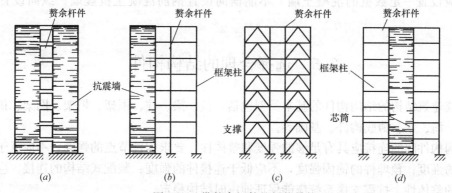

图 2-12 带赘余杆件的耗能结构

(a) 双肢墙；(b) 框架-抗震墙；(c) 并列斜撑；(d) 芯筒-框架

当建筑物受到强烈地震动主脉冲卓越周期的作用时，一方面利用结构中增设的赘余杆件的屈服和变形，来耗散输入的地震能量；另一方面利用赘余杆件的破坏和退出工作，使整个结构从一种稳定体系过渡到另一种稳定体系，实现结构周期的变化，以避开地震动卓越周期长时间持续作用所引起的共振效应。这种通过对结构动力特性的适当控制，来减轻建筑物的破坏程度，是对付高烈度地震的一种经济、有效的方法。

2.4.7 宜具有合理的刚度和承载力分布，避免因局部削弱或突变形成薄弱部位，产生过大的应力集中或塑性变形集中

大量的分析结果表明，由于地震作用为惯性力，所以结构质量沿楼层分布影响结构的地震作用分布，结构的层间刚度直接影响结构的弹性变形，结构楼层承载力和层间屈服强度系数及楼层屈服强度系数沿楼层高度的分布是影响层间弹塑性最大位移的主要因素。但楼层刚度的不均匀变化一方面在刚度突变部位会产生应力集中，如应力集中部位屈服强度不足，并会在该部位产生塑性变形集中；另一方面楼层的刚度与构件材料强度、截面尺寸

27

的改变均有关，也直接影响楼层的承载能力。因此，对于钢筋混凝土结构应避免在同一楼层同时改变混凝土强度等级和构件截面尺寸，对于砌体结构应避免在同一楼层同时改变砂浆强度等级和墙体截面尺寸等。对于底部框架-抗震墙砖房应避免上部砖房部分的楼层为薄弱楼层。

2.4.8 结构在两个主轴方向的动力特性宜相近

地震中一个结构同时有两个水平方向的地震作用，一个结构的横向和纵向构件互为相互支承，结构的动力特性为结构固有的特性，若纵横向结构构件差异比较大，则表明两个方向的刚度差异比较大，必然反映到纵横两个方向的抗震承载力差异比较大。若一个方向的抗震能力比较差，在地震作用下一个方向率先破坏和退出工作，则另一个方向因缺少支承而加速破坏、甚至导致整个结构垮塌。要做到结构在两个主轴方向的动力特性宜相近，结构纵横向的抗侧力构件布置应基本一致。框架-抗震墙结构和抗震墙结构的纵横向钢筋混凝土抗震墙数量应基本一致；多层住宅砌体结构应控制内外纵墙的开洞率，使得纵向墙体的数量与横墙大体一致；底层框架-抗震墙砖房的底层纵横向均应设置一定数量的混凝土墙，不能横向设置钢筋混凝土抗震墙，纵向设置砖抗震墙等。

2.5　选择合理的结构构件

组成建筑结构的结构构件的基本类型包括：板、梁、柱、框架、桁架、网架、拱、壳体、墙、筒、索、薄膜构件、基础等。

结构构件间的连接应具有足够的强度和整体性，要求构件节点的强度，不应低于其连接构件的强度；预埋件的锚固强度，不应低于连接件的强度；装配式结构的连接，应能保证结构的整体性。抗震支撑系统应能保证地震时结构稳定。

结构构件应具有良好的延性，力求避免脆性破坏或失稳破坏。为此，砌体结构构件，应按规定设置钢筋混凝土圈梁和构造柱、芯柱（指在中小砌块墙体中，在砌块孔内浇筑钢筋混凝土所形成的柱）或采用配筋砌体和组合砌体柱等，以改善变形能力。混凝土结构构件，应合理地选择尺寸、配置纵向钢筋和箍筋，避免剪切先于弯曲破坏、混凝土压溃先于钢筋屈服、钢筋锚固粘结先于构件破坏。钢结构构件，应合理控制尺寸，防止局部或整个构件失稳。

2.6　非结构部件的合理处理

非结构构件，一般是在结构分析中不考虑承受重力荷载、风荷载以及地震作用的构件。非结构构件一般包括建筑非结构构件和建筑附属机电设备，建筑非结构构件一般指下列三类：①附属结构构件（如女儿墙、高低跨封墙、雨篷等）；②装饰物（如贴面、顶棚、悬吊重物等）；③围护墙和隔墙。

非结构构件一般是不属于主体结构的那一部分，在抗震设计时往往容易被忽略，但从震害调查来看，非结构构件处理不好往往在地震时也会造成倒塌伤人，砸坏设备财产，破坏主体结构。非结构构件的地震破坏会影响安全和使用功能，需引起重视，因此，有必要根据以往历次地震中的宏观震害经验，妥善处理这些非结构构件，以减轻震害，提高建筑的抗震可靠度。

第一类是附属构件，如女儿墙、厂房高低跨封墙、雨篷等，这类构件的抗震问题是防止倒塌，采取的抗震措施是加强非结构构件本身的整体性，并与主体结构加强锚固连接。

第二类是装饰物，如建筑贴面、装饰、顶棚和悬吊重物等，这类构件的抗震问题是防止脱落和装饰的破坏，采取的抗震措施是同主体结构可靠连接。对重要的贴面和装饰，也可采用柔性连接，即使主体结构在地震作用下有较大变形，也不致影响到贴面和装饰的损坏。

第三类是非结构的墙体，如围护墙、内隔墙、框架填充墙等，应估计其设置对结构抗震的不利影响，避免不合理地设置而导致主体结构的破坏。

在钢筋混凝土框架体系的高层建筑中，隔墙和围护墙采用实心砖、空心砖、硅酸盐砌块或加气混凝土砌块砌筑时，这些刚性填充墙将在很大程度上改变结构的动力特性，对整个结构的抗震性能带来一些有利的或不利的影响，应在工程设计中考虑利用其有利的一面，防止其不利的一面。概括起来，砌体填充墙对结构抗震性能的影响有以下几点：

（1）使结构抗侧刚度增大，自振周期减短，从而使作用于整个建筑上的水平地震力增大，增加的幅度可达 30%～50%。

（2）改变了结构的地震剪力分布状况，由于砌体填充墙参与抗震，分担了很大一部分水平地震剪力，反使框架所承担的楼层地震剪力减小。

（3）由于砌体填充墙具有较大的抗侧刚度，限制了框架的变形，从而减小了整个结构的地震侧移幅值。

（4）相对于框架而言，砌体填充墙具有很大的初期刚度，建筑物遭受地震前几个较大加速度脉冲时，填充墙承担了大部分地震力，并用它自身的变形及墙面裂缝的出现和开展，消耗输入建筑物的地震能量。以后，随着填充墙的刚度退化和强度劣化，框架所承担的地震力逐渐增多，框架才渐渐地变为抗震主力构件。从这一过程可以看出，砌体填充墙充当了第一道抗震防线的主力构件，使框架退居为第二道防线。所以，就这方面而论，砌体填充墙框架体系房屋的抗震防线增多了。

（5）提高了建筑物吸收和耗散地震能量的能力，从而提高了整个建筑的抗震能力。

砌体填充墙不同于轻型隔墙，虽然也是非承重构件，但由于它具有较大的抗推刚度，所以不能随意布置。它的布置合理与否，关系到框架的剪力分布以及整个房屋的安全。在建筑平面上，砌体填充墙的布置应力求对称均匀，以避免造成结构偏心，从而导致建筑在地震时发生扭转振动。沿房屋竖向，砌体填充墙应连续贯通，以避免在填充墙中断的楼层出现框架剪力的骤然增大。

第四类是建筑附属机电设备及支架等，这些设备通过支架与建筑物连接，因此，设备的支架应有足够的刚度和强度，与建筑物应有可靠的连接和锚固，并应使设备在遭遇设防烈度的地震影响后能迅速恢复运行。建筑附属机电设备的设置部位要适当，支架设计时要防止设备系统和建筑结构发生谐振现象。

2.7 结构材料与施工的特殊要求

抗震结构在材料选用、施工程序特别是材料选用上有其特殊的要求，主要是指减少材料的脆性和贯彻原设计意图。因此，抗震结构对材料和施工质量的特别要求，应在设计文件上注明。

为保证抗震结构的基本承载能力和变形能力，结构材料性能指标，应符合下列最低要求：

(1) 砌体结构材料应符合下列规定：①普通黏土砖和多孔黏土砖的强度等级不应低于MU10，其砌筑砂浆强度等级不应低于 M5；②混凝土小型空心砌块的强度等级不应低于MU7.5，其砌筑砂浆强度等级不应低于 M7.5。

(2) 混凝土结构材料应符合下列规定：①混凝土的强度等级，框支梁、框支柱及抗震等级为一级的框架梁、柱、节点核心区，不应低于C30；构造柱、芯柱、圈梁及其他各类构件不应低于C20；②为了保证当构件某个部位出现塑性铰以后，塑性铰处有足够的转动能力与耗能能力，抗震等级为一、二级的框架结构，其纵向受力钢筋采用普通钢筋时，钢筋的抗拉强度实测值与屈服强度实测值的比值不应小于 1.25；为实现抗震设计中塑性铰在希望的部位出现，规定钢筋的屈服强度实测值与强度标准值的比值不应大于1.3。

(3) 钢结构的钢材应符合下列规定：①钢材的抗拉强度实测值与屈服强度实测值的比值不应小于1.2；②钢材应有明显的屈服台阶，且伸长率应大于20%；③钢材应有良好的可焊性和合格的冲击韧性。

结构材料性能指标，尚宜符合下列要求：

(1) 普通钢筋宜优先采用延性、韧性和可焊性较好的钢筋；普通钢筋的强度等级，纵向受力钢筋宜选用符合抗震性能指标的不低于 HRB400 级，也可采用 HRB335 级热轧钢筋，箍筋宜选用符合抗震性能指标的不低于 HRB335 级，也可采用 HPB300 级热轧钢筋。钢筋的检验方法应符合现行国家标准《混凝土结构工程质量施工及验收规范》GB 50204—2010 的规定。

(2) 混凝土结构的强度等级，抗震墙不宜超过 C60，其他构件 9 度时不宜超过 C60，8 度时不宜超过 C70。

(3) 钢结构的钢材宜采用 Q235 等级 B、C、D 的碳素结构钢及 Q345 等级 B、C、D、E 的低合金高强度结构钢；当有可靠依据时，尚可采用其他钢种和钢号。

在施工中，当需要以强度等级较高的钢筋替代原设计中的纵向受力钢筋时，应按照钢筋受拉承载力设计值相等的原则换算，并应满足正常使用极限状态和抗震构造措施的要求，如最小配筋率等。

采用焊接连接的钢结构，当钢板厚度不小于 40mm 且承受沿板厚方向的拉力时，受拉试件板厚方向截面收缩率，不应小于国家标准《厚度方向性能钢板》GB/T 5313 关于Z15 级规定的容许值。

钢筋混凝土构造柱和底部框架—抗震墙砖房中砖抗震墙，其施工应先砌墙后浇构造柱和框架梁柱，以保证砌体结构的整体性。

混凝土墙体、框架柱的水平施工缝，应采取措施加强混凝土的结合性能。对于楼板与落地混凝土墙体的交接处，宜验算水平施工缝截面的受剪承载力。

2.8 采用结构控制新技术

隔震或耗能减震结构因其具有减震机理明确，减震效果显著，安全可靠，经济合理，技术先进，适用范围广等特点，已逐步在现代抗震结构中得到应用。隔震体系是通过延长结构的自振周期减小结构的水平地震作用，而耗能减震体系是通过耗能器增加结构阻尼来减小结构在地震作用下的位移。选用隔震与耗能减震新技术，需根据建筑抗震设防类别、设防烈度、场地条件、结构方案及使用条件等，对结构体系进行技术、经济可行性的综合对比分析后确定。

思 考 题

1. 什么是"概念设计"？为什么在建筑抗震设计中要强调"概念设计"？
2. 什么是规则建筑？什么是不规则建筑？
3. 结构总体布置原则是什么？
4. 抗震结构体系应符合哪些要求？
5. 什么是多道抗震防线？为什么说在抗震结构体系中，设置多道抗震防线是必要的？
6. 结构各构件之间的连接，应满足哪些要求？
7. 结构材料性能指标，应符合哪些最低要求？
8. 找实例分析几个运用了较合理巧妙的概念设计的实际工程。
9. 找实例分析几个运用了错误的概念设计的实际工程。

第3章 场地与地基基础抗震设计

3.1 概　述

在地震作用下，场地土既是地震波的传播介质，又是结构的地基。作为传播介质，地震波通过地基土传给结构，引起结构物振动，导致上部结构破坏；作为结构的地基，其稳定性对结构有重要的影响。

场地和地基的破坏作用，一般是指地震时，首先场地和地基破坏，从而导致建筑物和构筑物破坏并引起其他灾害。场地和地基破坏作用大致有地面开裂、滑坡和坍塌、地基土不均匀沉降、粉土和砂土的液化等。这类破坏数量相对很少，有区域性，但修复和加固非常困难，一般是通过场地选择和地基处理来减轻地震灾害的。

本章通过对工程地质、地形地貌以及岩土工程环境等场地条件的分析，研究场地条件对基础和上部结构震害的影响，从而合理地选择有利建筑场地以及地基或基础的抗震措施，避免和减轻地震对土木工程设施的破坏。

3.2 场　　地

3.2.1 场地条件对震害的影响

大量震害表明，不同场地上的建筑物震害差异是十分明显的，地震引起的建筑震害除了与地震类型、结构形式、结构动力特性等有关外，还与建筑场地的地质构造、地形地貌、岩土特性等工程地质条件有关，下面简要介绍。

（1）局部地形的影响

从地震震害调查来看，局部地形对地震时建筑物的破坏有重要影响。局部突出地形（主要指条状突出的山嘴、高耸孤立的山丘、非岩质的陡坡等地）上的建筑物震害较平地上的同类建筑严重。因此应对建造在以上不利地段的建筑物，除了保证其在地震作用下的稳定性外，尚应估计不利地段对设计地震作用的放大作用，放大系数根据具体情况确定，一般为1～1.6。

（2）局部地质构造的影响

局部地质构造主要指断裂，多数的浅源地震均与断层活动有关。断裂是地质构造的薄弱环节，分为发震断裂和非发震断裂。在发震断裂带的地表，地震时可能产生新的错动，使地面建筑物遭受较大的破坏，其破坏是不易用工程措施加以避免的。如1906年旧金山大地震，圣安德烈斯断层两侧相对位移达3～6m，对建筑物造成毁灭性破坏。所以，当场地内存在发震断裂时，应对断裂的可能性和对工程的影响进行评价。

一般来说，地震震级越高，造成地表的断裂错动与断裂长度就越大。覆盖层厚度越大，造成地表的断裂错动与断裂长度就越小。断裂的活动性还与地质年代有关，对一般工程只考虑全新世（1万年）以来活动过的断裂。《建筑抗震设计规范》规定：对符合下列规定之一的情况，可忽略发震断层错动对地面运动的影响：抗震设防烈度小于8度；非全新世活动断裂；抗震设防烈度为8度和9度时，隐伏断裂的土层覆盖厚度分别大于60m和90m。如果不符合上述情况，应避开主断裂带，其避让距离不应小于表3-1对发震断裂最小避让距离的规定。这里所说的避让距离是指断裂面在地面上的投影到断层破离线的距离，不是指到断裂带的距离。在避让距离的范围内确有需要建造分散的、低于三层的丙、丁类建筑时，应该按提高一度采取抗震措施，并提高建筑和上部结构的整体性，且不得跨越断层线。

发震断裂的最小避让距离（m）　　　　　表 3-1

烈度	建筑抗震设防类别			
	甲	乙	丙	丁
8 度	专门研究	200	100	—
9 度	专门研究	400	200	

（3）场地覆盖层厚度对震害的影响

建筑场地覆盖层厚度是指从地表到地下基岩面的垂直距离，也就是基岩的埋深。场地土覆盖层厚度不同，其震害表现有很大的差异。图 3-1 是 1967 年委内瑞拉加拉加斯地震的震害调查统计结果。从图中可以看出：在土层厚度为 50m 左右的场地上，3～5 层的建筑物破坏相对较多；

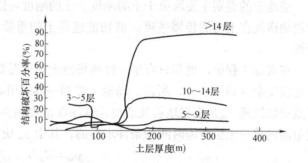

图 3-1　房屋破坏率与土层厚度关系

而在厚度为 150～300m 的冲积层上，10～24 层的建筑物震害最为严重。我国 1975 年海城地震、1976 年唐山地震等大地震的宏观震害调查资料的分析，也表明了类似的规律；房屋倒塌率随土层厚度的增加而加大；比较而言，软弱场地上的建筑物震害一般重于坚硬场地。

从原理上分析，从震源岩层传播的地震波，本来具有很多频率成分，其中，在振幅谱中幅值最大的频率对应的周期即为地震动的卓越周期。场地覆盖土层就相当于一个滤波器和放大器（如图 3-2 所示），在地震波通过覆盖土层传向地表的过程中，与土层固有周期（场地土卓越周期 $T=\dfrac{4H}{v}$，H 为场地覆盖厚度，v 为土的剪切波速）相一致的一些频率波群将被放大，而另外的一些频率波群将被衰减甚至完全被过滤掉。这样地震波通过土层后，由于土层的过滤性和选择性放大作用，地表地面的卓越周期在很大程度上取决于场地土的固有周期（卓越周期）。若建筑物的固有周期与场地土的卓越周期接近，则共振效应使得地震效应显著，因此相应的震害也重。由此可以较好地说明，坚硬场地上自振周期短的刚性建筑物一般震害重，而软弱场地上长周期柔性建筑物的震害必然重。

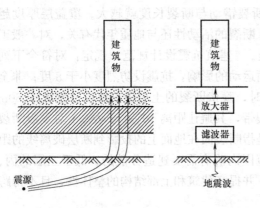

图 3-2　场地土的放大作用和过滤作用示意图

此外，已有的强震观测资料表明，建筑的地震反应并不是单脉冲型的，而是往复振动的过程。因此，在地震作用下建筑物开裂或损坏而使其刚度逐步下降，自振周期增大。如果在地震过程中，建筑物的自振周期由 0.5s 增至 1s，由反应谱曲线可知，坚硬场地上的建筑物所受到的地震作用将大大减小，结构原有的损伤不再加重，建筑物只受到一次性破坏。与此相反，在上述过程中，软弱场地上的建筑物所受到的地震作用将有所增加，便建筑物的损伤进一步加重。所以，一般地讲，软土地基上的建筑物震害重于硬土地基上的。

3.2.2　场地土类型

场地土的类别主要取决于土的刚度。土的刚度可以按土的剪切波速划分，剪切波速是指震动横波在土内的传播速度。剪切波速是土的重要动力参数，最能反应场地土的动力特性。

在实际工程中，地基只有单一性质场地土的情况是非常少见的，而且地表土层的组成也比较复杂（如图 3-3），所以，场地土类别一般采用等效剪切波速 v_{se} 的简化方法来确定，等效剪切波速 v_{se} 是根据地震波通过计算深度范围内多层土的时间等于该波速通过计算深度范围内单一土层所需时间的条件求得的，其中 v_{se} 应按下式确定：

$$v_{se}=d_0/t \tag{3-1}$$

$$t=\sum_{i=1}^{n}(d_i/v_{si}) \tag{3-2}$$

式中　d_0——计算深度（m），取覆盖层厚度和 20m 两者中的较小者；

　　　t——剪切波在地面至计算深度之间的传播时间；

　　　d_i——计算深度范围内第 i 层土的厚度（m）；

　　　n——计算深度范围内土层的分层数；

　　　v_{si}——计算深度范围内第 i 层土层的剪切波速（m/s），宜用现场实测数据；

　　　v_{se}——土层等效剪切波速（m/s）。

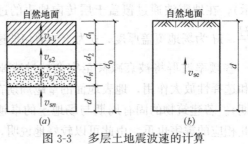

图 3-3　多层土地震波速的计算

(a) 多层土；(b) 等效单一土层

对于丁类建筑及丙类建筑中层数不超过 10 层、高度不超过 24m 的多层建筑，当无实测剪切波速时，也可以根据岩土名称和性状，按表 3-2 划分土的类型，再利用当地经验在该表所示的剪切波速范围内估计各土层的剪切波速。

土的类型划分和剪切波速范围   表 3-2

土的类型	岩土名称和性状	土层剪切波速范围(m/s)
岩石	坚硬、较硬且完整的岩石	$v_s > 800$
坚硬土或软质岩石	破碎和较破碎的岩石或软和较软的岩石，密实的碎石土	$800 \geqslant v_s > 500$
中硬土	中密、稍密的碎石土，密实、中密的砾、粗、中砂，$f_{ak} > 150$ 的黏性土和粉土，坚硬黄土	$500 \geqslant v_s > 250$
中软土	稍密的砾、粗、中砂，除松散砂外的细、粉砂，$f_{ak} \leqslant 150$ 的黏性土和粉土，$f_{ak} > 130$ 的填土、可塑新黄土	$250 \geqslant v_s > 150$
软弱土	淤泥和淤泥质土，松散的砂，新近沉积的黏性土和粉土，$f_{ak} \leqslant 130$ 的填土，流塑黄土	$v_s \leqslant 150$

注：f_{ak} 为由载荷试验等方法得到的地基土静承载力特征值（kPa），v_s 为岩土剪切波速。

3.2.3 场地的类别

由地震震害可知，建筑物所处的工程地质条件不同，地震时破坏程度往往不同。因此有必要对建筑场地进行分类，针对不同的场地类别，分别采用相应地震动参数进行建筑物的抗震设计。

建筑场地类别是指场地条件的基本表征，而不同场地上的地震动，其频谱特征值有明显的差别，而场地条件很大程度上与表层土的性质及其覆盖层的厚度有关。我国《建筑抗震设计规范》规定：建筑场地类别应根据土层等效剪切波速和场地覆盖层厚度划分为 5 个不同的类别，见表 3-3。

《建筑抗震设计规范》规定按下列要求确定场地覆盖层厚度：

（1）一般情况下，应按地面至剪切波速大于 500m/s 且其下卧各层岩土的剪切波速均不小于 500m/s 的土层顶面的距离确定。

（2）当地面 5m 以下存在剪切波速大于其上部各土层剪切波速的 2.5 倍的土层，且该层及其下卧各层岩土的剪切波速不小于 400m/s 时，可按地面至该土层顶面的距离确定。

（3）剪切波速大于 500m/s 的孤石、透镜体，应视同周围土层。

（4）土层中的火山岩硬夹层，应视为刚体，其厚度应从覆盖土层中扣除。

各类建筑场地的覆盖层厚度（m）   表 3-3

岩石的剪切波速或土的等效剪切波速(m/s)	场地类别				
	I_0	I_1	II	III	IV
$v_{se} > 800$	0				
$800 \geqslant v_{se} > 500$		0			
$500 \geqslant v_{se} > 250$		<5	≥5		
$250 \geqslant v_{se} > 150$		<3	3～50	>50	
$v_{se} \leqslant 150$		<3	3～15	>15～80	>80

表 3-3 的分类标准主要适用于剪切波速随深度递增的一般情况。在实际工程中，层状夹层的影响比较复杂，很难用单一指标反映，当有可靠的剪切波速和覆盖层厚度且其值处

于表 3-3 所列场地类别的分界线附近时，应允许按插值方法确定地震作用计算所用的设计特征周期。

【例 3-1】 已知某建筑场地的地质钻探资料如表 3-4 所示，试确定该建筑场地类别。

场地的地质钻探资料

表 3-4

土层底部深度(m)	土层厚度(m)	土层名称	土层剪切波速(m/s)
2.5	2.5	杂填土	220
10.5	8	粉土	280
22	11.5	中砂	350
34	12	碎石土	520

【解】（1）确定计算深度。

因地表以下 22m 时，土层的剪切波速大于 500m/s，取覆盖层厚度 22m 大于 20m，所以计算深度取 $d_0 = 20$m。

（2）确定地面下 20m 范围土的类型。

计算等效剪切波速 v_{se}：

$$v_{se} = \frac{d_0}{\sum_{i=1}^{n} \frac{d_i}{v_{si}}} = \frac{20}{\frac{2.5}{220} + \frac{8.0}{280} + \frac{9.5}{350}} = 298.5 \text{m/s}$$

（3）确定覆盖层厚度。

由表 3-4 可知 22m 以下的土层为碎石土，土层剪切波速大于 500m/s，覆盖层厚度定为 22m。

（4）确定建筑场地类别。

根据表层土的剪切波速为 298.5m/s 在 $500 \geq v_s > 250$ 范围和覆盖层厚度大于 5m 两个条件，查表 3-3 得该建筑场地类别为 Ⅱ 类。

3.3 液化土及软土地基抗震

3.3.1 液化土地基

地震时，地基震害现象主要有沉陷、倾斜、滑移、基础上移。据统计，80%的地基震害是由土体液化引起的（如图 3-5），因此必须重视砂土液化的判别和处理。

1. 液化土地基的概念

在地震时，饱和松散的砂土或黏土（不含黄土），地震时易发生液化现象，使地基承载力丧失或减弱，甚至喷砂冒水（图 3-4），这种现象一般称为地基土液化。

其产生的机理是：在地震作用下，饱和砂土和粉土颗粒强烈震动发生相对位移，使土的颗粒结构趋于压密，颗粒间孔隙水来不及排泄而受挤压，因而使孔隙水压力急剧增加。当孔隙水压力上升到与土颗粒所受到的总的正压应力接近或相等时，土粒之间因摩擦产生的抗剪能力消失，此时土颗粒形同"液体"一样处于悬浮状态，形成液化现象。

地基土液化使土体的抗震强度丧失，引起地面喷砂冒水、地基不均匀沉降、地裂或土体滑移等，导致建筑物破坏甚至倒塌。如 1964 年的美国阿拉斯加地震和日本新潟地震，

图 3-4　喷砂冒水

图 3-5　日本 1964 年地震中地基液化导致建筑物倾斜

都出现了由于大面积砂土液化而造成建筑物严重破坏的情况（如图 3-5），从而引起了人们对地基土液化及其防治问题的关注。在我国 1975 年辽宁海城地震、1976 年河北唐山大地震及 2008 年汶川地震中也都发生了大面积的地基液化震害。

2. 影响地基土液化的因素

国内外震害调查表明，影响场地土液化的因素主要有以下几个方面：

（1）土层的地质年代

地质年代的新老表示土层沉积时间长短，一般情况，饱和砂土的地质年代越古老，土层的固结度、密实度和结构性能越稳定，因此也越不易液化。

（2）土的组成和密实度

砂土和粉土的密实度是影响土层液化的一个重要因素。相对密实度较小的松砂，由于其天然孔隙比一般较大，故密实程度小的砂土易液化；对于粉土，其黏性颗粒含量决定了这类土壤的性质，随着黏粒（粒径小于 0.005mm 的颗粒）含量的增加，土的黏聚力增大，从而增强了抵抗液化的能力。1964 年日本新潟地震现场分析表明，相对密实度小于 50% 的砂土，普遍发生液化，而相对密实度大于 70% 的土层，则未发现液化问题。

（3）土层的埋深和地下水位深度

土层是否发生液化，与砂土层的埋深和地下水位深度有关。实验研究表明，如果砂土层的埋深越大，地下水位越深，其饱和砂土层的有效覆盖压力也越大，砂土层也就越不容易液化。调查资料表明，地震时液化砂土层的深度多数浅于 15m，更多的浅于 10 m。对于砂土，一般地下水位小于 4m 时易液化，超过 4m 后一般不会液化。而对于粉土，7 度、8 度和 9 度地区内的地下水位分别小于 1.5m、2.5m 和 6.0m 时容易液化。

（4）地震烈度和持续时间

地震烈度越高，越容易发生液化，一般液化主要发生在烈度为 7 度及以上的地区，而 6 度以下的地区，很少看到液化现象；地震持续时间越长，越容易发生液化。

3. 地基液化的判别

我国《建筑抗震设计规范》规定，对存在饱和砂土和饱和粉土（不含黄土）的地基，除 6 度外，应进行液化判别。对 6 度区一般情况下可不进行判别和处理，但对液化沉陷敏感的乙类建筑可按 7 度的要求进行判别和处理。7～9 度时乙类建筑可按本地区抗震设防烈度的要求进行判别和处理。

我国学者在总结国内外大量震害资料的基础上，经过长期研究和实践验证，提出了较为系统而实用的地基液化判别方法，即为初步判别和标准贯入判别。

（1）初步判别

由上所述，场地是否液化与土层的地质年代、黏粒含量、地下水位及上覆非液化土层厚度等因素有关。饱和砂土和饱和粉土（不含黄土），当符合下列条件之一时，可初步判断为不液化土：

① 地质年代为第四纪晚更新世（Q_3）及其以前时，7度、8度时可判别为不液化；

② 粉土的黏粒（粒径小于 0.005mm 的颗粒）含量百分率在 7 度、8 度和 9 度时分别不小于 10、13 和 16 时可判为不液化；

③ 采用浅埋天然地基的建筑，当上覆非液化土层厚度和地下水位深度符合下列条件之一时，可不考虑液化影响。

$$d_u > d_0 + d_b - 2$$
$$d_w > d_0 + d_b - 3$$
$$d_u + d_w > 1.5d_0 + 2d_b - 4.5 \tag{3-3}$$

式中　d_w——地下水位深度（m），宜按设计基准期内年平均最高水位采用，也可按近期内年最高水位采用；

d_u——上覆盖非液化土层厚度（m），计算时宜将淤泥和淤泥质土层扣除；

d_b——基础埋置深度（m），不超过 2m 时采用 2m；

d_0——液化特征深度（m），可按表 3-5 采用。

式（3-3）中，当 $d_b \leqslant 2m$ 时，这时饱和土层位于地基主要受力层（厚度为 H）之下或下端，它的液化与否不会对房屋造成有害影响，但当基础埋置深度 $d_b > 2m$ 时，液化土层有可能进入地基主要受力层范围内，对房屋造成不利影响。因此，不考虑土层液化时覆盖层厚度界限值应增加 d_b 为 2m。

液化特征深度 d_0（m）　　　　　　　　　　　　　　　　表 3-5

饱和土类别	设防烈度		
	7 度	8 度	9 度
粉土	6	7	8
砂土	7	8	9

注：当区域的地下水位处于变动状态时，应按不利情况考虑。

（2）标准贯入试验判别法

当饱和砂土、粉土的初步判别认为地基土存在液化可能时，应采用标准贯入试验法进一步判别地面下 20m 范围内土的液化情况。但对于建筑抗震规范规定的可不进行天然地基及基础抗震承载力验算的各类建筑（见 3.4.1 节），可只判别地面下 15m 范围内土的液化，15m 以下的土层视为不液化土。

标准贯入试验设备，主要由贯入器、触探杆、穿心锤（标准重量 63.5kg）等部分组成（如图 3-6 所示）。在试验时，先用钻具钻至试验土层标高以上 150mm，再将标准贯入器打至试验土层标高位置，然后在锤的落距为 760mm 的条件下，连续打入土层 300mm，记录所得锤击数为 $N_{63.5}$。

当地面下土层的实测标准贯入锤击数 $N_{63.5}$ 小于按式（3-4）确定的下限值 N_{cr} 时，则应判别为液化土，否则为非液化土。

$$N_{cr}=N_0\beta[\ln(0.6d_s+1.5)-0.1d_w]\sqrt{3/\rho_c} \qquad (3-4)$$

式中　N_{cr}——液化判别标准贯入锤击数临界值；

　　　N_0——液化判别标准贯入锤击数基准值，应按表 3-6
　　　　　采用；

　　　d_s——饱和土标准贯入点深度（m）；

　　　ρ_c——黏粒含量百分率，当小于 3 或为砂土时，取 3；

　　　β——与设计地震分组相关的调整系数，设计地震分
　　　　　组 第一组取 0.8，第二组取 0.95，第三组
　　　　　取 1.05。

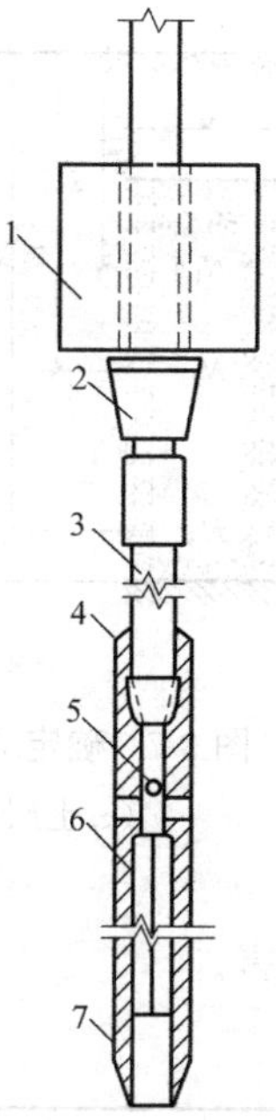

图 3-6　标准贯入器
1—穿心锤；2—锤垫；3—触探杆；
4—贯入器头；5—出水孔；
6—贯入器身；7—贯入器靴

液化判别标准贯入锤击数基准值 N_0　　　　表 3-6

地面加速度(g)	0.10	0.15	0.20	0.30	0.40
液化判别标准贯入锤击数基准值	7	10	12	16	19

4. 液化地基的评价

在经过上述判别证实地基土确实存在液化趋势后应对地
基土本身液化危害性做出定量的分析，评价液化土可能造成
的危害程度。

（1）地基液化指数

为了鉴别场地土液化危害的程度，对于存在液化土层的
地基，应在探明各液化土层的深度和厚度后，先用式（3-5）确定液化地基的液化指数
I_{lE}，然后再根据表 3-7 综合划分地基的液化等级，以反映场地液化可能造成的危害程度。

地基的液化指数（liquefaction index）I_{lE} 可按下式确定：

$$I_{lE}=\sum_{i=1}^{n}\left(1-\frac{N_i}{N_{cri}}\right)d_iw_i \qquad (3-5)$$

式中　I_{lE}——液化指数；

　　　n——在判别深度范围内每一个钻孔标准贯入试验点的总数；

N_i，N_{cri}——分别为第 i 点标准贯入锤击数的实测值和临界值，当实测值 $N_i>N_{cri}$ 时应
　　　　　取临界值的取值；当只需要判别 15m 范围以内的液化时，15m 以下的实测
　　　　　值可按临界值采用；

　　　d_i——i 点所代表的土层厚度（m），可采用与该标准贯入试验点相邻的上、下两
　　　　　标准贯入试验点深度差的一半，但上界不高于地下水位深度，下界不深于
　　　　　液化深度；

　　　w_i——i 土层单位土层厚度的层位移影响权函数值（单位为 m^{-1}）。当该层中点深
　　　　　度不大于 5m 时应采用 10，等于 20m 时应采用零值，5~20m 时应按线性内
　　　　　插法取值；若只需考虑深度为 15m 内的液化时，公式中 15m（不包括 15m）
　　　　　以下的 N_i 值可视为零。

公式中的 d_i、d_{si} 和 w_i 可以参照图 3-7 所示的方法确定。

（2）地基液化等级与可能震害

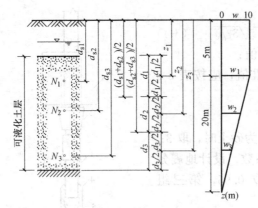

图 3-7　确定 d_i、d_{si} 和 w_i 的示意图
（z_i 土层的中点的深度）

液化指数与液化危害之间有着明显的对应关系。一般液化指数越大，场地的喷水冒砂情况和建筑物的液化震害就越严重。按液化指数的大小，液化等级分为轻微、中等和严重三级，见表 3-7。

液化等级与液化指数的对应关系

表 3-7

液化等级	轻微	中等	严重
液化指数 I_{lE}	$0 < I_{lE} \leqslant 6$	$6 < I_{lE} \leqslant 18$	$I_{lE} > 18$

对于不同等级的液化地基，地面的喷水冒砂情况和对建筑物造成的震害有着显著的不同，表 3-8 列出了不同液化等级的可能震害。

不同液化等级的可能震害

表 3-8

液化等级	地面喷水冒砂情况	对建筑物的危害情况
轻微	地面无喷水冒砂，或仅在洼地、河边有零星的喷水冒砂点	危害性小，一般不至引起明显的震害
中等	喷水冒砂可能性大，从轻微到严重均有，多数属中等	危害性较大，可造成不均匀沉降和开裂，有时不均匀沉陷可能达到 200mm
严重	一般喷水冒砂都很严重，涌砂量大，地面变形明显	危害性大，不均匀沉陷可能大于 200mm，高重心结构可能产生不容许的倾斜

【例 3-2】　某工程场地设防烈度为 8 度，设计地震分组为第一组，设计基本地震加速度为 0.2g，工程场地土层为第四纪全新世冲积层，地下水位埋深 2.0m，基础埋深 2.0m。岩土工程勘察钻孔地质资料如表 3-9 所示。试计算该场地液化指数并确定相应的液化等级。

场地钻孔地质资料

表 3-9

层号	土层名称	层底深度(m)	标准贯入试验 N			黏粒含量 ρ_c(%)
			编号	试验点深度(m)	标准实测值	
1	粉砂	4.6	1	3	8	6.8
			2	4	8	
2	粉土	7.7	3	5	10	14.2
			4	6	10	
			5	7	11	
3	细砂	10.6	6	8	12	1.9
			7	9	12	
			8	10	11	
4	粉质黏土	20m 未钻透	9	11	10	26

【解】　1. 液化判别

（1）初判

① 从地质年代判别：该场地为第四纪全新世冲积层，在第四纪全新世之后，因此不能判别为非液化土。

② 上覆非液化土层厚度和地下水位深度判断：场地表土即为粉砂，地下水埋深 $d_w = 2.0m$，上覆非液化土层即 $d_u = 2.0m$，基础埋深 $d_b = 2m$。对于烈度 8 度（设计基本地震加速度 0.2g）的砂土，特征深度 $d_0 = 8m$。

$$d_0 + d_b - 2 = 8 + 2 - 2 = 8 > d_u = 2.0m$$

$$d_0 + d_b - 3 = 8 + 2 - 3 = 7 > d_w = 2.0m$$

$$d_u + d_w = 2.0 + 2.0 = 4 < 1.5d_0 + 2d_b - 4.5 = 1.5 \times 8 + 2 \times 2 - 4.5 = 11.5m$$

从以上计算可见，都不符合要求，故需进一步进行判别。

（2）标准贯入试验法判别

① 粉砂层计算：$N_0 = 12$，$\beta = 0.8$，$\rho_c = 6.8$（砂土所以取为 3）

代入式（3-4）$N_{cr} = N_0 \beta [\ln(0.6d_s + 1.5) - 0.1d_w] \sqrt{3/\rho_c}$，即：

第 1 试验点 $d_s = 3m$ $N_{cr1} = 12 \times 0.8 \times [\ln(0.6 \times 3 + 1.5) - 0.1 \times 2] \times \sqrt{3}/3 = 9.5 > 8$，液化。

第 2 试验点 $d_s = 4m$ $N_{cr1} = 12 \times 0.8 \times [\ln(0.6 \times 4 + 1.5) - 0.1 \times 2] \times \sqrt{3}/3 = 11 > 8$，液化。

② 粉土层计算：

由于粉土黏粒含量 $\rho_c = 14.2 > 10$，可判断为不液化土，故不用计算其锤击数临界值。

③ 细砂层 $N_0 = 12$，$\beta = 0.8$，$\rho_c = 1.9$（因砂土所以取为 3）

第 6 试验点 $d_s = 8m$ $N_{cr1} = 12 \times 0.8 \times [\ln(0.6 \times 8 + 1.5) - 0.1 \times 2] \times \sqrt{3}/3 = 15.7 > 12$，液化。

第 7 试验点 $d_s = 9m$ $N_{cr1} = 12 \times 0.8 \times [\ln(0.6 \times 9 + 1.5) - 0.1 \times 2] \times \sqrt{3}/3 = 16.6 > 12$，液化。

第 8 试验点 $d_s = 10m$ $N_{cr1} = 12 \times 0.8 \times [\ln(0.6 \times 10 + 1.5) - 0.1 \times 2] \times \sqrt{3}/3 = 17.4 > 11$，液化。

④ 粉质黏土层：由于粉质黏土层黏粒含量 26% > 13%，可判断为不液化土，故不用计算其锤击数临界值。

2. 液化等级

（1）计算液化指数 I_{lE}：此处只需要计算 1、2、6、7、8 五点。

各标准贯入点所代表的图层厚度 d_i、其中点深度 z_i 及层位影响权函数值 w_i 为：

$d_1 = (3-2) + (4-3)/2 = 1.5m$，计算土层中点深度：$z_1 = 2 + 1.5/2 = 2.7$，$w_1 = 10$；

$d_2 = (4-3)/2 + (4.6-4) = 1.1m$，计算土层中点深度：$z_2 = 3.5 + 1.1/2 = 4.05m$，$w_2 = 10$；

$d_6 = 8 - 7.7 + (9-8)/2 = 0.8m$，计算土层中点深度：$z_6 = 7.7 + 0.8/2 = 8.1m$，$w_6 = 7.93$；

$d_7 = (9-8)/2 + (10-9)/2 = 1m$，计算土层中点深度：$z_7 = 9m$，$w_7 = 7.33$；

$d_8 = (10-9)/2 + 10.6 - 10 = 1.1m$，计算土层中点深度：$z_8 = 9.5 + 1.1/2 = 10.05m$，$w_8 = 6.63$。

将以上数据代入 I_{lE} 的表达式，有

$$I_{lE} = \sum_{i=1}^{n} \left[1 - \frac{N_i}{N_{cri}} \right] d_i w_i$$

$= (1-8/9.5) \times 1.5 \times 10 + (1-8/11) \times 1.1 \times 10 + (1-12/15.7) \times 0.8 \times 7.93 + (1-12/16.6) \times 1.0 \times 7.33 + (1-11/17.4) \times 1.1 \times 6.63$

$= 11.6$

（2）液化等级判别：

$6 < I_{lE} = 11.6 \leqslant 18$，由表 3-7 可知，该场地液化等级为中等。

5. 地基土液化的抗震措施

地基液化的抗震措施应根据建筑的抗震设防烈度、地基液化等级和结构特点，结合具体情况综合确定。当液化土层较平坦且均匀时，可按表 3-10 选用适当的抗液化措施。尚可考虑上部结构重力荷载对液化危害的影响，根据液化震陷量的估计适当调整抗液化措施。一般情况下，除了丁类建筑外，不宜将未经处理的液化土层作为地基的持力层。

抗液化措施   表 3-10

建筑抗震设防类别	地基的液化等级		
	轻微	中等	严重
乙类	部分消除液化沉陷，或对基础和上部结构处理	全部消除液化沉陷，或部分消除液化沉陷且对基础和上部结构处理	全部消除液化沉陷
丙类	基础和上部结构处理，亦可采取措施	基础和上部结构处理，或更高要求的措施	全部消除液化沉陷，或部分消除液化沉陷且对基础和上部结构处理
丁类	可不采取措施	可不采取措施	基础和上部结构处理，或其他经济的措施

注：甲类建筑的地基抗液化应进行专门研究，但不宜低于乙类的相应要求。

（1）全部消除地基液化沉陷的措施

当要求全部消除地基液化沉陷，工程中常采用桩基础、深基础、加密法加固或挖出液化土层等措施。具体要求如下：

① 采用桩基时，桩端深入液化深度以下稳定土层中的长度（不包括桩尖部分），应按计算确定，且对碎石土，砾、粗、中砂，坚硬黏性土和密实粉土上不应小于 0.8m，对其他非岩石土尚应不小于 1.5m；

② 采用深基础时，基础底面应埋入深度以下稳定土层中的深度，不应小于 0.5m；

③ 采用加密法（如振冲、振冲加密、挤密碎石桩、强夯等）加固时，应处理至液化深度下界；振冲或挤密碎石桩加固后，桩尖土的标准贯入锤击数的实测值不宜小于相应的临界值；

④ 用非液化土替换全部液化土层，或增加上覆非液化土层的厚度；挖出全部液化土层进行替换的方法，适用于液化土层较浅的场地；

⑤ 采用加密法或换土法处理时，在基础边缘以外的处理宽度，应超过基础底面下处理深度的 1/2 且不小于基础宽度的 1/5。

（2）部分消除地基液化沉陷的措施

① 处理深度应使处理后的地基液化指数减少，其值不宜大于 5；大面积筏基、箱基的中心区域，处理后的液化指数不宜大于 4；对独立基础与条形基础，尚不应小于基础底面

下液化土特征深度和基础宽度的较大值；

② 振冲或挤密碎石桩加固后，桩尖土的标准贯入锤击数的实测值不宜小于相应的临界值；

③ 采用加密法或换土法处理时，在基础边缘以外的处理宽度，应超过基础底面下处理深度的 1/2 且不小于基础宽度的 1/5；

④ 取减小液化震陷的其他方法，如增厚上覆非液化土层的厚度和改善周边的排水条件等。

（3）减轻液化影响的基础和上部结构处理

对基础和上部结构，可综合采取如下措施减轻液化的影响：

① 选择合适的基础埋置深度；

② 调整基础底面积，减少基础偏心；

③ 加强基础的整体性和刚度，如采用箱基、筏基或钢筋混凝土交叉条形基础，加设基础圈梁等；

④ 减轻荷载，增强上部结构整体刚度和均匀对称性，合理设置沉降缝（settlement crack），避免采用对不均匀沉降敏感的结构形式等；

⑤ 管道穿过建筑物处应预留足够尺寸或采用柔性接头等。

（4）液化地基处理的其他注意问题

在故河道、现代河滨、海滨、自然边坡有液化侧向扩展的可能地段不宜修建永久性建筑，否则应进行抗滑验算、采取防止土体滑动措施和结构抗裂措施。

3.3.2 软土地基抗震

软土地基是指 7 度、8 度和 9 度时，地基承载力特征值分别小于 80、100 和 120kPa 的软弱黏性土层组成的地基。当建筑场地主要受力层范围内存在软弱黏性土层时（如我国华北、西北地区的自重湿陷性黄土），由于其容许承载力低、压缩性较大，因此房屋的不均匀沉降亦大。如设计不周，就会引起建筑物的大量沉降，从而造成上部结构的破坏。所以在软土地基处理时，首先应做好静力条件下的地基基础设计，并结合工程实际情况，综合考虑地基防液化处理和软土地基的加固处理，采取适当的抗震措施，保证建筑的安全。

3.4 地基与基础的抗震验算

3.4.1 地基与基础抗震验算的一般原则

基础在建筑结构中起着承上启下的作用，一方面要承担上部结构传来的荷载，另一方面要将内力传给基础下的地基。

大量的震害表明，只有少数房屋是因为地基失效导致上部结构破坏的，而且这类地基多为液化地基、易产生震陷的软弱黏土地基和严重不均匀地基。因此大量的建筑地基一般具有良好的抗震性能，按地基静力承载力设计的地基能满足抗震要求，为了简化和减少抗震设计的工作量，我国《建筑抗震设计规范》规定，下述建筑可不进行天然地基及基础的抗震验算：

（1）建筑抗震规范规定可不进行上部结构抗震验算的建筑；

（2）地基主要受力层范围内不存在软弱黏性上的建筑：①一般单层厂房和单层空旷房屋；②砌体房屋；③不超过8层且高度在24m以下的一般民用框架房屋和框架-抗震墙房屋；④基础荷载及与③项相当的多层框架厂房和多层混凝土抗震墙房屋。其中软弱黏性土层指7度、8度和9度时，地基承载力特征值分别小于80、100、120kPa的土层。

3.4.2　天然地基基础抗震验算

1. 地基土的抗震承载力

天然地基基础抗震验算时，考虑到地基土在有限次循环动力作用下强度一般较静强度提高和在地震作用下结构可靠度容许有一定程度降低这两个因素，地基抗震承载力取地基承载力特征值乘以地基抗震承载力调整系数计算，如式（3-6）所示：

$$f_{aE} = \zeta_a f_a \tag{3-6}$$

式中　f_{aE}——调整后的地基承载力设计值（kPa）；

　　　ζ_a——地基土抗震承载力调整系数，应按表3-11采用；

　　　f_a——深宽修正后的地基承载力特征值，应按《建筑地基基础设计规范》GB 50007—2011采用。

地基土抗震承载力调整系数 ζ_a　　　　　　　　　　　　　　表 3-11

岩土名称和性状	ζ_a
岩石，密实的碎石土，密实的砾、粗、中砂，$f_{ak} \geqslant 300$kPa 的黏性土和粉土	1.5
中密、稍密的碎石土，中密和稍密的砾、粗、中砂，密实和中密的细、粉砂，150kPa$\leqslant f_{ak} < 300$kPa 的黏性土和粉土，坚硬黄土	1.3
稍密的细、粉砂，100kPa$\leqslant f_{ak} < 150$kPa 的黏性土和粉土，可塑黄土	1.1
淤泥，淤泥质土，松散的砂，杂填土，新近堆积黄土及流塑黄土	1.0

2. 天然地基抗震承载力验算

地基和基础的抗震验算，一般采用"拟静力法"，此法假定地震作用如同静力，然后在这种条件下验算地基和基础的承载力和稳定性。地基抗震承载力验算方法与静力状态下的相似，即计算的基底压力不超过地基承载力设计值。因此，当需要验算天然地基竖向承载力时，地震作用效应标准组合的基础底面平均压力和边缘的最大压力应符合下列要求：

$$p \leqslant f_{aE} \tag{3-7}$$

$$p_{max} \leqslant 1.2 f_{aE} \tag{3-8}$$

式中　p——地震作用效应标准组合的基础底面平均压力（kPa）；

　　　p_{max}——地震作用效应标准组合的基础底面边缘最大压力（kPa）；

　　　f_{aE}——按式（3-6）求出的地基抗震承载力。

另外，还需限制地震作用下过大的基础偏心荷载，高宽比大于4的建筑，在地震作用下基础底面不宜出现拉应力；其他建筑，基础底面与地基土之间零应力区域面积不应超过基础底面面积的15%。

3. 基础抗震承载力验算

在建筑抗震设计中，房屋的基础一般埋于地面以下，受到的地震作用影响较小。因此，可不进行基础抗震承载力验算。但基础的设计，可按上部结构传下来的有地震作用组合和无地震作用组合的最不利内力进行设计。

3.4.3 桩基的抗震验算

唐山地震的宏观经验表明，桩基的抗震性能普遍优于其他类型的基础。平时主要承受竖向荷载的桩基，无论在液化地基或非液化地基上，一般是比较好的。

1. 桩基不需要进行验算的范围

承受竖向荷载为主的低承台桩基，当地面下无液化土层，且桩承台周围无淤泥、淤泥质土和地基承载力特征值不大于 100kPa 的填土时，下列建筑可不进行桩基抗震承载力验算：

（1）7 度和 8 度时，一般的单层厂房和单层空旷房屋、不超过 8 层且高度在 24m 以下的一般民用框架房屋及与其基础荷载相当的多层框架厂房和多层混凝土抗震墙房屋。

（2）建筑抗震规范规定可不进行上部结构抗震验算的建筑及砌体房屋。

2. 低承台桩基础抗震验算

当建筑物的桩基不符合上述条件时，除了满足《建筑地基基础设计规范》GB 5007—2011 规定的设计要求外，还应进行桩基抗震验算。桩基抗震验算时，要根据场地土的具体情况，分成非液化土层中的低承台桩基和液化土层中的低承台桩基抗震验算两类。

（1）非液化土层中的低承台桩基抗震验算，应符合下列规定：

① 单桩的竖向和水平向抗震承载力特征值，可均比非抗震设计时提高 25%；

② 当承台侧面的回填土夯实至干重度不小于 16.5kN/m³ 时（《建筑地基基础设计规范》对填土的要求），可考虑由承台正面填土与桩承担水平地震作用；但不应计入承台底面与地基土之间的摩擦力。

（2）存在液化土层的桩基抗震验算，应符合下列规定：

① 承台埋深较浅时，出于安全考虑，不宜计入承台周围土的抗力和刚性地坪对水平地震作用的分担作用；

② 地震时，考虑到土尚未充分液化，只是刚度比未液化时下降很多，因此要对液化土的刚度作折减。当桩承台底面上、下分别由厚度不小于 1.5m、1.0m 的非液化土层或非软弱土层时，可按下列两种情况进行桩的抗震验算，并按不利情况设计：

a. 主震时，桩承受全部地震作用，桩承载力计算可按非液化土来考虑，但液化土的桩周摩阻力及桩水平抗力要乘以表 3-12 中相应的折减系数。

b. 在主震发生后可能发生余震。这时地震作用按地震影响系数最大值的 10% 采用，单桩承载力仍按非抗震设计时提高 25% 取用，但应扣除液化土层的全部摩阻力及桩承台下 2m 深度范围内非液化土的桩周摩阻力。

③ 打入式预制桩及其他挤土桩，当平均桩距为 2.5～4 倍桩径且桩数不少于 5×5 时，可计入打桩对土的加密作用及桩身对液化土变形限制的有利影响。当打桩后桩间土的贯入锤击数值达到不液化的要求时，单桩承载力可不折减，但对桩尖持力层作强度校核时，桩群外侧的应力扩散角取为零。打桩后桩间土的标准贯入锤击数宜由试验确定，也可按下式计算：

$$N_1 = N_p + 100\rho(1 - e^{-0.3N_P}) \tag{3-9}$$

式中　N_1——打桩后的标准贯入锤击数；

ρ——打入式预制桩的面积置换率;

N_P——打桩前的标准贯入锤击数。

土层液化影响折减系数   表 3-12

实际标贯锤击数/临界标贯锤击数	深度 d_s(m)	折减系数
≤0.6	d_s≤10	0
	10<d_s≤20	1/3
>0.6~0.8	d_s≤10	1/3
	10<d_s≤20	2/3
>0.8~1.0	d_s≤10	2/3
	10<d_s≤20	1

3. 桩基抗震验算的其他规定

对处于液化土中的桩基承台周围,宜用密实干土填筑夯实,若用砂土或粉土则应使土层的标准贯入锤击数不小于液化土判别标准贯入锤击数临界值 N_{cr}。液化土和震陷软土中桩的配筋范围,应自桩顶至液化深度以下符合全部消除液化沉陷所要求的深度,其纵向配筋应与桩顶部相同,箍筋应加粗和加密。在有液化侧向扩展的地段,距常时水线 100m 范围内的桩基处应满足上述要求外,还应考虑土流动时的侧向作用力,且承受侧向推力的面积应按边桩外缘间的宽度计算。

思 考 题

1. 什么是建筑场地,怎样划分场地类别?
2. 什么是场地的覆盖层厚度,如何确定?
3. 怎样验算天然地基的抗震承载力?
4. 什么是砂土液化?液化会造成哪些危害?
5. 影响土层液化的因素有哪些?
6. 地基液化的抗震措施有哪些?
7. 总结分析某次地震的震害现象,并找出其中砂土液化引起的破坏实例。

习 题

1. 试按表 3-13 给定的地质钻孔资料确定场地类别。

地质钻孔资料   表 3-13

土层底部深度(m)	土层厚度 d_i(m)	岩土名称	剪切波速 v_s(m/s)
2.50	2.50	杂填土	220
5.00	2.50	粉土	290
7.90	2.90	中砂	350
9.90	2.00	砾砂	520

2. 某工程设防烈度为 7 度，设计基本地震加速度为 0.15g，设计地震分组为二组，地下水位深度 1.5m，基础深 2m。地质钻孔资料如表 3-14 所示，试对该工程场地进行液化评价。

地质钻孔资料

表 3-14

| 层号 | 土层名称 | 层底深度(m) | 标准贯入试验 N | | | 黏粒含量 |
			编号	试验点深度(m)	标贯实测值	
1	粉土	4.2	1	2	7	6.6
			2	3.5	8	
2	中砂	9.7	3	5.0	8	3.2
			4	6.5	7	
			5	8.0	9	
3	砾砂	13.2	6	9.5	11	2.6
			7	11	15	
			8	12.57	22	

第4章　结构地震反应分析与抗震验算

4.1 概　述

地震释放的能量是以地震波的形式向四周扩散，当地震波到达地面后引起地面产生加速度运动并强迫建筑（构筑）物产生相应的加速度，这时，相当于有一个与加速度方向相反的惯性力作用在建筑物上。地震时由地震动引起的作用在建筑（构筑）物上的惯性力（或力矩）即地震作用。地震作用与结构自重或活荷载等静态作用不同，它是一种动态作用，与结构所在地区场地的地震动特性（如地震烈度、卓越周期等）和结构动力特性（结构自振周期、振型和阻尼等）有关。

对地震区的工程结构依据工程抗震的要求进行专门设计，称为抗震设计，一般包括抗震概念设计、结构抗震计算和抗震构造措施三个方面。本章主要介绍结构抗震计算。抗震计算则是首先要计算结构的地震作用，然后求出结构和构件的地震作用效应即在地震作用下结构产生的内力（剪力、弯矩、扭矩、轴向力等）或变形（线位移、角位移等），再将地震效应与其他荷载效应组合得到组合的效应值，最后将各作用效应组合进行抗震能力极限状态设计计算，使结构构件满足抗震承载力与变形能力要求。

地震震动使工程结构产生内力与变形的动态反应通常称为结构的地震反应。工程结构的地震反应大小取决于地震震动和工程结构的情况。因此，地震反应分析的水平也是随着人们对这两方面认识的深入而提高的。工程结构抗震理论作为一门学科来研究有一百年左右，近几十年对地震活动性与地震震动的不确定性和结构的不同破坏阶段有了更进一步认识，因此，结构地震反应分析方法也有了相应的发展。

结构地震反应分析的发展可以分为静力理论、反应谱理论和动力分析三个阶段；在动力分析阶段中又可分为弹性和弹塑性（或非线性）两个阶段。

1. 静力阶段

静力理论创始于意大利，发展于日本。1900年左右，日本学者大森房吉、佐野利器、物部长穗、末广恭二等对其发展作出了重要贡献。

1899年大森房吉在《砖柱和柱状物的翻倒调查（人造地震动试验报告）》中，明确提出结构所受地震力 F 可以写为下述形式：

$$F = \frac{G}{g} a_{\max} = kG \tag{4-1}$$

式中　G——物体重量（力）；

　　$a_{\max}$——水平向最大加速度；

　　　g——重力加速度；

　$k = \dfrac{a_{\max}}{g}$——地震系数（日本称为工程震度）。

使用这一公式时，大森房吉认为：建筑物各部分均承受一个均匀的、不变的水平加速度 a_{max}，其大小等于地震震动的最大加速度，这一加速度所产生的惯性力就是地震力，在设计中当作一种静荷载考虑。这相当于假定建筑物是刚体，建筑物各部分的运动与地面运动保持一致。

佐野利器曾对 1906 年美国旧金山大地震进行现场调查，并于 1916 年提出"家屋耐震构造论"，论证了砖石、钢和钢筋混凝土结构的抗震问题，主要观点如下：

（1）刚性大的结构物按震度 $k=\dfrac{a_{max}}{g}=0.1$ 计算。若材料的安全系数为 3.0，则结构可以抗御震度约 0.3 的地震震动。

（2）由于引起结构物产生破坏性打击的地震震动周期约为 1.0～1.5s，结构物要避免共振应选用刚性结构。对于刚性小的结构物，需要考虑提高上部的震度。

（3）在挡土墙的地震压力计算中，应采用小于静止土压力的内摩擦角。

（4）当砖石结构物中楼板与屋面板缺乏足够的水平刚度时，墙体应对墙面所受的平面水平地震力有足够的强度。

（5）当结构物的楼板与屋面板为钢筋混凝土板时，作用于结构上的全部地震力，按刚度分配于各抗震单元（抗震墙、抗震刚架等）。

这些观点，经过 1923 年日本关东大地震之后，大部分为当时的抗震规范所接受。不过，当时在佐野利器与真岛健三郎之间引起了一场刚柔之争。1927 年佐野利器提倡刚性结构，认为强地震震动的主要周期在 1.0～1.5s 之间，刚性结构可以有效地抗御地震；而真岛健三郎认为，结构愈刚，则所受地震力愈大，所以应采用柔性结构，才有利于抗震。早在 1920 年物部长穗等就认识到结构物是弹性的，可能与地震震动产生共振现象。刚柔两种学说都立足于避免共振，只是当时对地震动卓越周期认识不清而已，到 20 世纪 30 年代，妹泽克雄与金井清提出能量损耗论，认为地震震动中包括有长、短周期多种周期分量，刚性或柔性结构在阻尼小时都会共振，因此，重要的是加大阻尼。

2. 反应谱阶段

1940 年美国比奥特（Biot. M. A）通过对强地震动记录的研究，首次提出反应谱这一概念，为抗震设计理论进入一个新的发展阶段奠定了基础。20 世纪 50 年代初，美国豪斯纳（Housner. G. W）及其合作者发展了这一理论，并在美国加州抗震设计规范中首先采用反应谱概念作为抗震设计理论，以取代静力法，该法至今仍然是我国和世界上许多国家工程结构设计规范中地震作用计算的理论基础。反应谱理论考虑了工程结构的动力特性与地震动特性之间的动力关系，又保持了原有的静力理论的简单形式。按照反应谱理论，作为单自由度弹性体系的结构物所受的最大地震基底剪力或地震作用 F 为：

$$F = k\beta(T)G \tag{4-2}$$

其中 $\beta(T) = \dfrac{S_a(T)}{a_{max}}$ 为加速度反应谱与最大地震动加速度之比，简称动力系数，表示结构加速度的放大系数。同时利用振型分解原理，可有效地将上述概念用于多质点体系的抗震计算，这就是抗震设计规范中给出的振型分解反应谱法。它是以结构自由振动的多质点体系的振动分解成若干个独立的等效单质点体系的振动，利用反应谱概念求出前几个振型的地震作用，并按一定的法则进行组合即可求出结构总的地震作用。

3. 动力分析阶段

20 世纪 60 年代前后，随着计算机技术的发展，工程地震反应的数值分析成为现实。人们逐渐认识到，像反应谱那样的等效静力法并不足以确保结构物抗震的安全，考虑全部地震动过程进行真正的结构反应动力分析是非常必要的。1959 年纽马克（Newmark. M. K）提出了工程结构地震反应分析以逐步积分法为基础的时程分析法，以此为基础发展起来的一系列方法（$Newmark-\beta$ 法和 $Wilson-\theta$ 法等）既适用于弹性结构体系也适用于非弹性结构体系，特别是在非弹性结构体系的时程分析法中，人们才真正考虑到地震动的作用是一个震动过程而非施加于结构的一个等效静力，这类方法可考虑结构的延性对抗震的有利作用，并可分析结构变形反应。现行抗震设计规范已明确规定了对一些重要的工程结构物宜采用地震动时程进行动态分析，作为常规抗震分析（反应谱法）的补充计算。

本章主要介绍地震作用分析的反应谱方法，并对时程分析法作简要介绍。

4.2 单自由度弹性体系的地震反应分析

4.2.1 单自由度弹性体系的地震反应分析计算简图

某些工程结构，例如水塔、单层房屋、大跨结构（图 4-1）及各跨等高的单层厂房等，因其质量大部分均集中于水箱、屋盖或桥面，因此在计算时，可在其主要质量标高处选取一计算点，如水塔的水箱、单层房屋的屋盖或大跨结构的跨中，将水箱、屋盖或跨中

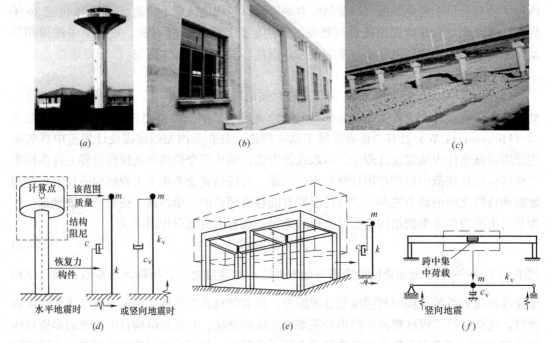

图 4-1 单自由度体系的计算模型

（a）水塔；（b）单层房屋；（c）大跨结构；（d）水塔动力模型；（e）单层房屋模型；（f）大跨结构模型

的全部质量，以及塔身、墙体或跨内的部分质量集中到该点；将塔身、房屋墙柱或梁视为水平或竖向恢复力杆件，从而形成单质点集中质量模型。在水平或竖向地震作用下，可按单自由度体系来分析其振动。

单自由度体系模型可计算简单结构的反应，更重要的是其分析理论是多自由度体系分析的基础。

4.2.2 单自由度弹性体系的地震反应分析

1. 单自由度弹性体系的运动方程

运动方程可用牛顿第二定理或达朗倍尔（D'Alembert）动力平衡原理建立，下面介绍其方法。

在随时间变化的水平地震动 $\ddot{x}_g(t)$ 作用下，质点地震运动如图 4-2 所示。取质点为隔离体，沿水平自由度方向作用在该点的外力包括阻尼力 $f_D(t)$ 和弹性恢复力 $f_R(t)$。

其中，$f_R(t)$ 是恢复力杆件对质点的弹性反力，其大小等于杆件水平刚度系数 k 与质点相对位移 $x(t)$ 的乘积，其方向与位移 $x(t)$ 的方向相反，即：

$$f_R(t) = -kx(t) \tag{4-3}$$

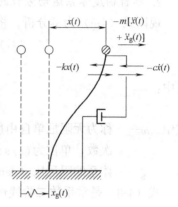

图 4-2 单自由度弹性体系在地震下的振动运动

式中　k—— 体系沿自由度方向（水平）的刚度，对单自由度体系，就是沿自由度方向产生单位位移时在自由度方向所需施加的力；

$x(t)$——质点沿自由度方向（水平）的相对地面位移。

阻尼力是体系的一种阻力，在振动中可不断耗能，其机理较复杂，是由结构构件材料摩擦、构件连接处摩擦、周围介质（如空气和水等）阻力及地基介质的能量耗散等造成的。阻尼力在工程中一般采用粘滞阻尼理论确定，其与结构构件的相对速度大小成正比，而与相对速度方向相反：

$$f_D(t) = -c\dot{x}(t) \tag{4-4}$$

式中　c—— 体系沿自由度方向（水平）的黏滞阻尼系数；

$\dot{x}(t)$——质点沿自由度方向（水平）的相对地面速度。

根据牛顿第二定理，作用在集中质量 m 上的外力的合力等于质量 m 与其绝对加速度 $[\ddot{x}_g(t) + \ddot{x}(t)]$ 的乘积，即：

$$f_R(t) + f_D(t) = m[\ddot{x}_g(t) + \ddot{x}(t)] \tag{4-5}$$

式中　$\ddot{x}(t)$——质点沿自由度方向（水平）的相对地面运动加速度；

$\ddot{x}_g(t)$——地面水平地震动加速度。

把式 (4-3)、式 (4-4) 代入式 (4-5)，经整理后可得单自由度体系运动方程为：

$$m\ddot{x}(t) + c\dot{x}(t) + kx(t) = -m\ddot{x}_g(t) \tag{4-6}$$

另一方面，若设 $f_I(t) = -m[\ddot{x}_g(t) + \ddot{x}(t)]$，则 $f_I(t)$ 的大小等于质量 m 与其绝对加速度 $[\ddot{x}_g(t) + \ddot{x}(t)]$ 的乘积，而其方向与绝对加速度的方向相反，我们把 $f_I(t)$ 称为作

用在计算质点上的惯性力，将式（4-5）右边用 $f_I(t)$ 代替，经整理后可得：

$$f_I(t)+f_D(t)+f_R(t)=0 \tag{4-7}$$

即质点在惯性力 $f_I(t)$、阻尼力 $f_D(t)$ 和弹性恢复力 $f_R(t)$ 作用下保持平衡，此即 D'Alembert 平衡原理，将 $f_I(t)$、$f_D(t)$ 和 $f_R(t)$ 表达式代入式（4-7），同样可得单自由度体系运动方程式（4-6）。

由上述分析可见，牛顿第二定理和达朗倍尔（D'Alembert）原理在本质上是一致的，但是对于复杂的振动问题，建立物体的动力平衡方程时，用达朗倍尔（D'Alembert）原理往往比用牛顿第二定理方便，这也是本书的动力平衡方程多采用达朗倍尔（D'Alembert）原理建立的主要原因。

2. 单自由度体系运动方程的解

现以式（4-6）为例分析。将式（4-6）两边分别除以 m，可化为：

$$\ddot{x}(t)+2\zeta\omega\dot{x}(t)+\omega^2 x(t)=-\ddot{x}_g(t) \tag{4-8}$$

其中：
$$\left. \begin{aligned} \omega^2 &= k/m \\ \zeta &= \frac{c}{2\sqrt{km}} = \frac{c}{2\omega m} \end{aligned} \right\} \tag{4-9}$$

式中　ω——称为无阻尼单自由度弹性体系的自振圆频率，即 2π 时间内体系的往复振动次数，单位为 $(1/s)$；

ζ——体系的阻尼比（damping ratio），为无量纲量。

式（4-8）是常系数二阶线性非齐次微分方程，根据微分方程理论，其解 $x(t)$ 包括两部分：$x(t)=x_1(t)+x_2(t)$，第一部分 $x_1(t)$ 为方程式（4-8）对应齐次方程的通解，代表体系的自由振动反应，第二部分 $x_2(t)$ 是非齐次方程式（4-8）的特解，代表体系在地震作用下的强迫振动反应。

（1）齐次方程的通解 $x_1(t)$——自由振动反应

非齐次方程式（4-8）对应的齐次方程为：

$$\ddot{x}_1(t)+2\zeta\omega\dot{x}_1(t)+\omega^2 x_1(t)=0 \tag{4-10}$$

对工程结构，$\zeta<1$，位移通解为：

$$x_1(t)=e^{-\zeta\omega t}(A\cos\omega_d t+B\sin\omega_d t) \tag{4-11}$$

式中　A、B——齐次方程通解系数，其值应根据振动问题的解 $x(t)$ 及其初值条件确定；

ω_d——有阻尼单自由度弹性体系的自振圆频率，与 ω 的关系为：

$$\omega_d=\omega\sqrt{1-\zeta^2} \tag{4-12}$$

对于自由振动体系，振动方程的解为 $x(t)=x_1(t)$。若初位移、速度分别为 $x(0)$、$\dot{x}(0)$，由式（4-11），得到系数 A、B，从而自由振动体系的位移为：

$$x(t)=e^{-\zeta\omega t}\left[x(0)\cos\omega_d t+\frac{\dot{x}(0)+\zeta\omega x(0)}{\omega_d}\sin\omega_d t\right] \tag{4-13}$$

上式存在 $e^{-\zeta\omega t}$ 项，因而振动幅值随时间不断衰减。阻尼比越小，衰减越慢。当 $\zeta=0$ 时，成为无衰减的简谐周期振动。

结构抗震中经常用到无阻尼自振周期 T 和自振频率 f。其中自振周期是体系往复振动一次的时间，单位为 s；自振频率等于自振周期的倒数，单位为 $1/s$ 或称为赫兹（Hz）。

$$T=\frac{2\pi}{\omega}=2\pi\sqrt{\frac{m}{k}}=\frac{1}{f} \tag{4-14}$$

由于 m、k 和 ζ 是结构的固有参数，自振周期也称为固有周期，属于结构的自振特性。工程结构一般为有阻尼的，但其值较小，$\zeta=0.01\sim0.25$ 时，$\omega_d=0.999\sim0.97\approx\omega$。因而计算普通结构的有阻尼自振特性 ω_d 或 T_d 时，往往忽略阻尼影响，取 $\omega_d=\omega$ 或 $T_d=T$。

【例 4-1】 已知一水塔构筑物简化为水平单自由度体系时，质点集中质量为 100000kg，侧移刚度为 $6.50\times10^6\,\text{N/m}$，阻尼比为 0.10，分析该结构的水平自振特性。

【解】 由式 (4-14)，该体系无阻尼的水平自振周期为：

$$T=2\pi\sqrt{m/k}=6.283\times\sqrt{100000/(6.50\times10^6)}=0.78\text{s}$$

由式 (4-12)，该体系有阻尼的自振周期为：

$$T_d=\frac{2\pi}{\omega_d}=\frac{2\pi}{\omega\sqrt{1-\zeta^2}}=\frac{T}{\sqrt{1-\zeta^2}}=\frac{0.78}{\sqrt{1-0.10^2}}=0.784\text{s}$$

(2) 地震作用下非齐次方程的特解 $x_2(t)$——地震强迫振动反应

求地震作用下运动方程

$$m\ddot{x}(t)+c\dot{x}(t)+kx(t)=-m\ddot{x}_g(t) \tag{4-6}$$

的特解时，假定质点在地震开始时的位移、速度初值均为 0。地震动激励 $\ddot{x}_g(t)$ 下，单自由度体系可视为质点上作用一扰动力 $P(t)=-m\ddot{x}_g(t)$。扰动力 $P(t)=-m\ddot{x}_g(t)$ 可划分为无数个微分脉冲段，图 4-3 中阴影部分为一个微分脉冲段，其在 τ 时刻末作用在质点上，大小为 $P(\tau)=-m\ddot{x}_g(\tau)$，作用时间为 $d\tau$，则冲量等于 $-m\ddot{x}_g(\tau)\,d\tau$。这一脉冲在 $\tau+d\tau$ 时刻作用完毕后，体系产生了自由振动（图 4-4）；将这些无数微分脉冲段作用产生的自由振动反应累加，即可得到方程的特解。

分析质点在等效力 $P(t)=-m\ddot{x}_g(t)$ 的单个微分脉冲段 $d\tau$ 引起的自由振动时，只要求得脉冲引起的自振初位移 $x(\tau)$ 和初速度 $\dot{x}(\tau)$，就可由式 (4-11) 求自由振动反应。

将每个微分脉冲视为独立的，各脉冲作用前的质点的位移、速度初值取 0。质点在时刻 τ 的脉冲冲量为作用力与时间的乘积 $p(\tau)d\tau=-m\ddot{x}_g(\tau)d\tau$，相应的动量增量为 $m\Delta\dot{x}(\tau)$。根据动量定律（冲量等于动量的增量）可得：

$$-m\ddot{x}_g(\tau)d\tau=m\Delta\dot{x}(\tau)$$

微段 $d\tau$ 产生的速度：

$$\dot{x}(\tau)=0+\Delta\dot{x}(\tau)=-\ddot{x}_g(\tau)d\tau$$

而微段 $d\tau$ 产生的位移近似为：

$$x(\tau)=\frac{0+\dot{x}(\tau)}{2}d\tau=\frac{-\ddot{x}_g(\tau)}{2}(d\tau)^2$$

由于脉冲时间 $d\tau$ 极短，其作用后的质点位移 $x(\tau)$ 为 $d\tau$ 的二次方，为速度 $\dot{x}(\tau)$ 的高阶无穷小量，因此可以认为脉冲作用后质点的位移仍为 0，由式 (4-13) 得 τ 时刻微分段 $d\tau$ 引起的自振位移为：

$$dx(t,\tau)=-e^{-\zeta\omega(t-\tau)}\frac{\ddot{x}_g(\tau)}{\omega_d}\sin\omega_d(t-\tau)d\tau \tag{4-15}$$

其中，$\tau\leqslant t$。将 t 之前的所有微分脉冲 $d\tau$ 所产生的自由振动反应累加，可得到有阻尼单自由度弹性体系的位移反应，运动方程的特解用积分形式表达为：

$$x_2(t) = \int_{\tau=0}^{t} dx(t,\tau) = -\frac{1}{\omega_d} \int_{\tau=0}^{t} \ddot{x}_g(\tau) e^{-\zeta\omega(t-\tau)} \sin\omega_d(t-\tau) d\tau \qquad (4\text{-}16)$$

单自由度体系地震下的上述特解称为杜哈梅（Duhamel）积分解，它是一卷积积分，被积函数表达式及积分限中均含参变量 t。

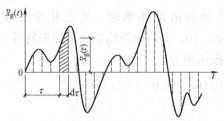

图 4-3　地震动加速度时程划为微分段

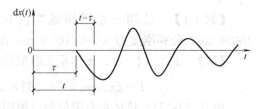

图 4-4　每个微分段 $d\tau$ 引起的地震反应

（3）相对地面的地震位移反应

由微分方程理论，自由振动解 $x_1(t)$ 与强迫振动解 $x_2(t)$ 之和组成了地震反应通解：

$$x(t) = x_1(t) + x_2(t) = e^{-\zeta\omega t}(A\cos\omega_d t + B\sin\omega_d t) - \frac{1}{\omega_d}\int_{\tau=0}^{t} \ddot{x}_g(\tau) e^{-\zeta\omega(t-\tau)} \sin\omega_d(t-\tau) d\tau$$

$$(4\text{-}17)$$

地震发生前常假定体系为静止状态，即 $x(0) = \dot{x}(0) = 0$。将初值条件代入式（4-17）可得 $A = 0$、$B = 0$。地震相对位移反应 $x(t)$ 只剩下杜哈梅积分项：

$$x(t) = x_1(t) + x_2(t) = x_2(t) = -\frac{1}{\omega_d}\int_{0}^{t} \ddot{x}_g(\tau) e^{-\zeta\omega(t-\tau)} \sin\omega_d(t-\tau) d\tau \qquad (4\text{-}18)$$

4.3　单自由度弹性体系的水平地震作用计算和反应谱法

4.3.1　水平地震作用基本公式以及质点的相对地面运动速度和绝对加速度

1. 水平地震作用基本公式

在地震作用下，单自由度体系质点上的惯性力等于质量乘以绝对加速度，即为：
$F(t) = -m[\ddot{x}_g(t) + \ddot{x}(t)]$，由式（4-6）可知，$-m[\ddot{x}_g(t) + \ddot{x}(t)] = c\dot{x}(t) + kx(t)$，由于公式中 $c\dot{x}(t)$ 远小于 $kx(t)$，故可以略去不计，即：

$$F(t) = -m[\ddot{x}_g(t) + \ddot{x}(t)] \approx kx(t)$$

上式极像一般静力学中荷载与刚度和位移的关系。因此我们可以将 $F(t)$ 看成等效静荷载，它使具有侧移刚度为 K 的结构产生水平位移为 $x(t)$。

因此虽然惯性力并不是真实作用于质点上的力，但惯性力对结构体系的作用和地震对结构体系的作用相当，对结构设计来说，感兴趣的是结构的最大反应，因此利用质点的惯性力的最大值对结构进行抗震验算，就可使抗震计算这一动力计算问题转化为静力计算问题。由上述可知，确定结构受到的地震作用关键要求出质点的绝对加速度。

2. 质点的相对地面运动速度和绝对加速度

将式（4-18）对时间 t 求导数，得到质点相对地面的速度反应 $\dot{x}(t)$ 为：

$$\dot{x}(t) = \frac{\mathrm{d}x(t)}{\mathrm{d}t} = \frac{\zeta\omega}{\omega_\mathrm{d}}\int_0^t \ddot{x}_\mathrm{g}(\tau)e^{-\zeta\omega(t-\tau)}\sin\omega_\mathrm{d}(t-\tau)\mathrm{d}\tau - \int_0^t \ddot{x}_\mathrm{g}(\tau)e^{-\zeta\omega(t-\tau)}\cos\omega_\mathrm{d}(t-\tau)\mathrm{d}\tau$$

令 $\tan\theta = \zeta/\sqrt{1-\zeta^2}$

$$= -\frac{\omega}{\omega_\mathrm{d}}\int_0^t \ddot{x}_\mathrm{g}(\tau)e^{-\zeta\omega(t-\tau)}\cos[\omega_\mathrm{d}(t-\tau)+\theta]\mathrm{d}\tau \tag{4-19}$$

为求惯性力作用，还需得到绝对加速度反应 $\ddot{x}_\mathrm{a}(t)$，由式（4-8）得：

$$\ddot{x}_\mathrm{a}(t) = -\omega^2 x(t) - 2\zeta\omega\dot{x}(t) = \frac{\omega^2}{\omega_\mathrm{d}}\int_0^t \ddot{x}_\mathrm{g}(\tau)e^{-\zeta\omega(t-\tau)}\sin[\omega_\mathrm{d}(t-\tau)+2\theta]\mathrm{d}\tau \tag{4-20}$$

抗震计算中，往往是取整个地震过程中的最大反应，亦即取式（4-18）、式（4-19）和式（4-20）的绝对最大值；当 ζ 很小时，近似取 $\omega_\mathrm{d}=\omega$，$\theta=0$。从而单自由度体系相对地面最大位移反应 $S_\mathrm{d}(T)$、最大速度反应 $S_\mathrm{v}(T)$ 和绝对最大加速度反应 $S_\mathrm{a}(T)$ 为：

$$S_\mathrm{d}(T) = |x(t)|_{\max} = \frac{1}{\omega}\left|\int_0^t \ddot{x}_\mathrm{g}(\tau)e^{-\zeta\omega(t-\tau)}\sin\omega(t-\tau)\mathrm{d}\tau\right|_{\max} \tag{4-21}$$

$$S_\mathrm{v}(T) = |\dot{x}(t)|_{\max} = \left|\int_0^t \ddot{x}_\mathrm{g}(\tau)e^{-\zeta\omega(t-\tau)}\cos\omega(t-\tau)\mathrm{d}\tau\right|_{\max} \tag{4-22}$$

$$S_\mathrm{a}(T) = |\ddot{x}(t)+\ddot{x}_\mathrm{g}(t)|_{\max} = \omega\left|\int_0^t \ddot{x}_\mathrm{g}(\tau)e^{-\zeta\omega(t-\tau)}\sin\omega(t-\tau)\mathrm{d}\tau\right|_{\max}$$

$$= \omega^2 S_\mathrm{d}(T) \approx \omega S_\mathrm{v}(T) \tag{4-23}$$

可见，当给定 $\ddot{x}_\mathrm{g}(t)$ 和 ζ 时，$S_\mathrm{d}(T)$、$S_\mathrm{v}(T)$ 和 $S_\mathrm{a}(T)$ 仅与 ω 或 T 有关。

4.3.2 水平地震动反应谱

1. 地震动反应谱概念和类别

通过前面分析知，当给定地震动加速度曲线 $\ddot{x}_\mathrm{g}(t)$ 及结构阻尼比 ζ 时，最大位移反应 $S_\mathrm{d}(T)$、最大速度反应 $S_\mathrm{v}(T)$ 及最大绝对加速度反应 $S_\mathrm{a}(T)$ 仅仅是体系自振周期 T 的函数。以 T 为横坐标，以最大反应量为纵坐标，可绘出反应谱曲线，如图 4-5 所示。

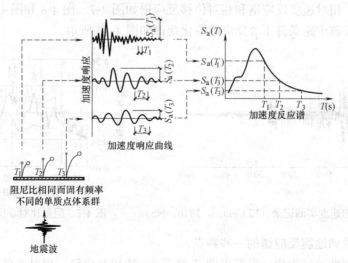

图 4-5　加速度反应谱概念示意图

地震动反应谱是指单自由度弹性体系在一定的地震动作用和阻尼比下，最大地震反应量（如最大位移、速度、绝对加速度反应或其规格化量等）与自振周期的关系曲线。由于反应谱描述了相同地震动下不同单自由度体系反应，因而真实地反映了地震动自身特性。

地震动反应谱根据地震反应的类别，可分为位移、速度反应谱以及绝对加速度、地震影响系数 α 反应谱、动力系数 β 反应谱等。

地震影响系数 α 是指单自由度体系绝对加速度反应 $S_a(T)$ 与重力加速度 g 之比，是无量纲的。α 与 $S_a(T)$ 一样反映了地震动峰值、频谱特性及结构效应。由式（4-23）得：

$$\alpha(T)=\frac{S_a(T)}{g}=\frac{1}{g}\frac{2\pi}{T}\left|\int_0^t \ddot{x}_g(\tau)e^{-\zeta\frac{2\pi}{T}(t-\tau)}\sin\frac{2\pi}{T}(t-\tau)d\tau\right|_{\max} \tag{4-24}$$

给定 $\ddot{x}_g(t)$ 和 ζ，可计算到不同自振周期 T 对应的 α 值。以 α 为纵坐标，以 T 为横坐标，可绘出 $\alpha\sim T$ 关系曲线，称为地震影响系数 α 反应谱曲线。由于 $g=9.81\mathrm{m/s^2}$ 为常数，所以 α 反应谱曲线与 $S_a(T)$ 反应谱的形状一致，仅幅值差倍数 g，即 $\alpha(T)=S_a(T)/g$。

动力系数 β 是指 $S_a(T)$ 与地震动加速度峰值 $|\ddot{x}_g(t)|_{\max}$ 的比值，同样是无量纲的。由于 β 是以 $|\ddot{x}_g(t)|_{\max}$ 规格化的反应量，反映了结构振动对地震动的动力放大或缩小特性，实质是地震动频谱特性的体现。

给定 $\ddot{x}_g(t)$ 和 ξ，同样可计算出 $\beta\sim T$ 关系曲线，称为动力系数 β 反应谱曲线。β 反应谱曲线与 $S_a(T)$ 反应谱形状一致，仅差一个峰值系数 $|\ddot{x}_g(t)|_{\max}$。同理，$\beta(T)$ 与 $\alpha(T)$ 反应谱的形状也相同，幅值只差倍数 $k=|\ddot{x}_g(t)|_{\max}/g$，即 $\alpha(T)=k\beta(T)$，比值 k 称为地震系数。

2. 地震反应谱的影响因素及特点

由式（4-24）可见，反应谱的影响因素主要有结构动力特性（阻尼比、自振周期等）和地震波特性，地震波 $\ddot{x}_g(t)$ 的特性又取决于场地类别、震中距及地震烈度等。

图 4-6 为 1940 年 5 月 18 日美国加州帝王谷（Imperial Valley）地震在 El-Centro 测得的地震动加速度记录，其峰值 $3.417\mathrm{m/s^2}$，持续时间 53.74s。通过计算，得到不同阻尼比下的 α 反应谱、相对速度反应谱和相对位移反应谱如图 4-7、图 4-8 和图 4-9 所示。

不同场地及震中距条件下 β 反应谱变化规律如图 4-10 所示。

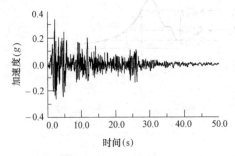

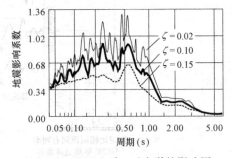

图 4-6　强震加速度实测记录（El-Centro，1940，NS）　　图 4-7　阻尼比对 α 反应谱的影响图

从图中可看到地震反应谱的一些特点：

（1）绝对刚性的结构物（自振周期 T 趋于 0）的相对位移、相对速度、相对加速度反应均等于零，而绝对加速度最大反应就等于地面运动最大加速度。

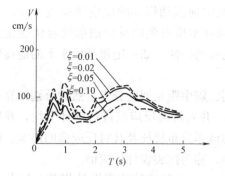

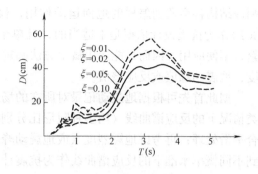

图 4-8 阻尼比对相对速度反应谱的影响图　　　　图 4-9 阻尼比对相对位移反应谱的影响图

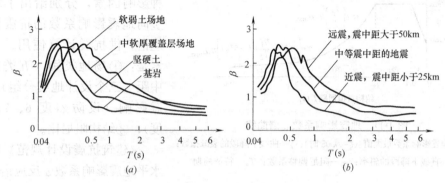

图 4-10 不同场地条件及震中距对反应谱的影响

(a) 不同场地条件下的平均 β 反应谱；(b) 不同震中距下的平均 β 反应谱

（2）反应谱随结构周期的变化：当 T 在 $0\sim0.1\text{s}$ 之间时，β 大致呈线性增加；当 T 小于某个拐点周期值 T_g 时，β 出现波动起伏，该 T_g 值一般稍大于地震动卓越周期，称为地震动特征周期；当 $T>T_g$ 值时，β 值快速降低；当 T 超过 T_g 较多时（约为 $5T_g$），β 下降变缓，接近线性。α 谱的形状特征与 β 谱类似。

（3）对于位移或速度反应谱：当 T 小于某值时，谱值随 T 增大而增大；当 T 超过该值后，反应谱在某值上下波动。

（4）阻尼比 ζ 的影响较大：ζ 越大，谱值越小，且谱曲线的波动变得越平缓。

（5）场地条件对加速度反应谱形状影响较大：场地土质越软，其特征周期 T_g 越长。也就是说，软场地的地震动对长周期结构的影响较大。同一次地震中，不同场地的地震动反应谱一般是不同的，这是由于场地土对地震动频谱特性影响较大的缘故。一般来说，硬场地（I_0、I_1、II 类场地）上加速度反应谱的 T_g 较小，而软场地上 T_g 较大。

地震震中距大小及地震烈度也是影响反应谱的主要因素，原因是它们影响了地震动的峰值或频谱特性。同一次地震中，地震烈度不同的地区，其反应谱不同；同一场地上，两次地震的烈度相同但震中距不同时，所记录的地震动反应谱也可能有很大差别。

4.3.3 水平抗震设计反应谱——水平多遇及罕遇地震的地震影响系数

地震动是一个随机过程，即使在同一地点具有相同的地面运动强度，两次地震中所记录到的地面运动加速度时程曲线也有很大的差别。在进行工程结构抗震设计时，不可能预测该结构将会遇到怎样的地面运动作用，仅选择某次地震动样本的反应谱曲线 $\alpha(T)$ 或 $\beta(T)$ 作为抗震设计依据是不适当的，且单个地震动样本所得到的反应谱曲线起伏变化频繁，不便应用。因而只能运用概率方法确定未来地震动特性，如一定超越概率下的地震烈度、地震动峰值或反应谱值。

据此首先可根据地震动记录对所在的场地类别、震中距及烈度分类；然后分别计算各类情况下的反应谱曲线（用多种阻尼比分别计算），并对每类反应谱进行统计平均，并拟合平滑处理；再考虑地震烈度（或地震动峰值）的概率分布特征及其对反应谱的影响，得到不同概率水准下的反应谱曲线作为抗震计算标准，称为抗震设计反应谱。

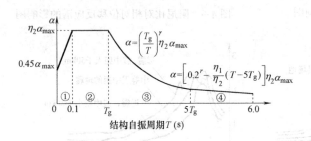

图 4-11　地震影响系数 α 谱曲线

α_{max}——地震影响系数最大值（$\zeta=0.05$ 时）；γ——曲线下降段的衰减指数；
η_1——直线下降段的斜率；η_2——阻尼调整系数；T_g——特征周期

《建筑抗震设计规范》区分三种影响因素，分别给出了水平和竖向地震影响系数的抗震设计反应谱，供抗震计算使用。三种因素是：①场地类别（五类）和震中距（三个设计地震分组），②地震影响（设防烈度 6、7、8、9 度），③结构阻尼比。

《建筑抗震设计规范》给出的水平地震影响系数 α 反应谱曲线如图 4-11 所示。

1. 水平地震影响系数 α 曲线的形状与阻尼调整

钢筋混凝土及砌体结构阻尼比一般取 0.05；当按有关规定不等于 0.05 时，应对平台段地震影响系数、曲线下降段衰减指数 γ、直线下降段斜率 η_1 进行调整。α 反应谱有关形状参数为：

(1) 直线上升段①：指 $T=0\sim0.1s$ 区段，$T=0$ 时，$\alpha|_{T=0}=0.45\alpha_{max}$。

(2) 水平平台段②：指 $T=0.1s\sim T_g$ 区段，取 $\alpha=\eta_2\alpha_{max}$。其中阻尼调整系数 η_2 为：

$$\eta_2=1+\frac{0.05-\xi}{0.08+1.6\xi}，且\ \eta_2\geqslant0.55 \tag{4-25}$$

(3) 曲线下降段③：指自振周期 $T=T_g\sim5T_g$ 区段，取 $\alpha=\left(\dfrac{T_g}{T}\right)^\gamma\eta_2\alpha_{max}$。

其中曲线下降段衰减指数 γ 为：

$$\gamma=0.9+\frac{0.05-\xi}{0.3+6\xi} \tag{4-26}$$

(4) 直线下降段④：指 $T=5T_g\sim6s$ 区段，取 $\alpha=\left[0.2^r-\dfrac{\eta_1}{\eta_2}(T-5T_g)\right]\eta_2\alpha_{max}$。

其中直线下降段斜率 η_1 为：

$$\eta_1=0.02+\frac{0.05-\xi}{4+32\xi}，且\ \eta_1\geqslant0 \tag{4-27}$$

对周期 $T>6s$ 的建筑结构，其地震影响系数应作专门研究，已编制抗震设防区划的地区，允许按批准的设计地震动参数计算地震影响系数。

2. 水平多遇及罕遇地震影响系数最大值 $\alpha_{\max}$、特征周期 T_g

水平地震影响系数最大值 $\alpha_{\max}=k\beta_{\max}=\beta_{\max}\,|\,\ddot{x}_g(t)\,|_{\max}/g$，规范取 $\beta_{\max}=2.25$，同时取多遇地震加速度为基本地震加速度的 0.35 倍，罕遇地震加速度为设计基本地震加速度的 2.0 倍左右。各设防烈度下三个设防水准对应的地面地震运动加速度峰值如表 4-1 所示，相应的《建筑抗震设计规范》给出的各设防烈度下的 $\alpha_{\max}$ 值，如表 4-2 所示。

场地类别和设计地震分组（震中距）的影响通过特征周期 T_g 来体现，如表 4-3 所示。

抗震设防烈度与水平地震动加速度峰值的对应关系 $\ddot{x}_g(t)$ 表 4-1

地震影响	6 度	7 度	8 度	9 度
水平多遇地震（m/s²）	0.18	0.35(0.55)	0.7(1.1)	1.4
设计基本地震加速度（g）	0.05g	0.10(0.15)g	0.20(0.30)g	0.40g
水平罕遇地震（m/s²）	1.25	2.2(3.1)	4.0(5.1)	6.2

注：括号内数值分别用于设计基本地震加速度为 0.15g 和 0.30g 的地区，下同。

水平地震影响系数最大值 $\alpha_{\max}$ 表 4-2

地震影响	6 度	7 度	8 度	9 度
多遇地震	0.04	0.08(0.12)	0.16(0.24)	0.32
基本地震	0.13	0.25(0.37)	0.50(0.75)	1.00
罕遇地震	0.28	0.50(0.72)	0.90(1.20)	1.40

特征周期 $T_g(s)$ 表 4-3

设计地震分组	场地类别				
	I_0	I	II	III	IV
第一组	0.20	0.25	0.35	0.45	0.65
第二组	0.25	0.30	0.40	0.55	0.75
第三组	0.30	0.35	0.45	0.65	0.90

注：计算 8、9 度罕遇地震作用时，特征周期应增加 0.05s。

4.3.4 水平作用标准值、重力荷载代表值

1. 水平地震作用标准值

如前所述，抗震计算中，地震作用一般指地震引起结构最大内力或变形的等效静力或力矩，通常取最大惯性作用。

对单自由度体系，根据反应谱理论，其质点处的水平地震作用标准值 F_{Ek} 为：

$$F_{Ek}=m_E S_a(T)=\frac{S_a(T)}{g}\cdot G_E==\alpha(T)G_E \tag{4-28}$$

式中 g——重力加速度，$g=9.81\text{m/s}^2$；

    G_E——集中于质点处的重力荷载代表值，$G_E=m_E g$。

2. 抗震设计中的重力荷载代表值

抗震规范规定，计算水平或竖向地震作用时，结构重力荷载应采用重力荷载代表值。

抗震设计的重力荷载代表值 G_E 指永久性结构构配件、非结构构件和固定设备等的自重标准值 G_k 加上各可变重力荷载 Q_{ki} 的组合值，如下式所示：

$$G_E = G_k + \sum_i \psi_{Q_i} Q_{ki} \tag{4-29}$$

式中　Q_{ki}——第 i 个可变重力荷载的标准值；

　　　ψ_{Q_i}——第 i 个可变重力荷载的抗震设计组合值系数。ψ_{Q_i} 是根据其与地震的组合概率确定的，按表 4-4 采用。这里 ψ_{Q_i} 不能采用静力设计时的组合值系数。

组合值系数　　　　　　　　　　表 4-4

	可变荷载的种类	抗震设计的组合值系数 ψ_{Q_i}
楼面活荷载	按等效均布荷载计算的藏书库、档案库	0.8
	按等效均布荷载计算的其他民用建筑	0.5
	按实际情况计算楼面活荷载	1.0
屋面可变荷载	屋面活荷载	不计入
	屋面积灰荷载	0.5
	雪荷载	0.5
吊车悬吊物的可变吊重	硬钩吊车	0.3
	软钩吊车	不计入

注：硬钩吊车吊重较大时，抗震设计的组合值系数应按实际情况采用。

抗震计算时，楼面活荷载一般按等效均布荷载计算，由于其变异性较大，组合值系数 ψ_{Q_i} 一般取 0.5；对书库和档案库等活荷载，与地震的耦合概率较大，ψ_{Q_i} 取 0.8。如果楼面活荷载与地震耦合概率为 100%，即按实际情况计算活荷载时，ψ_{Q_i} 取 1.0。屋面的可变荷载，除雪荷载和积灰荷载取组合值系数 0.5 外，其他屋面活荷载一般不考虑组合值。

计算质点的重力荷载代表值 G_{Ei} 时，G_{Ei} 应取在质点 i 所代表的结构构件范围内，所有结构构配件、非结构构件和固定设备等的自重标准值加上各可变荷载的组合值。

【例 4-2】 已知一单层两跨框架结构如图 4-12，假定屋盖平面内刚度及框架梁抗弯刚度 EI 为无穷大，结构阻尼比为 0.05。柱截面均为 $400mm \times 400mm$，混凝土强度等级为 C30（$E = 30 \times 10^9 N/m^2$）。设防烈度 8 度，设计基本地震加速度 $0.2g$，设计地震分组为第一组，场地类别Ⅲ类。框架高度 4.5m，集中在屋盖处的重力荷载代表值为 600kN。试计算沿横向框架方向多遇地震作用标准值及框架内力标准值，并按弹性计算水平罕遇地震作用标准值。

【解】　（1）求结构侧移刚度 k 及自振周期 T

将单层结构质量集中于屋盖标高处，由于框架梁 $EI = \infty$，从而

$$k = \frac{V}{\Delta} = \frac{3 \times (12i_c\Delta/h)/h}{\Delta} = 3 \times \frac{12i_c}{h^2} = 3 \times \frac{12 \times (30.0 \times 10^9) \times (0.4 \times 0.4^3/12)}{4.5^3} = 2.53 \times 10^7 N/m$$

$$T = 2\pi\sqrt{\frac{m_E}{k}} = 2\pi\sqrt{\frac{G_E}{kg}} = 6.283 \times \sqrt{\frac{600 \times 10^3}{2.53 \times 10^7 \times 9.81}} = 0.308s$$

（2）水平多遇地震作用标准值 F_{Ek} 及框架的地震内力标准值

8 度且基本地震加速度 $0.2g$ 时，查表 4-2 得多遇地震 $\alpha_{max} = 0.16$；Ⅲ类场地、地震分

组一组时，查表 4-3 得 $T_g=0.45s$。由于 $\zeta=0.05$、$0.1s<T<T_g$，由式（4-25）得 $\eta_2=1.0$，且

$$\alpha(T)=\eta_2\alpha_{max}=0.16$$
$$F_{Ek}=\alpha(T)G_E=0.16\times600=96kN$$

其内力标准值如图 4-12 所示。

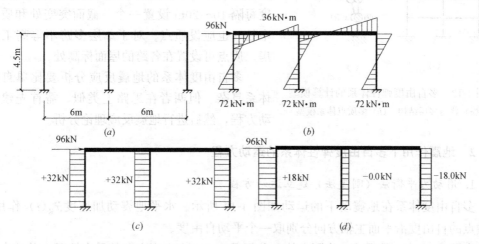

图 4-12　例题 4-2 计算附图
（a）单层平面框架立面；（b）M 图；（c）V 图；（d）N 图

（3）计算水平罕遇地震作用标准值 F_{Ek}

8 度且基本地震加速度 $0.2g$ 时，查表 4-2 得罕遇地震 $\alpha_{max}=0.90$；Ⅲ类场地、地震分组一组时，查表得 $T_g=0.45+0.05=0.5s$。由于 $\zeta=0.05$、$0.1s<T<T_g$，则 $\eta_2=1.0$，且

$$\alpha(T)=\eta_2\alpha_{max}=0.90$$
$$F_{Ek}=\alpha(T)G_E=0.90\times600=540kN$$

4.4　多自由度弹性体系的地震反应分析

4.4.1　集中质量多自由度弹性体系的分析模型

实际工程结构的质量都是沿结构几何形状连续分布的，因此，严格地说，其动力自由度均是无限的。但是，采用无限自由度模型，一方面计算过于复杂；另一方面也无这种必要，因为，选用有限多自由度模型的计算结果已能充分满足一般工程设计的精度要求。因此，在研究和应用中，一般通过结构的离散化方法将无限自由度体系转化为有限自由度体系，其中最简单实用的是集中质量模型体系，即将结构构件的质量人为集中放在计算点处，因而计算点也称为质点。与之相对应，结构的刚度特性、阻尼特性、荷载特性则被集中于质量的平移自由度方向。这种方法所带来的计算便利是显而易见的，但是，对于动力问题，不适当地集中质量也可能导致较大的计算误差。因此，对集中质量法应附加动能等效原则，即集中前后体系的动能不发生显著变化。

对于普通多层结构，质点可设于各楼层标高处，这种集中质量体系又称为串联多质点

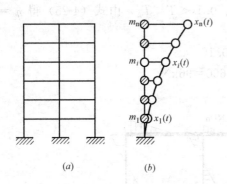

图 4-13 多自由度弹性体系的计算模型

(a) 普通多层结构；(b) 多质点体系模型

体系。其集中于各质点的重力荷载代表值，可取楼层的重力荷载代表值加上、下相邻层构件自重标准值的一半（如图 4-13 所示）。对于沿高度无明显主质量或有少量主质量的高耸构筑物，如电视塔、高烟囱，采用集中质量模型时，质点可沿高度每隔 $10\sim20\mathrm{m}$ 设置一个，截面突变处和质量集中处，也应设质点。对于单层多跨不等高工业厂房，质点可设置在各跨的屋面标高处。

多自由度体系的地震反应分析要比单自由度体系复杂。但两者在思路上类似，需首先建立运动方程，然后进行地震反应理论分析。

4.4.2 地震作用下多自由度弹性体系的运动方程

1. 用动力平衡法（刚度法）建立运动方程

多自由度体系在地震动下的运动如图 4-14 所示。水平地震动加速度 $\ddot{x}_g(t)$ 作用下，各质点的自由度沿平面主轴方向分别取一个平动自由度。

在图 4-14 中，取质点 i 为隔离体，分析质点 i 在自由度方向的受力情况，并按全部作用力的平衡条件建立方程。沿着质点 i 自由度方向的作用力包括三个随时间变化的力：惯性力 $f_{\mathrm{I}i}(t)$、阻尼力 $f_{\mathrm{D}i}(t)$ 和弹性恢复力 $f_{\mathrm{R}i}(t)$，没有外荷载作用。由 $\mathrm{D'ALembert}$ 动力平衡原理，质点 i 自由度方向上的运动方程即为这些力的平衡表达式：

$$f_{\mathrm{I}i}(t)+f_{\mathrm{D}i}(t)+f_{\mathrm{R}i}(t)=0 \tag{4-30}$$

$f_{\mathrm{R}i}(t)$ 是在位移状态下质点 i 周边结构构件对该质点的总弹性恢复力，可表示为（图 4-14）：

$$f_{\mathrm{R}i}(t)=k_{i+1}(x_{i+1}(t)-x_i(t))-k_i(x_i(t)-x_{i-1}(t))$$
$$=k_i x_{i-1}(t)-(k_i+k_{i+1})x_i(t)+k_{i+1}x_{i+1}(t) \tag{4-31}$$

式中　k_i——结构体系第 i 层侧移刚度；

$x_i(t)$——质点 i 水平自由度方向相对于地面或结构基底的动力位移。

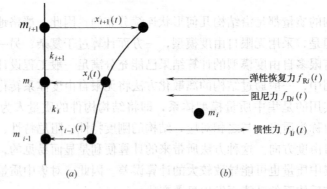

图 4-14 多自由度体系隔离体示意图

(a) 体系的位移状态；(b) 质点 i 上的作用力

62

阻尼力 $f_{\mathrm{D}i}(t)$ 可用黏滞阻尼理论确定，其与质点相对运动速度成正比，但与运动速度方向相反，$f_{\mathrm{D}i}(t)$ 与质点 i 惯性力 $f_{\mathrm{I}i}(t)$ 的表达式为：

$$f_{\mathrm{D}i}(t) = [-c_{i1}\dot{x}_1(t)] + [-c_{i2}\dot{x}_2(t)] + \cdots + [-c_{in}\dot{x}_n(t)] = -\sum_{k=1}^{n} c_{ik}\dot{x}_k(t) \quad (4\text{-}32)$$

$$f_{\mathrm{I}i}(t) = -m_i[\ddot{x}_g(t) + \ddot{x}_i(t)] \quad (4\text{-}33)$$

式中　　　c_{ik}——体系自由度方向的黏滞阻尼系数，即体系仅在质点 k 自由度产生单位速度而其他质点保持不动时，需在质点 i 自由度方向施加的力，与速度方向相反；

$\dot{x}_i(t)$、$\ddot{x}_i(t)$——分别为质点 i 自由度方向的相对地面速度、加速度；

m_i——质点 i 处的集中质量。

将式（4-31）～（4-33）代入式（4-30），即得水平地震作用下质点 i 的运动方程，对于 n 自由度体系，相应可写出 n 个方程，并组成联立方程组，其矩阵形式为：

$$[M]\{\ddot{x}(t)\} + [C]\{\dot{x}(t)\} + [K]\{x(t)\} = -[M]\{R\}\ddot{x}_g(t) \quad (4\text{-}34)$$

式中　$\{x(t)\}$、$\{\dot{x}(t)\}$、$\{\ddot{x}(t)\}$——分别为体系质点相对地面的位移、速度和加速度列向量；

$[M]$——集中质量矩阵，为 $n \times n$ 阶对角矩阵；

$$[M] = \mathrm{diag}(m_1, m_2, \cdots, m_i, \ldots, m_n) \quad (4\text{-}35)$$

$\{R\}$——单向地震动的方向余弦列向量。式（4-34）中，自由度方向与地震动方向一致，$\{R\} = \begin{bmatrix} 1 & 1 & \cdots & 1 \end{bmatrix}^{\mathrm{T}}$；

$[K]$——刚度系数矩阵，为 $n \times n$ 阶，$[K]^{\mathrm{T}} = [K]$。$[K]$ 如式（4-36）所示；

$$[K] = \begin{bmatrix} k_1+k_2 & -k_2 & & & O \\ -k_2 & k_2+k_3 & -k_3 & & \\ & & \ddots & & \\ & & -k_{n-1} & k_{n-1}+k_n & -k_n \\ O & & & -k_n & k_n \end{bmatrix} \quad (4\text{-}36)$$

$[C]$——黏滞阻尼系数矩阵。由于其元素 c_{ik} 不易直接得到，瑞利（Rayleigh）指出了如下阻尼表达式，其中 α_{M}、α_{K} 为常数：

$$[C]_{\mathrm{R}} = \alpha_{\mathrm{M}}[M] + \alpha_{\mathrm{K}}[K] \quad (4\text{-}37)$$

2. 用位移法（柔度系数法）建立运动方程

对任一结构体系，结构的柔度矩阵为：

$$[\delta] = \begin{bmatrix} \delta_{11} & \delta_{12} & \cdots & \delta_{1n} \\ \delta_{21} & \delta_{22} & \cdots & \delta_{2n} \\ \vdots & \vdots & \ddots & \vdots \\ \delta_{n1} & \delta_{n2} & \cdots & \delta_{nn} \end{bmatrix} \quad (4\text{-}38)$$

式中　δ_{ij}——沿自由度方向的柔度系数，即仅在质点 j 处沿自由度方向作用单位力 $F_j = 1$ 而其他质点不受力时，质点 i 处的位移。

现利用位移法建立运动方程。地震下体系的所受力为各质点 i 处的惯性力 $f_{\mathrm{I}i}(t)$ 和阻尼力 $f_{\mathrm{D}i}(t)$，如式（4-32）和式（4-33）所示。在上述力作用下，质点 i 的弹性位移 $x_i(t)$

表示为：

$$x_i(t) = -\sum_{k=1}^{n} \delta_{ik} m_k \ddot{x}_g(t) - \sum_{k=1}^{n} \delta_{ik} m_k \ddot{x}_k(t) + \sum_{k=1}^{n} \delta_{ik} f_{Dk}(t)$$

即
$$\sum_{k=1}^{n} \delta_{ik} m_k \ddot{x}_g(t) + \sum_{k=1}^{n} \delta_{ik} m_k \ddot{x}_k(t) - \sum_{k=1}^{n} \delta_{ik} f_{Dk}(t) + x_i(t) = 0 \qquad (4-39)$$

n 自由度体系可写出 n 个类似于式（4-39）的方程并形成联立方程组，其矩阵形式为

$$[\delta][M]\{\ddot{x}(t)\} + [\delta]\{F_D(t)\} + \{x(t)\} = -[\delta][M]\{R\}\ddot{x}_g(t) \qquad (4-40)$$

其中 $\{F_D(t)\} = [C]\{\dot{x}(t)\}$，$\{R\} = [1 \quad 1 \quad \cdots \quad 1]^T$ 为单位列向量。式（4-40）即为位移法建立的运动方程。

式（4-40）两边同乘以 $[\delta]^{-1}$，化为：

$$[M]\{\ddot{x}\} + [C]\{\dot{x}\} + [\delta]^{-1}\{x\} = -[M]\{R\}\ddot{x}_g \qquad (4-41)$$

比较式（4-41）和式（4-34），可得柔度矩阵的逆 $[\delta]^{-1} = [K]$（而非各元素 $\delta_{ik} = 1/k_{ik}$）。

4.4.3 地震反应计算的振型分解法

方程式（4-34）是二阶非齐次线性常微分方程组，除对角质量矩阵无耦合外，刚度和阻尼矩阵都有耦合，给方程组求解带来困难。本节讲述的振型分解法，可将反应量进行振型分解，然后运用振型正交性，将耦合的二阶非齐次线性常微分方程组化为 n 个独立微分方程，俗称解耦，然后利用前述单自由度体系地震反应分析方法求得独立方程的地震反应和振型反应，最后将各振型反应叠加得到总地震反应。

1. 多自由度弹性体系的无阻尼自振特性——自振周期和振型

用振型分解法计算时，首先需计算无阻尼自由振动的周期和振型特性。为此在式（4-34）中，令 $[C] = 0$、$\ddot{x}_g(t) = 0$，得到无阻尼自由振动方程为：

$$[M]\{\ddot{x}(t)\} + [K]\{x(t)\} = 0 \qquad (4-42)$$

假设各质点 i 作同频率 ω、同相位角 $\omega t + \varphi$、但不同幅值 X_i 的简谐自由振动，即

$$\{x(t)\} = \{X\}\sin(\omega t + \varphi) \qquad (4-43)$$

式中，ω 为自振圆频率，$\{X\} = [X_1 \quad X_2 \quad \cdots \quad X_n]^T$ 为相对位移幅值向量。将式（4-43）代入自振方程（4-42）得：

$$[K]\{X\}\sin(\omega t + \varphi) - \omega^2[M]\{X\}\sin(\omega t + \varphi) = 0$$

上式对任何时刻 t 恒成立，故有特征方程：

$$([K] - \omega^2[M])\{X\} = 0 \text{ 或 } \left([M] - \frac{1}{\omega^2}[K]\right)\{X\} = 0 \qquad (4-44)$$

式（4-44）是一个齐次线性代数方程组，$\{X\}$ 的元素不能全为 0。上式有非零解的充要条件是系数矩阵行列式为 0，从而得到自振频率方程：

$$|[K] - \omega^2[M]| = 0 \text{ 或 } \left|[M] - \frac{1}{\omega^2}[K]\right| = 0 \qquad (4-45)$$

式（4-45）是一个以 ω^2 或 $1/\omega^2$ 为未知量的 n 次方程，解其 n 个根 ω_1^2，ω_2^2，$\cdots$，ω_n^2，可得到从小到大的 n 个自振频率 $\omega_1 < \omega_2 < \cdots < \omega_j \cdots < \omega_n$，并可求得 n 个自振周期 $T_j = 2\pi/\omega_j$，将自振周期按从大到小的顺序排列：

$$T_1 > T_2 > \cdots > T_j \cdots > T_n$$

上述最大自振周期 T_1 和最小自振频率 ω_1 分别称为基本周期和基本频率，以后的 T_2，T_3，…，T_n（或 ω_2，ω_3，…，ω_n）分别称为第二、第三、…、第 n 自振周期（或第二、第三、…、第 n 自振频率）。

根据式（4-44），对应于频率方程中的每一个根 ω_j，都存在特征方程的一个非零解 $\{X\}_j$，称为振型向量，或叫特征向量。由于特征方程的齐次性质，这个非零解的结果是不定的，即振型向量的幅值是任意的，只有振型的形状是唯一的（各分量间比值不变）。因此，振型定义为结构位移形状保持不变的振动形式。

为了对不同频率的振型进行形状上的比较，需要将其化为无量纲形式，这种转化过程称为振型规格化，本书中，振型规格化一般采用以下两种形式：①特定坐标的规格化方法：指定振型向量中某一坐标值为 1，其他元素按比例确定；②最大位移值的规格化方法：将振型向量各元素分别除以其中的最大值。

这样，将各个自振周期 T_j 分别回代到特征方程式（4-44），可求得相应规格化振型。对应于 T_1 或 ω_1 的振型称为基本振型，其他振型分别称为第二、第三、…、第 n 振型，统称为较高振型。一般地，n 自由度体系有 n 个自振周期及相应的 n 个振型。图 4-15 示出某 3 个自由度结构规格化振型。

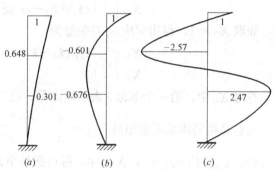

图 4-15 某 3 自由度结构振型
(a) 一阶振型；(b) 二阶振型；(c) 三阶振型

在某些问题或近似计算中，例如高低不等的多跨单层排架厂房，容易求得柔度矩阵 $[\delta]$，由于 $[\delta] = [K]^{-1}$，式（4-44）的两边左乘 $[\delta]$，并令 $\lambda = 1/\omega^2$，整理得特征方程：

$$([\delta][M] - \lambda[E])\{X\} = 0 \tag{4-46}$$

从而得自振频率方程：

$$|[\delta][M] - \lambda[E]| = 0 \tag{4-47}$$

图 4-16 以两个自由度的体系为例（$n=2$）说明自振特性分析方法。

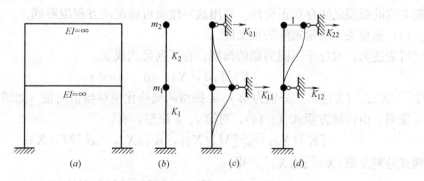

图 4-16 两层结构计算简图

例如已知某二层剪切型结构的刚度 k_1、k_2，则刚度矩阵为：

$$[K] = \begin{bmatrix} k_1+k_2 & k_2 \\ -k_2 & k_2 \end{bmatrix} \tag{4-48}$$

由特征方程 $([K]-\omega^2[M])\{X\}=0$，得自振频率方程为：

$$\begin{vmatrix} k_1+k_2-m_1\omega^2 & -k_2 \\ -k_2 & k_2-m_2\omega^2 \end{vmatrix} = 0 \tag{4-49}$$

$$\omega_{1,2}^2 = \frac{1}{2}\left(\frac{k_1+k_2}{m_1}+\frac{k_2}{m_2}\right) \mp \sqrt{\frac{1}{4}\left(\frac{k_1+k_2}{m_1}+\frac{k_2}{m_2}\right)^2-\frac{k_1k_2}{m_1m_2}} \tag{4-50}$$

从而得到两个自振频率 ω_1、ω_2。将 $\omega_j (j=1, 2)$ 值回代到特征方程，由于其系数行列式等于 0，故特征方程是线性相关的，独立方程数目只有 $2-1=1$ 个，只能以一个量为基准求其他量。如取 $X_{1j}=1$，得出对应 ω_j 的振型为：

$$\begin{Bmatrix} X_{1j} \\ X_{2j} \end{Bmatrix} = \begin{Bmatrix} 1 \\ (k_1+k_2-m_1\omega_j^2)/k_2 \end{Bmatrix} \quad (j=1,2) \tag{4-51a}$$

如取 $X_{2j}=1$，得出对应 ω_j 的振型为：

$$\begin{Bmatrix} X_{1j} \\ X_{2j} \end{Bmatrix} = \begin{Bmatrix} k_2/(k_1+k_2-m_1\omega_j^2) \\ 1 \end{Bmatrix} \quad (j=1,2) \tag{4-51b}$$

符号 X_{ij} 中，第一个下标 i 表示质点号，第二个下标 j 表示对应的振型阶数。

当容易得到体系柔度矩阵 $[\delta] = \begin{bmatrix} \delta_{11} & \delta_{12} \\ \delta_{21} & \delta_{22} \end{bmatrix}$ 时，例如不等高单层多跨排架结构，由特征方程 $([\delta][M]-\lambda[E])\{X\}=0$，得自振频率方程为：

$$\begin{vmatrix} \delta_{11}m_1-\lambda & \delta_{12}m_2 \\ \delta_{21}m_1 & \delta_{22}m_2-\lambda \end{vmatrix} = 0 \tag{4-52}$$

$$\lambda_{1,2} = \frac{1}{2}(\delta_{11}m_1+\delta_{22}m_2) \pm \sqrt{\frac{1}{4}(\delta_{11}m_1+\delta_{22}m_2)^2-m_1m_2(\delta_{11}\delta_{22}+\delta_{12}\delta_{21})} \tag{4-53}$$

从而 $\omega_{1,2}=\sqrt{1/\lambda_{1,2}}$。将 λ_1、λ_2 回代到特征方程，得出相应的第一、第二振型为：

$$\begin{Bmatrix} X_{1j} \\ X_{2j} \end{Bmatrix} = \begin{Bmatrix} 1 \\ -(\delta_{11}m_1-\lambda_j)/\delta_{12}m_2 \end{Bmatrix} \quad (j=1,2) \tag{4-54}$$

2. 振型的正交性与振型质量、振型刚度及振型阻尼

分析自振特性的目的是用于地震反应求解，为此应熟悉振型的性质。分析表明，不同周期对应的振型之间存在正交性。利用这一性质可将运动方程组解耦。

(1) 振型关于质量矩阵的正交性

可表述为：对应于不同周期的振型，有下列公式成立：

$$\{X\}_k^T[M]\{X\}_j = 0 \quad (j \neq k) \tag{4-55}$$

式中 $\{X\}_j$、$\{X\}_k$——分别为第 j、k 振型的规格化位移幅值向量（如图 4-17 所示）。

证明：由特征方程式 (4-44)，对第 j、k 振型，有：

$$[K]\{X\}_j = \omega_j^2[M]\{X\}_j, [K]\{X\}_k = \omega_k^2[M]\{X\}_k$$

上两式分别左乘 $\{X\}_k^T$、$\{X\}_j^T$，得：

$$\{X\}_k^T[K]\{X\}_j = \omega_j^2\{X\}_k^T[M]\{X\}_j \tag{4-56}$$

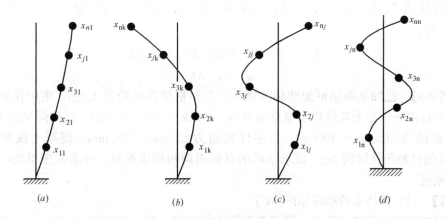

图 4-17　某结构的振型示意图

(a) 第 I 振型；(b) 第 k 振型；(c) 第 j 振型；(d) 第 n 振型

$$\{X\}_j^{\mathrm{T}}[K]\{X\}_k = \omega_k^2 \{X\}_j^{\mathrm{T}}[M]\{X\}_k \tag{4-57}$$

其中，$(\{X\}_k^{\mathrm{T}}[M]\{X\}_j)^{\mathrm{T}} = \{X\}_j^{\mathrm{T}}[M]\{X\}_k$ 是一实数，式（4-56）与式（4-57）相减，得

$$\{X\}_k^{\mathrm{T}}[M]\{X\}_j(\omega_j^2 - \omega_k^2) = 0$$

当 $\omega_j \neq \omega_k$ 时，$\{X\}_k^{\mathrm{T}}[M]\{X\}_j = 0$，证毕。

振型关于质量矩阵正交性的物理意义是：某一个振型在振动中引起的惯性力不在其他振型上做功，这说明某个振型的动能不会转移到其他振型上去，也就是体系按某一振型做自由振动时不会激起该体系其他振型的振动。

振型关于质量的正交性除用于振型分解法分析地震反应外，还可检验振型正确性。

（2）振型关于刚度矩阵的正交性

可表述为：对应于不同周期的振型，有下列公式成立：

$$\{X\}_k^{\mathrm{T}}[K]\{X\}_j = 0 \quad (j \neq k) \tag{4-58}$$

由于 $\omega_j \neq \omega_k$ 时，$\{X\}_k^{\mathrm{T}}[M]\{X\}_j = 0$，由式（4-56）得，$\{X\}_k^{\mathrm{T}}[K]\{X\}_j = 0$，上式得证。

振型关于刚度矩阵正交性的物理意义是：某一个振型在振动中引起的弹性恢复力不在其他振型上做功，这说明某个振型的势能不会转移到其他振型上去。

振型关于刚度的正交性同样用于地震反应分析和检验振型正确性。

（3）振型关于 Rayleigh 阻尼矩阵的正交性

由于 Rayleigh 阻尼矩阵是质量和刚度矩阵的线性组合，振型关于 Rayleigh 阻尼矩阵显然也具有正交性，即：

$$\{X\}_k^{\mathrm{T}}[C]_{\mathrm{R}}\{X\}_j = 0 \quad (j \neq k) \tag{4-59}$$

（4）振型质量、振型刚度及振型阻尼

当 $j = k$ 时，振型关于质量、刚度和 Rayleigh 阻尼矩阵是不正交的。为此，将 $M_j = \{X\}_j^{\mathrm{T}}[M]\{X\}_j$ 称为第 j 振型的广义质量或振型质量。将 $K_j = \{X\}_j^{\mathrm{T}}[K]\{X\}_j$ 称为第 j 振型的广义刚度或振型刚度。将 $C_{\mathrm{R}j} = \{X\}_j^{\mathrm{T}}[C]_{\mathrm{R}}\{X\}_j$ 称为第 j 振型的广义阻尼或振型阻尼。

由特征方程式（4-44），对第 j 振型，有 $[K]\{X\}_j = \omega_j^2 [M]\{X\}_j$，两边左乘 $\{X\}_j^{\mathrm{T}}$，得：

$$\{X\}_j^{\mathrm{T}}[K]\{X\}_j = \omega_j^2 \{X\}_j^{\mathrm{T}}[M]\{X\}_j \tag{4-60}$$

即

$$\omega_i^2 = K_i / M_i \tag{4-61}$$

【例 4-3】 已知某两层框架结构的第一、二层框架高度均为 4.5m，集中在第一层楼面和屋面标高处的重力荷载代表值分别为 $G_1 = 600\mathrm{kN}$、$G_2 = 500\mathrm{kN}$。结构阻尼比为 0.05。底层柱截面为 400mm×400mm，二层柱截面为 350mm×350mm，混凝土强度等级为 C30。其他已知条件同例 4-2。试求结构的自振周期和相应振型，并求各振型的广义质量和广义刚度。

【解】 （1）求体系的刚度矩阵 $[K]$

将结构质量分别集中于第一层楼盖和屋盖标高处，又由于框架梁 $EI = \infty$，平面框架第二层间侧移刚度为：

$$k_2 = \frac{V}{\Delta} = \frac{3 \times (12 i_c \Delta / h)/h}{\Delta} = 3 \times \frac{12 i_c}{h^2} = 3 \times \frac{12 \times (30.0 \times 10^9) \times (0.35 \times 0.35^3 / 12)}{4.5^3}$$
$$= 1.48 \times 10^7 \,\mathrm{N/m}$$

第一层间侧移刚度由例 4-2 可得：

$$k_1 = 2.53 \times 10^7 \,\mathrm{N/m}$$

$$[K] = \begin{bmatrix} k_{11} & k_{12} \\ k_{21} & k_{22} \end{bmatrix} = \begin{bmatrix} k_1 + k_2 & -k_2 \\ -k_2 & k_2 \end{bmatrix} = \begin{bmatrix} 4.01 & -1.48 \\ -1.48 & 1.48 \end{bmatrix} \times 10^7 \,\mathrm{N/m}$$

（2）求体系的自振周期

由特征方程 $([K] - \omega^2 [M])\{X\} = 0$，得自振频率方程为：

$$\begin{vmatrix} \begin{bmatrix} k_{11} & k_{12} \\ k_{21} & k_{22} \end{bmatrix} - \omega^2 \begin{bmatrix} m_1 & 0 \\ 0 & m_2 \end{bmatrix} \end{vmatrix} = \begin{vmatrix} k_{11} - m_1 \omega^2 & k_{12} \\ k_{21} & k_{22} - m_2 \omega^2 \end{vmatrix} = 0$$

展开后得到以 ω^2 为未知量的一元方程，且

$$\omega_{1,2}^2 = \frac{1}{2}\left(\frac{k_{11}}{m_1} + \frac{k_{22}}{m_2}\right) \mp \sqrt{\frac{1}{4}\left(\frac{k_{11}}{m_1} + \frac{k_{22}}{m_2}\right)^2 - \frac{k_{11} k_{22} - k_{12} k_{21}}{m_1 m_2}}$$

$$= \frac{1}{2} \times \left(\frac{4.01 \times 10^7}{6 \times 10^5} + \frac{1.48 \times 10^7}{5 \times 10^5}\right) g \mp \sqrt{\frac{1}{4} \times \left(\frac{4.01 \times 10^7}{6 \times 10^5} + \frac{1.48 \times 10^7}{5 \times 10^5}\right)^2 - \frac{4.01 \times 1.48 \times 10^{14} - 1.48^2 \times 10^{14}}{6 \times 5 \times 10^{10}}} \, g$$

$$= 48.22g \mp 32.81g = \begin{cases} 15.41g \\ 81.03g \end{cases}$$

$$\omega_1 = \sqrt{15.41g} = \sqrt{15.41 \times 9.81} = 12.30 \mathrm{s}^{-1}$$
$$\omega_2 = \sqrt{81.03g} = \sqrt{81.03 \times 9.81} = 28.19 \mathrm{s}^{-1}$$

$$T_1 = 2\pi / \omega_1 = 6.283 / 12.30 = 0.511 \mathrm{s}, \quad T_2 = 2\pi / \omega_2 = 6.283 / 28.19 = 0.222 \mathrm{s}$$

（3）求相应振型

将 ω_1、ω_2 分别代入特征方程 $([K] - \omega^2 [M])\{X\} = 0$，求得第一和第二振型分别为：

$$\frac{X_{11}}{X_{21}} = \frac{-k_{12}}{k_{11} - m_1 \omega_1^2} = \frac{1.48 \times 10^7}{4.01 \times 10^7 - 600 \times 10^3 \times 12.30^2 / 9.81} = \frac{0.480}{1}$$

$$\frac{X_{12}}{X_{22}} = \frac{-k_{12}}{k_{11} - m_1 \omega_2^2} = \frac{1.48 \times 10^7}{4.01 \times 10^7 - 600 \times 10^3 \times 28.19^2 / 9.81} = \frac{-1.740}{1}$$

结构振型如图 4-18 所示。

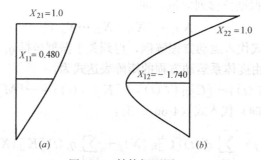

图 4-18　结构振型图

（a）一阶振型；（b）二阶振型

（4）求振型广义质量和广义刚度

第一、第二振型的广义质量分别为：

$$M_1 = \frac{1}{g} \sum_{i=1}^{n} G_i X_{i1}^2 = (600 \times 10^3 \times 0.48^2 + 500 \times 10^3 \times 1)/9.81 = 65060 \text{kg}$$

$$M_2 = \frac{1}{g} \sum_{i=1}^{n} G_i X_{i2}^2 = (600 \times 10^3 \times (-1.74)^2 + 500 \times 10^3 \times 1)/9.81 = 236143 \text{kg}$$

第一、第二振型的广义刚度分别为：

$$K_1 = \{X\}_1^T [K]\{X\}_1 = \begin{bmatrix} 0.48 & 1 \end{bmatrix} \begin{bmatrix} 4.01 & -1.48 \\ -1.48 & 1.48 \end{bmatrix} \begin{Bmatrix} 0.48 \\ 1 \end{Bmatrix} \times 10^7 = 0.983 \times 10^7 \text{N/m}$$

$$K_2 = \{X\}_2^T [K]\{X\}_2 = \begin{bmatrix} -1.740 & 1 \end{bmatrix} \begin{bmatrix} 4.01 & -1.48 \\ -1.48 & 1.48 \end{bmatrix} \begin{Bmatrix} -1.740 \\ 1 \end{Bmatrix} = 18.77 \times 10^7 \text{N/m}$$

因此　　　　$$\sqrt{K_1/M_1} = \sqrt{0.983 \times 10^7/65060} = 12.29 s^{-1} \approx \omega_1$$

$$\sqrt{K_2/M_2} = \sqrt{18.77 \times 10^7/236143} = 28.19 s^{-1} = \omega_2$$

3. 地震反应求解的振型分解法

求地震反应需将方程组解耦，为此将原未知量 $x_i(t)$ 按振型分解为 n 个新变量 $\{q(t)\}$ 的线性组合，通过代入原方程使新变量耦合项系数变成 0 而解耦，求解各独立方程，并由原未知量的初值条件导出新变量的初值，求出待定系数而得到特解。

（1）将未知向量 $\{x(t)\}$ 按振型向量分解为 n 个新变量 $q_i(t)$ 的线性组合式

可以证明，n 个振型向量是线性无关的，根据线性代数理论，方程的相对位移反应向量 $\{x(t)\}$ 可写为振型分解式：

$$\{x(t)\} = \sum_{j=1}^{n} q_j(t) \{X\}_j = \begin{bmatrix} \{X\}_1 & \{X\}_2 & \cdots & \{X\}_n \end{bmatrix} \{q_1(t) \quad q_2(t) \cdots q_n(t)\}^T$$

$$(4-62)$$

式（4-62）两边对时间求导，得相对速度、加速度反应向量的振型分解式分别为：

$$\{\dot{x}(t)\} = \sum_{j=1}^{n} \dot{q}_j(t) \{X\}_j \tag{4-63}$$

$$\{\ddot{x}(t)\} = \sum_{j=1}^{n} \ddot{q}_j(t) \{X\}_j \tag{4-64}$$

式中 $q_j(t)$——j 振型的广义坐标，或称为振型系数；

$\{X\}_j$——第 j 振型位移列向量，即

$$\{X\}_j = \{X_{1j} \quad X_{2j} \cdots X_{nj}\}^{\mathrm{T}} \tag{4-65}$$

(2) 将振型分解式代入运动方程解耦，得到关于振型坐标 $q_j(t)$ 的独立方程

地震作用下多自由度体系运动方程的矩阵表达式为：

$$[M]\{\ddot{x}(t)\} + [C]_{\mathrm{R}}\{\dot{x}(t)\} + [K]\{x(t)\} = -[M]\{R\}\ddot{x}_{\mathrm{g}}(t) \tag{4-66}$$

将式 (4-62)～式 (4-64) 代入式 (4-66)，有：

$$\sum_{j=1}^{n} \ddot{q}_j(t)[M]\{X\}_j + \sum_{j=1}^{n} \dot{q}_j(t)[C]_{\mathrm{R}}\{X\}_j + \sum_{j=1}^{n} q_j(t)[K]\{X\}_j = -[M]\{R\}\ddot{x}_{\mathrm{g}}(t) \tag{4-67}$$

在上式两边左乘 $\{X\}_j^{\mathrm{T}}$，并运用振型正交性，方程变为只含变量 $q_j(t)$ 的二阶微分方程：

$$\{X\}_j^{\mathrm{T}}[M]\{X\}_j\ddot{q}_j(t) + \{X\}_j^{\mathrm{T}}[C]_{\mathrm{R}}\{X\}_j\dot{q}_j(t) + \{X\}_j^{\mathrm{T}}[K]\{X\}_jq_j(t) = -\{X\}_j^{\mathrm{T}}[M]\{R\}\ddot{x}_{\mathrm{g}}(t)$$

记为： $$M_j\ddot{q}_j(t) + C_j\dot{q}_j(t) + K_jq_j(t) = -\{X\}_j^{\mathrm{T}}[M]\{R\}\ddot{x}_{\mathrm{g}}(t) \tag{4-68}$$

用 M_j 除上式的两端，并注意到 $K_j = \omega_j^2 M_j$，有

$$\ddot{q}_j(t) + 2\zeta_j\omega_j\dot{q}_j(t) + \omega_j^2 q_j(t) = -\gamma_j\ddot{x}_{\mathrm{g}}(t) \tag{4-69}$$

其中 $$\gamma_j = \frac{\{X\}_j^{\mathrm{T}}[M]\{R\}}{\{X\}_j^{\mathrm{T}}[M]\{X\}_j} = \frac{M_{\mathrm{P}j}}{M_j} \tag{4-70}$$

$$C_j = 2\zeta_j\omega_j M_j \tag{4-71}$$

式中 γ_j——体系第 j 振型的振型参与系数；

ζ_j、ω_j——体系第 j 振型的阻尼比和圆频率。

$$M_{\mathrm{P}j} = \{X\}_j^{\mathrm{T}}[M]\{R\} = \gamma_j M_j \tag{4-72}$$

分别取 $j=1$，2，…，n，式 (4-69) 为 n 个关于 $q_j(t)$ 的非耦合微分方程。这样原耦连的方程组变为 n 个独立方程，且阶数未提高，方程组得以解耦。与单自由度运动方程：

$$\ddot{x}(t) + 2\zeta\omega\dot{x}(t) + \omega^2 x(t) = -\ddot{x}_{\mathrm{g}}(t) \tag{4-73}$$

比较，不同的是式 (4-69) 右端项仅多了一个系数 γ_j，这为通过单自由度体系地震反应来计算多自由度体系建立了联系。

(3) 求振型系数的解，并得出地震反应的振型分解式

若地震前体系为静止状态，即 $\{x(0)\} = \{\dot{x}(0)\} = 0$，利用关系式 (4-62) 和式 (4-63)，不难得出 $q_j(0) = \dot{q}_j(0) = 0$（$j=1$ $2\cdots n$），因此振型系数 $q_j(t)$ 的解可根据前述单自由体系的解式 (4-17) 直接得出为：

$$q_j(t) = -\frac{\gamma_j}{\omega_{\mathrm{d}j}}\int_0^t \ddot{x}_{\mathrm{g}}(\tau)e^{-\zeta_j\omega_j(t-\tau)}\sin\omega_{\mathrm{d}j}(t-\tau)\mathrm{d}\tau = \gamma_j\Delta_j(t) \tag{4-74}$$

$$\Delta_j(t) = -\frac{1}{\omega_{j\mathrm{d}}}\int_0^t \ddot{x}_{\mathrm{g}}(\tau)e^{-\zeta_j\omega_j(t-\tau)}\sin\omega_{j\mathrm{d}}(t-\tau)\mathrm{d}\tau \tag{4-75}$$

$$\omega_{\mathrm{d}j} = \omega_j\sqrt{1-\zeta_j^2}$$

式中 $\Delta_j(t)$——相应于 j 振型自振周期 T_j 和阻尼比 ξ_j 的单自由度体系在地震动 $x_{\mathrm{g}}(t)$ 下

的位移反应（如图 4-19 所示）。

将式（4-74）代入式（4-62）和式（4-64），得体系的相对位移和相对加速度反应：

$$\{x(t)\} = \sum_{j=1}^{n} \gamma_j \Delta_j(t)\{X\}_j \qquad (4\text{-}76)$$

$$\{\ddot{x}(t)\} = \sum_{j=1}^{n} \gamma_j \ddot{\Delta}_j(t)\{X\}_j \qquad (4\text{-}77)$$

质点 i 自由度方向的绝对加速度反应为：

$$\ddot{x}_i(t) + \ddot{x}_g(t) = \sum_{j=1}^{n} \gamma_j \ddot{\Delta}_j(t) X_{ij} + \ddot{x}_g(t) \qquad (4\text{-}78)$$

式（4-76）～式（4-78）即为利用振型分解法求得体系振动方程式（4-34）的解。

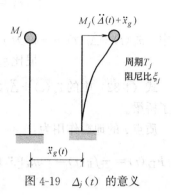

图 4-19 $\Delta_j(t)$ 的意义

4.5 平动多自由度体系水平地震作用及效应计算的反应谱方法

水平地震下，对不考虑扭转影响的平动多自由度体系，可利用振型分解反应谱法进行计算，在一定条件下，还可采用简化的底部剪力法计算。本节介绍这两种方法。

4.5.1 体系振型参与系数 γ_j 的性质

对体系振型参与系数 $\gamma_j(j=1, 2\cdots n)$，可以证明 $\sum_{j=1}^{n} \gamma_j X_{ij} = 1$。证明如下：

设 $[X] = [\{X\}_1 \{X\}_2 \cdots \{X\}_j \cdots \{X\}_n]$，其中 $\{X\}_j = \{X_{1j} \quad X_{2j} \cdots X_{nj}\}^T$

利用振型正交性，可得：

$$[X]^T[M][X] = \text{diag}(M_1\, M_2\cdots M_j\cdots M_n) \qquad (4\text{-}79)$$

$M_j = \{X\}_j^T[M]\{X\}_j$ 为第 j 振型质量。

将式（4-79）双边求逆，可得：

$$[X]^{-1}[M]^{-1}[X]^{T-1} = \text{diag}\left(\frac{1}{M_1}\, \frac{1}{M_2}\cdots \frac{1}{M_j}\cdots \frac{1}{M_n}\right) \qquad (4\text{-}80)$$

在上式双边均右乘 $[X]^T[M]\{R\}$，则：

$$[X]^{-1}\{R\} = \text{diag}\left(\frac{1}{M_1}\, \frac{1}{M_2}\cdots \frac{1}{M_j}\cdots \frac{1}{M_n}\right)[X]^T[M]\{R\} = \{\gamma\}$$

其中 $\{\gamma\} = \{\gamma_1 \quad \gamma_2 \quad \cdots \gamma_j \quad \cdots \gamma_n\}^T$。从而：

$$[X]\{\gamma\} = \{R\} \text{ 或 } \sum_{j=1}^{n} \gamma_j X_{ij} = 1 \ (i=1\ 2\cdots n) \qquad (4\text{-}81)$$

命题得证。

4.5.2 振型分解反应谱法

利用式（4-81），式（4-78）整理为：

$$\ddot{x}_i(t) + \ddot{x}_g(t) = \sum_{j=1}^{n} \gamma_j X_{ij} \left[\ddot{x}_g(t) + \ddot{\Delta}_j(t) \right] \tag{4-82}$$

式中 $\ddot{x}_g(t) + \ddot{\Delta}_j(t)$ ——称为 j 振型的广义绝对加速度反应，即相应于自振周期 T_j 和阻尼比 ξ_j 的单自由度体系在地震动 $x_g(t)$ 下的绝对加速度反应。

式 (4-82) 中的 $\ddot{x}_g(t) + \ddot{\Delta}_j(t)$ 为利用抗震设计反应谱求多自由度体系的地震反应架起了桥梁。

质点 i 的地震作用为：

$$F_{Ei}(t) = -f_{Ii}(t) = -m_i \left[\ddot{x}_i(t) + \ddot{x}_g(t) \right] = -\sum_{j=1}^{n} m_i \gamma_j X_{ij} \left[\ddot{x}_g(t) + \ddot{\Delta}_j(t) \right] = \sum_{j=1}^{n} F_{ij} \tag{4-83}$$

用向量形式表示为：

$$\{F_E(t)\} = -[M] \lfloor \{\ddot{x}(t)\} + \{R\} \ddot{x}_g(t) \rfloor = -\sum_{j=1}^{n} \gamma_j [M] \{X\}_j \left[\ddot{x}_g(t) + \ddot{\Delta}_j(t) \right] \tag{4-84}$$

从式 (4-82) 发现，由抗震设计反应谱，可直接得到 j 振型 i 质点的最大地震作用标准值 F_{ij}（如图 4-20 所示），即：

$$F_{ij} = |F_{ij}(t)|_{\max} = m_i \gamma_j X_{ij} \left[\ddot{x}_g(t) + \ddot{\Delta}_j(t) \right]_{\max} = G_i \gamma_j X_{ij} \left[\ddot{x}_g(t) + \ddot{\Delta}_j(t) \right]_{\max} / g$$
$$= \alpha_j G_i \gamma_j X_{ij} \tag{4-85}$$

式中 G_i ——i 质点的重力荷载代表值；

γ_j ——j 振型的振型参与系数，按式 (4-71) 计算；

X_{ij} ——j 振型 i 质点的水平相对位移；

α_j ——相应于 j 振型周期 T_j 和阻尼比 ξ_j 的地震影响系数，按图 4-11 确定。

这样，按振型分解和反应谱理论求得振型最大地震作用标准值 F_{ij} 后，相应效应 S_j 也为最大值，但是，应该指出的是，若某一时刻某一振型的地震作用达到最大值时，其他振型的地震作用未必达到最大值，因此多自由度体系的最大地震反应并不能将式 (4-83) 各项最大值简单地进行叠加得到，而应该将其进行某种组合，以便利用各振型的最大地震效应确定作用在结构上的合理的地震作用效应。

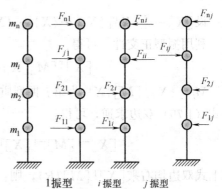

图 4-20 某结构各个振型地震作用示意图

这种基于振型分解法和反应谱理论，将各振型地震作用效应按一定的组合规则，计算地震作用效应的方法，称为振型分解反应谱法。

假定地震动及结构反应为随机过程，理论分析和计算表明，若将振型效应 S_j 采用适当方法组合，可得出符合实际的地震作用效应最大值。《建筑抗震设计规范》中，对于平动多自由度体系，假定各振型反应相互独立，将振型效应 S_j 采用平方和开平方法则（square root of sum-square method，SRSS）进行组合，求得地震作用标准值的效应 S_{Ek}：

$$S_{Ek} = \sqrt{\sum_{j=1}^{n_1} S_j^2} \tag{4-86}$$

式中　S_j——j 振型的水平地震作用标准值的效应；

　　　　n_1——振型组合时考虑的振型数，一般可只取前 2 个或前 3 个振型；当体系基本自振周期 T_1 大于 1.5s 或房屋高宽比 H/B 大于 5 时，应适当增加振型个数。

式（4-86）可见，地震作用标准值的效应 S_{Ek} 经过平方和开平方规则组合后均为正值，而框架梁、剪力墙连梁以及框架柱、剪力墙等构件往往需知道内力的方向，例如框架梁端弯矩的正负等。为此，当地震作用效应以基本振型为主时，组合后地震作用效应 S_{Ek} 的方向可取基本振型效应方向；不规则结构由于高振型影响可能较大，S_{Ek} 的方向可取振型效应 S_j 绝对值最大时的方向。

4.5.3　利用振型有效质量判断所需要的振型阶数

1. 振型有效质量的概念

所谓第 j 振型（$j=1\ 2\cdots n$）的有效质量 $M_{eff,j}$，等于振型参与质量 M_{Pj} 乘以参与系数 γ_j：

$$M_{eff,j} = \gamma_j M_{Pj} \tag{4-87a}$$

由于 $\gamma_j = \dfrac{\{X\}_j^T [M] \{R\}}{\{X\}_j^T [M] \{X\}_j} = \dfrac{M_{Pj}}{M_j}$，因此上式也可写为：

$$M_{eff,j} = \gamma_j M_{Pj} = \gamma_j^2 M_j \tag{4-87b}$$

2. 振型有效质量 $M_{eff,j}$ 的特性

可以证明，当自由度方向与地震动方向相同时，则各振型有效质量之和是一常数，即

$$\sum_{j=1}^{n} M_{eff,j} = \sum_{i=1}^{n} m_i \tag{4-88}$$

式（4-88）可证明如下：

$$\sum_{j=1}^{n} M_{eff,j} = \sum_{j=1}^{n} \gamma_j M_{Pj} = \{\gamma_1\ \gamma_2\cdots\gamma_n\} [X]^T [M] \{R\} = \{R\}^T [M] \{R\} = \sum_{i=1}^{n} m_i$$

上式中，利用了关系式 $\displaystyle\sum_{j=1}^{n} \gamma_j X_{ij} = 1$（$i = 1\ 2\cdots n$）。

上式表明，各振型有效质量之和等于体系的总集中质量。利用这一关系可判断用振型分解法计算体系地震反应时所取振型数的合理性。在一般的抗震计算中，用振型分解法选取振型个数时，一般可取振型有效质量达到总质量 90% 时所需的振型数。

总之，振型分解反应谱法的计算过程主要为：

（1）计算多自由度体系 j 振型各质点 i 的水平地震作用标准值 F_{ij}；

（2）计算 j 振型地震作用标准值 F_{ij} 下的效应 S_j。可按静力方法计算地震作用效应 S_j，包括轴力 N_j、弯矩 M_j、剪力 V_j 和变形 u_j 等；

（3）按振型组合规则计算体系水平地震作用标准值的效应 S_{Ek}。

【例 4-4】　试按振型分解反应谱法计算例 4-3 钢筋混凝土框架结构在水平多遇地震作用下各振型的地震作用标准值以及框架组合的地震内力标准值。

【解】　（1）各振型的水平地震作用标准值

例 4-3 已求得结构自振周期为 $T_1=0.511\text{s}$，$T_2=0.222\text{s}$，振型质点水平位移分别为：

$$X_{11}=0.480,\ X_{21}=1.0；X_{12}=-1.740，X_{22}-1.0$$

体系水平振动的第一、第二振型参与质量分别为：

$$M_{P1}=\frac{1}{g}\sum_{i=1}^{2}G_iX_{i1}=(600\times10^3\times0.48+500\times10^3\times1)/9.81=80326\text{kg}$$

$$M_{P2}=\frac{1}{g}\sum_{i=1}^{2}G_iX_{i2}=(600\times10^3\times(-1.74)+500\times10^3\times1)/9.81=-55454\text{kg}$$

例 4-3 已求得 $M_1=65060\text{kg}$，$M_2=236143\text{kg}$。则第一、第二振型参与系数为：

$$\gamma_1=M_{P1}/M_1=80326/65060=1.235$$

$$\gamma_2=M_{P2}/M_2=-55454/236143=-0.235$$

设防烈度 8 度、基本地震加速度 $0.2g$ 时，查表 4-2 得多遇地震下 $\alpha_{\max}=0.16$；Ⅲ类场地、设计地震分组为第一组时，查表得 $T_g=0.45\text{s}$。由于 $\zeta=0.05$，则 $\eta_2=1.0$，$\gamma=0.9$。

对于第一振型，$T_g<T_1<5T_g$；对于第二振型，$0.1<T_2<T_g$。由图 4-11 得：

$$\alpha_1=(T_g/T)^\gamma\eta_2\alpha_{\max}=(0.45/0.511)^{0.9}\times1.0\times0.16=0.143$$

$$\alpha_2=\eta_2\alpha_{\max}=0.16$$

由式（4-85）得，相应于第一振型的水平地震作用标准值为：

$$F_{11}=\alpha_1G_1X_{11}\gamma_1=0.143\times600\times0.48\times1.235=50.86\text{kN}$$

$$F_{21}=\alpha_1G_2X_{21}\gamma_1=0.143\times500\times1.0\times1.235=88.30\text{kN}$$

相应于第二振型的水平地震作用标准值为：

$$F_{12}=\alpha_2G_1X_{12}\gamma_2=0.16\times600\times(-1.74)\times(-0.235)=39.25\text{kN}$$

$$F_{22}=\alpha_2G_2X_{22}\gamma_2=0.16\times500\times1.0\times(-0.235)=-18.80\text{kN}$$

（2）框架的地震内力标准值

平面框架各振型的地震剪力标准值如图 4-21（a）、（b）所示，由式（4-86）求得振型组合的地震剪力如图 4-21（c）所示（层间剪力最小值验算从略），图中单位为 kN。框架

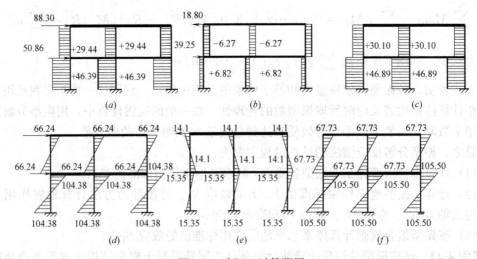

图 4-21 例 4-4 计算附图

（a）第一振型地震剪力；（b）第二振型地震剪力；（c）振型组合的地震剪力图

（d）第一振型地震弯矩；（e）第二振型地震弯矩；（f）振型组合的地震弯矩图

柱各振型弯矩及组合的地震弯矩如图 4-21 (d)、(e)、(f) 所示，图中单位为 kN·m。

此外，第一、第二层间剪力标准值为：

$$V_1 = \sqrt{(88.3+50.80)^2 + (39.25-18.80)^2} = 140.65\text{kN}$$

$$V_2 = \sqrt{89.8^2 + (-18.80)^2} = 90.28\text{kN}$$

体系水平振动的第一、第二振型的有效质量分别为：

$$M_{\text{eff},1} = \gamma_1 M_{\text{P1}} = 1.235 \times 80326 = 99202.6\text{kg}$$

$$M_{\text{eff},2} = \gamma_2 M_{\text{P2}} = 0.235 \times 55454 = 13031.7\text{kg}$$

由上述也可看到：

$$M_{\text{eff},1} + M_{\text{eff},2} \approx m_1 + m_2 = \frac{G_1 + G_2}{g} = 112130.5\text{kg}$$

满足式（4-88）要求。同时 $M_{\text{eff},1}/(m_1+m_2) = 99202.6/112130.5 = 88.5\%$ 结构振动基本以第一振型为主。

4.5.4 底部剪力法——只考虑基本振型效应

振型分解反应谱法具有较好精度，可用于计算一般结构的地震作用效应。当结构高度较低且平立面规则时，还可基于振型分解反应谱法，采用更简便的底部剪力法计算。

底部剪力法是在振型分解反应谱法基础上的进一步简化，其基本思想为：（1）较一般振型分解反应谱法考虑更少的振型，一般只考虑前两个振型，乃至只考虑基本振型；（2）对所考虑的振型，先求基本振型或前 2 个振型的总水平地震作用标准值 F_{Ek1}、F_{Ek2}；（3）直接假定振型形状，然后根据振型形状将振型总水平地震作用分配到各质点得到等效侧力；（4）求结构在振型等效侧力下的内力变形效应 S_{Ek}，若考虑两个振型，应将振型效应进行组合。

《建筑抗震设计规范》中，底部剪力法只考虑基本振型。下面介绍考虑基本振型效应的底部剪力法。

1. 底部剪力法基本计算公式

假定多自由度结构体系高度较低且规则，即符合下述条件时，可采用底部剪力法计算结构地震反应：

（1）结构总高度不超过 40m，从而基本周期超过 T_{g} 不致过大；

（2）结构的质量、刚度沿高度布置比较均匀，且质量和刚度在平面内对称，水平地震下的扭转效应可忽略不计；

（3）结构水平侧移以剪切型变形为主。此时，高宽比 H/B 也不致过大，弯曲或弯剪型水平侧移变形较小，基本振型由下而上接近斜直线。

对于多自由度体系，当结构以剪切型为主时，基本振型由下而上接近斜直线（如图

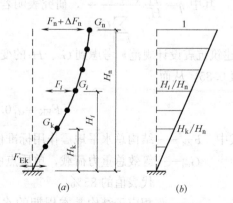

图 4-22 结构水平地震作用计算
(a) 水平地震作用计算简图；(b) 基本振型形状假定

75

4-22)，从而基本振型 $\{X\}_1^T = \{X_{11}X_{21}\cdots X_{i1}\cdots X_{n1}\}^T$ 中各元素为：

$$X_{i1} = H_i/H_n \quad (i=1,2,3,\cdots,n) \tag{4-89}$$

而各质点上的等效水平地震作用 F_i 根据振型分解反应谱法也相应地近似取基本振型的地震作用 F_{i1}，即 i 质点的水平地震作用标准值为：

$$F_i \approx F_{i1} = G_i\gamma_1\alpha_1 X_{i1} = G_i\gamma_1\alpha_1 H_i/H_n (i=1,2,3,\cdots,n) \tag{4-90}$$

式中　α_1——相应于结构基本周期的水平地震影响系数；

　　　F_i——质点 i 的水平地震作用标准值；

　　　G_i——集中于质点 i 重力荷载代表值；

H_i、H_n——分别为质点 i、n 的计算高度。

$$\gamma_1 = \frac{\{X\}_1^T[M]\{R\}}{\{X\}_1^T[M]\{X\}_1} \tag{4-91}$$

$[M] = \text{diag}(m_1, m_2, \cdots, m_i, m_n)$，$\{R\} = \{1 \quad 1 \quad \cdots \quad 1\}^T$。

结构受到总水平地震作用标准值 F_{Ek} 为：

$$\sum_{k=1}^n F_k = \sum_{k=1}^n F_{k1} = \sum_{k=1}^n G_k\gamma_1\alpha_1 H_k/H_n = \frac{\gamma_1\alpha_1}{H_n}\left(\sum_{k=1}^n G_k H_k\right) = F_{Ek} \tag{4-92}$$

i 质点的水平地震作用标准值与结构受到总水平地震作用标准值之比为：

$$\frac{F_i}{F_{EK}} = \frac{G_i\gamma_1\alpha_1 H_i/H_n}{\dfrac{\gamma_1\alpha_1}{H_n}\left(\sum\limits_{k=1}^n G_k H_k\right)} = \frac{G_i H_i}{\sum G_k H_k} \tag{4-93}$$

所以

$$F_i = \frac{G_i H_i}{\sum G_k H_k} F_{Ek} \tag{4-94}$$

上式即为底部剪力法计算公式。下面讨论总水平地震作用标准值 F_{Ek} 的计算。由

$$F_{EK} = \frac{\gamma_1\alpha_1}{H_n}\left(\sum_{k=1}^n G_k H_k\right) = \alpha_1 \frac{\gamma_1}{H_n} \frac{\sum\limits_{k=1}^n G_k H_k}{\sum\limits_{k=1}^n G_k} \sum_{k=1}^n G_k = \alpha_1 \eta \sum_{k=1}^n G_k \tag{4-95}$$

其中 $\eta = \dfrac{\gamma_1}{H_n} \dfrac{\sum\limits_{k=1}^n G_k H_k}{\sum\limits_{k=1}^n G_k}$，研究表明若为单质点，$\eta=1.0$；有足够多质点时，$\eta=0.75$。

《建筑抗震设计规范》考虑到 G_i、H_i 的变化，对多自由度体系，η 取介于 $1.0\sim0.75$ 间的值 0.85，从而

$$F_{EK} = \alpha_1 0.85 \sum_{k=1}^n G_k = \alpha_1 G_{eq} \tag{4-96}$$

式中　F_{Ek}——结构总水平地震作用标准值，即结构底部剪力标准值；

　　　G_{eq}——等效总重力荷载，单质点应取总重力荷载代表值，多质点可取总重力荷载代表值的 85%；

　　　α_1——相应于结构基本周期的水平地震影响系数，按图 4-11 取值。对于多层砌体、底部框架结构和多层内框架砖房，α_1 宜取水平地震影响系数最大

值 α_{max}。

2. 结构基本周期 T_1 相对于 T_g 较大（即 $T_1 > 1.4T_g$）时的分配

计算表明，当 T_1 相对于 T_g 较大时，若仍按式（4-94）分配，所得层间剪力 V_i 在结构上部往往偏小，产生误差。

分析认为，T_1 较大时结构弯剪变形比例增大，基本振型形状仍采用斜直线时误差较大，使振型位移下部偏大、上部偏小；另一方面，当 T_1 相对于 T_g 较大时，相应于基本振型的 $\alpha_1(T_1)$ 小于高振型的 $\alpha_j(T_j)$，高振型对结构反应产生一定影响，且其影响一般在结构上部。

为此，建筑抗震规范规定，$T_1 > 1.4T_g$ 时，F_{Ek} 仍按式（4-96）计算；但在质点地震作用分配时，应在主体结构的顶部质点处附加一定的地震作用 ΔF_n 进行修正。公式如下：

$$\Delta F_n = \delta_n F_{Ek} \tag{4-97}$$

$$F_i = \frac{G_i H_i}{\sum G_k H_k} F_{Ek}(1 - \delta_n) \tag{4-98}$$

$$F_n^r = F_n + \Delta F_n \tag{4-99}$$

式中　ΔF_n——顶部附加水平地震作用；

　　　F_n^r——主体结构顶部修正的水平地震作用标准值；

　　　δ_n——顶部附加水平地震作用系数，对 $T_1 > 1.4T_g$ 的多高层钢筋混凝土或钢结构房屋结构按表 4-5 采用，其他房屋可采用 0。

顶部附加水平地震作用系数　　　　　　　　　　　　表 4-5

T_g/s	$T_1 > 1.4T_g$	$T_1 \leqslant 1.4T_g$
$\leqslant 0.35$	$0.08T_1 + 0.07$	
$0.35 \sim 0.55$	$0.08T_1 + 0.01$	0
> 0.55	$0.08T_1 - 0.02$	

注：T_1 为结构基本自振周期。

3. 突出主体结构顶面的小型结构的地震作用及效应修正

突出主体结构顶面的小型结构包括屋顶间（如水箱间、电梯机房）、女儿墙、屋面烟囱、附属结构等。震害表明，其破坏往往比主体结构严重，原因在于突出部分的质量、刚度较主体结构突然变小，地震反应产生突变或放大，这种现象称为鞭梢效应（whipping effect）。

《建筑抗震设计规范》规定，主体顶部有突出小型结构时，仍可用底部剪力法计算。此时突出部分结构也应作为一个质点参加计算，记为第 $n+1$ 质点，且突出部分的作用效应宜乘以增大系数 3 修正，例如地震剪力 $V_{Ek,n+1} = 3F_{n+1}$。

需要说明，第一、增大的地震效应仅用于小型结构自身及直接相连接的主体结构构件，不往下部传递。原因是质量和刚度的突变在顶部产生了高振型影响，使结构上下部的地震效应最大值非同时发生。第二、当顶部有突出小型结构且 $T_1 > 1.4T_g$ 时，ΔF_n 应加在主体结构顶部，而不应附加在突出小型结构上，即 $F_n^r = F_n + \Delta F_n$。

此外，顶部有突出塔楼的结构，也可采用振型分解反应谱法计算，并将突出部分作为一质点。当顶层为空旷房间或轻钢结构时，由于质量和刚度相对较大，不宜视为小结构按底部剪力法乘以顶部效应增大系数的方法计算，而应将顶层作为一质点用振型分解反应谱法计算。

【例 4-5】 试按底部剪力法计算例 4-4 中钢筋混凝土框架结构在水平多遇地震下的地震作用及层间地震剪力标准值。

【解】 （1）求解结构总水平地震作用标准值

例 4-3 已经求得结构的基本周期为 $T_1=0.511\text{s}$。由例 4-4 知，$\alpha_1=0.143$。由式（4-96），可计算出：

$$F_{\text{Ek}}=\alpha_1 G_{\text{eq}}=0.143\times0.85\times(600+500)=133.71\text{kN}$$

（2）计算各质点的水平地震作用标准值

由于 $T_1=0.511\text{s}<1.4T_g=1.4\times0.45=0.63\text{s}$，周期较小，故 $\delta_n=0$，由式（4-94）算得：

$$F_1=\frac{600\times4.5}{600\times4.5+500\times9.0}\times133.71=50.14\text{kN}$$

$$F_2=\frac{500\times9.0}{600\times4.5+500\times9.0}\times133.71=83.57\text{kN}$$

（3）计算第一、第二层间地震剪力标准值

$$V_1=F_1+F_2=133.71\text{kN}$$

$$V_2=F_2=83.57\text{kN}$$

4.6 水平地震作用下扭转耦联、地基与结构相互作用时的计算

结构扭转是指结构各抗侧力构件在同一水平面上的点除产生水平平移外，还在水平面内产生转动，又称为平动-扭转耦联振动。需要说明的是，一般所述的扭转不考虑地震动扭转分量（即基底各点水平地震动不相同）所导致的结构扭转，而是考虑基底各点在相同水平地震动作用（相同的单向或双向地震作用）下，由于结构自身特殊性所导致的扭转效应。

国内外震害表明，质量和刚度在平面内不对称的结构极易遭受破坏，轻者是房屋角部、周边破坏或局部倒塌，重者则整体破坏倒塌，这种现象在某些地震实例中所占比例很高。若按前面计算方法难以解释上述现象，原因是未能描述结构的扭转振动。震害还表明，即使规则房屋，也会由于非结构构件布置、施工质量及使用等原因产生偶然偏心，导致扭转破坏。因此在抗震概念设计中，一般要求建筑及其抗侧力结构平面布置简单规则，并有良好的整体性，目的是减小质量和刚度不对称而引起的偏心和扭转效应。

抗震计算时，《建筑抗震设计规范》要求，平面明显不规则的结构，应按平扭耦联的振型分解反应谱法计算。平面规则的结构，也应考虑每层质心在垂直于地震方向的偶然偏移导致的扭转。近年来，随着建筑形体的多样化，平立面复杂、质量和刚度明显不对称不均匀的多高层建筑增多，抗震规范对其扭转影响的分析要求也逐渐提高。

关于扭转机理，从动力角度看，是由于楼层质心与结构侧移刚度中心在某些标高平面内不重合，使地震作用相对于质量中心产生转动力矩，从而结构表现为平移和扭转同时发生。当质心与刚心重合时，地震作用与恢复力共线，楼层质心只有平移，没有扭转角。

4.6.1 刚心与质心

如图 4-23 所示为一单层框架结构的平面图，称房屋的纵、横向框架或柱为结构的抗侧力构件。假定该房屋的屋盖为刚性，则当屋盖沿 y 方向平移单位距离时，会在每个 y 方向的抗侧力构件中引起恢复力，恢复力大小与 y 方向抗侧力构件的侧移刚度成正比。恢复力合力距坐标原点 o 的距离为：

$$x_c = \frac{\sum\limits_{i=1}^{n} k_{yj} x_j}{\sum\limits_{j=1}^{n} k_{yj}} \tag{4-100}$$

同理，当屋盖沿 x 方向平移单位距离时，有：

$$y_c = \frac{\sum\limits_{i=1}^{n} k_{xi} y_i}{\sum\limits_{i=1}^{n} k_{xi}} \tag{4-101}$$

式中　k_{xi}、k_{yj}——分别为平行于 x 轴和 y 轴的第 i 片和 j 片抗侧力构件的抗侧移刚度；

x_j、y_i——分别为坐标原点至第 j 片和 i 片抗侧力构件的垂直距离；

x_c、y_c——称为结构的刚度中心，简称刚心。

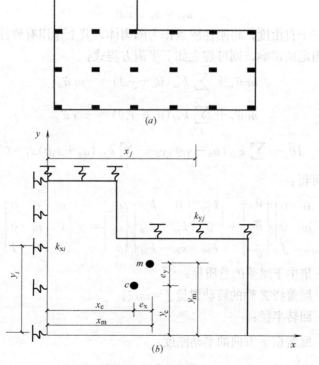

图 4-23　质心和刚心

(a) 实际结构；(b) 计算模型

结构的质心就是结构重心，设结构重心坐标为 $(x_m，y_m)$，则结构在 x 和 y 方向上质心和刚心的距离即偏心距为：

$$e_x = x_m - x_c，e_y = y_m - y_c \tag{4-102}$$

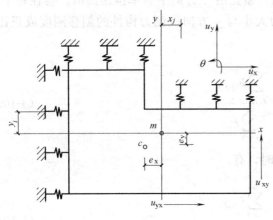

图 4-24　单层偏心结构振动

4.6.2　单层偏心结构振动方程

当结构的质心与刚心不相重合时，由于水平地震作用引起的惯性力的合力通过结构的质心，而相应的各抗侧力构件抗力的合力通过结构的刚心，因而水平地震作用除了使结构平移振动外，尚围绕刚心作扭转振动，形成平移—扭转耦联振动。对于单层结构，将全部质量集中于屋盖处，屋盖视作刚体，如图4-24所示。

若在 x 和 y 方向均受地震作用，其地面加速度为 $\ddot{u}_{gx}$ 和 $\ddot{u}_{gy}$，取质心 m 为坐标原点，令质心在 x、y 方向的相对位移分别为 u_x 和 u_y，屋盖绕通过质心的竖轴转角为 θ（逆时针为正），则第 i 个抗侧力构件沿 x 方向的位移为：

$$u_{xi} = u_x - y_i\theta \tag{4-103}$$

同理第 j 个抗侧力构件沿 y 方向的位移为：

$$u_{yj} = u_y + x_j\theta \tag{4-104}$$

上述结构有三个自由度，将刚性屋盖作为隔离体，其上作用有弹性恢复力、惯性力和惯性扭矩，忽略阻尼的影响，则可建立如下平衡方程式：

$$m\ddot{u}_x + \sum_i k_{xi}(u_x - y_i\theta) = -m\ddot{u}_{gx} \tag{4-105}$$

$$m\ddot{u}_y + \sum_j k_{yj}(u_y + x_j\theta) = -m\ddot{u}_{gy} \tag{4-106}$$

$$J\ddot{\theta} - \sum_i k_{xi}(u_x - y_i\theta)y_i + \sum_j k_{yj}(u_y + x_j\theta)x_j = 0 \tag{4-107}$$

将上式整理可得：

$$\begin{bmatrix} m & 0 & 0 \\ 0 & m & 0 \\ 0 & 0 & J \end{bmatrix}\begin{Bmatrix} \ddot{u}_x \\ \ddot{u}_y \\ \ddot{\theta} \end{Bmatrix} + \begin{bmatrix} k_{xx} & 0 & k_{x\theta} \\ 0 & k_{yy} & k_{y\theta} \\ k_{\theta x} & k_{\theta y} & k_{\theta\theta} \end{bmatrix}\begin{Bmatrix} u_x \\ u_y \\ \theta \end{Bmatrix} = -\begin{bmatrix} m & 0 & 0 \\ 0 & m & 0 \\ 0 & 0 & J \end{bmatrix}\begin{Bmatrix} \ddot{u}_{gx} \\ \ddot{u}_{gy} \\ 0 \end{Bmatrix} \tag{4-108}$$

式中　　　m——集中于屋盖的总质量；

J——屋盖绕 Z 轴的转动惯量 $J = mr^2$；

r——回转半径；

$k_{xx} = \sum_i k_{xi}$——屋盖在 x 方向的平动刚度；

$k_{yy} = \sum_j k_{yj}$——屋盖在 y 方向的平动刚度；

$k_{\theta\theta}=\sum\limits_i k_{xi}y_i^2+\sum\limits_j k_{yj}x_j^2$——屋盖的抗扭刚度；

$k_{x\theta}=k_{\theta x}=-\sum\limits_i k_{xi}y_i$；

$k_{y\theta}=k_{\theta y}=\sum\limits_j k_{yj}x_j$。

值得注意的是，刚度矩阵中与两平移自由度对应的耦合项 $k_{xy}=0$，即无耦合。若质心与刚心重合，$k_{x\theta}=k_{y\theta}=0$，运动方程的平动与扭转不再耦联，结构不会产生扭转角。因此，扭转是由于偏心距使 $k_{x\theta}$ 和 $k_{y\theta}$ 不等于 0 而与平动耦联引起的。

4.6.3 多层偏心结构振动方程

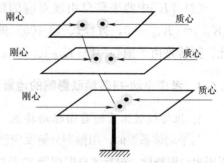

图 4-25 结构体系的扭转耦联计算模型

计算多层结构的平动-扭转耦联地震效应时，可在不同标高选取计算点，该点为各标高楼层的质心。各计算点（质心）的连线呈直线或折线，如图 4-25 所示，各计算点取 3 个自由度：两个正交方向的水平位移 u_{xi}、u_{yi} 以及水平面内绕计算点的转角 θ_i。这样 n 层结构有 $3n$ 个自由度。对每一质点进行受力分析，采用与单层结构类似的方法，可得以矩阵表示的体系的运动微分方程如下：

$$[M]\{\ddot{u}(t)\}+[C]\{\dot{u}(t)\}+[K]\{u(t)\}=-[M]\{\ddot{u}_g(t)\} \tag{4-109}$$

式中 $\{u(t)\}$——相对位移列向量，其元素分别为各点 x、y 向平动位移和水平面转角，即

$$\{u(t)\}=[\{u_x(t)\}^T \quad \{u_y(t)\}^T \quad \{\theta(t)\}^T] \tag{4-110}$$

$[C]$——阻尼矩阵，为 $3n\times3n$ 维矩阵；

$[M]$——惯性质量矩阵，为 $3n\times3n$ 对角矩阵，表示为：

$$[M]=\mathrm{diag}([M_x] \quad [M_y] \quad [J_\theta]) \tag{4-111}$$

$$[M_x]=[M_y]=\mathrm{diag}(m_1 \quad m_2 \quad \cdots \quad m_n) \tag{4-112}$$

$$[J_\theta]=\mathrm{diag}(J_1 \quad J_2 \quad \cdots \quad J_n) \tag{4-113}$$

m_i、J_i——分别为 i 点的集中质量及第 i 标高质量对质心的水平转动惯量，若第 i 标高楼层为矩形，则 $J_i=m_i(a_i^2+b_i^2)/12=m_ir_i^2$；

a_i、b_i、r_i——分别为矩形楼层的长边、短边及回转半径；

$[K]$——侧移扭转刚度矩阵，如式（4-114），其中各子矩阵为 $n\times n$ 维；

$$[K]=\begin{bmatrix} [K_{xx}] & [0] & [K_{x\theta}] \\ [0] & [K_{yy}] & [K_{y\theta}] \\ [K_{\theta x}] & [K_{\theta y}] & [K_{\theta\theta}] \end{bmatrix} \tag{4-114}$$

$\{\ddot{u}_g(t)\}$——水平地震动加速度分量。当水平地震动在 x 轴和 y 轴方向的分量分别为 $\ddot{u}_{gx}(t)$、$\ddot{u}_{gy}(t)$ 时，令 $\{I\}$ 表示 n 维单位列向量，则 $\{\ddot{u}_g(t)\}$ 可写为：

$$\{\ddot{u}_g(t)\}=\begin{Bmatrix} \{I\}\ddot{u}_{gx}(t) \\ \{I\}\ddot{u}_{gy}(t) \\ \{0\} \end{Bmatrix} \tag{4-115}$$

关于扭转运动方程式（4-109）中的$\{\ddot{u}_g(t)\}$和$[K]$，注意到：

（1）对于水平单向地震，地震动$u_g(t)$与x轴呈恒定角度φ_0，因而x和y向两分量不独立，$u_{gx}(t)=u_g(t)\cos\varphi_0$，$u_{gy}(t)=u_g(t)\sin\varphi_0$，两分量波形相同，峰值在同一时刻。单向地震下，式（4-115）可写为：

$$\{\ddot{u}_g(t)\}=\begin{Bmatrix}\{I\}\ddot{u}_g(t)\cos\varphi_0\\\{I\}\ddot{u}_g(t)\sin\varphi_0\\\{0\}\end{Bmatrix}=\begin{Bmatrix}\{\cos\varphi_0\}\\\{\sin\varphi_0\}\\\{0\}\end{Bmatrix}\ddot{u}_g(t)=\{R\}\ddot{u}_g(t) \tag{4-116}$$

（2）$[K]$中两平移自由度对应的耦合项$[K_{xy}]=0$，即无耦合。若质心与刚心重合，$[K_{x\theta}]=[K_{y\theta}]=0$，方程式（4-109）的平动与扭转不再耦联，结构不会产生扭转角。因此，扭转是由于偏心距使$[K_{x\theta}]$、$[K_{y\theta}]$不等于0而与平动耦联引起的。

4.6.4 考虑平动-扭转耦联影响的地震作用效应计算

1. 扭转耦联体系的自由振动特性

与平动体系类似，用振型分解反应谱法计算扭转耦联体系的水平地震效应时，需首先分析无阻尼自振特性，包括各自振周期T_j及相应的振型$\{U\}_j=[\{U_x\}^T\ \ \{U_y\}^T\ \ \{\theta\}^T]_j^T$。

在方程式（4-109）中，令$[C]$及方程右边等于0，得体系的自由振动方程为：

$$[M]\{\ddot{u}\}+[K]\{u\}=0 \tag{4-117}$$

从而由特征方程$([K]-\omega^2[M])\{U\}=0$和自振频率方程$|[K]-\omega^2[M]|=0$，可求得$3n$个自振周期$T_j=2\pi/\omega_j$及相应振型$\{U\}_j=\{U_{x1j}\ U_{x2j}\cdots U_{xnj}\ U_{y1j}\ U_{y2j}\cdots U_{ynj}\ U_{\theta1j}\ U_{\theta2j}\cdots U_{\theta nj}\}^T$，其自振周期间隔较为密集。

2. 水平单向地震下考虑扭转影响的振型分解反应谱法

水平单向地震作用下，考虑扭转影响的运动方程式可写为：

$$[M]\{\ddot{u}\}+[C]\{\dot{u}\}+[K]\{u\}=-[M]\{R\}\ddot{u}_g(t) \tag{4-118}$$

上式可用振型分解原理计算。将变量按振型分解为新变量线性组合式（4-119）并代入运动方程解耦，得到$3n$个关于振型坐标变量$q_j(t)$的独立方程式（4-120）：

$$\{u(t)\}=\sum_{j=1}^{n}q_j(t)\{U\}_j \tag{4-119}$$

$$\ddot{q}_j(t)+2\xi_j\omega_j\dot{q}_j(t)+\omega_j^2 q_j(t)=-\gamma_{tj}\ddot{u}_g(t)\ (j=1,2,\cdots,n,\cdots,2n,\cdots,3n) \tag{4-120}$$

式中 γ_{tj}——j振型的参与系数，在与x方向斜交恒定角度φ_0的单向地震作用下，γ_{tj}表达式如式（4-121）所示，其中，在x向的单向地震下，$\cos\varphi_0=1$，$\sin\varphi_0=0$；在y向的单向地震下$\cos\varphi_0=0$，$\sin\varphi_0=1$。

$$\gamma_{tj}=\frac{\{U\}_j^T[M]\{R\}}{\{U\}_j^T[M]\{U\}_J}=\sum_{i=1}^{n}\left(U_{xij}m_i\cos\varphi_0+U_{yij}m_i\sin\varphi_0\right)\Big/\sum_{i=1}^{n}\left[m_iU_{xij}^2+m_iU_{yij}^2+J_iU_{\theta ij}^2\right]$$

$$\tag{4-121}$$

计算出$q_j(t)$后，与本章第5节相类似，利用振型分解反应谱法可得到考虑扭转影响的结构在各振型作用下地震作用效应表达式。如j振型i层在x方向、y方向及水平转动方向的地震作用标准值为：

$$\left.\begin{array}{l} F_{xij}=\alpha_j\gamma_{tj}U_{xij}G_i \\ F_{yij}=\alpha_j\gamma_{tj}U_{yij}G_i \\ M_{\theta ij}=\alpha_j\gamma_{tj}U_{\theta ij}J_ig=\alpha_j\gamma_{tj}U_{\theta ij}\left(r_i^2G_i\right) \end{array}\right\} \quad (i=1,2,\cdots,3n;j=1,2,\cdots,3n) \quad (4\text{-}122)$$

式中 F_{xij}、F_{yij}、$M_{\theta ij}$——分别为 j 振型 i 层的质心在 x 方向、y 方向及水平转动方向的地震作用标准值（力和力矩）；

       U_{xij}、U_{yij}、$U_{\theta ij}$——分别为 j 振型 i 层质心在 x 方向、y 方向及水平转动方向的相对位移和相对扭转角；

       r_i——第 i 层的转动半径，$r_i=\sqrt{J_i/m_i}$，J_i 为 i 层绕质心的转动惯量。

由式（4-122）进一步可求得结构各振型 j 对应的地震作用效应 S_j。

3. 单向地震下振型效应组合

结构考虑平动-扭转耦联时，计算分析表明，振型效应若仍用 SRSS 方法组合，总地震效应将会导致较大误差。这是因为扭转耦联振动有下列特点：同一结构体系，考虑扭转与仅考虑平动时比较，由于自由度数目大为增多（n 层结构由 n 增为 $3n$），振型周期间隔密集，从而，相邻振型反应间的相关性增大，且较高振型有效质量也增大。因此振型组合时不仅要取较多的振型参与组合，而且相邻振型间应考虑振型反应的相关性。

因此抗震规范要求，结构在水平单向地震作用下的扭转效应可按完全二次组合法（简称 CQC 法，complete quadratic mode combination）进行振型组合，计算公式为：

$$S_{Ek}=\sqrt{\sum_{j=1}^{m}\sum_{k=1}^{m}\rho_{jk}S_jS_k}=\sqrt{\sum_{j=1}^{m}S_j^2+\sum_{j=1}^{m}\sum_{k=j+1}^{m}2\rho_{jk}S_jS_k} \quad (4\text{-}123)$$

$$\rho_{jk}=\frac{8\sqrt{\zeta_j\zeta_k}(\zeta_j+\lambda_T\zeta_k)\lambda_T^{1.5}}{(1-\lambda_T^2)^2+4\zeta_j\zeta_k(1+\lambda_T^2)\lambda_T+4(\zeta_j^2+\zeta_k^2)\lambda_T^2} \quad (4\text{-}124)$$

式中 S_{Ek}——考虑扭转耦联地震作用标准值的效应；

   S_j、S_k——分别为 j、k 振型作用标准值效应，振型数目 m 可取前 9~15 个振型；

     λ_T——k 振型与 j 振型的自振周期的比值，$\lambda_T=T_k/T_j$；

     ρ_{jk}——j 振型与 k 振型作用效应的耦联系数；

   ζ_j、ζ_k——分别为 j、k 振型的阻尼比。

4. 水平双向地震下扭转耦联体系地震作用效应的振型分解反应谱法

双向地震作用下，考虑扭转影响的地震效应按振型分解反应谱法计算，步骤如下：

首先分别计算 x 和 y 向的单向地震作用标准值下的效应 $S_{Ek,x}$、$S_{Ek,y}$。

然后，将 x 和 y 向的单向水平地震作用效应组合，得到双向水平地震作用效应。根据实际地震观测记录统计分析，同一组地震动加速度曲线的水平向两分量的最大值不相等，二者之比约为 $1:0.85$ 或 $0.85:1.0$；且由于二者的最大值不一定在同一时刻，各单向地震作用效应可采用平方和开平方法组合，并取下列公式中的较大者，以估计水平双向地震效应：

$$S_{Ek}=\sqrt{S_{Ek,x}^2+(0.85S_{Ek,y})^2} \quad (4\text{-}125a)$$

$$S_{Ek}=\sqrt{(0.85S_{Ek,x})^2+S_{Ek,y}^2} \quad (4\text{-}125b)$$

式中　$S_{Ek,x}$、$S_{Ek,y}$——x、y 向单向水平地震的扭转效应，按式（4-123）计算。

4.6.5　水平地震作用下考虑地基与结构动力相互作用的地震作用效应修正

1. 水平地震作用下地基与结构的相互作用分析

前面的地震反应分析，都是假设地基为刚性无变形，且地震动输入不受结构反应的影

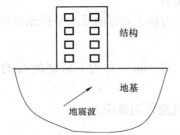

图 4-26　地基与结构的相互作用分析体系

响，而仅决定于地震机制和地震波在地基土中传播机制。实际上，地基并非绝对刚性，上部结构反应通过基础反馈给地基时，地基产生局部变形，并对结构反应产生影响。因此地震作用下，地基与上部结构之间存在一定的相互作用，部分地震能量可通过地基变形而耗散掉，在结构地震反应分析中应考虑地基与结构的相互作用的影响（图 4-26）。

研究成果表明，土与结构物相互作用有以下几方面影响：

（1）由于结构物的存在，使得结构物基底所受到的地震动大小、频率特性及空间分布与自由场的情况有很大差别。一般为结构物基底的地震动高频分量减小，最大加速度减小。

（2）由于地基土的柔性，使在相同的地震动输入下，按土体与结构物体系整体分析求得的结构反应与刚性地基假设下的结构反应有所不同。一般为共同体系的基本周期延长，阻尼作用加大，结构地震反应减小。

地基与上部结构相互影响的程度，取决于地基土和上部结构的相对刚度和相对质量。亦即水平地震剪力的折减系数主要与场地动力特性、结构周期、上部结构和地基的阻尼特性等有关。地基刚度和质量相对上部结构越大时，水平地震剪力越接近于按刚性地基的计算结果；否则，水平地震剪力的折减量越大。

对Ⅰ、Ⅱ类刚性场地上的结构物，地基刚度相对上部结构均较大，不必考虑地震剪力的折减；对于层数较少的多层结构，其质量相对地基的有效质量较小，不必考虑折减；当上部结构周期较大时，说明结构刚度相对地基刚度较小，折减量较小，也不必折减修正；又如当结构基础的刚性较差时，相当于上部结构刚性较弱，也不必考虑折减。

此外，对于高宽比较大的高层建筑，由于高振型的影响，考虑地基与结构相互作用影响时，各层折减系数并非相同，其沿高度的变化近似于抛物线型分布，顶部水平地震作用一般不折减。

2. 考虑地基与结构动力相互作用影响的楼层水平地震剪力修正

（1）一般情况，可不考虑地基与结构动力相互作用的影响；

（2）8 度和 9 度时Ⅲ、Ⅳ类场地的钢筋混凝土高层建筑，采用箱形基础、刚性较好的筏形基础以及桩筏、桩箱联合基础，且结构的基本自振周期 T_1 处于 $1.2T_g \leqslant T_1 \leqslant 5T_g$ 时（T_g 为特征周期），可根据情况计入地基与结构相互作用的影响。

具体方法是：先按刚性地基假定计算水平地震剪力，然后考虑动力相互作用影响，此时将各层水平剪力乘以折减系数 ψ。但折减后任一楼层的水平剪力，应符合最小地震剪力限值要求。其层间变形也相应按折减后的楼层剪力计算。

水平地震剪力的折减系数 ψ，当高宽比 $H/B<3$ 时，各楼层折减系数均取：

$$\psi=\left(\frac{T_1}{T_1+\Delta T}\right)^{0.9} \tag{4-126}$$

式中 T_1——按刚性地基假定计算的高层结构基本自振周期；

ΔT——计入地基与结构相互作用的附加周期，取 $\Delta T=0.08\sim0.25$，如表 4-6 所示。

考虑地基与结构相互作用影响的基本周期的提高值　　　表 4-6

设防烈度	场地类别	
	Ⅲ类	Ⅳ类
8	0.08	0.2
9	0.1	0.25

高宽比 $H/B\geqslant3$ 时，底部地震剪力的折减系数按式（4-126）取值，但顶部不折减；中间各层按其高度采用线性内插值折减。

4.7 多自由度体系自振周期及振型的计算

采用底部剪力法进行结构抗震计算，只需知道结构基本周期，如采用特征方程计算结构基本周期，不仅需通过计算机计算，而且计算量较大。下面介绍几种计算结构基本周期的近似方法，计算量小，精度高，可以手算。

4.7.1 能量法（或 Rayleigh 法）

能量法的依据是能量守恒定律，即无阻尼体系自由振动时，其动能与变形势能之和在任何时刻为恒定的。假定基本振型 $\{X\}_1=\{X_1 \quad X_2 \quad \cdots X_n\}_1^T$，当按基本振型作简谐振动时，位移 $\{x(t)\}$ 和速度 $\{\dot{x}(t)\}$ 为：

$$\left.\begin{array}{l} \{x(t)\}=\{X\}_1\sin(\omega_1 t+\theta) \\ \{\dot{x}(t)\}=\omega_1\{X\}_1\cos(\omega_1 t+\theta) \end{array}\right\} \tag{4-127}$$

式中 θ——体系自由振动的初相位角。

当位移为 0 时，变形势能等于 0，但速度 $\{\dot{x}(t)\}$ 最大，动能 T 最大。体系总能量为：

$$E=T_{max}=\frac{1}{2}\{\dot{x}(t)\}_{max}^T[M]\{\dot{x}(t)\}_{max}=\frac{1}{2}\omega_1^2\{X\}_1^T[M]\{X\}_1=\frac{1}{2}\omega_1^2\sum_{k=1}^{n}m_kX_k^2 \tag{4-128}$$

当各质点速度 $\{\dot{x}(t)\}=0$ 时，动能等于 0，而位移 $\{x(t)\}$ 和势能 U 最大。体系总能量为：

$$E=U_{max}=\{x(t)\}_{max}^T[K]\{x(t)\}_{max}/2=\{X\}_1^T[K]\{X\}_1/2 \tag{4-129}$$

根据能量守恒原理（conservation of energy principle），令式（4-128）和式（4-129）右边相等，且注意到 $[K]\{X\}_1=\{F\}_1$ 为基本振型 $\{X\}_1$ 位移时作用在质点上的力，得基本频率为：

85

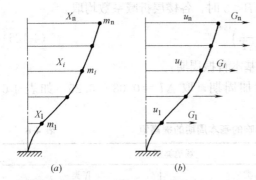

图 4-27 多自由度体系自振周期计算的能量法

(a) 第一振型形状；(b) 求基本周期时第一振型的选取

$$\omega_1^2=\frac{\{X\}_1^T[K]\{X\}_1}{\{X\}_1^T[M]\{X\}_1}=\frac{K_1}{M_1}=\frac{\{X\}_1^T\{F\}_1}{\{X\}_1^T[M]\{X\}_1} \tag{4-130}$$

若假定的振型近似等于基本振型形状，所得的频率近似等于基本振型频率；若假定的振型为基本振型的精确形状，所得的频率为精确值。上述基于能量守恒定律计算基本自振周期的方法又称瑞利（Rayleigh）法。

如何取合理的基本振型形状？如果将水平荷载 $F_i=m_ig=G_i$ 作为水平力作用在各质点处所引起的水平位移 u_i 作为基本振型位移（如图 4-27 所示），代入式（4-130）得：

$$\omega_1^2=\frac{\{u\}^T\{G\}}{\{u\}^T[M]\{u\}}=\sum_{k=1}^n G_ku_k\Big/\sum_{k=1}^n m_ku_k^2=g\sum_{k=1}^n G_ku_k\Big/\sum_{k=1}^n G_ku_k^2 \tag{4-131}$$

注意到 $g=9.81\mathrm{m/s^2}$，$T_1=2\pi/\omega_1$，则：

$$T_1=2\pi\sqrt{\sum_{k=1}^n G_ku_k^2\Big/g\sum_{k=1}^n G_ku_k}=2\sqrt{\sum_{k=1}^n G_ku_k^2\Big/\sum_{k=1}^n G_ku_k} \tag{4-132}$$

式中　u_k——将各质点的重力荷载代表值 G_k 作为水平力作用在各质点处所引起的质点 k 的水平位移，u_k 的单位为 m 时，对应 T_1 的单位为 s。

上述能量法的主要优点是，能得到计算简单、结果可靠的基本自振周期，选取任何合理的振型形状都能得到较满意的结果。因此可适用于一般结构基本周期的计算。

4.7.2 顶点位移法计算基本周期 T_1

顶点位移法是基于质量均匀分布的等截面悬臂直杆的基本自振周期 T_1 表达式，并用重力荷载代表值作为水平荷载所产生的顶点水平位移 u_n 为基本量来表示 T_1，将此表达式推广到计算质量和刚度沿高度分布均匀的结构基本周期。

考察质量均匀分布的等截面悬臂直杆如图 4-28（a）所示。当悬臂杆的变形为弯曲变形时，其水平振动的基本周期为：

$$T_1=1.78\sqrt{\overline{m}H^4/(EI)} \tag{4-133}$$

式中　$\overline{m}$——悬臂杆沿高度单位长度的质量；

　　　H——悬臂杆的总高度；

　　　EI——悬臂杆的截面抗弯刚度。

将沿高度分布的重力荷载 $\overline{m}g$ 作为水平分布荷载作用在悬臂杆上，则顶点位移 u_n 为：

$$u_n=\overline{m}gH^4/(8EI) \tag{4-134}$$

将式（4-134）代入式（4-135），并注意到 $g=9.81\mathrm{m/s^2}$，得：

$$T_1=1.6\sqrt{u_n} \tag{4-135}$$

式中　u_n——将沿高度分布的重力荷载作为水平分布力作用在悬臂杆时的顶点位移，u_n 单位为 m 时，对应 T_1 单位为 s。

同理，对于质量均匀分布的等截面悬臂直杆，当其变形为剪切变形时，基本周期为：

$$T_1 = 1.8\sqrt{u_n} \tag{4-136}$$

对于质量均匀分布的等截面悬臂杆，当变形为弯曲和剪切变形组成时，基本周期为：

$$T_1 = 1.7\sqrt{u_n} \tag{4-137}$$

对质量、刚度沿高度分布较均匀的较高的多高层框架、框架-抗震墙和抗震墙结构，可视为质量均布的等截面悬臂杆，变形一般由弯曲和剪切变形组成，基本周期按式（4-137）计算，式中 u_n 表示将结构各层重力荷载 G_i 作为水平力作用时的顶点位移（如图4-28b）。

上述顶点位移法适用于质量和刚度沿高度分布较均匀的较高的多高层结构体系，以及质量和刚度沿高度分布较均匀的连续分布质量体系。

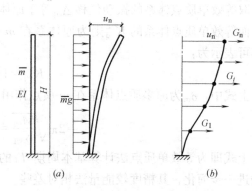

图 4-28　多高层结构自振周期计算的顶点位移法
(a) 等截面质量均匀分布的悬臂直杆；
(b) 质量和刚度沿高度分布较均匀的多高层结构

4.7.3　等效单质点法计算基本自振周期及其适用情况

等效单质点法的思路是：在基本振型振动下用一个等效的单质点体系代替原多质点体系，从而求得基本自振周期，如图 4-29 所示。

以单质点体系等效原多质点体系的基本振型振动时，等效原则如下：

（1）两体系的基本自振周期相等；

（2）等效单质点体系自由振动的最大动能与原体系按基本振型振动的最大动能相等。

设 M_{eq}、K_{eq} 为等效单质点体系的等效质量和等效刚度，Δ_{eq} 为等效单质点体系的最大振动位移。并将多质点体系的重力荷载代表值 G_k 作为水平力作用在各质点，所引起的水平位移 Δ_k 作为原体系的基本振型，如图 4-29（a）所示。

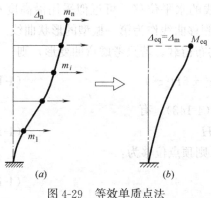

图 4-29　等效单质点法
(a) 原多自由度体系；(b) 等效的单质点体系

多质点体系按基本振型振动的最大动能为：

$$T_{max1} = \frac{1}{2}\omega_1^2\{\Delta\}^T[M]\{\Delta\} = \frac{1}{2}\omega_1^2\sum_{k=1}^{n}m_k\Delta_k^2 \tag{4-138}$$

等效单质点体系的最大动能为：

$$T_{max2} = M_{eq}(\omega_1\Delta_{eq})^2/2 \tag{4-139}$$

由 $T_{max1} = T_{max2}$，得等效单质点体系的等效质量为：

$$M_{eq} = \frac{\{\Delta\}^T [M] \{\Delta\}}{\Delta_{eq}^2} = \sum_{k=1}^{n} m_k \left(\frac{\Delta_k}{\Delta_{cq}}\right)^2 \tag{4-140}$$

取等效单质点体系的振动位移 Δ_{eq} 等于原体系某质点 m 处的位移 Δ_m，即令 $\Delta_{eq} = \Delta_m$，而等效单质点体系的 K_{eq} 则为原体系在 m 质点发生单位位移时在相应质点上的作用力，可表示为：

$$K_{eq} = 1/\delta_m \tag{4-141}$$

上式中，δ_m 为原多质点体系在 m 质点作用单位力时的水平位移。相应的周期为：

$$T_1 = 2\pi \sqrt{\frac{M_{eq}}{K_{eq}}} = 2\pi \sqrt{M_{eq}\delta_m} \tag{4-142}$$

上式即为等效单质点法计算基本周期 T_1 的公式。等效单质点法实质是在能量法基础上的进一步简化，其精度较能量法相对差些。

应当注意，采用等效单质点法计算 M_{eq} 和 δ_m 时，等效点应尽量取结构的上部点；若取下部点，由于计算 K_{eq} 或 δ_m 时会丢失结构上部特性的信息，使误差增大。

若体系为沿高度具有连续质量的悬臂杆，取顶点为等效点，$\Delta_{eq} = \Delta(H)$，从而等效为质量位于顶点的单质点体系。根据式 (4-140)，等效质量 M_{eq} 可写为：

$$M_{eq} = \frac{1}{\Delta^2(H)} \int_0^H \overline{m}(z)\Delta^2(z)\mathrm{d}z \tag{4-143}$$

式中　$\overline{m}(z)$——悬臂结构标高 z 处沿高度单位长度的连续分布质量；

　　　H——悬臂结构的总高度；

　　　$\Delta(z)$——悬臂结构标高 z 处的第一振型曲线的水平位移。可近似采用沿高度水平分布荷载 $q(z) = \overline{m}(z)g$ 下产生的侧移曲线作为第一振型的形状曲线。

当悬臂结构为等截面连续均质时，$q = \overline{m}g$ 为均布荷载，若只考虑弯曲变形，则

$$\Delta(z) = \frac{q}{24EI}(z^4 - 4Hz^3 + 6H^2z^2) \tag{4-144}$$

将顶点作为等效质点，将式 (4-144) 代入式 (4-143)，有

$$M_{eq} = 0.25\overline{m}H \tag{4-145}$$

在顶点作用一单位力时，若只考虑弯曲变形，则顶点位移为：

$$\delta_m = \frac{H^3}{3EI} \tag{4-146}$$

则由式 (4-142) 可得 $T_1 = 2\pi \sqrt{M_{eq}\delta_m} = 2\pi \sqrt{\dfrac{0.25\,\overline{m}H^4}{3EI}} \approx 1.80 \sqrt{\dfrac{\overline{m}H^4}{EI}}$，与前述式 (4-133) 结果基本一致。

等效单质点法较适用于具有连续分布质量结构的基本周期计算，以及同时具有集中和连续分布质量体系的基本周期计算。例如高大的厂房结构、高烟囱等具有分布质量的结构。

【例 4-6】 试分别用能量法、顶点位移法和等效单质点法计算例 4-3 中二层结构的基本周期。

【解】 (1) 用能量法计算基本周期

已知各质点的重力荷载代表值 $G_1 = 600\text{kN}$、$G_2 = 500\text{kN}$，将其作为水平力分别作用

在各质点处，所产生的各质点水平位移为 u_k（单位取 m）。

本例中，由于梁抗弯刚度无穷大，由例题 4-3 可求得各层层间刚度为 $K_1 = 2.53 \times 10^7$ N/m，$K_2 = 1.48 \times 10^7$ N/m。由此可计算得第一、第二层层间位移分别为

$$\Delta u_1 = (G_1 + G_2)/K_1 = (600 + 500) \times 10^3 / 2.53 \times 10^7 = 0.0435\text{m}$$

$$\Delta u_2 = G_2/K_2 = 500 \times 10^3 / 1.48 \times 10^7 = 0.0338\text{m}$$

从而第一、第二层质点水平位移分别为

$$u_1 = \Delta u_1 = 0.0435\text{m}, u_2 = \Delta u_1 + \Delta u_2 = 0.0435 + 0.0338 = 0.0773\text{m}$$

$$T_1 = 2 \times \sqrt{\frac{600 \times 0.0435^2 + 500 \times 0.0773^2}{600 \times 0.0435 + 500 \times 0.0773}} = 0.505\text{s}$$

（2）顶点位移法

由式（4-137），得 $T_1 = 1.7\sqrt{u_2} = 1.7 \times \sqrt{0.0773} = 0.473\text{s}$

可见，能量法的计算结果与例 4-3 的结果非常接近。顶点位移法结果与精确解的误差为 10.0%，误差较大是由于本例层数较低、质量分布显得相对"不均匀"的缘故。

（3）等效单质点法

取等效点在结构屋盖标高处，由式（4-140）

$$M_{\text{eq}} = \frac{600 \times 10^3}{9.81} \times \left(\frac{0.0435}{0.0773}\right)^2 + \frac{500 \times 10^3}{9.81} \times 1 = 70337.2\text{kg}$$

结构在顶部单位力作用下所产生的水平位移 δ_{m} 和结构基本周期 T_1 为

$$\delta_{\text{m}} = 1/K_1 + 1/K_2 = 1/(2.53 \times 10^7) + 1/(1.48 \times 10^7) = 1.071 \times 10^{-7}\text{m/N}$$

$$T_1 = 2\pi\sqrt{M_{\text{eq}}\delta_{\text{m}}} = 6.283 \times \sqrt{70337.2 \times 1.071 \times 10^{-7}} = 0.545\text{s}$$

同理，若取等效点在第一层楼盖标高，可得到 $M_{\text{eq}} = 222108.6\text{kg}$，$\delta_{\text{m}} = 3.953 \times 10^{-8}$ m/N，$T_1 = 0.588\text{s}$，其误差稍大些，此外等效单质点法计算误差较能量法大。

4.7.4 用向量迭代法计算自振周期及振型

向量迭代法是首先假定振型初值，经迭代调整，直到获得符合精度要求的振型及自振周期，又称 Stodola 矩阵迭代法。该法可得到一个乃至全部周期和振型，适合于手算和电算。本节介绍利用 Stodola 矩阵迭代法求解结构基本周期和振型的方法。

将特征方程 $[M]\{X\} = \dfrac{1}{\omega^2}[K]\{X\}$ 改写为：

$$[K]^{-1}[M]\{X\} = \frac{1}{\omega^2}\{X\} \tag{4-147}$$

令 $[K]^{-1}[M] = [A]$，$\lambda = \dfrac{1}{\omega^2}$，则式（4-147）变为：

$$[A]\{X\} = \lambda\{X\} \tag{4-148}$$

因而，求解体系自振周期和振型问题归结为求矩阵 $[A]$ 的特征值 λ 及对应特征向量 $\{X\}$ 问题。

根据式（4-148），用向量迭代法求 $[A]$ 的特征值及特征向量时，首先假定特征向量的初始形状 $\{X\}^{(0)}$，然后逐次按下式迭代计算特征向量的新值 $\{X\}^{(k)}$，$k = 1, 2, \cdots, m$：

$$\{X\}^{(1)} = [A]\{X\}^{(0)} \tag{4-149}$$

$$\{X\}^{(2)}=[A]\{X\}^{(1)}=[A]^2\{X\}^{(0)} \tag{4-150}$$

$$\{X\}^{(m)}=[A]\{X\}^{(m-1)}=[A]^m\{X\}^{(0)} \tag{4-151}$$

若 $\{X\}^{(m)}$ 的各元素近似等于前次 $\{X\}^{(m-1)}$ 中各元素的某倍数 η，即 $\{X\}^{(m)}=[A]\{X\}^{(m-1)}=\eta\{X\}^{(m-1)}$ 时，则 η、$\{X\}^{(m-1)}$ 分别为 $[A]$ 的最大特征值 λ_1 和对应特征向量 $\{X\}_1$。

对于 Stodola 矩阵迭代法的合理性，可说明如下：

设 $\{X\}_1\{X\}_2\cdots\{X\}_i\cdots\{X\}_n$ 分别为一 n 自由度体系的 n 阶振型，由于它们是线性无关的，因此必构成相应的 n 维线性空间的一组基。现设特征向量的初始形状 $\{X\}^{(0)}$，则 $\{X\}^{(0)}$ 必可由 $\{X\}_1\{X\}_2\cdots\{X\}_i\cdots\{X\}_n$ 表示为：

$$\{X\}^0=c_1\{X\}_1+c_2\{X\}_2+\cdots c_i\{X\}_i+\cdots c_n\{X\}_n \tag{4-152}$$

上式中 c_1、$c_2\cdots c_n$ 为常量。且对 $\{X\}_1\{X\}_2\cdots\{X\}_i\cdots\{X\}_n$ 有：$[A]\{X\}_i=\lambda_i\{X\}_i$ $(i=1,2,\cdots n)$ 因此：

$$\{X\}^{(m)}=[A]\{X\}^{(m-1)}=[A]^m\{X\}^{(0)}=c_1\lambda_1^m\{X\}_1+c_2\lambda_2^m\{X\}_2+\cdots+c_n\lambda_n^m\{X\}_n$$

$$=\lambda_1^m\left(c_1\{X\}_1+c_2\left(\frac{\lambda_2}{\lambda_1}\right)^m\{X\}_2+\cdots c_n\left(\frac{\lambda_n}{\lambda_1}\right)^m\{X\}_n\right) \tag{4-153}$$

不失一般性，设 $\lambda_1>\lambda_2>\cdots>\lambda_n$，则当 m 足够大时，有：

$$\lim_{m\to\infty}\left(\frac{\lambda_i}{\lambda_1}\right)^m=0(i=2,3\cdots n) \quad 此时：$$

$$\{X\}^{(m)}\to c_1\lambda_1^m\{X\}_1 \qquad \{X\}^{(m-1)}\to c_1\lambda_1^{m-1}\{X\}_1 \tag{4-154}$$

所以，当 m 足够大（或迭代次数足够多）时，有：

$$\{X\}^{(m)}\approx\lambda_1\{X\}^{(m-1)} \tag{4-155}$$

而相应的特征向量为 $c_1\{X\}_1$，或标准化为 $\{X\}_1$。

如上所述，Stodola 矩阵迭代法应事先假设初始振型，如果振型形状事先可以估计，那么，迭代过程收敛较快。但是事先估计振型形状的正确与否，仅影响迭代过程的快慢，并不影响最后计算结果。

【例 4-7】 试用 Stodola 矩阵迭代法计算 3 自由度体系基本周期和相应振型。体系的柔度矩阵和质量矩阵分别为：

$$[\delta]=[K]^{-1}=\frac{1}{k}\begin{bmatrix}1 & 1 & 1\\ 1 & 2 & 2\\ 1 & 2 & 3\end{bmatrix} \quad [M]=m\begin{bmatrix}1 & & \\ & 1 & \\ & & 1\end{bmatrix}$$

【解】 $[A]=[K]^{-1}[M]=\dfrac{m}{k}\begin{bmatrix}1 & 1 & 1\\ 1 & 2 & 2\\ 1 & 2 & 3\end{bmatrix}$

设 $\{X\}^{(0)}=\{1,1,1\}^T$，则有：

$$[A]\{X\}^0=\frac{m}{k}\begin{bmatrix}1 & 1 & 1\\ 1 & 2 & 2\\ 1 & 2 & 3\end{bmatrix}\begin{Bmatrix}1\\ 1\\ 1\end{Bmatrix}=6\frac{m}{k}\begin{Bmatrix}0.5\\ 0.833\\ 1.00\end{Bmatrix}=6\frac{m}{k}\{X\}^{(1)}$$

同理有：

$$[A]\{X\}^{(1)} = \frac{m}{k}\begin{bmatrix} 1 & 1 & 1 \\ 1 & 2 & 2 \\ 1 & 2 & 3 \end{bmatrix}\begin{Bmatrix} 0.5 \\ 0.833 \\ 1.00 \end{Bmatrix} = 5.167\frac{m}{k}\begin{Bmatrix} 0.452 \\ 0.806 \\ 1.00 \end{Bmatrix} = 5.167\frac{m}{k}\{X\}^{(2)}$$

$$[A]\{X\}^{(2)} = \frac{m}{k}\begin{bmatrix} 1 & 1 & 1 \\ 1 & 2 & 2 \\ 1 & 2 & 3 \end{bmatrix}\begin{Bmatrix} 0.452 \\ 0.806 \\ 1.00 \end{Bmatrix} = 5.064\frac{m}{k}\begin{Bmatrix} 0.446 \\ 0.803 \\ 1.00 \end{Bmatrix} = 5.064\frac{m}{k}\{X\}^{(3)}$$

$$[A]\{X\}^{(3)} = \frac{m}{k}\begin{bmatrix} 1 & 1 & 1 \\ 1 & 2 & 2 \\ 1 & 2 & 3 \end{bmatrix}\begin{Bmatrix} 0.446 \\ 0.806 \\ 1.00 \end{Bmatrix} = 5.049\frac{m}{k}\begin{Bmatrix} 0.442 \\ 0.802 \\ 1.00 \end{Bmatrix} = 5.049\frac{m}{k}\{X\}^{(4)}$$

$\{X\}^{(4)}$ 与 $\{X\}^{(3)}$ 已很接近，故可认为所求结构体系的基本振型为 $\{X\}_1 = \{0.442 \quad 0.802 \quad 1.00\}^{\mathrm{T}}$，特征值为 $\lambda_1 = \frac{1}{\omega_1^2} = 5.049\frac{m}{k}$。

4.8　结构的竖向地震作用计算

竖向地震动主要是 P 波（压缩波），P 波传播较 S 波（剪切波）快，地震时先感觉到上下颠簸（竖向地震），当其有所衰减时水平摇晃（水平地震）继之而来，两者震感最强时通常不在同时刻。

竖向地震的宏观现象是多方面的，最直观的是物体或结构被向上抛掷的现象。1971年美国圣费尔南多（San Fernando）地震时，据报道一名值班消防员被从床上抛到地板上，之后又被床腿压住；同时原浮置于台阶上的值班房离开原地基，但台阶周边的地面未见磨损痕迹。我国 1976 年唐山地震中，在主震破裂带两侧，有一个 $0.6\mathrm{m}\times11\mathrm{km}$ 的抛掷区有许多抛起记录，例如某砖烟囱中间一段掉落地面，而顶部一段却落在残留的下半段上；一些砖烟囱上半段产生数道受拉水平通缝；人被抛掷到约 3m 高的房顶，抛掷初速度推算达 $7.0\mathrm{m/s}$ 以上。

对于高层或高耸结构，水平地震下是以抗侧力构件的剪弯变形为主，但在竖向地震下的反应特点是以主体结构竖向受压构件的轴向变形和水平受弯构件的弯剪变形为主。虽然主体结构墙柱等竖向构件轴向变形的刚度较大，但结构层数较多时，结构的竖向基本自振周期接近于竖向地震动卓越周期或竖向反应谱特征周期 T_{gv}，8 度或 9 度高烈度区时竖向地震作用较大，且以第一振型为主。因而规范规定在抗震设计中应予进行抗震计算。对层数较少的建筑，竖向地震影响系数和地震作用小，一般可不进行计算。另一方面，当构件的受压承载力或水平受剪承载力对竖向地震敏感时，也应进行竖向抗震计算。例如，隔震结构支座容易受竖向轴压力的影响，由于隔震结构不隔离竖向地震，当层数较多时应考虑竖向地震影响。对于大跨或长悬臂结构，其竖向地震反应特点是以水平构件的弯曲型变形为主。由于跨度较大，构件竖向振动基本周期大，可接近或超过 T_{gv}，8 度或 9 度高烈度下的竖向地震影响系数和竖向地震作用较大，其对竖向地震较对水平地震敏感，且向下的竖向地震作用较向上的不利，这样竖向地震作用和重力荷载代表值的效应可能构成最不利内力，建筑抗震规范要求应进行抗震计算。

建筑抗震规范规定：8、9 度时的大跨度或长悬臂结构、9 度时的高层建筑，应计算竖向地震作用。8、9度时的隔震结构支座应计算竖向地震作用，隔震层以上结构的竖向地震作用按有关规定计算。构筑物规范还要求对8度和9度时的高耸构筑物计算竖向地震作用。

建筑抗震设计规范根据不同结构特点，给出了竖向地震作用的两种计算方法：一是竖向地震下对于以轴向变形为主的竖向结构，按多质点体系的反应谱方法计算，竖向地震作用应考虑向上、向下两个方向，如高层建筑或高耸构筑物；二是对于以弯剪变形为主的水平结构构件，采用等效静力法取结构重力荷载的一定百分比作为竖向地震作用，如大跨度或长悬臂结构。某些国家的抗震规范也有基于水平地震作用，取其一定百分数作为竖向地震作用的。

4.8.1 竖向抗震设计反应谱——竖向地震影响系数

根据竖向地震加速度 $\ddot{z}_g(t)$ 和结构竖向刚度、竖向阻尼比 ζ_v，采用与水平地震相同的方法，可求得竖向加速度反应 $\ddot{z}(t)+\ddot{z}_g(t)$，并得到竖向加速度反应谱 $S_{av}(T)=[\ddot{z}(t)+\ddot{z}_g(t)]_{max}$、竖向地震影响系数 $\alpha_v=S_{av}(T)/g$ 及竖向动力系数 $\beta_{v,max}=\dfrac{S_{av}(T)}{|\ddot{Z}_g(t)|_{max}}$。

根据大量地震记录的统计结果，抗震设计中取统计平均值 $|\ddot{z}_g(t)|_{max}=\dfrac{2}{3}|\ddot{x}_g(t)|_{max}$。

竖向地震动记录计算的反应谱形状与水平地震反应谱相似，但竖向反应谱的特征周期 T_{gv} 小于水平地震特征周期 T_g。取 $\beta_{v,max}=\beta=2.25$，其中 β 为结构水平动力系数，并利用 $|\ddot{z}_g(t)|_{max}=\dfrac{2}{3}|\ddot{x}_g(t)|_{max}$，可得：

$$\alpha_{v,max}=\frac{S_{av,max}}{g}=\frac{|\ddot{z}_g(t)|_{max}}{g}\cdot\frac{S_{av,max}}{|\ddot{z}_g(t)|_{max}}=\left(\frac{2}{3}k\right)\beta_{max}=\frac{2}{3}\alpha_{max}\approx 0.65\alpha_{max}$$

(4-156)

上式中 k 为水平向地震系数。实际工程中，多高层建筑主体结构的竖向基本周期 T_v 较短，一般不超过 T_{gv}；因而建筑结构的竖向反应谱一般不考虑 T_v 超过 T_{gv} 的情况，高层及大跨结构的竖向地震影响系数均取 $\alpha_v=\alpha_{v,max}=0.65\alpha_{max}$。

4.8.2 高层建筑与高耸构筑物的反应谱法

高层结构的竖向地震作用效应，主要是指竖向墙柱等构件的轴向拉压力以及水平构件的内力。同水平地震作用类似，可按竖向反应谱方法计算，具体步骤为：

1. 结构总竖向地震作用标准值

高层结构的竖向地震作用一般以第一振型为主，可只考虑基本振型效应按反应谱法计算，计算简图如图4-30所示。

与水平地震下考虑基本振型的底部剪力法类似，先求总竖向地震作用，由于首先得到的总竖向地震作用 F_{Evk} 实

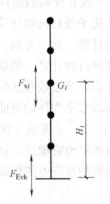

图4-30 竖向地震作用计算简图

际为结构的底部轴力，因而本书将该方法称为"底部轴力法"。

结构总竖向地震作用标准值 F_{Evk} 为：

$$F_{Evk} = \sum_{i=1}^{n} F_{vi} = \alpha_{v,max} G_{eq,v} \tag{4-157}$$

式中　$G_{eq,v}$——竖向地震下的等效总重力荷载代表值，$G_{eq,v} = \eta \sum_{k=1}^{n} G_k$，其中 η 可按前述

底部剪力法有关公式确定。对高层结构，考虑到质点个数较多，可取 $\eta = 0.75$ 即 $G_{eq,v} = 0.75 \sum_{k=1}^{n} G_k$；

$\alpha_{v,max}$——竖向地震影响系数的最大值，取水平地震影响系数最大值的 65%。

2. 结构总竖向地震作用标准值向各层质点的分配

类似于底部剪力法的分配公式，将 F_{Evk} 按基本振型的倒三角形形状分配到各质点上（图 4-30）：

$$F_{vi} = \frac{G_i H_i}{\sum G_k H_k} F_{Evk} \tag{4-158}$$

式中　F_{vi}——质点 i 的竖向地震作用标准值；

计算竖向地震作用效应时，可按各构件承受的重力荷载代表值的比例分配并乘以 1.5 的竖向地震动力效应增大系数。

4.8.3　大跨度和长悬臂结构的等效静力法

1. 大跨度的平板型网架屋盖和屋架结构

用振型分解反应谱法、时程分析法等进行竖向地震反应的研究分析表明，对于大跨度平板型网架屋盖、跨度大于 24m 钢屋架或混凝土屋架结构的主要杆件，其竖向地震内力 S_{Evl} 和重力荷载代表值下的内力 S_{Gl} 之比值 $\rho_{vl} = S_{Evl}/S_{Gl}$，具有以下特点：(1)烈度和场地条件一定时，结构各杆件 ρ_{vl} 值相差不大，接近某恒定值 ρ_v；(2)ρ_v 随烈度和场地条件而异；(3)当竖向振动的基本周期 T_{v1} 大于 T_{gv} 时，比值 ρ_v 有所下降，且随基本周期或跨度增大而减小。由于在常见跨度范围内，ρ_v 下降不是很大，故一般略去基本周期或跨度的影响。

由于 $\rho_{vl} = \rho_v = S_{Evl}/S_{Gl} = S_{Evl}/[C_{Gl} G_E(x, y)]$，其中 $G_E(x, y)$ 表示结构的重力荷载分布，C_{Gl} 为杆件的重力荷载效应系数，从而

$$S_{Evl} = C_{Gl}[\rho_v G_E(x, y)] = C_{Gl} F_{Ev}(x, y) \tag{4-159}$$

$$F_{Ev}(x, y) = \rho_v G_E(x, y) \tag{4-160}$$

式中　$F_{Ev}(x, y)$——结构的竖向地震等效静力荷载；

ρ_v——竖向地震作用系数。

由上式知，结构的竖向地震内力 S_{Evl} 可视为等效静力荷载 $F_{Ev}(x, y)$ 引起的，而 $F_{Ev}(x, y)$ 等于结构构件上的重力荷载代表值 $G_E(x, y)$ 乘以一个竖向地震作用系数 ρ_v，这种方法称为等效静力法。例如图 4-31 的屋架结构作用有重力分布荷载 q_{GE} 和重力集中荷载 G_l，竖向地震作用可等效为均布力 q_{Evk} 和集中力 F_{Evkl}，且 $q_{Evk} = \rho_v q_{GE}$，$F_{Evkl} = \rho_v G_l$。

因此，建筑抗震规范设计规定，大跨度平板型网架屋盖和跨度大于 24m 钢或混凝土屋

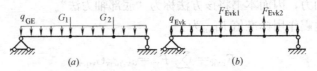

图 4-31 大跨结构的竖向地震作用

(a) 结构重力荷载代表值作用；(b) 竖向地震作用标准值

架结构，其竖向地震作用标准值可取重力荷载代表值和竖向地震作用系数 ρ_v 的乘积。ρ_v 可按表 4-7 采用，其中 8 度时约为 $\rho_v=0.16\times2/3=0.1$，9 度时约为 $\rho_v=0.32\times2/3=0.2$。

竖向地震作用系数 表 4-7

结构类型	烈度	场地类别		
		Ⅰ	Ⅱ	Ⅲ、Ⅳ
平板型网架屋盖和钢屋架	8	可不计算 (0.1)	0.08 (0.12)	0.1 (0.15)
	9	0.15	0.15	0.2
钢筋混凝土屋架	8	0.1 (0.15)	0.13 (0.19)	0.13 (0.19)
	9	0.2	0.25	0.25

注：括号中数值用于设计基本地震加速度为 $0.30g$ 的地区。

2. 长悬臂结构

建筑抗震规范设计规定，长悬臂和其他大跨结构的竖向地震作用标准值，8 度和 9 度时可分别取结构构件重力荷载代表值的 10% 和 20%。设计基本地震加速度为 $0.30g$ 时，取 15%。

4.9 结构的时程分析方法及非线性地震反应分析

结构地震反应分析的反应谱方法是将结构所受的最大地震作用通过反应谱转换成作用于结构的等效侧向荷载，然后用静力分析方法求得结构的内力和变形。然而，地震动的作用是一个震动过程而非施加于结构的一个等效静力，特别是由于反应谱方法属于弹性分析范畴，当结构在强烈地震下进入塑性阶段时，用反应谱方法计算不可能得到真正的地震反应，从而也不可能对结构的受力状态作出真实的判断。

所谓时程分析法，是根据选定的地震波和结构恢复力特性曲线以及结构在地震作用下的初值条件，由 0 时刻开始直至地震动结束，对结构运动微分方程进行逐步积分，求出地震过程中各时刻结构的地震反应值，以便观察结构在强震作用下由弹性到非弹性阶段内力的变化以及构件破坏直至结构倒塌的全过程。目前行之有效的时程分析法，主要有线性加速度法、平均加速度法、纽马克 Newmark-β 法及威尔逊 Wilson-θ 法等，各方法对方程的解采用了不同的假设而形成不同的公式。本节以线性加速度法为例对结构地震反应的时程分析方法作一介绍。

4.9.1 基于运动微分方程进行地震反应的时程分析方法

1. 单自由度体系

(1) 单自由度体系的增量方程

单自由度体系 t_k 和 $t_k+\Delta t$ 时刻的运动方程为：

$$m\ddot{x}(t_k)+c\dot{x}(t_k)+kx(t_k)=-m\ddot{x}_g(t_k) \tag{4-161}$$

$$m\ddot{x}(t_k+\Delta t)+c\dot{x}(t_k+\Delta t)+kx(t_k+\Delta t)=-m\ddot{x}_g(t_k+\Delta t) \tag{4-162}$$

将体系 t_k 和 $t_k+\Delta t$ 时刻的运动方程相减，得增量方程为：

$$m\cdot\Delta\ddot{x}(t_k+\Delta t)+c\cdot\Delta\dot{x}(t_k+\Delta t)+k\cdot\Delta x(t_k+\Delta t)=-m\cdot\Delta\ddot{x}_g(t_k+\Delta t) \tag{4-163}$$

（2）用位移增量表示速度增量、加速度增量

将前一时刻 t_k 和下一时刻 $t_{k+1}=t_k+\Delta t$ 的位移反应增量 $\Delta x(t_k+\Delta t)$ 以及速度反应增量 $\Delta\dot{x}(t_k+\Delta t)$ 进行泰勒（Taylor）展开，有：

$$\Delta x(t_k+\Delta t)=x(t_k+\Delta t)-x(t_k)=\dot{x}(t_k)\Delta t+\ddot{x}(t_k)\frac{\Delta t^2}{2}+\dddot{x}(t_k)\frac{\Delta t^3}{6}+\cdots \tag{4-164}$$

$$\Delta\dot{x}(t_k+\Delta t)=\dot{x}(t_k+\Delta t)-\dot{x}(t_k)=\ddot{x}(t_k)\Delta t+\dddot{x}(t_k)\Delta t^2/2+\cdots \tag{4-165}$$

根据线性加速度假定：体系的加速度反应在时间步长 $t\in[t_k,\ t_k+\Delta t]$ 内随时间呈线性变化（但速度、位移反应为非线性变化），即：$\dddot{x}(t)=at+b$，ab 为常数。根据这个假定，在 $t\in[t_k,\ t_k+\Delta t]$ 内，有：

$$\dddot{x}(t_k)=a=\frac{\ddot{x}(t_{k+1})-\ddot{x}(t_k)}{t_{k+1}-t_k}=\frac{\Delta\ddot{x}(t_k+\Delta t)}{\Delta t} \tag{4-166}$$

且

$$x^{(r)}(t)=0\ ,r\geqslant 4 \tag{4-167}$$

将式（4-166）代入式（4-165）、式（4-164），以 $\Delta x(t_k+\Delta t)$ 为基本量，可得用位移增量表示的速度增量和加速度增量为：

$$\Delta\ddot{x}(t_k+\Delta t)=\frac{6}{\Delta t^2}\Delta x(t_k+\Delta t)-\frac{6}{\Delta t}\dot{x}(t_k)-3\ddot{x}(t_k) \tag{4-168}$$

$$\Delta\dot{x}(t_k+\Delta t)=\frac{3}{\Delta t}\Delta x(t_k+\Delta t)-3\dot{x}(t_k)-\frac{\Delta t}{2}\ddot{x}(t_k) \tag{4-169}$$

（3）由增量方程得到时程分析的基本计算公式

将式（4-168）和式（4-169）代入增量方程式（4-163），整理得：

$$k_{eq}\Delta x(t_k+\Delta t)=\Delta P_{eq} \tag{4-170}$$

其中

$$k_{eq}=k+\frac{6}{\Delta t^2}m+\frac{3}{\Delta t}c \tag{4-171}$$

$$\Delta P_{eq}=-m\Delta\ddot{x}_g+m\left[\frac{6}{\Delta t}\dot{x}(t_k)+3\ddot{x}(t_k)\right]+c\left[3\dot{x}(t_k)+\frac{\Delta t}{2}\ddot{x}(t_k)\right] \tag{4-172}$$

由于 k_{eq} 为常量，ΔP_{eq} 中只含有上一时刻的已知反应量，因而容易计算出下一时刻的位移反应增量 $\Delta x(t_k+\Delta t)$，然后由式（4-169）得到速度反应增量 $\Delta\dot{x}(t_k+\Delta t)$。下一时刻的地震位移、速度反应分别由上一时刻的反应加上其增量求得。

求下一时刻的绝对加速度反应时，为减小线性加速度的假定在逐步计算过程中引起的误差累积，可直接从 $t_k+\Delta t$ 运动方程计算，而不采用将上一时刻的反应加上加速度增量计算：

$$\ddot{x}_a(t_k+\Delta t)=\ddot{x}(t_k+\Delta t)+\ddot{x}_g(t_k+\Delta t)=-\frac{1}{m}\left[c\dot{x}(t_k+\Delta t)+kx(t_k+\Delta t)\right] \tag{4-173}$$

实际上，体系在地震作用下的初位移、初速度一般均取 0，对给定的地震动加速度时程，利用上述方法，可从 0 时刻开始递推计算，求出以后各离散点的地震反应。

需要指出，采用线性加速度法时，离散时间步长 Δt 应取足够小才能保证足够的精度和稳定性。当 Δt 大于单自由度体系周期 T 的 $1/1.8$ 时，将导致计算结果不稳定或产生发散，因而线性加速度法的稳定性是有条件的。实际计算中，一般可取 $\Delta t \leqslant (1/10 \sim 1/5)T$，如 $\Delta t = 0.01 \sim 0.02s$。由于 Δt 较小，计算量大，时程分析往往需通过计算机编程计算。

2. 多自由度体系

多自由度体系 t_k 和 $t_k + \Delta t$ 时刻的运动方程为：

$$[M]\{\ddot{x}(t_k)\} + [C]\{\dot{x}(t_k)\} + [K]\{x(t_k)\} = -[M]\{R\}\ddot{x}_g(t_k) \tag{4-174}$$

$$[M]\{\ddot{x}(t_k+\Delta t)\} + [C]\{\dot{x}(t_k+\Delta t)\} + [K]\{x(t_k+\Delta t)\} = -[M]\{R\}\ddot{x}_g(t_k+\Delta t) \tag{4-175}$$

将上述二式相减，得多自由度体系增量方程：

$$[M]\{\Delta\ddot{x}(t_k+\Delta t)\} + [C]\{\Delta\dot{x}(t_k+\Delta t)\} + [K]\{\Delta x(t_k+\Delta t)\} = -[M]\{R\}\Delta\ddot{x}_g(t_k+\Delta t) \tag{4-176}$$

应根据线性加速度假定，与单自由度体系类似，可得多自由度体系速度和加速度增量表达式为：

$$\{\Delta\ddot{x}(t_k+\Delta t)\} = \frac{6}{\Delta t^2}\{\Delta x(t_k+\Delta t)\} - \frac{6}{\Delta t}\{\dot{x}(t_k)\} - 3\{\ddot{x}(t_k)\} \tag{4-177}$$

$$\{\Delta\dot{x}(t_k+\Delta t)\} = \frac{3}{\Delta t}\{\Delta x(t_k+\Delta t)\} - 3\{\dot{x}(t_k)\} - \frac{\Delta t}{2}\{\ddot{x}(t_k)\} \tag{4-178}$$

体系位移计算式为：

$$[K_{eq}]\{\Delta x(t_k+\Delta t)\} = \{\Delta P_{eq}\} \tag{4-179}$$

其中：

$$[K_{eq}] = [K] + \frac{6}{\Delta t^2}[M] + \frac{3}{\Delta t}[C] \tag{4-180}$$

$$\{\Delta P_{eq}\} = -[M]\{R\}\Delta\ddot{x}_g + [M]\left\{\frac{6}{\Delta t}\{\dot{x}(t_k)\} + 3\{\ddot{x}(t_k)\}\right\} + [C]\left\{3\{\dot{x}(t_k)\} + \frac{\Delta t}{2}\{\ddot{x}(t_k)\}\right\} \tag{4-181}$$

在体系位移计算式中，$[K_{eq}]$ 为拟静力刚度矩阵，$\{\Delta P_{eq}\}$ 为拟静力荷载向量。其中静力刚度矩阵 $[K_{eq}]$ 不仅与结构刚度矩阵 $[K]$ 有关，而且与结构质量矩阵 $[M]$ 和阻尼矩阵 $[C]$ 有关；同样，拟静力荷载向量 $\{\Delta P_{eq}\}$ 不仅与地面运动加速度增量有关，而且与结构在前一时刻的反应量有关。若已知结构在 t_k 时的反应，则可由 $\{\Delta x(t_k+\Delta t)\} = [K_{eq}]^{-1}\{\Delta P_{eq}\}$ 计算结构在 $t_k+\Delta t$ 时刻的位移增量，并进而得到结构的速度增量 $\{\Delta\dot{x}(t_k+\Delta t)\}$。但在求 $t_k+\Delta t$ 时刻的加速度时，为减小线性加速度的假定在逐步计算过程中引起的误差累积，可直接从 $t_k+\Delta t$ 运动方程计算，而不采用将上一时刻的反应加上加速度增量计算，即：

$$\{\ddot{x}_a(t_k+\Delta t)\} = -[M]^{-1}\lfloor[C]\{\dot{x}(t_k+\Delta t)\} + [K]\{x(t_k+\Delta t)\}\rfloor \tag{4-182}$$

建筑抗震规范规定，甲类建筑、特别不规则的建筑和较高的高层建筑（如表 4-8 所示），应采用弹性时程分析法进行多遇地震下的补充计算。当取 3 条时程曲线时，计算结果可取时程法的包络值与振型分解反应谱法计算结果二者的较大值；当取 7 条及以上时程曲线时，计算结果可取多条地震动时程曲线平均计算结果与振型分解反应谱法计算结果二者的较大值。

烈度、场地类别	7 度和 8 度 Ⅰ、Ⅱ 类场地	8 度 Ⅲ、Ⅳ 类场地	9 度
房屋高度范围(m)	100	80	60

用弹性时程分析时，每条时程曲线计算所得结构底部剪力不应小于振型分解反应谱法计算结果的 65%，多条时程曲线计算所得结构底部剪力的平均值不应小于振型分解反应谱法计算结果的 80%。

以抗震设防烈度作为设计计算依据时，不论是选择天然地震波还是选择人工地震波加速度曲线，要在统计的意义下与《建筑抗震设计规范》反应谱方法相协调：(1) 峰值加速度按表 4-1 取值。这可通过将所选用的地震波的峰值加速度乘以调整系数来实现。(2) 各条地震波所对应的弹性反应谱的特征周期，总体上要与结构所处场地的《建筑抗震设计规范》反应谱的特征周期协调。在选择地震波时，不宜通过将实际地震记录的时间步长增大或减小来调整地震波记录，使其特征周期接近于规范值；主要挑选同样场地条件的地震波，且每条地震波的特征周期要有所差异。(3) 持续时间不可太短，也不必太长，一般应大于结构基本周期的 5~10 倍。(4) 所用地震波的数量不宜少于两条天然地震波和一条人工地震波。

4.9.2 结构地震反应的非线性分析方法

上节推导了计算结构地震反应过程的增量方程，应该指出，这样推导的好处是其结果不仅能用于分析结构的弹性地震反应分析，而且也能够用于结构的非线性地震反应分析。

在第一阶段抗震计算中，刚度矩阵和阻尼矩阵始终保持不变，相应的时程分析法称为弹性时程分析。

在第二阶段抗震计算中，刚度矩阵和阻尼矩阵随结构及构件所处的变形状态，在不同的时刻可能取不同的数值，应用时程分析法进行弹塑性变形（非线性）计算，称为弹塑性时程分析。结构的弹塑性时程分析法是第二阶段抗震计算时估计建筑结构薄弱层弹塑性层间变形的方法之一，而且是最基本的方法。以下以本章 4.4 节计算模型为例对结构弹塑性（非线性）时程分析方法进行介绍。

在抗震计算的第一阶段，结构处于弹性状态，结构的运动方程为：

$$[M]\{\ddot{x}(t)\}+[C]\{\dot{x}(t)\}+[K]\{x(t)\}=-[M]\{R\}\ddot{x}_g(t) \tag{4-183}$$

其中刚度矩阵 $[K]$ 为：

$$[K]=\begin{bmatrix} k_1+k_2 & -k_2 & & & O \\ -k_2 & k_2+k_3 & -k_3 & & \\ & & \ddots & & \\ & & -k_{n-1} & k_{n-1}+k_n & -k_n \\ O & & & -k_n & k_n \end{bmatrix} \tag{4-184}$$

由于结构的层间剪力与层间相对位移保持线性关系，刚度矩阵各元素在弹性状态保持不变，结构的弹性恢复力向量 $\{F\}$ 与位移向量 $\{x(t)\}$ 呈线性关系，即：

$$\{F(t)\}=[K]\{x(t)\}\tag{4-185}$$

在结构进入非线性以后，结构或构件的恢复力与变形之间关系不再保持为直线，而是成复杂的曲线关系，这种曲线称为恢复力特性曲线，一般可由结构或构件进行反复循环加载试验得来。它的形状取决于结构或构件的材料性能以及受力状态等，恢复力特性曲线可以用构件的弯矩—转角、弯矩—曲率或荷载—位移等关系来描述。图 4-32 为一般钢筋混凝土梁的荷载—位移恢复力特性曲线。由图 4-32 可见，构件在屈服阶段卸载时，卸载曲线不能回到混凝土构件恢复力特征曲线图零点，出现残余变形；接着施加反向荷载时，曲线斜率较上一循环明显降低，出现刚度退化。随着

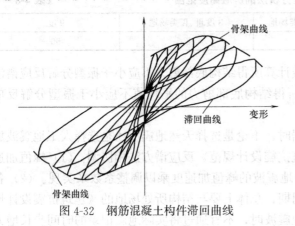

图 4-32 钢筋混凝土构件滞回曲线

加载循环次数的增多，这种现象更为显著。这些滞回曲线的包络线称为骨架曲线。鉴于钢筋混凝土构件恢复力特性曲线复杂，要想寻找一个能完整地反映这些特性的恢复力模型是不太现实的。因此，只能将骨架曲线理想化，以试验结果为依据用分段线性方式加以简化，即采用分段折线作为恢复力模型，使它成为可用数学公式表达的形式。现阶段最常用的是双线性模型和退化三线性模型，如图 4-33 所示。这些简化曲线上的参数可通过由试验得到的经验公式来确定。

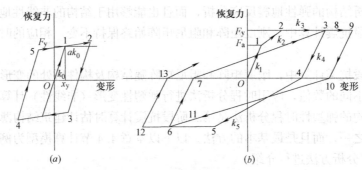

图 4-33 几种常用的滞回模型

(a) 双线性模型；(b) 退化三线性模型

由于构件的恢复力与变形之间关系不再保持为直线，因此多自由度体系 t_k 和 $t_k+\Delta t$ 时刻的运动方程为：

$$[M]\{\ddot{x}(t_k)\}+[C]\{\dot{x}(t_k)\}+\{F(t_k)\}=-[M]\{R\}\ddot{x}_g(t_k)\tag{4-186}$$

$$[M]\{\ddot{x}(t_k+\Delta t)\}+[C]\{\dot{x}(t_k+\Delta t)\}+\{F(t_k+\Delta t)\}=-[M]\{R\}\ddot{x}_g(t_k+\Delta t)\tag{4-187}$$

将上述二式相减，得多自由度体系增量方程：

$$[M]\{\Delta\ddot{x}(t_k+\Delta t)\}+[C]\{\Delta\dot{x}(t_k+\Delta t)\}+\{\Delta F(t_k+\Delta t)\}=-[M]\{R\}\Delta\ddot{x}_g(t_k+\Delta t)\tag{4-188}$$

如在增量时间内，结构的增量变形 $\Delta x(t_k + \Delta t) = x(t_k + \Delta t) - x(t_k)$ 不大，则近似有：

$$\{\Delta F(t_k + \Delta t)\} = [K(t_k)]\{\Delta x(t_k + \Delta t)\} \tag{4-189}$$

矩阵 $[K(t_k)]$ 形式与弹性矩阵相似，其中各元素可根据层间结构恢复力-位移曲线关系按相应位移点曲线的切线斜率确定，具体参见图 4-34。

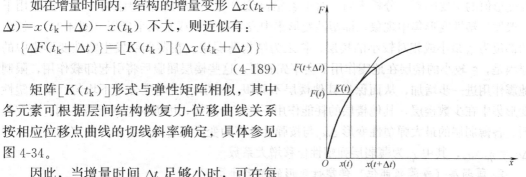

图 4-34　增量力与增量变形的关系

因此，当增量时间 Δt 足够小时，可在每一增量步内，将非线性的动力微分方程化为线性增量微分方程，从而可利用时程分析方法对结构地震反应进行弹塑性全过程分析。但由于矩阵 $[K(t_k)]$ 随时间变化，故在每一计算步开始时，均要注意对其进行调整。

4.9.3　弹塑性变形的简化计算方法

结构弹塑性时程分析方法计算工作量大，必须借助计算机才能完成，且确定计算参数尚有一定困难。为便于工程应用，我国在编制《建筑抗震设计规范》时，通过数千个算例的计算统计，提出了结构非弹性最大地震反应的简化计算方法，适用于不超过 12 层且层刚度无突变的钢筋混凝土框架结构以及单层钢筋混凝土柱厂房。下面介绍其计算方法。为此首先介绍楼层屈服强度系数 ξ_y 的定义。

1. 楼层屈服强度系数 ξ_y

钢筋混凝土框架结构的楼层屈服强度系数 ξ_y 定义为：

$$\xi_y = V_{ak}/V_E \tag{4-190}$$

式中　V_{ak}——按实际配筋面积、钢筋及混凝土强度标准值、构件屈服形态所计算的楼层受剪承载力；

　　　V_E——结构按罕遇地震作用标准值计算的楼层弹性地震剪力。

钢筋混凝土排架结构柱的屈服强度系数 ξ_y 为：

$$\xi_y = M_{ak}/M_E \tag{4-191}$$

式中　M_{ak}——按实配筋面积、材料强度标准值和轴向力计算的柱正截面抗震受弯承载力；

　　　M_E——按罕遇地震作用标准值计算的柱弹性地震弯矩。

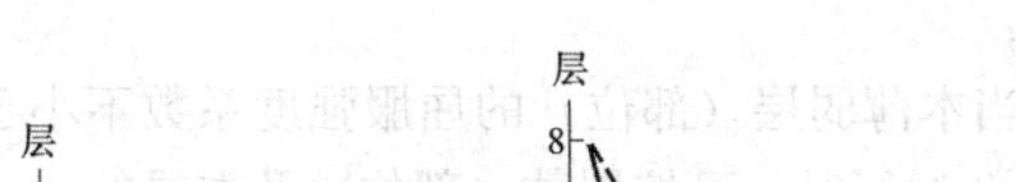

应当注意，弹塑性变形依赖于实际屈服承载力 V_{ak}、M_{ak}，不能用其设计值计算 ξ_y。

楼层屈服强度系数的大小及各楼层的相对比值，是决定薄弱层位置及弹塑

图 4-35　薄弱层的塑性变形集中现象

性变形值的主要因素。分析表明，对于 ξ_y 沿高度分布不均匀的框架结构，在地震作用下一般发生塑性变形集中现象，即塑性变形集中发生在某一或某几个楼层（图 4-35），发生的部位为 ξ_y 最小或相对较小的楼层，称之为结构薄弱层。在薄弱层发生塑性变形集中的原因是，ξ_y 较小的楼层在地震作用下会率先屈服，这些楼层屈服后将引起卸载作用，限制地震作用进一步增加，从而保护其他楼层不屈服。由于 ξ_y 沿高度分布不均匀，结构塑性变形集中在少数楼层，其他楼层的耗能作用不能充分发挥，因而对结构抗震不利。研究表明，各薄弱层的最大弹塑性变形 Δu_p 与按弹性计算的变形 Δu_e 之间有相对稳定的关系，即 $\Delta u_p = \eta_p \Delta u_e$，其中 η_p 为薄弱层弹塑性位移增大系数。

2. 薄弱层（或薄弱部位）弹塑性变形的简化计算

（1）首先计算钢筋混凝土框架结构各层的 ξ_{yi} 或计算单层厂房横向排架上柱的 ξ_y。

计算出楼层屈服强度系数后，若为框架结构，应判断是否需要进一步进行验算。当各层的 $\xi_{yi} \geqslant 0.5$ 时，η_p 一般小于 1.8，从而 Δu_p 较小。若多遇地震下层间弹性变形 Δu_e 能满足要求，则罕遇地震下的弹塑性变形一般自然能满足要求，则不需进一步验算；否则，进行下一步分析。

（2）确定薄弱层（部位）的位置。

对单层厂房横向排架柱，薄弱部位取上柱。对框架结构，应先判断 ξ_{yi} 沿高度分布是否均匀，再判断薄弱层位置。

当每个楼层 ξ_{yi} 不小于相邻层平均值 $\bar{\xi}_{yi}$ 的 80% 时，即认为 ξ_{yi} 沿高度分布均匀，薄弱层可取底层；否则，当某层不满足上述条件时，认为 ξ_{yi} 分布不均匀。

ξ_{yi} 分布不均匀的结构，取该系数最小的楼层和相对较小的楼层，一般不超过 2~3 个楼层。

（3）计算薄弱层（部位）的弹塑性层间位移

查表 4-9 求各薄弱层（部位）弹塑性位移增大系数 η_p，按下式计算弹塑性层间位移 Δu_p：

$$\Delta u_p = \eta_p \Delta u_e \tag{4-192}$$

或

$$\Delta u_p = \eta_p \Delta u_y / \xi_y = \mu \Delta u_y \tag{4-193}$$

式中　Δu_e——罕遇地震作用下按弹性计算的该薄弱层层间位移；

　　　　Δu_y——层间屈服位移；

　　　　μ——楼层弹塑性位移的延性系数；

　　　　η_p——弹塑性层间位移增大系数。当本薄弱层（部位）的屈服强度系数不小于相邻层（部位）该系数平均值的 80% 时，可按层数（部位）及本层的 ξ_y，查表 4-9 得到；当不大于该系数平均值的 50% 时，可按表 4-9 内相应数值乘以修正系数 1.5 采用；中间情况修正系数可按内插法取值。

弹塑性层间位移增大系数　　　　　　　　　　　　　　表 4-9

结构类型	总层数 n 或部位	ξ_y		
		0.5	0.4	0.3
ξ_{yi} 均匀的多层框架结构	2~4	1.3	1.4	1.6
	5~7	1.5	1.65	1.8
	8~12	1.8	2.0	2.2
单层厂房	上柱	1.3	1.6	2.0

4.10　建筑结构抗震验算及地震作用的一般规定

"小震不坏，中震可修，大震不倒"的抗震设防目标，是通过三水准设防、二阶段抗震设计来实现的。第一阶段设计是多遇地震作用下构件的抗震承载力验算以及结构的弹性变形验算，以满足第一、二水准的抗震设防要求，保证"小震不坏，中震可修"；第二阶段设计是罕遇地震作用下结构薄弱部位的弹塑性变形验算，并采取相应的构造措施，以保证"大震不倒"。

4.10.1　结构水平地震作用计算、地震剪力分配及其下限的有关规定

1. 各类建筑、构筑物结构在水平地震下的计算方向规定

一般情况下，水平地震作用应允许在结构单元的两个主轴方向分别计算，各方向的水平地震作用应由该方向的抗侧力构件承担。

有斜交抗侧力构件的结构，当相交角度大于15°时，应分别计算各抗侧力构件方向的水平地震作用。

质量和刚度分布明显不对称的结构，应计入双向水平地震作用下的扭转影响；其他情况，应允许采用调整地震作用效应的方法计入扭转影响。

8、9度时的大跨度和长悬臂结构及9度时的高层建筑，应计算竖向地震作用。

2. 建筑抗震规范关于各类建筑结构在多遇水平地震下的计算方法规定

(1) 采用底部剪力法等简化方法：高度不超过40m、质量和刚度沿高度分布比较均匀、且以剪切型变形为主的结构，以及近似于单质点体系的结构，可采用底部剪力法；

(2) 除上述以外的其他建筑结构宜采用振型分解反应谱法；

(3) 时程分析法：甲类建筑、特别不规则的建筑、高度超过一定值的高层建筑应采用弹性时程分析法进行多遇地震下的补充计算，具体内容见上节。

3. 建筑抗震规范关于任一楼层水平地震剪力 V_{Eki} 最小限值要求

由于地震影响系数在长周期段下降较快，对于周期大于3.5s的结构，计算所得的地震效应可能太小，而对于长周期结构地震动态作用中的地震动速度和位移反应可能对结构破坏具有更大影响。考虑到振型分解反应谱法对此尚未估计，故出于结构安全的考虑，抗震验算时限制了水平地震下各楼层水平剪力最小值，即：

$$V_{Eki} > \lambda \sum_{j=i}^{n} G_j \tag{4-194}$$

式中　V_{Eki}——第 i 层对应于水平地震作用标准值的楼层地震剪力；

　　　　λ——楼层最小地震剪力系数，不应小于表4-10规定的值；对竖向不规则结构的薄弱层，尚应乘以1.15的增大系数；

　　　　G_j——第 j 层的重力荷载代表值。

楼层最小地震剪力系数值　　　　　　　　　　　　　　表4-10

结构类别	6度	7度	8度	9度
扭转效应明显或基本周期小于3.5s的结构	0.010	0.016(0.024)	0.032(0.048)	0.064
基本周期大于5.0s的结构	0.008	0.012(0.018)	0.024(0.032)	0.040

4. 结构楼层水平地震剪力的分配原则

（1）现浇和装配整体式混凝土楼屋盖等刚性楼、屋盖建筑，宜按抗侧力构件等效侧移刚度的比例分配。

（2）木楼屋盖等柔性建筑，宜按抗侧力构件的竖向荷载从属面积上重力荷载代表值的比例分配。

（3）普通预制装配式混凝土的楼、屋盖等半刚性建筑，可取上述两种分配结果的平均值。

（4）计入墙体弹塑性变形、扭转、空间作用和楼盖变形影响时，可按有关规定对上述结果适当调整。

4.10.2 多遇地震下截面抗震承载力极限状态计算

考虑多遇地震组合时，要求结构构件基本处于弹性工作状态。抗震计算中，应满足基本组合的承载能力极限状态要求以及标准组合的正常使用极限状态设计要求。其中，结构分析以线弹性理论为主，截面抗震承载力设计值需参照静力设计规范的有关方法和指标。

关于截面的抗震验算，建筑抗震规范对抗震承载力计算作了以下规定：6 度时建造于Ⅳ类场地上的较高的高层建筑，7 度及以上地区的建筑结构（生土和木结构房屋除外），应进行多遇地震下的截面抗震承载力计算。隔震结构的截面抗震承载力应符合有关专门规定。其他建筑（6 度时建造于Ⅰ₀、Ⅰ、Ⅱ、Ⅲ类场地上的建筑，6 度建造于Ⅳ类场地上层数较少的建筑，以及各烈度时的生土、木结构房屋等），允许不进行抗震承载力计算，但应符合有关的抗震措施要求。

抗震设防区结构应按有、无地震参与组合的两种情况计算，本节主要对有地震情况下的组合计算进行介绍。

根据抗震可靠度理论，多遇地震作用下，构件截面抗震承载力极限状态设计表达式为：

$$S \leqslant R/\gamma_{RE} \tag{4-195}$$

$$S = \gamma_G S_{GE} + \gamma_{Eh} S_{Ehk} + \gamma_{Ev} S_{Evk} + \gamma_w \psi_w S_{wk} \tag{4-196}$$

式中　　S——建筑结构有地震组合时各种作用效应组合的设计值；

　　　　R——结构构件截面的承载力设计值，见本书有关章节；

　　　γ_{RE}——构件截面的承载力抗震调整系数，除另有规定者外，应按表 4-11 采用。

γ_{Eh}、γ_{Ev}——分别为水平、竖向地震作用的分项系数，应按表 4-12 采用；

　　　γ_G——重力荷载分项系数，取 1.2，重力荷载对抗震承载力有利时不应大于 1.0；

　　　γ_w——风荷载分项系数，应采用 1.4；

　　　S_{GE}——重力荷载代表值效应，但有吊车时，尚应包括悬吊物重力标准值的效应；

S_{Ehk}、S_{Evk}——分别为水平和竖向地震作用标准值效应，尚应乘以有关调整系数；

　　　S_{wk}——风荷载标准值的效应；

　　　ψ_w——风荷载组合值系数，一般结构取 0.0，风荷载起控制作用的高层建筑应采 0.2。

结构构件材料	结构构件的类别	受力状态	γ_{RE}
混凝土	梁	受弯	0.75
	轴压比小于 0.15 的柱	偏压	0.75
	轴压比大于或等于 0.15 的柱	偏压	0.80
	抗震墙	偏压	0.85
	各类构件	偏拉、受剪	0.85
砌体	两端均有构造柱、芯柱的抗震墙	受剪	0.9
	其他抗震墙	受剪	1.0
钢	梁、柱、支撑、节点板件、螺栓、焊缝	强度	0.75
	柱、支撑	稳定	0.80

注：当基本组合中仅计算竖向地震作用时，各类构件的承载力抗震调整系数均宜采用1.0。

地震作用	γ_{Eh}	γ_{Ev}
仅计算水平地震作用	1.3	0
仅计算竖向地震作用	0	1.3
同时计算水平与竖向地震作用	1.3	0.5

在式（4-195）中，之所以采用承载力抗震调整系数 γ_{RE} 进行调整，以得到抗震承载力设计值，主要考虑了下列有关因素：①瞬时动力作用下材料强度比静力下高；②根据延性或脆性破坏形态，调整抗震可靠指标，且抗震可靠指标较静力荷载下低；③地震反复循环作用对脆性破坏形态不利等。γ_{RE} 的值介于 $0.75 \sim 1.0$ 之间，因而采用承载力抗震调整系数 γ_{RE} 调整后，抗震承载力 $R_E = R/\gamma_{RE}$ 一般不小于上述计算值 R。

多遇地震作用为可变作用而非偶然作用，因而需确定其分项系数。根据《建筑结构可靠度设计统一标准》的原则，水平地震作用的分项系数 γ_{Eh} 确定为 1.3。而竖向地震作用分项系数 γ_{Ev} 参考了水平地震作用同样取 1.3。当同时考虑水平与竖向地震时，由于二者峰值加速度一般不在同一时刻，结构反应的最大值也不同时发生，当水平地震作用起控制作用时，竖向地震作用约为其最大值的 40%，故 $\gamma_{Eh} = 1.3$，而 $\gamma_{Ev} = 0.4 \times 1.3 \approx 0.5$。

4.10.3　多遇地震下结构弹性变形极限状态抗震验算

1. 验算目的与范围

由于将多遇地震作为可变作用，故应进行正常使用极限状态验算，目的是保证工程非结构构件（包括围护墙、隔墙、内外装修、附属机电设备等）没有过重破坏，不丧失正常使用功能，减少修复费用，实现第一水准设防要求。为此，建筑抗震规范规定，除砌体结构外，各类钢筋混凝土结构和钢结构都要求进行弹性变形验算，如表 4-13 所示。

2. 弹性变形验算表达式

弹性变形标准值 Δu_e 采用地震作用与其他荷载效应的标准组合计算，并按下列极限状态设计表达式计算：

$$\Delta u_e / h \leqslant [\theta_e] \tag{4-197}$$

式中　h——计算楼层的层高；

$[\theta_e]$——弹性层间位移角的限值，如表 4-13。

Δu_e——多遇地震作用标准组合下的楼层最大的弹性层间位移；计算时，除以弯曲变形为主的高层建筑外，可不扣除结构整体弯曲变形；应计入扭转变形，各作用分项系数均应采用 1.0；钢筋混凝土结构构件的截面刚度可采用弹性刚度，对层间剪切型结构，第 i 层的弹性层间位移 Δu_{ei} 可直接按下式计算：

$$\Delta u_{ei} = V_{ei}/K_i \tag{4-198}$$

式中　V_{ei}——多遇地震下第 i 层的水平地震剪力标准值；

　　　K_i——第 i 层的层间侧移刚度。

弹性层间位移角限值　　　　　　　　　　　　表 4-13

结 构 类 型		$[\theta_e]$
钢混凝土结构 或混合结构中的钢筋混凝土构件	框架结构	1/550
	抗震墙结构、筒中筒结构、框支层(包括部分框支抗震墙结构的框支层、底部框架-抗震墙砖房中的底部框架-抗震墙)	1/1000
	框架-抗震墙结构、框架-核心筒结构、板柱-抗震墙结构	1/800
钢结构	多、高层各类钢结构体系	1/250

4.10.4　罕遇地震下结构弹塑性变形的承载能力极限状态抗震验算

结构弹塑性变形验算的目的是防止罕遇地震下主体结构由于弹塑性变形过大而遭受严重破坏或倒塌。为此建筑抗震设计规范规定，除砌体结构外，钢筋混凝土结构、钢结构及隔震消能设计结构，应进行罕遇地震下变形验算。

其中，应验算的结构有：①钢筋混凝土结构：包括 7～9 度时任一楼层屈服强度系数小于 0.5 的框架结构、8 度Ⅲ类和Ⅳ类场地及 9 度时的单层排架厂房的横向排架柱、高度大于 150m 的建筑、甲类建筑和乙类 9 度时的建筑；②钢结构中：包括高度大于 150m 的各类高层钢结构、甲类建筑和乙类 9 度时的建筑；③所有采用隔震、消能减震设计的结构。

宜验算的结构有：①钢筋混凝土结构：包括底部框架-抗震墙砖房的底部、板柱-抗震墙结构、竖向不规则且较高的高层建筑、乙类 8 度和乙类 7 度Ⅲ、Ⅳ类场地的建筑；②钢结构：高度不大于 150m 的各类钢结构、乙类 8 度和乙类 7 度Ⅲ、Ⅳ类场地的建筑。

可不进行弹塑性变形验算的结构有：①丙类规则或高度较低的抗震墙结构和框架-抗震墙钢筋混凝土结构；②丙类多层框架钢结构、多层框架-支撑钢结构。

罕遇地震下结构进入弹塑性变形状态。根据震害和试验分析，提出以梁、柱和墙等构件或节点达到极限变形时的层间位移角，作为罕遇地震下弹塑性层间位移角限值的依据。

罕遇地震下的变形计算，属于偶然作用下的承载能力极限状态验算。应采用罕遇地震与其他荷载效应的偶然组合，各作用代表值的效应不乘分项系数。极限状态设计式为：

$$\Delta u_p/h \leqslant [\theta_p] \tag{4-199}$$

式中　Δu_p——罕遇地震作用组合下的弹塑性层间位移；

　　　h——薄弱层楼层的层高，或单层钢筋混凝土厂房的上柱高度；

　　　$[\theta_p]$——弹塑性层间位移角限值，按表 4-14 采用。其中对钢筋混凝土框架结构，当轴压比小于 0.4 时可提高 10%，当框架柱全高的箍筋配置比最小配箍特征值大于 30% 时可提高 20%，但二者累计不超过 25%。

弹塑性层间位移角限值 表 4-14

	结 构 类 型	$[\theta_p]$
钢筋混凝土结构	框架结构	1/50
	抗震墙结构，包括部分框支抗震墙结构的框支层 筒中筒结构	1/120
	框架-抗震墙结构、框架-核心筒结构、板柱-抗震墙结构 底部框架-抗震墙砖房中的框架-抗震墙	1/100
	单层柱排架	1/30
钢结构	多、高层各类结构体系	1/50

思 考 题

1. 什么是地震作用？怎样确定单自由度弹性体系的地震作用？地震作用与一般荷载有何不同？

2. 什么是地震系数、地震影响系数和动力系数？它们之间有何关系？

3. 什么是抗震设计反应谱？反应谱的影响因素和特点如何？

4. 抗震设计中的重力荷载代表值是什么？其中可变荷载组合值系数的物理意义如何？

5. 简述多自由度体系地震反应的振型分解法的原理和步骤，并解释振型的正交性。

6. 振型分解反应谱法中是如何利用单自由度反应谱计算多自由度体系地震作用的？

7. 简述底部剪力法的基本原理和计算步骤。底部剪力法的适用范围如何？考虑突出结构顶部的附加地震作用时，写出各质点水平地震作用的计算公式。

8. 什么是地震反应的时程分析法？结构抗震设计时什么情况下应采用时程分析法进行补充计算？

9. 哪些结构应计算竖向地震作用效应？计算方法如何？

10. 抗震设计中何时要考虑土与结构相互作用的影响？如何考虑？

11. 什么是楼层屈服强度系数？如何确定结构薄弱层或部位？

12. 构件截面抗震承载力极限状态设计表达式与静力情况下的承载力极限状态设计表达式有何不同？什么是抗震承载力调整系数？

13. 为什么要进行多遇地震和罕遇地震作用下的结构的变形验算？

习 题

1. 已知双跨排架如图 4-36 所示，排架柱高 L，各柱截面刚度为 EI，屋盖刚度无穷大，集中于屋盖处的重力荷载代表值为 G，重力加速度为 g，屋盖与柱的连接方式有两种 (1) 屋盖与柱刚接，相应自振周期为 T_1；（2）屋盖与柱铰接，相应自振周期为 T_2。求 $T_1/T_2 = ?$（答案：$\dfrac{T_1}{T_2} = \dfrac{1}{2}$）

2. 某二层钢筋混凝土框架如图 4-37 所示，层高 $h_1 = h_2 = 4\text{m}$，每跨跨度为 8m，集中于楼盖和屋盖处的重力荷载代表值相等 $G_1 = G_2 = 1800\text{kN}$，柱的截面尺寸 400mm×

400mm，采用C20的混凝土，梁的刚度$EI=\infty$，建筑场地为Ⅱ类，抗震设防烈度为7度，设计地震分组为第二组，设计基本地震加速度为0.1g。求：（1）计算结构自振周期、相应振型、广义质量和广义刚度；（2）用振型分解反应谱法求结构在多遇地震作用下各振型的地震作用及总的层间剪力标准值，并求出各振型的内力图和振型组合后的内力图；（3）用底部剪力法计算在多遇地震作用下结构的地震作用和层间剪力，并与（2）中的结果相比较。（C20的混凝 $E=25.5kN/mm^2$，阻尼比为0.05）（答案：$T_1=0.794s$，$T_2=0.303s$，第一层层间剪力：$V_1=147.42kN$）

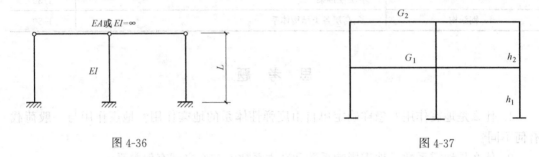

图 4-36   图 4-37

3. 设某高低两跨错层的钢筋混凝土厂房，采用6榀横向平面排架等距离布置，每榀排架立面如图4-38所示。已知高跨、低跨屋盖标高处的重力荷载代表值分别为$G_2=3025kN$，$G_1=2130kN$，各榀排架的柔度系数矩阵为$[\delta]=\begin{bmatrix}\delta_{11} & \delta_{12}\\\delta_{21} & \delta_{22}\end{bmatrix}=\begin{bmatrix}1.5 & 1.8\\1.8 & 3.8\end{bmatrix}\times10^{-4}m/kN$，试计算该结构平动振动时的第一、第二周期及相应振型，并验算振型的正交性，绘出振型位移图。（答案：$T_1=0.954s$，$T_2=0.283s$）

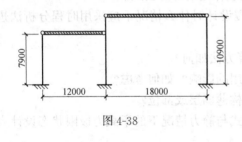

图 4-38

4. 某三层的现浇钢筋混凝土框架结构，集中于第一、二、三楼层的与重力荷载代表值相应的质量分别为2×10^6kg、2×10^6kg、1.5×10^6kg，第一~三层框架柱侧移刚度分别为$75\times10^7N/m$、$91\times10^7N/m$和$85\times10^7N/m$。体系周期为：$T_1=0.653s$、$T_2=0.234s$、$T_3=0.158s$，结构振型为：

$$\begin{Bmatrix}X_{31}\\X_{21}\\X_{11}\end{Bmatrix}=\begin{Bmatrix}1.00\\0.84\\0.519\end{Bmatrix} \quad \begin{Bmatrix}X_{32}\\X_{22}\\X_{12}\end{Bmatrix}=\begin{Bmatrix}-1.00\\0.306\\0.980\end{Bmatrix} \quad \begin{Bmatrix}X_{33}\\X_{23}\\X_{13}\end{Bmatrix}=\begin{Bmatrix}1.00\\-1.78\\1.47\end{Bmatrix}$$

设抗震设防烈度为8度，Ⅱ类场地，设计地震分组为第一组，该地区设计基本地震加速度为0.30g。（1）分别用振型分解反应谱法和底部剪力法计算在多遇地震作用下结构的层间剪力；（2）验算多遇地震下结构各层层间弹性位移是否满足要求。（答案：振型分解反应谱法的底层剪力为6.97×10^3kN，底部剪力法的底层剪力为6.28×10^3kN）

5. 某三层的现浇钢筋混凝土框架结构，集中于第一、二、三楼层的重力荷载代表值分别为25610kN、25450kN、5590kN，第一~三层框架柱侧移刚度分别为$54.3\times10^7N/m$、$90.3\times10^7N/m$和$82.3\times10^7N/m$。试分别用能量法、顶点位移法、等效单质点法及向量迭代法求结构水平向的基本自振周期。（答案 $T_1=0.706s$）

6. 某六层现浇钢筋混凝土框架结构，设防烈度为 8 度，该地区设计基本地震加速度为 0.20g，设计地震为第二组，建筑场地类别Ⅱ类。底层层高 3.6m，其余各层层高均为 3.3m。集中于第一～六楼层的重力荷载代表值分别为 5735kN、5465kN、5465kN、5465kN、5465kN 和 4632kN，第一～六层框架柱侧移刚度分别为 11.8×10^8 N/m、9.65×10^8 N/m、9.65×10^8 N/m、9.65×10^8 N/m、9.65×10^8 N/m 和 7.2×10^8 N/m，第一～六层的楼层实际受剪承载力分别为 5910kN、3860kN、2310kN、1930kN、1930kN 和 1420kN。试确定该框架结构在罕遇地震作用下的薄弱层位置，并验算其层间弹塑性位移能否满足要求。

第5章 砌体结构和底框架抗震墙砌体结构抗震设计

砌体结构房屋一般指：普通砖（包括烧结、蒸压、混凝土普通砖）、多孔砖（包括烧结、混凝土多孔砖）和混凝土小型空心砌块等砌体承重的多层房屋；底框架抗震墙砌体结构房屋是指底层或底部两层为框架和钢筋抗震墙或砌体墙，上部为砌体结构组成的房屋。

由于砌体结构材料的脆性性质，其抗拉、抗弯及抗剪能力低，如未经合理的抗震设计，其抵抗地震能力较差。在历次破坏性地震中，多层砌体房屋破坏相当严重，尤其是在唐山地震中，位于10～11度高烈度区的多层砌体房屋大量倒塌。但调查也表明，在10度区的唐山市区仍有1/4的多层砌体房屋裂而未倒，同时，在唐山、海城地震的8～9度区都存在着一定数量基本完好或震害较轻的多层砌体房屋。从20世纪60年代以来，我国对砌体结构房屋的抗震性能进行了大量的试验和理论研究，深入探讨了砌体房屋的抗震性能，提出了改善这类房屋抗震性能和增加抗震能力的有效措施。如汶川地震震害表明，如果按现有抗震规范进行合理设计、施工，多层砌体房屋基本能够实现"小震不坏、中震可修、大震不倒"的抗震设防目标。

5.1 砌体结构和底框架抗震墙砌体结构房屋的典型震害分析

在地震作用下，砌体房屋的破坏及倒塌程度，主要取决于墙体的破坏方式和内外墙的连接，楼（屋）盖的支承及房屋附属构件等的破坏情况。下面根据历次地震宏观调查结果，对砌体房屋的震害进行分析。

5.1.1 房屋倒塌

砌体结构房屋以墙体为主要承重构件，而墙体材料具有脆性性质。地震时，地基不均匀沉降使房屋受力不均、变形缝处理不当或房屋底层墙体抗震强度不足时，发生底层先倒、上层随之塌落，或上、下层墙体同时散碎而发生全部倒塌；当结构上部自重大、刚度相差较大或砌体强度低时，易造成上部结构倒塌；当结构平、立面体型复杂又处理不当，或个别部位连接不好时，易造成局部倒塌（如图5-1所示）。

5.1.2 墙体破坏

当地震作用与承重墙方向一致时，墙体因主拉应力强度不足而发生剪切破坏，产生斜裂缝。在地震力的反复作用下，两方向的斜裂缝形成交叉裂缝。砌体结构水平裂缝是当墙体在

图5-1 房屋倒塌破坏

受到与之方向垂直的水平地震剪力作用，发生平面外受弯受剪时，产生水平裂缝。当纵横墙交接处连接不好时，则易产生竖向裂缝，当内外墙或墙角处墙体无可靠连接时易使墙体出现外闪现象，如图 5-2 所示。

(a)   (b)   (c)

图 5-2　墙体破坏

(a) 墙体 X 形裂缝；(b) 墙角破坏；(c) 外墙外闪

5.1.3　底部框架-抗震墙房屋破坏

底部框架-抗震墙砌体房屋的特点是，底部纵横墙较少，上部纵横墙较多，故底部和上部墙体的侧移刚度相差很大，形成底柔上刚结构；且由于大空间的需要，纵向抗震墙可能会偏于一边，容易造成底层质量中心和刚度中心不重合而产生较大的扭转效应。底部框架-抗震墙砌体房屋震害严重的原因是，上部各层纵横墙较密，质量及侧向刚度较大；而底部框架空间大，侧向刚度小，使房屋的刚度沿竖向发生急剧变化。当底部框架无抗震墙时，在地震作用下，震害主要集中于底层柔性框架部分，变形集中，侧移过大，导致底层破坏和倒塌（如图 5-3 所示）。如果底层有较强的抗震墙时，其震害情况取决于上部刚度与底部刚度之比。在底部框架-抗震墙房屋发生地震破坏时，各构件的震害表现为"墙比柱重，柱比梁重"。

(a)   (b)

图 5-3　底框结构底层破坏

(a) 底层倒塌破坏；(b) 底层柱破坏

5.1.4 圈梁构造柱破坏

砌体结构房屋的构造柱、圈梁能有效的提高结构的抗震能力，但由于结构中部分构造柱施工过程时混凝土强度较低与周边墙体没有形成有效的连接，同时构造柱又是布置于易形成应力集中及易发破坏的位置，为此地震作用时构造柱易发剪切破坏，钢筋剪断或压屈外鼓破坏（如图5-4所示）。

图5-4 构造柱破坏

5.1.5 附属构件的破坏

房屋中的附属结构，如突出屋面的电梯机房、水箱、烟囱、女儿墙以及悬挑构件（雨篷、阳台）等，由于自身强度较低，且与房屋整体连接差，受地震作用时受力条件不利及"鞭梢效应"的影响，发生破坏的情况更为普遍，震害也较主体结构严重（如图5-5所示）。

砌体房屋除上述几种震害外，常见的还有：山墙及山尖墙因墙体较高、锚固不足而产生破坏；伸缩缝过窄发生两侧墙体碰撞破坏；非承重墙或轻质隔墙的顶部和两端出现交叉裂缝或被拉脱等（如图5-5所示）。

（a）　　　　　　　　　　　（b）　　　　　　　　　　　（c）

图5-5 结构附属构件破坏

（a）突屋面楼梯间破坏；（b）护栏破坏；（c）防震缝过窄碰撞破坏

5.1.6 预制板构件破坏

按规范和标准图规定，预制板板侧应做成齿槽形，在预制板安装灌缝以后，依靠灌缝混凝土的键齿咬合作用，可以实现板间传力。再加上圈梁的围箍作用，装配楼盖可具有良好的整体受力性能。但地震灾区调查表明：很多预制圆孔板侧均为斜平边，很多板侧拼缝中未见到混凝土，而且周边还没有围箍的圈梁。未形成整体楼盖的单板分散受力状态，在地震时坠物撞击或意外荷载作用下很容易折断、解体、坠落。

5.2 砌体结构抗震设计的一般规定

砌体房屋的抗震设计首先必须进行合理的建筑和结构布置，并控制房屋总高度和总层数，从抗震概念设计着手来保证房屋各构件均匀受力，不产生过大的内力和应力，从而使砌体房屋具有足够的抗震承载力。

5.2.1 砌体结构的布置

5.2.1.1 砌体房屋

砌体房屋的抗震性能受建筑体型和结构布置方案的影响较大。如果房屋建筑体型复杂，平、立、剖面布置不规则，墙体布置不合理，在地震时极易产生应力集中和扭转效应，从而加重结构在地震中的破坏。为此，砌体结构布置时宜均匀对称，沿平面内宜对齐，沿竖向应上下连续；且纵横向墙体的数量不宜相差过大；平面轮廓凹凸尺寸，不应超过典型尺寸的50%；楼板局部大洞口的尺寸不宜超过楼板宽度的30%，且不应在墙体两侧同时开洞；同一轴线上的窗间墙宽度宜均匀；墙面洞口的面积，6、7度时不宜大于墙面总面积的55%，8、9度时不宜大于50%；在房屋宽度方向的中部应设置内纵墙，其累计长度不宜小于房屋总长度的60%（高宽比大于4的墙段不计入）。

砌体房屋中横墙作为房间的间隔墙，墙体上开洞较少，又有纵墙作为侧向支承，其承重的砌体结构具有较好的传递地震作用的能力，为此，结构应优先采用横墙承重体系（如图5-6所示）。为防止不同材料性能的差异导致结构整体性能降低和变形协调不一致，使墙体在地震作用时被个个击破，应避免采用混凝土墙与砌体墙混合承重的体系。

当房屋体型比较复杂时应采用防震缝将其划分为几个体型简单、刚度均匀的结构单元。对于房屋立面高差在6m以上、房屋有错层，且楼板高差大于层高的1/4、房屋各部分结构刚度、质量截然不同应设置

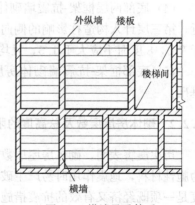

图 5-6 横墙承重体系

防震缝，防震缝两侧均应设置墙体，缝宽应根据烈度和房屋高度确定，可采用70~100mm。

由于水平地震作用为横向和纵向两个方向，所以在砌体房屋转角处纵横两个墙面常出现斜裂缝。不仅房屋两端的四个外墙角容易发生破坏，而且平面上的其他凸出部位的外墙阳角同样容易破坏，为了提高结构在转角处的整体连接可靠性，不应在房屋转角处设置转角窗。

砌体结构的楼梯间的山墙较高，梯段构件侧向刚度较大，楼层这间的楼梯多数采用交

又布置，楼梯休息平台与楼层错层，地震时容易破坏；当楼梯间布置于建筑两端时，地震作用扭转效应明显，极易导致楼梯间产生破坏，为此，楼梯间不宜设置在房屋的尽端或转角处。

5.2.1.2 底部框架-抗震墙结构

底部框架-抗震墙房屋中的上部砖房各层纵横墙较密，不仅重力大，抗侧刚度也大，而底部框架-抗震墙的抗侧刚度比上部小，这就形成了"上刚下柔"的结构体系，因而底部为薄弱层，在地震作用下容易形成塑性变形集中，引起底层严重破坏，危及整个建筑的安全。为防止底层因过多的变形集中而发生严重震害，应对该类房屋的结构方案和结构布置、总高度和总层数及抗震横墙间距进行限制，尤其是对抗震横墙的数量应进行严格控制。其布置应满足以下要求：

（1）上部的砌体墙体与底部的框架梁或抗震墙，除楼梯间附近的个别墙段外均应对齐。

（2）房屋的底部，应沿纵横两方向设置一定数量的抗震墙，并应均匀对称布置。6度且总层数不超过四层的底部框架-抗震墙砌体房屋，应允许采用嵌砌于框架之间的约束普通砖砌体或小砌块砌体的砌体抗震墙，但应计入砌体墙对框架的附加轴力和附加剪力并进行底层的抗震验算，且同一方向不应同时采用钢筋混凝土抗震墙和约束砌体抗震墙；其余情况，8度时应采用钢筋混凝土抗震墙，6、7度时应采用钢筋混凝土抗震墙或配筋小砌块砌体抗震墙。

（3）底部框架-抗震墙砌体房屋的纵横两个方向，第二层计入构造柱影响的侧向刚度与底层侧向刚度的比值，6、7度时不应大于2.5，8度时不应大于2.0，且均不应小于1.0。

（4）底部两层框架-抗震墙砌体房屋纵横两个方向，底层与底部第二层侧向刚度应接近，第三层计入构造柱影响的侧向刚度与底部第二层侧向刚度的比值，6、7度时不应大于2.0，8度时不应大于1.5，且均不应小于1.0。

（5）底部框架-抗震墙砌体房屋的抗震墙应设置条形基础、筏形基础等整体性好的基础。

5.2.2 砌体房屋层数及总高度的限制

历次震害表明，砌体房屋层数越多，高度越大，其震害程度和破坏率也就越大（砌体为脆性材料，地震作用时易产生破裂和错动）；同时实践证明，限制砌体房屋层数和总高度是一项既经济又有效的抗震措施。砌体房屋的层数和高度应符合下列要求：

（1）一般情况下，房屋的层数和总高度不应超过表5-1的规定。

（2）横墙较少的砌体房屋，总高度应比表5-1的规定降低3m，层数相应减少一层；各层横墙很少（是指同一楼层内开间大于4.2m的房间占该层总面积的40%以上；其中，开间不大于4.2m的房间占该层总面积不到20%且开间大于4.8m的房间占该层总面积的50%以上为横墙很少）的砌体房屋，还应再减少一层。

（3）6、7度时，横墙较少的丙类砌体房屋，当按规定采取加强措施并满足抗震承载力要求时，其高度和层数应允许仍按表5-1的规定采用。

（4）采用蒸压灰砂砖和蒸压粉煤灰砖的砌体的房屋，当砌体的抗剪强度仅达到普通黏土砖砌体的 70％时，房屋的层数应比普通砖房减少一层，总高度应减少 3m；当砌体的抗剪强度达到普通黏土砖砌体的取值时，房屋层数和总高度的要求同普通砖房屋。

房屋的层数和总高度限值（单位：m）　　　　表 5-1

房屋类别		最小抗震墙厚度（mm）	烈度和设计基本地震加速度											
			6 度		7 度				8 度				9 度	
			0.05g		0.10g		0.15g		0.20g		0.30g		0.40g	
			高度	层数	高度	层数	高度	层数	高度	层数	高度	层数	高度	层数
多层砌体	普通砖	240	21	7	21	7	21	7	18	6	15	5	12	4
	多孔砖	240	21	7	21	7	18	6	18	6	15	5	9	3
	多孔砖	190	21	7	18	6	15	5	15	5	12	4	—	—
	小砌块	190	21	7	21	7	18	6	18	6	15	5	9	3
底部框架-抗震墙砌体房屋	普通砖多孔砖	240	22	7	22	7	19	6	16	5	—	—	—	—
	多孔砖	190	22	7	19	6	16	5	13	4	—	—	—	—
	小砌块	190	22	7	22	7	19	6	16	5	—	—	—	—

注：1. 房屋的总高度指室外地面到主要屋面板板顶或檐口的高度，半地下室从地下室室内地面算起，全地下室和嵌固条件好的半地下室应允许从室外地面算起；对带阁楼的坡屋面应算到山尖墙的 1/2 高度处；
　　2. 室内外高差大于 0.6m 时，房屋总高度应允许比表中的数据适当增加，但增加量应少于 1.0m；
　　3. 乙类的砌体房屋仍按本地区设防烈度查表，其层数应减少一层且总高度应降低 3m；不应采用底部框架-抗震墙砌体房屋；
　　4. 本表小砌块砌体房屋不包括配筋混凝土小型空心砌块砌体房屋。

对于砌体承重房屋的层高，不应超过 3.6m，当使用功能确有需要时，采用约束砌体等加强措施的普通砖房屋，层高不应超过 3.9m。对于底部框架-抗震墙砌体房屋的底部，层高不应超过 4.5m，当底部采用约束砌体抗震墙时，底层的层高不应超过 4.2m。

5.2.3 砌体房屋最大高宽比的限制

砌体房屋当房屋总高度与总宽度比值较大时，在地震作用下，将会产生过大的整体弯曲变形，使墙体水平截面弯曲效应增加。当超过砌体的抗拉强度时，外墙上出现水平裂缝，并向内墙延伸。为了保证砌体房屋不致因整体弯曲而破坏和出于稳定性的考虑，《建筑抗震设计规范》规定，在不作整体弯曲验算前提下，砌体房屋总高度与总宽度的最大比值宜符合表 5-2 的要求。

房屋最大高宽比　　　　表 5-2

烈度	6 度	7 度	8 度	9 度
最大高宽比	2.5	2.5	2.0	1.5

注：1. 单面走廊房屋的总宽度不包括走廊宽度；
　　2. 建筑平面接近正方形时，其高宽比宜适当减小。

5.2.4 房屋抗震横墙的间距的限制

砌体房屋的横向水平地震作用主要由横墙承受。对于横墙，除了要求满足抗震承载力外，还要使横墙间距能保证楼盖对传递水平地震作用所需的刚度要求。因为横墙间距过大，会使横墙抗震能力减弱；也使纵墙侧向支撑减少，房屋整体性降低；甚至使楼盖水平刚度不足而发生过大的平面内变形，从而不能有效地将水平地震作用均匀传递给各抗侧力构件，这将使纵墙先发生出平面的过大弯曲变形而导致破坏。《建筑抗震设计规范》规定，多层抗震横墙的间距不应超过表 5-3 的要求。

表 5-3

房屋抗震横墙最大间距（单位：m）

房屋类别		烈度			
		6 度	7 度	8 度	9 度
砌体房屋	现浇或装配整体式钢筋混凝土楼、屋盖	15	15	11	7
	装配式钢筋混凝土楼、屋盖	11	11	9	4
	木屋盖	9	9	4	—
底部框架-抗震墙砌体房屋	上部各层	同砌体房屋			—
	底层或底部两层	18	15	11	—

注：1. 砌体房屋的顶层，除木屋盖外的最大横墙间距应允许适当放宽，但应采取相应加强措施；
　　2. 多孔砖抗震横墙厚度为 190mm 时，最大横墙间距应比表中数值减少 3m。

5.2.5　房屋的局部尺寸限制

砌体结构房屋的窗间墙、尽端墙段、突出屋顶的女儿墙等部位因截面尺寸过小，在强烈地震作用下，易产生破坏而成为结构的薄弱部位，为避免砌体结构房屋出现抗震薄弱部位，防止因局部破坏而引起房屋倒塌，房屋中砌体墙段的局部尺寸限值应满足表 5-4 的要求。当局部墙体和钢筋混凝土构造柱有可靠连接时，其局部尺寸限值可适当减小。

表 5-4

房屋的局部尺寸限值（单位：m）

部位	6 度	7 度	8 度	9 度
承重窗间墙最小宽度	1.0	1.0	1.2	1.5
承重外墙尽端至门窗洞边的最小距离	1.0	1.0	1.2	1.5
非承重外墙尽端至门窗洞边的最小距离	1.0	1.0	1.0	1.0
内墙阳角至门窗洞边的最小距离	1.0	1.0	1.5	2.0
无锚固女儿墙（非出入口处）的最大高度	0.5	0.5	0.5	0.0

注：1. 局部尺寸不足时，应采取局部加强措施弥补，且最小宽度不宜小于 1/4 层高和表列数据的 80%；
　　2. 出入口处的女儿墙应有锚固。

5.2.6　底部框架-抗震墙房屋的抗震等级

底部框架-抗震墙砌体房屋的钢筋混凝土结构部分抗震等级，应满足表 5-5 所示的要求。

表 5-5

底部框架和混凝土抗震墙的抗震等级

烈度	6 度	7 度	8 度
框架	三	二	一
抗震墙	三	三	二

5.3　砌体结构房屋的抗震验算

5.3.1　水平地震作用的计算

砌体结构房屋水平地震作用下将受到水平地震作用、竖向地震作用和扭转作用。但竖

114

向地震作用对砌体结构破坏影响较小，而扭转作用可通过概念设计来控制，为此，对于砌体结构一般只考虑水平地震作用，而不考虑竖向地震和扭转作用，在计算时可采用底部剪力法。

5.3.1.1 确立计算简图

为了简化计算，在确定砌体结构房屋的计算简图时，作如下基本假定：

（1）忽略房屋的扭转振动，将水平地震作用在建筑物的两个主轴方向分别进行抗震验算；

（2）砌体房屋在水平地震作用下的变形以剪切变形为主；

（3）楼盖平面内刚度无限大，平面内不变形，各抗侧力构件在同一楼层标高处侧移相等。

在计算砌体房屋的地震作用时，应以防震缝所划分的结构单元为计算单元，在计算单元中各楼层的质量分别集中在相应楼（屋）盖标高处，计算简图如图5-7所示。

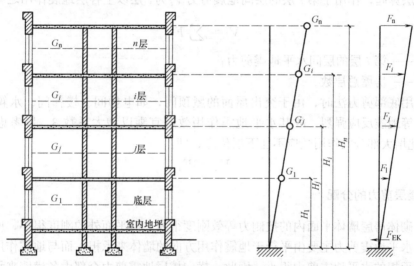

图5-7 砌体房屋的计算简图

计算简图中各楼层的质量分别集中在相应楼（屋）盖标高处，重力荷载代表值 G_i 包括：①第 i 层楼、屋盖全部重量的100%；②上、下各半层墙体（包括门、窗等）重量的100%；③可变荷载组合值：楼面活荷载50%（藏书库、档案库80%）、屋面雪荷载50%、其他活载。结构底层层高的确定方法为：基础埋深较浅时，取至基础顶面；基础埋置较深且无地下室时，一般取至室外地面以下0.5m处；当设有整体刚度很大的全地下室时，取至地下室顶板上皮；当有地下室但其整体刚度较小或为半地下室时，取至地下室室内地坪处。

5.3.1.2 水平地震作用的计算

1. 底部总剪力

根据前面的讨论，计算砌体房屋水平地震作用可以采用底部剪力法。由于砌体房屋墙体多、刚度大，其基本自振周期一般小于0.3s，因此地震影响系数均取最大值，即取 $\alpha_1 = \alpha_{max}$，且不需考虑顶层附加地震作用，即取 $\delta_n = 0$，则可得到结构底部总水平地震作用的标准值：

$$F_{EK} = \alpha_1 G_{eq} = \alpha_{max} G_{eq} \tag{5-1}$$

式中 α_{max}——水平地震影响系数最大值，按表 4-2 采用；

G_{eq}——结构等效总重力荷载代表值，单层房屋时取 G_i，多层房屋时取 $0.85\sum G_i$。

2. 各楼层的水平地震作用

由底部剪力法得到计算第 i 层水平地震作用标准值为：

$$F_i = \frac{G_i H_i}{\sum\limits_{j=1}^{n} G_j H_j} F_{EK} \quad (i = 1, 2 \cdots n) \tag{5-2}$$

式中 F_i——第 i 楼层的水平地震作用标准值；

H_i、H_j——楼层 i、j 的计算高度；

G_i、G_j——集中于楼层 i、j 的重力荷载代表值。

3. 楼层水平地震剪力

自底层算起，作用于第 i 层的层间地震剪力 V_i 为 i 层以上各层地震作用之和，即

$$V_i = \sum_{i}^{n} F_i \tag{5-3}$$

式中 V_i——第 i 层的层间水平地震剪力；

n——房屋总层数。

当采用底部剪力法时，由于突出屋面的屋顶间，如电梯间、楼梯间、水箱间及女儿墙、烟囱等地震反应强烈，故其水平地震作用效应宜乘以增大系数 3，以考虑"鞭梢效应"，但此增大部分的作用效应不往下层传递，即：

$$V_n = 3F_n \tag{5-4}$$

5.3.2 楼层剪力的分配

由于砌体房屋墙体平面内的抗侧力等效刚度很大，而平面外的刚度很小，所以一个方向的楼层水平地震剪力主要由平行于地震作用方向的墙体来承担，而与地震作用相垂直的墙体，其承担的水平地震剪力很小。因此，横向楼层地震剪力全部由各横墙来承担，而纵向楼层地震剪力由各纵向墙体来承担。

楼层地震剪力 V_i 应由平行于该剪力方向的同一楼层的各道墙分担，再把各道墙的地震剪力分配到同一道墙的某一墙段上。同一楼层中各道墙或各墙段所承担的水平地震剪力之和等于该楼层所承担的水平地震剪力：

$$\sum_{m=1}^{s} V_{im} = V_i \quad (i = 1, 2, \cdots n) \tag{5-5}$$

式中 V_{im}——第 i 层中第 m 道墙所分担的地震剪力。

5.3.2.1 横向楼层地震剪力 V_i 的分配

横向楼层地震剪力在横向各抗侧力墙体之间的分配，不仅取决于每片墙体的层间抗侧力等效刚度，而且取决于楼盖的整体水平刚度。楼盖的水平刚度，一般取决于楼盖的结构类型和楼盖的宽长比。对于横向计算若近似认为楼盖的宽长比保持不变，则楼盖的水平刚度与楼盖的结构类型有关。

1. 刚性楼盖房屋

现浇或装配整体式钢筋混凝土楼屋盖被称为刚性楼盖。地震时这种楼屋盖将使各墙体

116

发生相同的水平位移，如图 5-8 所示。

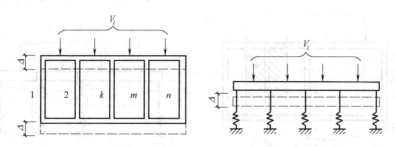

图 5-8　刚性楼盖的计算简图

对于刚性楼盖的楼层地震剪力 V_i 宜按各横墙的层间抗侧力等效刚度比（简称侧移刚度）进行分配。假定第 i 层有 s 道横墙，令第 i 层第 m 道横墙承担的地震剪力为 V_{im}，可按下列式（5-6）、式（5-7）和式（5-8）计算：

$$V_{im} = \Delta K_{im} \tag{5-6}$$

$$\sum_{m=1}^{s} \Delta K_{im} = V_i \tag{5-7}$$

$$\Delta = \frac{V_i}{K_i} \tag{5-8}$$

式中　V_i——第 i 层的层间水平地震剪力；

K_i——第 i 层的所有横墙侧移刚度之和，$K_i = \sum\limits_{m=1}^{s} K_{im}$，$K_{im}$ 为墙侧移刚度，见

5.3.2.2 节。

由式（5-6）～式（5-8）可得出 V_{im} 为：

$$V_{im} = \frac{K_{im}}{\sum\limits_{m=1}^{s} K_{im}} V_i \tag{5-9}$$

2. 柔性楼盖房屋

对于木楼盖等柔性楼盖房屋，由于楼盖的刚度小，整体性差，受横向水平地震作用时，可视楼盖为多跨简支梁，如图 5-9 所示，各横墙的变形不受楼盖的约束。因此，各横墙分担的水平地震剪力可按该横墙从属面积上的重力荷载代表值大小的比例进行分配，即：

$$V_{im} = \frac{G_{im}}{G_i} V_i \tag{5-10}$$

式中　G_{im}——第 i 层第 m 道横墙从属面积上的重力荷载代表值；

G_i——第 i 层重力荷载代表值，$G_i = \sum G_{im}$。

当楼、屋盖上重力荷载均匀分布时，各横墙所承担的水平地震剪力可简化为按该横墙分担重力荷载从属面积大小的比例进行分配，即：

$$V_{im} = \frac{S_{im}}{S_i} V_i \tag{5-11}$$

式中　S_{im}——第 i 层楼盖上第 m 道墙与左右两侧相邻横墙之间各一半楼、屋盖面积之和；

S_i——第 i 层楼、屋盖的建筑面积，$S_i = \sum S_{im}$。

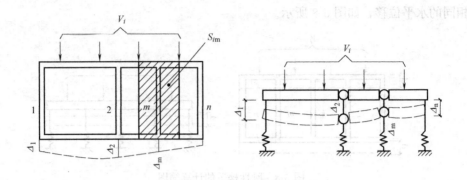

图 5-9　柔性楼盖的计算简图

3. 中等刚性楼盖房屋

对于采用预制板的装配式钢筋混凝土楼盖，整体刚度介于刚性楼盖和柔性楼盖之间，各横墙所承担的水平地震剪力可近似取为按刚性楼盖和柔性楼盖分配得到的平均值，即：

$$V_{im} = \frac{1}{2}\frac{K_{im}}{\sum\limits_{m=1}^{s}K_{im}}V_i + \frac{1}{2}\frac{G_{im}}{G_i}V_i = \frac{1}{2}\left(\frac{K_{im}}{\sum\limits_{m=1}^{s}K_{im}} + \frac{G_{im}}{G_i}\right)V_i \qquad (5\text{-}12)$$

当同一楼层的墙高、材料相同，以及楼、屋盖上重力荷载分布均匀时，上式可简化为：

$$V_{im} = \frac{1}{2}\frac{A_{im}}{A_i}V_i + \frac{1}{2}\frac{S_{im}}{S_i}V_i = \frac{1}{2}\left(\frac{A_{im}}{A_i} + \frac{S_{im}}{S_i}\right)V_i \qquad (5\text{-}13)$$

式中　A——横墙水平截面面积。

5.3.2.2　墙体侧移刚度的计算

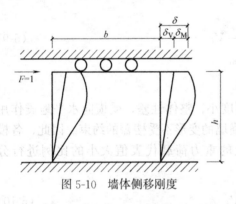

图 5-10　墙体侧移刚度

侧移刚度与柔度互为倒数：

$$K = 1/\delta \qquad (5\text{-}14)$$

式中　K——墙体的侧移刚度；

　　　δ——墙体的侧移柔度。

1. 无洞口墙体

在砌体房屋的抗震设计中，若各层楼盖仅产生平移而不发生转动，在确定墙体的侧移刚度时，可视其为下端固定、上端嵌固的构件，故其侧移柔度一般应包括层间弯曲变形 δ_M 和剪切变形 δ_V，如图 5-10 所示，即墙体的总变形 δ 为：

$$\delta = \delta_M + \delta_V = \frac{h^3}{12EI} + \frac{\xi h}{AG} \qquad (5\text{-}15)$$

式中　h——墙体或门、窗间墙段的高度，取层高或门、窗洞口净高；

　　　A——墙体或墙段的横截面面积，$A=bt$；

　　　b、t——墙体或墙段的宽度、厚度；

　　　I——墙体或墙段的水平截面惯性矩，$I=tb^3/12$；

　　　E——砌体弹性模量；

G——砌体剪切模量；一般取 $G=0.4E$；

ξ——截面剪应力分布不均匀系数，对矩形截面取 $\xi=1.2$。

将以上公式带入式（5-15），结合式（5-14）可得：

$$K=\frac{1}{\delta}=\frac{Et}{\left[\left(\dfrac{h}{b}\right)^3+3\left(\dfrac{h}{b}\right)\right]}\qquad(5\text{-}16)$$

实际工程中，砌体房屋侧移刚度受墙体或墙段高宽比大小的影响（高宽比 h/b 一般指层高与墙长之比，对门窗洞边的小墙段则指洞净高与洞侧墙宽之比），一般情况下，可按下述方法处理：

（1）当墙段的高宽比 $\rho=h/b<1$ 时，弯曲变形很小，可只考虑剪切变形的影响，则侧移刚度按下式计算：

$$K=\frac{1}{\delta_{\mathrm v}}=\frac{Et}{3h/b}\qquad(5\text{-}17)$$

（2）当墙段的高宽比 $1\leqslant\rho=h/b\leqslant4$ 时，可同时考虑弯曲和剪切变形的影响，则侧移刚度按下式计算：

$$K=\frac{Et}{3\rho+\rho^3}=\frac{Et}{(h/b)\left[(h/b)^2+3\right]}\qquad(5\text{-}18)$$

（3）当墙段的高宽比 $\rho=h/b>4$ 时，可不考虑侧移刚度，取 $K=0$。

2. 小开口墙段

对小开口墙段，一般按毛截面计算其侧移刚度，可根据开洞率，乘以墙段洞口影响系数 α，即：

$$K_0=\alpha K\qquad(5\text{-}19)$$

式中　K——按式（5-16）计算的无洞口墙体侧移刚度；

α——墙段洞口影响系数，其值见表 5-6。

墙段洞口影响系数 表 5-6

开洞率	0.10	0.20	0.30
影响系数	0.98	0.94	0.88

注：1. 开洞率为洞口水平截面积与墙段水平毛截面积之比，相邻洞口之间净宽小于 500mm 的墙段视为洞口；

　　2. 洞口中线偏离墙段中线大于墙段长度的 1/4 时，表中影响系数值折减 0.9；门洞的洞顶高度大于层高 80% 时，表中数据不适用；窗洞高度大于 50% 层高时，按门洞对待。

3. 大开口墙段

对开有较大门窗洞口墙体的侧移刚度，一般将某道墙划分为若干个墙段分别计算，然后再求出此道墙的刚度总和。其基本概念为：同一水平面上的"刚度可叠加"；同一竖直面上的"柔度可叠加"；同一点、同一方向的刚度和柔度互为倒数。

开有规则洞口的墙体，如图 5-11 所示，其侧移刚度可表示为：

$$K=1/\sum\delta_i\qquad(5\text{-}20)$$

墙顶处的侧移为：

$$\delta=\sum\delta_i=\sum 1/K_i\qquad(5\text{-}21)$$

开有不规则洞口墙体，如图 5-12 所示，其侧移刚度可表示为：

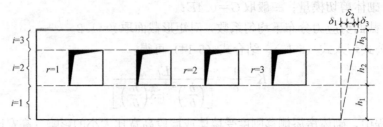

图 5-11　开有规则洞口的墙体

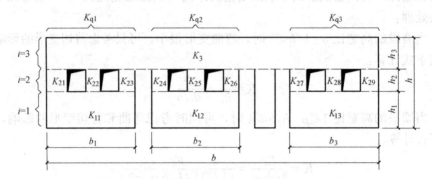

图 5-12　开有不规则洞口的墙体

$$K=\cfrac{1}{\cfrac{1}{K_{q1}+K_{q2}+K_{q3}+K_{q4}}+\cfrac{1}{K_3}} \tag{5-22}$$

$$K_{q1}=\cfrac{1}{\cfrac{1}{K_{11}}+\cfrac{1}{K_{21}+K_{22}+K_{23}}} \tag{5-23}$$

$$K_{q2}=\cfrac{1}{\cfrac{1}{K_{12}}+\cfrac{1}{K_{24}+K_{25}+K_{26}}} \tag{5-24}$$

$$K_{q4}=\cfrac{1}{\cfrac{1}{K_{13}}+\cfrac{1}{K_{27}+K_{28}+K_{29}}} \tag{5-25}$$

式中　K_{qm}——第 m 个单元墙片的等效侧移刚度；

　　　K_{1m}——第 m 个单元墙片下段的侧移刚度；

　　　K_{2r}——墙片中段洞口之间第 r 个墙段的侧移刚度；

　　　K_{q3}——第 m 个单元墙片实心墙带以下部分墙段的侧移刚度；

　　　K_3——第 m 个单元墙片洞口上方实心墙带的侧移刚度。

5.3.2.3　纵向楼层地震剪力 V_i 的分配

对于砌体房屋来说，一般纵墙比横墙长得多，楼盖纵向刚度要远远大于横向刚度，所以不论何种楼屋盖，纵向均可视为刚性楼盖，因此地震剪力在纵墙间的分配，可按纵墙的刚度比进行，按刚性楼盖考虑，即采用式（5-9）计算。

5.3.2.4　在同一道墙上各墙段间地震剪力的分配

求得某一道墙的地震剪力后，对于由若干墙段组成的该道墙，尚应将地震剪力分配到各个墙段，以便对每一墙段进行承载力验算。同一道墙的各墙段具有相同的侧移，则各墙段所分担的地震剪力可按各墙段的侧移刚度比进行，即第 i 层第 m 道墙第 r 墙段所受的地震剪力为：

$$V_{imr} = \frac{K_{imr}}{\sum\limits_{r=1}^{n} K_{imr}} V_{im}$$ (5-26)

式中　K_{imr}——第 i 层第 m 道墙第 r 墙段的侧移刚度。

5.3.3　墙体截面承载力验算

《建筑抗震设计规范》规定砌体结构房屋可不进行竖向地震作用下的抗震强度验算，也可不进行水平地震作用下整体弯曲强度的验算。因此，砌体结构房屋抗震强度验算是指水平地震作用下砌体墙片的抗震抗剪强度验算，而水平地震作用的方向应分别考虑房屋的两个主轴方向，即沿横墙方向和沿纵墙方向；当沿斜向布置有抗侧力墙片时，尚应考虑沿该斜向的水平地震作用。下面简要说明底部剪力法在砌体结构房屋地震作用计算中的应用。

砌体结构截面抗震承载力验算可仅验算横向和纵向墙体中的最不利墙段。所谓最不利墙段，就是承担的地震剪力设计值较大或竖向压应力较小的墙段。

1. 抗震承载力验算的不利墙段选择

砌体房屋的抗震承载力验算最后归结为一道墙或一个墙段的抗震承载力验算，一般不必逐道墙或逐个墙段都进行抗震承载力验算，选择出抗震不利墙体或墙段（包括：承担地震作用较大的墙体；砌筑材料强度等级变化的楼层；竖向正应力较小的墙段和局部截面较小的墙段）进行抗震验算。只要验算的抗震不利墙体或墙段满足抗震要求，则其他墙体或墙段也能满足。

2. 砌体沿阶梯形截面破坏的抗震抗剪强度

各类砌体沿阶梯形截面破坏的抗震抗剪强度设计值，应按下式（5-27）确定：

$$f_{vE} = \xi_N f_v$$ (5-27)

式中　f_{vE}——砌体沿阶梯形截面破坏的抗震抗剪强度设计值；

　　　f_v——非抗震设计的砌体抗剪强度设计值，按表 5-7 采用；

　　　ξ_N——砌体抗震抗剪强度的正应力影响系数，按表 5-8 采用。

砌体抗剪强度设计值 f_v（单位：MPa）　　　　　　　　　　表 5-7

砌体种类	砂浆强度等级			
	M10	M7.5	M5	M2.5
烧结普通砖，烧结多孔砖	0.17	0.14	0.11	0.08
蒸压灰砂砖，蒸压粉煤灰砖	0.12	0.10	0.08	0.06
混凝土和轻骨料混凝土砌块	0.09	0.08	0.06	
毛石	0.21	0.18	0.16	0.11

砌体强度的正应力影响系数 ξ_N　　　　　　　　　　表 5-8

砌体类别	σ_0/f_v							
	0.0	1.0	3.0	5.0	7.0	10.0	12.0	≥16.0
普通砖，多孔砖	0.80	0.99	1.25	1.47	1.65	1.90	2.05	—
小砌块	—	1.23	1.69	2.15	2.57	3.02	3.32	3.92

注：σ_0 为对应于重力荷载代表值的砌体截面平均压应力（即墙高 1/2 高度处的压应力）。

3. 墙体截面抗震抗剪承载力验算

(1) 普通砖、多孔砖墙体、墙段进行截面抗震受剪承载力验算时，可按下列规定进行：

一般情况下，若满足下列公式，则可认为墙体、墙段不会出现沿斜裂缝的破坏，即：

$$V \leqslant f_{vE} A / \gamma_{RE} \tag{5-28}$$

式中　V——墙体剪力设计值；

　　　f_{vE}——砖砌体沿阶梯截面破坏的抗震抗剪强度设计值；

　　　A——墙体横截面面积，多孔砖取毛截面面积；

　　　γ_{RE}——承载力抗震调整系数，自承重墙按 0.75 采用，对承重墙，当两端均有构造柱、芯柱时，按 0.9 采用；其他墙 1.0 采用。

(2) 对水平配筋的墙体的截面抗震受剪承载力应按下列式 (5-29) 进行验算：

$$V \leqslant \frac{1}{\gamma_{RE}} (f_{vE} A + \zeta_s f_{yh} A_{sh}) \tag{5-29}$$

式中　f_{yh}——水平钢筋抗拉强度设计值；

　　　A_{sh}——层间墙体竖向截面的总水平钢筋面积，其配筋率应不小于 0.07% 且不大于 0.17%；

　　　A——墙体横截面面积，多孔砖取毛截面面积；

　　　ζ_s——钢筋参与工作系数，可按表 5-9 采用。

钢筋参与工作系数 ζ_s 表 5-9

墙体高宽比	0.4	0.6	0.8	1.0	1.2
ζ_s	0.10	0.12	0.14	0.15	0.12

(3) 当按式 (5-27)、式 (5-28) 验算不能满足要求时，可将基本均匀设置于墙段中部、截面不小于 240mm×240mm（墙厚 190mm 时为 240mm×190mm）且间距不大于 4m 的构造柱对受剪承载力的提高作用计入，按式 (5-30) 验算：

$$V \leqslant \frac{1}{\gamma_{RE}} \left[\eta_c f_{vE} (A - A_c) + \zeta_c f_t A_c + 0.08 f_{yc} A_{sc} + \zeta_s f_{yh} A_{sh} \right] \tag{5-30}$$

式中　A_c——中部构造柱的横截面总面积，对横墙和内纵墙，$A_c > 0.15A$ 时取 $0.15A$；对外纵墙，$A_c > 0.25A$ 时取 $0.25A$；

　　　f_t——中部构造柱的混凝土轴心抗拉强度设计值；

　　　A_{sc}——中部构造柱的纵向钢筋截面总面积（配筋率不小于 0.6%，大于 1.4% 时取 1.4%）；

f_{yh}、f_{yc}——分别为墙体水平钢筋、构造柱钢筋抗拉强度设计值；

　　　ζ_c——中部构造柱参与工作系数，居中设一根时取 0.5，多于一根时取 0.4；

　　　η_c——墙体约束修正系数，一般情况取 1.0，构造柱间距不大于 3.0m 时取 1.1；

　　　A_{sh}——层间墙体竖向截面的总水平钢筋面积，无水平钢筋时取 0.0。

(4) 对小砌块墙体的截面抗震剪承载力，按式 (5-31) 进行验算（当同时设置芯柱和构造柱时，构造柱截面可作为芯柱截面，构造柱钢筋可作为芯柱钢筋）：

$$V \leqslant \frac{1}{\gamma_{RE}} \left[f_{vE} A + (0.3 f_t A_c + 0.05 f_y A_s) \zeta_c \right] \tag{5-31}$$

式中　f_t——芯柱混凝土轴心抗拉强度设计值；

　　　A_c——芯柱截面总面积；

　　　A_s——芯柱钢筋截面总面积；

　　　f_y——芯柱钢筋抗拉强度设计值；

　　　ζ_c——芯柱参与工作系数，可按表 5-10 采用。

芯柱参与工作系数 ζ_c　　　　　　　　　　　　　　表 5-10

填孔率 ρ	$\rho < 0.15$	$0.15 \leqslant \rho < 0.25$	$0.25 \leqslant \rho < 0.5$	$\rho > 0.5$
ζ_c	0	1.0	1.10	1.15

注：填孔率 ρ 指芯柱根数（含构造柱和填实孔洞数量）与孔洞总数之比。

当混凝土小型空心砌块墙体中，同时设置了芯柱和钢筋混凝土构造柱时，构造柱截面可作为芯柱截面，构造柱钢筋可作为芯柱钢筋。

5.4　底部框架抗震墙砌体结构的抗震验算

底部框架抗震墙砌体结构的地震作用计算可采用下列方法：对于质量和刚度沿高度分布比较均匀的结构，水平地震作用的计算简图如图 5-13 所示，可采用底部剪力法，其中水平地震影响系数 $\alpha_1 = \alpha_{\max}$。对于质量和刚度沿高度分布不均匀、竖向布置不规则的底部框架抗震墙砖房还应考虑水平地震作用下的扭转影响，采用振型分解反应谱法时，可取前三个振型。

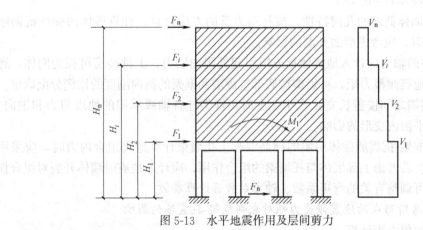

图 5-13　水平地震作用及层间剪力

1. 底部地震剪力的修正

由于底部剪力法仅适用于刚度沿房屋高度分布比较均匀、弹塑性位移反应大体一致的多层结构，但对于具有薄弱底层的底部框架-抗震墙砌体房屋，横向和纵向地震作用均应考虑弹塑性变形集中的影响。因此，底部框架抗震墙砌体房屋的地震作用效应，应按下列规定调整：

（1）对底部框架-抗震墙砌体房屋，底层的纵向和横向地震剪力设计值均应乘以增大系数，其值在 1.2～1.5 范围内选用，第二层与底层侧向刚度比大者应取大值。

（2）对底部两层框架-抗震墙砌体房屋，底层和第二层的纵向和横向地震剪力设计值亦均应乘以增大系数，其值应允许在 1.2～1.5 范围内选用，第三层与第二层侧向刚度比大者应取大值。

（3）底层或底部两层的纵向和横向地震剪力设计值应全部由该方向的抗震墙承担，并按各墙体的侧向刚度比例分配。

2. 底部框架抗震墙砌体结构地震剪力的分配

底部框架-抗震墙砌体房屋中，底部框架的地震作用效应宜采用下列方法确定：

（1）底部框架柱的地震剪力和轴向力，宜按下列规定调整：

1）框架柱承担的地震剪力设计值，可按各抗侧力构件有效侧向刚度比例分配确定；有效侧向刚度的取值，框架不折减，混凝土墙或配筋混凝土小砌块砌体墙可乘以折减系数 0.30，约束普通砖砌体或小砌块砌体抗震墙可乘以折减系数 0.20。

$$V_c = \frac{VK_c}{0.3\sum K_{cw} + 0.2\sum K_{bw} + \sum K_c} \tag{5-32}$$

式中　K_c——柱框架的抗侧刚度，$K_c = 0.12EI_c/h^3$；

K_{cw}——一片钢筋混凝土墙的弹性抗侧刚度，按式（5-33）计算：

$$K_{cw} = \frac{1}{1.2h/GA + h^3/3EI}; \tag{5-33}$$

K_{bw}——一片砖砌体抗震墙的弹性抗侧刚度，按式（5-34）计算：

$$K_{bw} = \frac{1}{1.2h/GA + h^3/3EI}; \tag{5-34}$$

E、G——材料的弹性模量、剪变模量，计算时按不同墙体材料的特性取值，例如，砌体 $G = 0.4E$；

A、I——墙体截面的几何特性，按材料力学的方法计算。计算墙体的弹性抗侧刚度时，应考虑墙面开洞的影响。

2）框架柱的轴力应计入地震倾覆力矩引起的附加轴力，上部砖房可视为刚体，底部各轴线承受的地震倾覆力矩，可近似按底部抗震墙和框架的侧向刚度的比例分配确定。

3）当抗震墙之间楼盖长宽比大于 2.5 时，框架柱各轴线承担的地震剪力和轴向力，尚应计入楼盖平面内变形的影响。

（2）底部框架-抗震墙砌体房屋的钢筋混凝土托墙梁计算地震组合内力时，应采用合适的计算简图。若考虑上部墙体与托墙梁的组合作用，应计入地震时墙体开裂对组合作用的不利影响，可调整有关的弯矩系数、轴力系数等计算参数。

3. 上部砖房所形成的地震倾覆力矩对底部框架-抗震墙的影响

（1）地震倾覆力矩计算

在底部框架——抗震墙房屋中，作用于整个房屋底层的地震倾覆力矩为（如图 5-13）：

$$M_1 = \sum_{i=2}^{n} F_i(H_i - H_1) \tag{5-35}$$

式中　M_1——作用于房屋底层的地震倾覆力矩；

F_i——i 质点的水平地震作用标准值；

H_i——i 质点的计算高度；

H_1——底部框架的计算高度。

在底部两层框架抗震墙房屋中，作用于整个房屋第二层的地震倾覆力矩为：

124

$$M_1 = \sum_{i=3}^{n} F_i (H_i - H_{2d}) \tag{5-36}$$

式中　M_1——作用于整个房屋第二层的地震倾覆力矩；

　　　H_{2d}——底部的二层的计算高度。

（2）倾覆力矩的分配

框架柱的轴力应计入地震倾覆力矩引起的附加轴力，上部砖房可视为刚体，底部各轴线承受的地震倾覆力矩，可近似按底部抗震墙和框架的侧向刚度的比例分配确定。也可按下述方法按转动刚度比例分配：

1）一片抗震墙承担的倾覆力矩 M_w 为：

$$M_w = \frac{K_{w\varphi} M_1}{\sum K_{w\varphi} + \sum K_{f\varphi}} \tag{5-37}$$

2）一榀框架承担的倾覆力矩为：

$$M_f = \frac{K_{f\varphi} M_1}{\sum K_{w\varphi} + \sum K_{f\varphi}} \tag{5-38}$$

式中　M_1——作用于框架层顶面的地震倾覆力矩；

　　　$K_{w\varphi}$——底层一片抗震墙平面内转动刚度，$K_{w\varphi} = \dfrac{1}{h/EI + 1/C_\varphi I_\varphi}$；

　　　$K_{f\varphi}$——一榀框架沿自身平面内的转动刚度：

$$K_{f\varphi} = \frac{1}{h/E\sum A_i X_i^2 + 1/C_z \sum A_{fi} X_i^2} \tag{5-39}$$

式中　I、I_φ——抗震墙水平截面和基础底面的转动惯量；

　　　C_z、C_φ——地基抗压和抗弯刚度系数（kN/m^3），它们与地基土的性质、基础底面积、基础形状、埋深、基础刚度等基础特性及扰力特性有关，宜由现场试验确定，也可按下式近似关系求得，$C_\varphi = 2.15 C_z$；

　　　A_i、A_{fi}——一榀框架中第 i 根柱子水平截面面积和基础底面积；

　　　X_i——第 i 根柱子到所在框架中和轴的距离。

3）底层柱的附加轴力

当一榀框架所承担的倾覆力矩求出后，每根柱子的附加轴力可近似地按下列公式（5-40）、式（5-41）计算：

（1）当假定附加轴力全部由两个外柱承担时：

$$N = \pm \frac{M_f}{B} \tag{5-40}$$

式中　B——两个外柱之间的距离。

（2）当假定附加轴力由全部柱子承担时：

$$N = \pm \frac{M_f A_i X_i}{\sum_{i=1}^{l} A_i X_i^2} \tag{5-41}$$

式中　l——一榀框架中柱子的总数。

（3）底部框架-抗震墙房屋的钢筋混凝土托墙梁计算地震组合内力时，可考虑上部墙体与托墙梁的组合作用，但应计入地震时墙体开裂对组合作用的不利影响，可调整有关的弯矩系数、轴力系数等计算系数。

4. 嵌砌于框架之间的抗震砖墙对框架柱引起的附加轴力和附加剪力

底部框架-抗震墙房屋中嵌砌于框架之间的普通砖抗震墙，当符合本章中所阐述的构造要求时，其抗震验算应符合下列规定：

（1）底部框架柱的轴向力和剪力，应计入砖墙或小砌块墙引起的附加轴向力和附加剪力，其值可按式（5-42）、式（5-43）确定：

$$N_f = V_w H_f / l \tag{5-42}$$
$$V_f = V_w \tag{5-43}$$

式中　V_w——墙体承担的剪力设计值，柱两侧有墙时可取二者的较大值；

　　　N_f——框架柱的附加轴压力设计值；

　　　V_f——框架柱的附加剪力设计值；

　　H_f、l——分别为框架的层高和跨度。

（2）嵌砌于框架之间的普通砖墙或小砌块墙及两端框架柱，其抗震受剪承载力应按式（5-44）验算：

$$V \leqslant \frac{1}{\gamma_{REc}} \sum (M_{yc}^u + M_{yc}^l)/H_0 + \frac{1}{\gamma_{REw}} \sum f_{vE} A_{w0} \tag{5-44}$$

式中　V——嵌砌普通砖或小砌块墙墙及两端框架柱剪力设计值；

　　A_{w0}——砖墙或小砌块墙水平截面的计算面积，无洞口时取实际截面的 1.25 倍，有洞口时取截面净面积，但不计入宽度小于洞口高度 1/4 墙肢截面面积；

M_{yc}^u、M_{yc}^l——分别为底部框架柱上下端的正截面受剪承载力设计值，可按现行国家标准《混凝土结构设计规范》GB 50011—2010 非抗震设计的有关公式取等号计算；

　　H_0——底部框架柱的计算高度，两侧均有砖墙时取柱净高的 2/3，其余情况取柱净高；

　　γ_{REc}——底部框架柱承载力抗震调整系数，可采用 0.8；

　　γ_{REw}——嵌砌普通砖墙或小砌块墙承载力抗震调整系数，可采用 0.9。

底部框架砌体房屋的底部框架及抗震墙按上述方法求得地震作用效应后，可按本书中对钢筋混凝土构件及砌体墙的要求进行抗震强度验算。

5. 抗震变形验算

底部框架砖房的底层部分属于框架-抗震墙结构，应进行低于本地区设防烈度的多遇地震作用下结构的抗震变形验算，其层间弹性位移角限值：采用框架砖填充墙时为1/550；采用框架-抗震墙时为 1/800。

底部框架砖房的底层有明显的薄弱部位，当楼层屈服强度系数小于 0.5 时，应进行高于本地区设防烈度预估的罕遇地震作用下的抗震变形验算，其层间弹塑性位移角限值为1/100，具体设计时请参照本章的有关规定。

5.5　砌体结构和底框架抗震墙砌体结构抗震构造措施

为了保证砌体结构房屋的抗震性能，抗震设计中除进行抗震承载力验算外，还应作好抗震构造措施，即通过采取加强房屋整体性及加强连接等一系列构造措施来提高房屋的变形能力，并确保大震不倒。

5.5.1 多层砖砌体房屋抗震构造措施

5.5.1.1 钢筋混凝土构造柱

1. 钢筋混凝土构造柱的作用

多层砖砌体房屋设置钢筋混凝土构造柱（以下简称构造柱，如图 5-14 所示）是增强房屋整体性和提高砌体抗变形能力的一项有效的抗震措施。试验表明，构造柱虽然对于提高砖墙的受剪承载力作用有限，大体提高 $10\% \sim 30\%$。但是对墙体的约束和防止墙体开裂后砖的散落能起非常显著的作用。而这种约束作用需要构造柱与各层圈梁一起形成，即通过构造柱与圈梁把墙体分片包围，当墙体开裂后，能使裂缝不致进一步发展，限制开裂后砌体的错位，使砖墙能维持竖向承载能力，并能继续吸收地震的能量，避免墙体倒塌。构造柱应当设置在震害较重、连接构造比较薄弱和易于应力集中的部位。

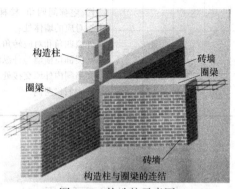

图 5-14 构造柱示意图

2. 构造柱的设置原则

构造柱的设置部位与设防烈度、层数及房屋的部位有关，一般情况下应符合表 5-11 的要求，如图 5-15 所示。

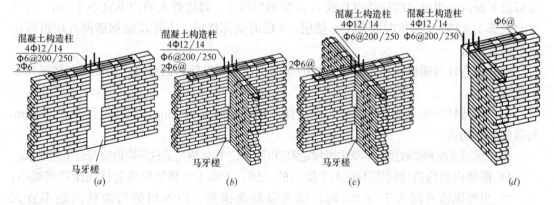

图 5-15 构造柱布置图
(*a*) 一字形；(*b*) T 字形；(*c*) 十字形；(*d*) L 形

(1) 外廊式和单面走廊式的多层房屋，应根据房屋增加一层的层数，按表 5-11 的要求设置构造柱，且单面走廊两侧的纵墙均应按外墙处理。

(2) 横墙较少的房屋，应根据房屋增加一层的层数，按表 5-11 的要求设置构造柱；当横墙较少的房屋为外廊式或单面走廊式时，应按第（1）款的要求设置构造柱，但 6 度不超过四层、7 度不超过三层和 8 度不超过二层时，应按增加二层的层数对待。

(3) 各层横墙很少的房屋，应按增加二层的层数设置构造柱。

（4）采用蒸压灰砂砖和蒸压粉煤灰砖的砌体房屋，当砌体的抗剪强度仅达到普通黏土砖砌体的70%时，应根据增加一层的层数按上述要求设置构造柱；但6度时不超过四层、7度不超过三层和8度不超过二层时，应按增加二层的层数对待。

多层砖砌体房屋构造柱设置要求   表 5-11

房屋层数				设 置 部 位	
6度	7度	8度	9度		
四、五	三、四	二、三		楼、电梯间四角，楼梯斜梯段上下端对应的墙体处；	隔12m或单元横墙与外纵墙交接处；楼梯间对应的另一侧内横墙与外纵墙交接处
六	五	四	二	外墙四角和对应转角；错层部位横墙与外纵墙交接处；大房间内外墙交接处；	隔开间横墙（轴线）与外墙交接处；山墙与内纵墙交接处
七	≥六	≥五	≥三	较大洞口两侧	内墙（轴线）与外墙交接处；内墙的局部较小墙垛处；内纵墙与横墙（轴线）交接处

注：较大洞口，内墙指不小于2.1m的洞口；外墙在内外墙交接处已设置构造柱时应允许适当放宽，但洞侧墙体应加强。

3. 构造柱的构造要求

（1）构造柱最小截面可采用180mm×240mm（墙厚190mm时为180mm×190mm），纵向钢筋宜采用4Φ12，箍筋间距不宜大于250mm，且在柱上下端应适当加密；6、7度时超过六层、8度时超过五层和9度时，构造柱纵向钢筋宜采用4Φ14，箍筋间距不应大于200 mm；房屋四角的构造柱应适当加大截面及配筋，如图5-15所示。

（2）构造柱与墙连接处应砌成马牙槎，沿墙高每隔500 mm设2Φ6水平钢筋和Φ4分布短筋平面内点焊组成的拉结网片或Φ4点焊钢筋网片，每边伸入墙内不宜小于1m，6、7度时底部1/3楼层，8度时底部1/2楼层，9度时全部楼层，上述拉结钢筋网片应沿墙体水平通长设置。

（3）构造柱与圈梁连接处，构造柱的纵筋应在圈梁纵筋内侧穿过，保证构造柱纵筋上下贯通。

（4）构造柱可不单独设置基础，但应伸入室外地面下500mm，或与埋深小于500mm的基础圈梁相连。

（5）房屋高度和层数接近本章中所规定限值时，纵、横墙内构造柱间距尚应符合下列要求：

1）横墙内的构造柱间距不宜大于层高的二倍；下部1/3楼层的构造柱间距适当减小；

2）当外纵墙开间大于3.9m时，应另设加强措施。内纵墙的构造柱间距不宜大于4.2m。

5.5.1.2 设置钢筋混凝土圈梁

砌体结构中通过布置圈梁可增强房屋的整体性，由于圈梁的约束作用，减小预制板散开以及砖墙出平面倒塌的危险性，使纵、横墙能够保持一个整体的箱形结构，充分地发挥砖墙在平面内抗剪承载力。

圈梁能限制墙体斜裂缝的开展和延伸，使砖墙裂缝仅在两道圈梁之间的墙段内发生，斜裂缝的水平夹角减小，砖墙抗剪承载力得以充分地发挥和提高。可以减轻地震时地基不均匀沉降对房屋的影响。各层圈梁，特别是屋盖处和基础处圈梁的能力，能提高房屋的竖向刚度和抗御不均匀沉降的能力。

1. 圈梁的设置原则

圈梁的布置与设防烈度、楼盖及墙体位置有关，具体布置应符合下列要求。

（1）对于装配式钢筋混凝土楼、屋盖或木楼、屋盖的砖房，横墙承重时应按表 5-12 的要求设置圈梁；纵墙承重时，抗震横墙上的圈梁间距应比表内要求适当加密。

（2）现浇或装配整体式钢筋混凝土楼、屋盖与墙体有可靠连接的房屋，应允许不另设圈梁，但楼板沿抗震墙体周边应加强配筋并应与相应的构造柱可靠连接。

多层砖砌体房屋现浇钢筋混凝土圈梁设置要求　　　　表 5-12

墙类	烈　度		
	6、7	8	9
外墙和内纵墙	屋盖处及每层楼盖处	屋盖处及每层楼盖处	屋盖处及每层楼盖处
内横墙	同上；屋盖处间距不应大于4.5m；楼盖处间距不应大于7.2m；构造柱对应部位	同上；各层所有横墙，且间距不应大于 4.5m；构造柱对应部位	同上；各层所有横墙

2. 圈梁的构造要求

（1）圈梁应闭合，遇有洞口圈梁应上下搭接。圈梁宜与预制板设在同一标高处或紧靠板底，如图 5-16 所示。

（2）圈梁在表 5-13 要求的间距内无横墙时，应利用梁或板缝中配筋替代圈梁。

（3）圈梁的截面高度不应小于 150mm，配筋应符合表 5-13 的要求；基础圈梁的截面高度不应小于 180m，配筋不应少于 4Φ12。

（4）多层小砌块房屋圈梁宽度不应小于 190mm，配筋不应少于 4Φ12，箍筋间距不应大于 200mm。

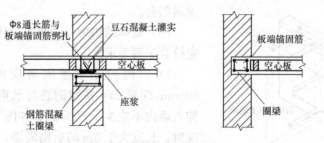

图 5-16　楼盖处圈梁的设置

多层砖砌体房屋圈梁配筋要求　　　　表 5-13

配筋	烈　度		
	6、7	8	9
最小纵筋	4Φ10	4Φ12	4Φ14
箍筋最大间距(mm)	250	200	150

5.5.1.3　楼屋盖及其连接

楼、屋盖整体性能的好坏，直接影响到水平地震作用能否有效传递。整体性差的楼盖，地震作用不能有效地传向承重侧力墙，而使非承重侧力墙发生出平面外的外闪或倾倒；楼板间连接不牢，则产生散落甚至结构倒塌。故对其结构要求有：

（1）现浇钢筋混凝土楼板或屋面板伸进纵、横墙内的长度，均不应小于120mm。

（2）装配式钢筋混凝土楼板或屋面板，当圈梁未设在板的同一标高时，板端伸进外墙的长度不应小于120mm，伸进内墙的长度不应小于100mm或采用硬架支模连接，在梁上不应小于80mm或采用硬架支模连接。

（3）当板的跨度大于4.8m并与外墙平行时，靠外墙的预制板侧边应与墙或圈梁拉结。

（4）房屋端部大房间的楼盖，6度时房屋的屋盖和7~9度时房屋的楼、屋盖，当圈梁设在板底时，钢筋混凝土预制板应相互拉结，并应与梁、墙或圈梁拉结。

5.5.1.4 其他构件之间的连接

（1）楼、屋盖的钢筋混凝土梁或屋架应与墙、柱（包括构造柱）或圈梁可靠连接；不得采用独立砖柱。跨度不小于6m大梁的支承构件应采用组合砌体等加强措施，并满足承载力要求。

（2）6、7度时长度大于7.2m的大房间，以及8、9度时外墙转角及内外墙交接处，应沿墙高每隔500mm配置2φ6的通长钢筋和φ4分布短筋平面内点焊组成的拉结网片或φ4点焊网片。

（3）坡屋顶房屋的屋架应与顶层圈梁可靠连接，檩条或屋面板应与墙、屋架可靠连接，房屋出入口处的檐口瓦应与屋面构件锚固。采用硬山搁檩时，顶层内纵墙顶宜增砌支承山墙的踏步式墙垛，并设置构造柱。

（4）门窗洞处不应采用砖过梁；过梁支承长度，6~8度时不应小于240mm，9度时不应小于360mm。

（5）预制阳台，6、7度时应与圈梁和楼板的现浇板带可靠连接，8、9度时不应采用预制阳台。

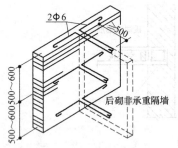

图5-17 后砌非承重墙与承重墙的拉结

（6）砌体结构中，非承重墙体等建筑非结构构件应符合下列要求：

1）后砌的非承重隔墙应沿墙高每隔500~600mm配置2φ6拉结钢筋与承重墙或柱拉结，每边伸入墙内不应少于500mm，如图5-17所示；8度和9度时，长度大于5m的后砌隔墙，墙顶尚应与楼板或梁拉结，独立墙肢端部及大门洞边宜设钢筋混凝土构造柱。

2）烟道、风道、垃圾道等不应削弱墙体；当墙体被削弱时，应对墙体采取加强措施；不宜采用无竖向配筋的附墙烟囱或出屋面的烟囱。

3）不应采用无锚固的钢筋混凝土预制挑檐。

（7）同一结构单元的基础（或桩承台），宜采用同一类型的基础，底面宜埋置在同一标高上，否则应增设基础圈梁并应按1∶2的台阶逐步放坡。

5.5.1.5 楼梯间的构造要求

历次震害表明，楼梯间由于比较空旷而常常破坏严重，在9度及9度以上的地区曾多次发生楼梯间的局部倒塌，当楼梯间设在房屋尽端时破坏尤为严重。楼梯间的横墙，由于楼梯踏步板的斜撑作用而引来较大的水平地震作用，破坏程度常比其他横墙稍重一些。横墙与纵墙相接处的内墙阳角，如同外墙阳角一样，纵横墙面因两个方向地面运动的作用都出现斜向裂缝。楼梯间的大梁，由于搁进内纵墙的长度只有240mm，角部破碎后，梁落下。另外，楼梯踏步斜板因钢筋伸入休息平台梁内的长度很短而在相接处拉裂或拉断。因此，《建筑抗震设计规范》规定楼梯间应符合下列要求：

(1) 顶层楼梯间墙体应沿墙高每隔500mm设2φ6通长钢筋和φ4分布短钢筋平面内点焊组成的拉结网片或φ4点焊网片；7～9度时其他各层楼梯间墙体应在休息平台或楼层半高处设置60mm厚、纵向钢筋不应少于2φ10的钢筋混凝土带或配筋砖带，配筋砖带不少于3皮，每皮的配筋不少于2φ6，砂浆强度等级不应低于M7.5且不低于同层墙体的砂浆强度等级。

(2) 楼梯间及门厅内墙阳角处的大梁支承长度不应小于500mm，并应与圈梁连接。

(3) 装配式楼梯段应与平台板的梁可靠连接；8、9度时不应采用装配式楼梯段；不应采用墙中悬挑式踏步或踏步竖肋插入墙体的楼梯，不应采用无筋砖砌栏板。

(4) 突出屋顶的楼、电梯间，构造柱应伸到顶部，并与顶部圈梁连接，所有墙体应沿墙高每隔500mm设2φ6通长钢筋和φ4分布短筋平面内点焊组成的拉结网片或φ4点焊网片。

5.5.1.6　丙类的多层砖砌体房屋的构造要求

丙类的多层砖砌体房屋，当横墙较少且总高度和层数接近或达到表5-1规定限值时，应采取的加强措施，具体见《建筑抗震设计规范》。

5.5.1.7　房屋底层和顶层的窗台标高处构造要求

房屋底层和顶层的窗台标高处，宜设置沿纵横墙通长的水平现浇钢筋混凝土带；其截面高度不小于60mm，宽度不小于墙厚，纵向钢筋不少于2φ10，横向分布筋的直径不小于φ6且其间距不大于200mm。

5.5.2　底部框架-抗震墙房屋的抗震构造措施

由于底部框架-抗震墙房屋比砌体房屋的抗震性能稍弱，因此构造柱的设置要求更严格些；又由于与底部框架相邻的上一层即过渡层，刚度变化和应力集中，增加了对过渡层构造柱设置的专门要求，包括截面、钢筋和锚固要求，以及其他具体构造措施见《建筑抗震设计规范》。

5.6　砌体结构房屋抗震设计实例

某4层办公楼，采用砖砌体混合结构，其平、剖面图见图5-18，楼盖和屋盖采用装配式预制钢筋混凝土空心板，横墙承重，楼梯间突出屋顶，砖的强度等级为MU10砖，混合砂浆的强度等级为：M10。楼板选用120mm厚混凝土预制空心板，梁截面尺寸为450mm×250mm，窗口尺寸除个别注明者外，截面为1800mm×2100mm，内门尺寸为900mm×2400mm，外门尺寸为1500mm×2700mm，屋顶间窗户尺寸为1800mm×1500mm，窗下墙高1000mm。设防烈度为7度，设计基本地震加速度值为0.10g，建筑场地为Ⅰ类，设计地震分组为一组，结构荷载如表5-14所示。试验算该房屋墙体的抗震承载力。

结构荷载

表 5-14

屋面(kN/m²)		楼面(kN/m²)			楼梯板(kN/m²)		墙体(kN/m²)		门、窗(kN/m²)		楼板梁(kN/m)
永久荷载	雪荷载	永久荷载	楼面可变荷载	走廊可变荷载	永久荷载	可变荷载	370mm砖墙	240mm砖墙	木门	木框玻璃窗	
4.38	0.4	2.49	2	2.5	5.6	2.5	7.83	5.36	0.2	0.25	15

【解】 1. 荷载计算

剖面图如 5-18 所示,其中房屋底部嵌固位置取至室外地坪标高下 0.5m。每个质点的重力荷载代表值 G_i 包括楼(屋)盖荷载及其上、下层墙体重力一半之和。其计算过程如下:

(1) 楼(屋)盖(取板的一半计算)

顶层 $(4.38+0.5\times0.4)\times13.5\times19.8+15\times2+[5.6-4.38+0.5\times(2.5-0.4)]\times5.7\times1.8=1278kN$

其他层 $(2.49+0.5\times2)\times13.5\times19.8+15\times2+[5.6-2.49+0.5\times(2.5-2)]\times5.7\times1.8+0.5\times(2.5-2)\times2.1\times19.8=1008kN$

屋顶间 $(4.38+0.5\times0.4)\times5.7\times3.6/2=47kN$

(2) 墙体

①轴 顶层 $7.83\times14\times3.6+5.36\times14\times0.5=433kN$

中间层 $7.83\times14\times3.6=395kN$

底层 $7.83\times14\times4.7=516kN$

②轴 其他层 $5.36\times[(5.7-0.24)\times2\times3.6-0.9\times2.4]+0.2\times0.9\times2.4=200kN$

底层 $5.36\times[(5.7-0.24)\times2\times4.7-0.9\times2.4]+0.2\times0.9\times2.4=264kN$

③、⑤、⑥轴 其他层 $5.36\times(5.7-0.240)\times2\times3.6=211kN$

底层 $5.36\times(5.7-0.24)\times2\times4.7=276kN$

屋顶间 $5.36\times6.07\times3=98kN$(仅⑥轴)

以下取墙长的一半计算

Ⓐ轴 顶层 $7.83\times(19.68\times3.6-1.8\times2.1\times5.5)+0.25\times1.8\times2.1\times5.5+5.36\times19.68\times0.5=450kN$

其他层 $7.83\times(19.68\times3.6-1.8\times2.1\times5.5)+0.25\times1.8\times2.1\times5.5=397kN$

底层 $7.83\times(19.68\times4.7-1.8\times2.1\times5-1.5\times2.7\times0.5)+0.25\times1.8\times2.1\times5+0.2\times1.5\times2.7\times0.5=566kN$

①轴 顶层 $450-5.36\times3.6\times0.5=445kN$

其他层 $397kN$

底层 $7.83\times(19.68\times4.7-1.8\times2.1\times5.5)+0.25\times1.8\times2.1\times5.5=567kN$

屋顶间 $0.5\times5.36\times[(3.84-0.12\times2)\times3-1.8\times1.5]+0.25\times1.8\times1.5\times0.5=22kN$

Ⓑ、Ⓒ轴 其他层 $5.36\times[(19.68-1.8)\times3.6-0.9\times2.4\times5]+0.2\times0.9\times2.4\times5=318kN$

底层 $5.36\times(17.88\times4.7-0.9\times2.4\times5.5)+0.2\times0.9\times2.4\times5.5=435kN$

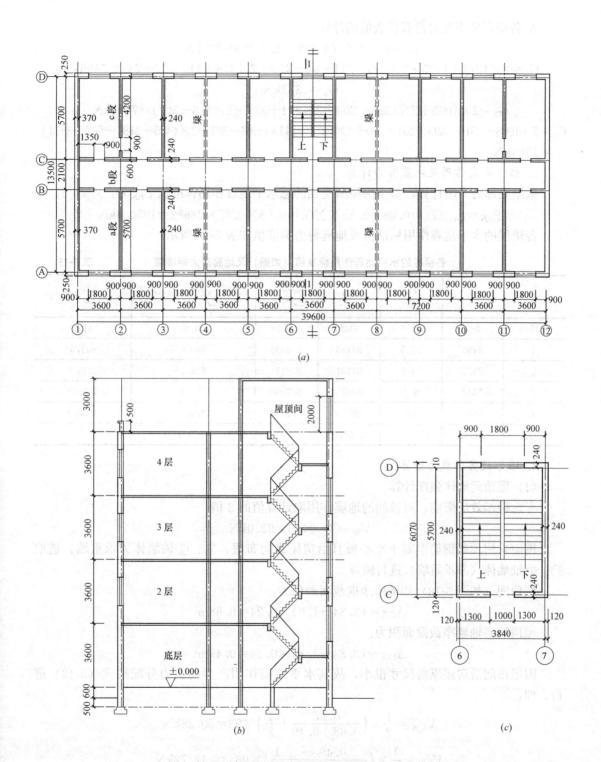

图 5-18 办公楼平面、剖面（单位：mm）

(a) 平面图；(b) 1-1 剖面图；(c) 出屋顶楼梯间平面图

屋顶间 $0.5 \times 5.36 \times [(3.84 - 0.12 \times 2) \times 3 - 1 \times 2] + 0.2 \times 1 \times 2 \times 0.5 = 23$kN(仅ⓒ轴)

2. 各楼层质点重力荷载代表值的计算

$$G_{\text{屋顶间}}=2\times47+(98+22+23)=237\text{kN}$$

$$G_4=2\times1278+(433+200+3\times211+98+450+2\times318+445+22+23)=5496\text{kN}$$

$$G_3=7332\text{kN}$$

$$G_2=2\times1008+2\times(395+200+3\times211+397+2\times318+397)=7332\text{kN}$$

$$G_1=2\times1008+[516+395+264+200+3\times(276+211)+566+397+2\times(435+318)+567+397)]$$
$$=8285\text{kN}$$

3. 水平地震作用及地震剪力计算

采用底部剪力法计算，整个房屋所受到的总水平地震作用标准值 F_{EK} 为：

$$F_{\text{EK}}=\alpha_{\max}G_{\text{eq}}=0.08\times0.85\times\sum G_i=0.08\times0.85\times28682=1950.4\text{kN}$$

各楼层的水平地震作用标准值及地震剪力标准值如表 5-15 所示。

各楼层的水平地震作用标准值（如图）及地震剪力标准值   表 5-15

	G_i (kN)	H_i (m)	G_iH_i	$\dfrac{G_iH_i}{\sum\limits_j G_jH_j}$	$F_i=\dfrac{G_iH_i}{\sum\limits_j G_jH_j}F_{\text{EK}}$ (kN)	$V_i=\sum\limits_{i=1}^{n}F_i$ (kN)
屋顶间	237	18.5	4385	0.0159	31.0	31.0
4	5496	15.5	85188	0.3080	600.6	631.6
3	7332	11.9	87251	0.3154	615.2	1246.8
2	7332	8.3	60856	0.2200	429.1	1675.9
1	8285	4.7	38940	0.1408	274.5	1950.4
$\sum$	28682		276620		1950.4	

4. 墙体抗剪承载力验算

（1）屋顶间墙体强度计算

考虑鞭端效应影响，屋顶间的地震作用取计算值的 3 倍：

$$V_{\text{顶}}=3\times31.0=93.0\text{kN}$$

屋面采用预制钢筋混凝土空心板且沿房屋纵向布置，⑥、⑦轴墙体为承重墙，选取 ⓒ、ⓓ轴墙体（非承重墙）进行验算。

屋顶间（如图 5-18）ⓒ轴墙净横截面面积为：

$$A_{\text{C顶}}=(3.84-1.0)\times0.24=0.68\text{m}^2$$

屋顶间ⓓ轴墙净截面面积为：

$$A_{\text{D顶}}=(3.84-1.8)\times0.24=0.49\text{m}^2$$

因屋顶间沿房屋纵向尺寸很小，故其水平地震作用产生的剪力分配按式（5-13）进行，即：

$$V_{\text{C顶}}=\frac{1}{2}\times\left(\frac{0.68}{0.68+0.49}+\frac{1}{2}\right)\times93=50.28\text{kN}$$

$$V_{\text{D顶}}=\frac{1}{2}\times\left(\frac{0.49}{0.68+0.49}+\frac{1}{2}\right)\times96.3=42.72\text{kN}$$

在层高半高处由墙自重产生的平均压力为：

ⓒ轴墙 $\quad\sigma_0=\dfrac{5.36\times(1.5\times3.84-0.5\times1.0)}{0.68}=41.46\text{kN/m}^2=4.15\times10^{-2}\text{N/mm}^2$

ⓓ轴墙 $\sigma_0 = \dfrac{5.36 \times (1.5 \times 3.84 - 0.9 \times 1.80)}{0.49} = 45.29 \text{kN/m}^2 = 4.53 \times 10^{-2} \text{N/mm}^2$

由表 5-7 查得，$f_v = 0.17 \text{N/mm}^2$，其 σ_0/f_v 值为：

ⓒ轴墙 $\sigma_0/f_v = 4.15 \times 10^{-2}/0.17 = 0.244$

ⓓ轴墙 $\sigma_0/f_v = 4.53 \times 10^{-2}/0.17 = 0.266$

砌体强度的正应力影响系数 ξ_N 为：

ⓒ轴墙 $\xi_N = 0.846$

ⓓ轴墙 $\xi_N = 0.851$

砌体沿阶梯形截面破坏的抗震抗剪力强度设计值为：

ⓒ轴墙 $f_{VE} = \xi_N f_v = 0.846 \times 0.17 = 0.144 \text{N/mm}^2$

ⓓ轴墙 $f_{VE} = \xi_N f_v = 0.851 \times 0.17 = 0.145 \text{N/mm}^2$

因轴墙体不承重，其承载力抗震调整系数采用 0.75，则：

ⓒ轴墙 $f_{VE}A/\gamma_{RE} = 0.144 \times 0.68 \times 10^6/0.75 = 130 \text{kN}$

ⓒ轴墙承受的设计地震剪力 $= \gamma_{Eh}V_{C顶} = 1.3 \times 50.28 \times 10^3 \text{N} = 65 \text{kN} < 130 \text{kN}$

抗剪承载力满足要求。

ⓓ轴墙 $\gamma_{RE}V_{D顶} = 1.3 \times 42.72 \times 10^3 \text{N} = 56 \text{kN} < f_{VE}A/\gamma_{RE} = 0.145 \times 0.49 \times 10^6/0.75 = 95 \text{kN}$ 抗剪承载力满足要求。

（2）横向墙体强度计算

由于采用属于中等刚性的钢筋混凝土预制楼板，楼层中的水平地震剪力按式（5-13）分配到每片墙上。下面对承担地震作用面积大的③轴和有开洞的②轴墙体进行在横向水平地震作用下墙体截面抗剪承载力验算。对于其他墙体验算，方法相同。

1）底层轴墙体

②轴墙体横截面面积

$$A_{12} = (14 - 2.1 + 0.24 - 0.9) \times 0.24 = 2.70 \text{m}^2$$

底层横墙总截面面积

$A_1 = 2 \times [(14 - 2.1 + 0.24 - 0.9) \times 0.24 + (14 - 2.1 + 0.24) \times 0.24 \times 3 + 14 \times 0.37]$

$\quad = 33.24 \text{m}^2$

②轴墙体承担的地震作用面积

$S_{12} = 13.5 \times 3.6 = 48.6 \text{m}^2$

底层总的地震作用面积

$S_1 = 14 \times 20.05 \times 2 = 561.4 \text{m}^2$

②轴墙体所承受的水平地震剪力

$$V_{12} = \frac{1}{2}\left(\frac{A_{12}}{A_1} + \frac{S_{12}}{S_1}\right)V_1 = \frac{1}{2} \times \left(\frac{2.70}{33.24} + \frac{48.6}{561.4}\right) \times 1950.4 \times 10^3 \text{N} = 164 \times 10^3 \text{N}$$

洞口将②轴墙体分成 a、b、c 段，由于门高为 2.4m，计算墙段高宽比 h/b 时，墙段 a、b 的 h 取为 2.4m，则

a 墙段 $h/b = 3.6/6.07 = 0.59 < 1$

b 墙段 $4 > h/b = 2.4/0.72 = 3.33 > 1$

c 墙段 $h/b = 2.4/4.45 = 0.54 < 1$

求墙段侧移刚度时，b墙段应考虑剪切变形和弯曲变形的影响，a墙段和c墙段可仅考虑剪切变形的影响。

$$K_a = \frac{Et}{3 \times h/b} = \frac{Et}{3 \times 0.59} = 0.565Et$$

$$K_b = \frac{Et}{(h/b)[(h/b)^2 + 3]} = \frac{Et}{3.33 \times (3.33^2 + 3)} = 0.0213Et$$

$$K_c = \frac{Et}{3 \times h/b} = \frac{Et}{3 \times 0.54} = 0.617Et$$

$$\sum k = k_a + k_b + k_c = (0.565 + 0.0213 + 0.617)Et = 1.2033Et$$

各墙段分配的地震剪力为：

a墙段：$V_a = \dfrac{K_a}{\sum k} V_{12} = \dfrac{0.565Et}{1.2033Et} \times 164 = 77.00\text{kN}$

b墙段：$V_b = \dfrac{K_b}{\sum k} V_{12} = \dfrac{0.0213Et}{1.2033Et} \times 164 = 2.90\text{kN}$

c墙段：$V_c = \dfrac{K_c}{\sum k} V_{12} = \dfrac{0.617Et}{1.2033Et} \times 164 = 84.09\text{kN}$

各墙段在层高半高处的平均压应力为：

a墙段：

$$\sigma_0 = \frac{(4.38 + 0.5 \times 0.4 + (2.49 + 0.5 \times 2) \times 3) \times 3.6 \times 5.7 + 5.36 \times 6.07 \times 3.6 \times 3.5}{6.07 \times 0.24}$$

$$= 493\text{kN/m}^2 = 0.49\text{N/mm}^2$$

b墙段：

$$\sigma_0 = \frac{(4.38 + 0.5 \times 0.4 + (2.49 + 0.5 \times 2) \times 3) \times 3.6 \times 1.05 + 5.36 \times (0.72 \times 3.6 \times 3.5 + 0.45 \times 1.2 \times 4)}{0.72 \times 0.24}$$

$$= 677\text{kN/m}^2 = 0.68\text{N/mm}^2$$

c墙段：

$$\sigma_0 = \frac{(4.38 + 0.5 \times 0.4 + (2.49 + 0.5 \times 2) \times 3) \times 3.6 \times 4.65 + 5.36 \times (4.45 \times 3.6 \times 3.5 + 0.45 \times 1.2 \times 4)}{4.45 \times 0.24}$$

$$= 528\text{kN/m}^2 = 0.53\text{N/mm}^2$$

各墙段抗剪承载力验算列于表5-16，各墙段两端均无构造柱，$\gamma_{RE} = 1$。

各墙段抗剪承载力验算 表5-16

项目 墙段	A (mm^2)	σ_0 (N/mm^2)	$\dfrac{\sigma_0}{f_v}$	ζ_N	$f_{vE} = \zeta_N f_v$ (N/mm^2)	$\dfrac{f_{vE}A}{\gamma_{RE}}$ (kN)	V (kN)	$\gamma_{Eh}V$ (kN)
a	1456800	0.49	2.9	1.24	0.21	305.9	77	100.1
b	172800	0.68	4	1.36	0.23	39.7	2.90	3.8
c	1068000	0.53	3.1	1.26	0.21	224.28	84.09	106.3

由上面的计算结果可见，各段墙的截面抗剪承载力均满足要求。

2）底层③轴墙体（取对称轴的一侧计算，下同）

③轴墙体横截面面积

$$A_{13} = (14 - 2.1 + 0.24) \times 0.24 = 2.91 \text{m}^2$$

底层横墙总截面面积

$$A_1 = 2 \times [(14 - 2.1 + 0.24 - 0.9) \times 0.24 + (14 - 2.1 + 0.24) \times 0.24 \times 3 + 14 \times 0.37] = 33.24 \text{m}^2$$

③轴墙体承担的地震作用面积

$$S_{13} = 13.5 \times (3.6 + 1.8) = 72.9 \text{m}^2$$

底层总的地震作用面积

$$S_1 = 14 \times 20.05 \times 2 = 561.4 \text{m}^2$$

③轴墙体所承受的水平地震剪力

$$V_{13} = \frac{1}{2} \left(\frac{A_{13}}{A_1} + \frac{S_{13}}{S_1} \right) V_1 = \frac{1}{2} \times \left(\frac{2.91}{33.24} + \frac{72.9}{561.4} \right) \times 1950.4 \times 10^3 \text{N} = 212 \times 10^3 \text{N}$$

由于对称性，该剪力在墙段无需再分配。

③轴墙体在层高半高处的平均压应力

$$\sigma_0 = \frac{(4.38 + 0.5 \times 0.4 + (2.49 + 0.5 \times 2) \times 3) \times 5.7 \times 3.6 \times 2 + 211 \times 3 + 276 \times 0.5}{2.91}$$

$$= 477 \text{kN/m}^2 = 0.477 \text{N/mm}^2$$

$$\sigma_0 / f_v = 0.4776 / 0.17 = 2.8$$

$$\zeta_N = 1.22$$

$$f_{vE} = \zeta_N f_v = 1.22 \times 0.17 = 0.07 \text{N/mm}^2$$

各墙段两端均无构造柱，$\gamma_{RE} = 1$。

$$f_{vE} A / \gamma_{RE} = 0.207 \times 2910000 / 1 = 602 \text{kN}$$

③轴墙体承受的设计地震剪力 $\gamma_{Eh} V_{13} = 1.3 \times 212 \times 10^3 = 276 \times 10^3 \text{N} < 602 \text{kN}$

因此，③轴墙体抗剪承载力满足要求。

（3）纵向地震作用下，外纵墙抗剪承载力验算（取底层 A 轴墙体）

作用在Ⓐ轴纵墙上的地震剪力应按式（5-26）计算，由于 A 轴各窗间墙的宽度相等，故作用在窗间墙上的地震剪力 V_{1d} 可按横截面面积的比例进行分配，即

$$V_{1r} = \frac{K_{1r}}{\sum K_{1r}} V_1 = \frac{A_{1r}}{A_1} V_1$$

式中　A_1——底层纵墙总横截面净面积：

$$A_1 = 2 \times [0.37 \times (40.1 - 1.8 \times 10.5 - 0.75) + 0.24 \times (18.37 \times 2 - 0.9 \times 10)] = 28.45 \text{m}^2$$

A_{1r}——底层纵墙窗间墙的横截面净面积

$$A_{1r} = 1.8 \times 3.6 = 0.648 \text{m}^2$$

则：
$$V_{1d} = \frac{0.648}{28.45} \times 1950.4 = 44.4 \text{kN}$$

d 墙垛在层高半高处截面上的平均压应力为

$$\sigma_0 = [7.83 \times (3.6 \times 3.6 \times 3 + 4.7 \times 3.6 \times 0.5 - 1.8 \times 2.1 \times 3 - 1.45 \times 1.5) + 5.36 \times 3.6 \times$$
$$0.5 + 0.25 \times 1.8 \times 2.1 \times 3 + 0.2 \times 1.45 \times 1.5] / 0.648 = 426 \text{kN/m}^2 = 0.426 \text{N/mm}^2$$

$$\sigma_0 / f_v = 0.426 / 0.17 = 2.5$$

$$\zeta_N = 1.18$$

$$f_{Ev} = \zeta_N f_v = 1.18 \times 0.17 = 0.2 \text{N/mm}^2$$

该墙垛自承重，$\gamma_{RE} = 0.75$ ，则

$f_{Ev}A/\gamma_{RE}=0.2\times0.648\times10^6/0.75=173.4 \text{ kN}>\gamma_{Eh}V_{1d}=1.3\times44.4=57.8\text{kN}$

即该纵向窗间墙垛截面抗剪承载力满足要求。

思 考 题

1. 请说明砌体和底部框架抗震墙房屋的震害的几个主要震害现象，并阐述其产生的原因。

2. 为什么要限制砌体结构房屋的高度和高宽比？

3. 砌体结构房屋平、立面布置的原则有哪些？

4. 砌体房屋墙体截面的抗震承载力验算公式是什么？影响其的因素有哪些？

5. 钢筋混凝土构造柱、圈梁的作用是什么，在结构中布置的要点有哪些？

6. 底部框架-抗震墙房屋的抗震设计时，为什么底部的地震剪力应乘以放大系数？

7. 砌体结构抗震设计时，应选择哪些墙体进行截面抗震承载力验算？

8. 砌体结构楼层水平地震剪力在墙体间及同道墙体段间如何分配？

习 题

已知某五层砖混办公楼，装配式钢筋混凝土楼盖，平面如图 5-19 所示，除首层内、外纵墙为 370mm 外，其他墙均为 240mm，首层采用砖 MU10，混合砂浆 M7.5，各层质点的重力荷载代表值和计算高度见图 5-19，抗震设防烈度为 8 度，设计地震加速度为 0.2g，场地类别：Ⅱ类，地震分组为第二组。④轴横墙 1m 长横墙上重力荷载代表值 230.5kN。

要求：试验算首层④轴横向墙体截面抗震承载力。

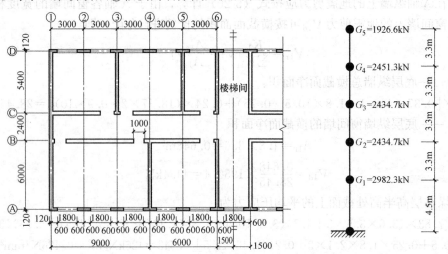

图 5-19 五层砖混办公楼平面图

第6章 多层及高层混凝土结构抗震设计

目前工程中常用的多层和高层混凝土结构有框架结构、剪力墙结构、框架-剪力墙结构、框架-筒体结构、筒体结构等。

框架结构是由梁和柱刚结来承受全部荷载的结构体系，平面布置灵活，易于满足建筑物内大空间的要求，但侧向刚度小，水平位移大，常用于多层建筑，如办公楼、商场、医院和学校等有较大空间要求的公共建筑。剪力墙结构（也称抗震墙结构）是由钢筋混凝土纵、横墙体相交布置来承受全部荷载的结构体系，侧向刚度较大，但平面布置不灵活，常用于高层的住宅、旅馆等建筑，不易建造有较大空间的公共建筑。框架-剪力墙结构结合了框架和剪力墙结构的受力特点，剪力墙承担绝大部分水平荷载，而框架以承担竖向荷载为主，该结构体系既有框架结构布置灵活、有较大空间、使用方便的优点，又具有剪力墙结构的较大的抗侧刚度和较强的承载能力的优点，因而广泛地应用于高层建筑，如办公楼、写字楼、公共建筑等。此外，还有框架-筒体结构、筒体结构、巨型结构等其他形式的高层混凝土结构。本章主要介绍框架结构、剪力墙结构和框架-剪力墙结构的抗震设计。

6.1 多层及高层混凝土结构震害现象及其分析

钢筋混凝土结构具有较好的抗震性能，所遭受的破坏比砌体结构的震害轻得多。但如果设计不当或施工质量欠佳，遭受地震破坏也是常见的。主要震害有以下情况。

6.1.1 不同结构体系的震害

通常情况下，框架结构震害多；框架-剪力墙结构刚度大，延性好，震害比框架结构轻；剪力墙结构震害较少。

单跨框架结构是由两根柱子一排梁组成，是最简单的结构形式。用于教学楼可以两边通风采光，加个悬挑外廊可以让学生进行户外活动，所以常见于中、小学教室。但是这种结构形式没有多道防线，一根柱子破坏，框架马上倒塌。汶川地区中、小学很多这种教学楼在地震中破坏严重，甚至全部倒塌。有些教学楼的外廊改悬挑为柱子支承，单跨框架变为双跨，情况就好得多。

6.1.2 结构布置不合理产生的震害

6.1.2.1 平面不规则

建筑物平面不规则，质量和刚度分布不均匀、不对称而造成刚度中心与质量中心偏离较大，易使结构在地震时由于过大的扭转反应而产生严重破坏。如2008年汶川地震中，平面不规则的建筑产生了扭转破坏，角柱破坏严重。如图6-1所示的南美洲马那瓜的中央银行大厦平面图，该结构15层，在1972年12月23日的地震中遭严重破坏。该结构的四

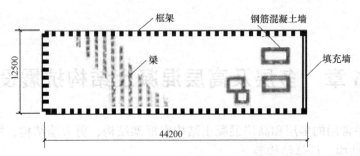

图 6-1 平面不规则产生的震害

个楼梯偏置于右端，且最右端不是与左端一样的框架，而是填充墙，结构构件在平面布置不对称，地震时产生极大的扭转。

6.1.2.2 竖向不规则

结构竖向布置不规则，竖向刚度和强度有突变时，刚度或强度突然变小处楼层产生应力集中，此处楼层成为薄弱层，变形较大，极易发生破坏甚至倒塌。如图 6-2 (a) 所示，该栋五层房屋的底部一、二层是薄弱层，层间侧移刚度较小，地震时，第一、二层发生严重破坏，五层建筑变成三层。又如图 6-2 (b) 所示，该结构的第五层刚度突变，形成薄弱层，在地震中整层被压没了。

(a)　　　　　　　　　　　　　(b)

图 6-2　竖向不规则产生的震害

6.1.2.3 防震缝不合理的震害

防震缝两侧的结构单元由于各自的振动特性不同，在地震时会发生不同形式的振动，如果防震缝宽度不够或构造不当，就有可能发生碰撞而导致震害，如图 6-3 所示。

6.1.3 框架柱的震害

框架柱的震害有不同的形式，通常柱的震害重于梁。

6.1.3.1 长柱

一般框架长柱的破坏发生在柱上下两端，底层柱的柱顶震害重于柱底，顶层突出屋面的柱的柱底重于柱顶。其表现形式是在弯矩、剪力、轴力的复合作用下，柱两端周围有水平裂缝或交叉斜裂缝，严重者会发生混凝土压碎、箍筋拉断或崩开、纵筋受压屈服呈灯笼状等情况。如图 6-4 所示为柱顶的震害，图 6-5 所示为柱底的震害。

140

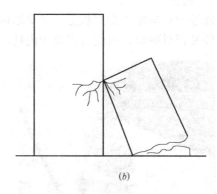

(a)   (b)

图 6-3　防震缝不合理的震害

图 6-4　底层柱顶震害　　　　　　图 6-5　出屋面水箱间柱底震害

6.1.3.2　短柱

当有错层、夹层、半高的填充墙，或不适当地设置某些连系梁，容易形成短柱（反弯点在层高范围时，柱净高与柱截面的边长之比小于 4 时）。一方面由于短柱的侧向刚度大，相应的承担了较大的地震剪力；另一方面，剪跨比较小，短柱变形能力差，常发生剪切破坏，形成交叉裂缝乃至脆断。如图 6-6 所示，由于窗间墙是刚度较大的砖砌体，形成了短柱破坏。

(a)   (b)

图 6-6　短柱的震害

6.1.3.3 角柱

角柱处于双向偏压受力状态，又受结构整体扭转影响大，受力状态复杂，而受横梁约束的条件又相对减弱，因此震害重于内柱，如图6-7所示。

图 6-7　角柱的震害

6.1.4　框架梁的震害

框架梁的破坏一般发生在梁端，在竖向荷载与地震作用下，梁端承受反复作用的剪力与弯矩，出现垂直裂缝或交叉裂缝。当抗剪钢筋配置不足时，发生脆性剪切破坏；当抗弯纵筋配置不足时，发生弯曲破坏。另外，当梁主筋在节点内锚固不足时发生锚固失效（主筋拔出等），如图6-8、图6-9所示。

图 6-8　框架梁端弯曲裂缝　　　　　图 6-9　框架梁端交叉裂缝

6.1.5　框架梁柱节点的震害

节点区无箍筋或少箍筋，在剪、压作用下混凝土易出现交叉斜裂缝甚至挤压破碎，进而导致纵向钢筋压曲呈灯笼状，后果往往很严重。节点区箍筋过少，或节点区钢筋过密，影响混凝土浇筑质量，都会引起节点区的破坏。在汶川地震中，底层角柱的节点剪切破坏较为严重，如图6-10～图6-13所示。

6.1.6　剪力墙的震害

剪力墙的震害，主要表现在墙肢之间的连梁由于剪跨比小而产生交叉裂缝形式的剪切

图 6-10　底层角柱节点剪切破坏

图 6-11　底层角柱节点剪切裂缝

图 6-12　框架中节点箍筋过少的破坏

图 6-13　框架边节点无箍筋的震害

破坏，如图 6-14 所示。

连梁的破坏使墙肢之间丧失连系、降低承载力，进而墙肢底层也可能出现水平裂缝、斜裂缝，发生破坏，如图 6-15 所示。

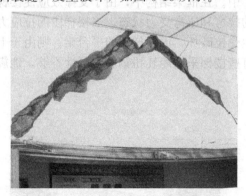

图 6-14　连梁的交叉斜裂缝震害

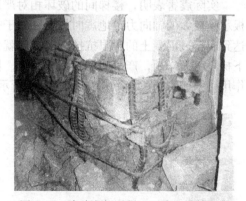

图 6-15　墙肢底部混凝土压碎、纵筋压曲

6.1.7　其他部位的震害

混凝土结构的震害除了在主要结构构件中常发生以外，在楼梯间、填充墙以及突出屋面结构部分也常常发生，而且相当严重。

6.1.7.1　填充墙的震害

框架结构中的填充墙破坏较为严重，一般 7 度即出现裂缝，端墙、窗间墙及门窗洞口边角部分裂缝最多。9 度以上填充墙大部分倒塌，其原因是在地震作用下，框架的层间位移较大，填充墙企图阻止其侧移，因填充墙的极限变形小，在往复水平地震作用下，产生交叉斜裂缝，甚至倒塌。

框架的变形为剪切型，下部层间位移大，因此填充墙在房屋中下部几层震害严重；框架-剪力墙结构的变形接近弯曲型，上部层间位移较大，故填充墙在上部几层破坏严重。框架结构的填充墙震害如图 6-16 所示。

6.1.7.2　突出屋面结构的震害

震害表明，突出屋面的小房间在地震中破坏较为严重。突出屋面的结构是因"鞭梢效应"而破坏。原因是突出屋面结构相对于下部主体结构有明显的刚度突变，而在地震作用下，建筑物顶部受高阶振型的影响，地震反应较大，造成屋面突出结构产生很大的受力集中，极易造成较大的震害。如图 6-17 所示为屋面突出的塔楼和楼梯间的震害。

图 6-16　突出屋面的局部结构的震害

图 6-17　框架结构的填充墙的斜裂缝

6.1.7.3　楼梯间的震害

实际震害表明，楼梯间的破坏相对严重和集中。在框架结构中，由于支撑效应使楼梯板承受较大的轴向力，地震时楼梯段处于交替的拉弯和压弯受力状态，当楼梯段的拉应力达到或超过混凝土的极限抗拉强度时，就会发生受拉破坏，而楼梯间的平台梁，则由于上下梯段剪力作用，产生剪切、扭转破坏。同时有些楼梯采用冷轧扭钢筋，延性不够，地震作用下钢筋脆断，如图 6-18、图 6-19 所示。

图 6-18　楼梯梯段板的震害

图 6-19　楼梯梯段梁的震害

6.2 多高层混凝土结构抗震设计的一般规定

6.2.1 房屋适用的最大高度

不同类型的结构体系具有不同的性能特点，在确定结构方案时，应根据建筑使用功能和抗震要求进行合理选择。随着房屋高度的增加，结构在地震作用下以及风荷载作用下产生的水平位移迅速增大，要求结构的侧向刚度必须随之增大，而不同类型的钢筋混凝土结构体系，由于构件及其组成方式和受力特点的不同，在抗侧刚度方面有很大差别，它们各自具有不同的合理使用高度。如框架结构的抗侧移刚度比较小，为控制其水平位移，宜用于高度不是很大的建筑；而剪力墙结构和筒体结构的抗侧移刚度较大，在场地条件和设防烈度一样的情况下，就可以建造更高的建筑。

《建筑抗震设计规范》，要求现浇钢筋混凝土房屋适用的最大高度应符合表 6-1 的规定。平面和竖向均不规则的结构，适用的最大高度宜适当降低，降低的高度一般为 10% 左右。

现浇钢筋混凝土房屋适用的最大高度（单位：m）　　　　　　　　　　表 6-1

结构类型		烈度				
		6	7	8(0.2g)	8(0.3g)	9
框架		60	50	40	35	24
框架-剪力墙		130	120	100	80	50
剪力墙		140	120	100	80	60
部分框支剪力墙		120	100	80	50	不应采用
筒体	框架-核心筒	150	130	100	90	70
	筒中筒	180	150	120	100	80
板柱-剪力墙		80	70	55	40	不应采用

注：1. 房屋高度是指室外地面到主要屋面板板顶的高度（不包括局部突出屋顶部分）；
　　2. 框架-核心筒结构指周边稀柱框架与核心筒组成的结构；
　　3. 部分框支剪力墙结构指首层或底部两层为框支层的结构，不包括仅个别框支墙的情况；
　　4. 表中框架，不包括异型柱框架；
　　5. 板柱-剪力墙结构指板柱、框架和剪力墙组成抗侧力体系的结构；
　　6. 乙类建筑可按本地区设防烈度确定其适用的最大高度；
　　7. 表中的剪力墙指结构体系中的钢筋混凝土剪力墙，不包括只承担重力荷载的混凝土墙；
　　8. 超过表内高度的房屋，应进行专门研究和论证，采取有效的加强措施。

6.2.2 延性与抗震等级

延性是指构件或结构屈服后，具有承载能力不降低或基本不降低、且具有足够塑性变形能力的一种性能，一般用延性比 μ（极限变形 Δ_u 与屈服变形 Δ_y 之比）表示延性，即塑性变形能力的大小。塑性变形可以耗散地震能量，大部分抗震结构在中震作用下都进入塑性状态而耗能。如图 6-20 所示为 2008 年汶川地震中什邡市红白镇某两层框架严重变形（延性好），但仍未倒塌。

图 6-20　汶川地震中某两层框架变形图

延性可以分为材料延性、构件延性和结构延性。

材料延性是指混凝土或钢材在没有明显应力下降情况下维持变形的能力，可用应力—应变曲线表示。比较钢筋和混凝土两种材料的变形性能，钢材的延性远好于混凝土。故要保证钢筋混凝土构件有良好的延性，必须使构件的破坏先是由钢筋强度不足而引起的，即要做到"强混凝土弱筋"；同时还要尽可能提高混凝土的变形性能，即应配置能横向约束混凝土的封闭式箍筋。

混凝土结构的构件主要是指：框架梁、框架柱、梁柱节点、剪力墙的墙肢和连梁。由五种基本构件发生破坏的特点可知，当构件的破坏是钢筋屈服引起的，一般均有良好的延性；当构件的破坏是由混凝土破碎引起的，则其延性均很差。所以要保证构件有很好的延性，最主要的措施是避免出现因混凝土破碎引起的破坏。控制构件的破坏形态，也就从根本上控制了构件的延性。

结构总体延性是指整个结构体系承受变形的能力，多用位移表示，如框架水平力—顶点位移曲线，层间剪力—层间位移曲线。一个结构抵抗强烈地震的能力强弱，主要取决于这个结构对地震能量"吸收与耗散"能力的大小。要使结构在遭遇强烈地震时具有很强的抗倒塌能力，最理想的是使结构中的所有构件均具有很高的延性。然而，在实际工程中很难做到这一点。有效的办法是有选择的重点提高结构中的重要构件以及某些构件中关键部位的延性。在设计时有意识地设置一系列有利的屈服区，使这些并不危险的部位首先形成塑性铰，来耗散能量，这样结构既可承受反复的塑性变形而又不倒塌。从地震中建筑物破坏和倒塌的过程中认识到，建筑物在地震时要免于倒塌和严重破坏，对于框架结构中的构件，发生强度屈服的顺序应该符合杆件先于节点、梁先于柱。因此，进行框架抗震设计时，需要遵循以下设计原则：（1）强柱弱梁；（2）强剪弱弯；（3）强节点弱构件、强锚固。

《建筑抗震设计规范》采用两种具体途径来控制结构的延性：（1）通过"抗震措施（内力调整）"来控制构件的破坏形态；（2）通过规定具体的"构造措施"来实现其他延性的要求。《建筑抗震设计规范》又将延性要求分成四个层次：最好、好、较好、一般，来满足不同的抗震要求，这是很科学的，关键是什么情况下采用最好的延性，什么条件下只需要满足最低延性要求，《建筑抗震设计规范》通过"抗震等级"来解决这一问题。

采用不同的内力调整系数来达到不同层次的延性水平，相应的将结构和构件的抗震要求分成不同层次的"抗震措施等级"；采用各种不同的具体构造规定来达到不同层次的延性水平，相应的将结构和构件的抗震要求分成不同层次的"抗震构造措施等级"。不论是"抗震措施等级"还是"抗震构造措施等级"均分为四等，统称为"抗震等级"，没有明确交代情况下，实际上有两个不同的内涵。在多数情况下，二者是一致的，但也有不一致的场合。抗震措施（内力调整）所用的抗震等级受设防类别、烈度、结构类型和房屋高度四个因素的影响；抗震构造措施所用的抗震等级受设防类别、烈度、结构类型、房屋高度和场地类别五个因素的影响。

《建筑抗震设计规范》规定丙类建筑的抗震等级应按表6-2确定。该表设防类别定位的是丙类建筑，场地类别定位的是Ⅱ类场地；抗震设防类别为甲、乙、丁类，场地类别为Ⅰ、Ⅲ、Ⅳ类的抗震等级不能直接应用该表，应对"设防烈度"调整后再查表6-2。考虑"抗震措施等级"时设防烈度的调整见表6-3；考虑"抗震构造措施等级"时设防烈度的调整见表6-4。

现浇钢筋混凝土结构房屋的抗震等级　　　　　　　　表6-2

结构类型		设防烈度									
		6		7			8			9	
框架结构	高度(m)	≤24	>24	≤24	>24		≤24	>24		≤24	
	框架	四	三	三	二		二	一		一	
	大跨度框架	三		二			一			一	
框架-剪力墙结构	高度(m)	≤60	>60	≤24	25～60	>60	≤24	25～60	>60	≤24	25～50
	框架	四	三	四	三	二	三	二	一	二	一
	剪力墙	三		三	二		二	一		一	
剪力墙结构	高度(m)	≤80	>80	≤24	25～80	>80	≤24	25～80	>80	≤24	25～60
	剪力墙	四	三	四	三	二	三	二	二	二	一
部分框支剪力墙结构	高度(m)	≤80	>80	≤24	25～80	>80	≤24	25～80			
	剪力墙 一般部位	四	三	四	三	二	三	二			
	剪力墙 加强部位	三	二	三	二	一	二	一			
	框支层框架	二		二			一				
框架-核心筒结构	框架	三		二			一			一	
	核心筒	二		二			一			一	
筒中筒结构	外筒	三		二			一			一	
	内筒	三		二			一			一	
板柱-剪力墙结构	高度(m)	≤35	>35	≤35	>35		≤35	>35			
	框架、板柱的柱	三	二	二	二		一	一			
	剪力墙	二	二	二	一		二	一			

注：1. 建筑场地为Ⅰ类时，除6度外应允许按表内降低一度所对应的抗震等级采取抗震构造措施，但相应的计算要求不应降低。

2. 接近或等于高度分界时，应允许结合房屋不规则程度及场地、地基条件确定抗震等级；

3. 大跨度框架指跨度不小于18m的框架；

4. 表中框架不包括异型柱框架；

5. 高度不超过60m的框架-核心筒结构按框架-剪力墙结构的要求设计时，应按表中框架-剪力墙结构规定确定其抗震等级。

设防类别	6	7	7(0.15g)	8	8(0.3g)	9
甲	7	7		9		9+
乙	7	7		8		9+
丙	6	6		7		9
丁	6	6		7-		8-	9-

注：7-、8-、9-分别表示比7度、8度、9度适当降低的要求；9+表示比9度更高的要求。

确定"抗震构造措施等级"时采用的设防烈度 表6-4

设防类别	6		7		7(0.15g)		8		8(0.3g)		9	
场地类别	Ⅰ	Ⅱ、Ⅲ、Ⅳ	Ⅰ	Ⅱ、Ⅲ、Ⅳ	Ⅰ	Ⅱ	Ⅲ、Ⅳ	Ⅰ	Ⅱ、Ⅲ、Ⅳ	Ⅰ	Ⅱ	Ⅲ、Ⅳ	Ⅰ	Ⅱ、Ⅲ、Ⅳ
甲	6	7	7	8	7	8	9	8	9	8	9	9+	9	9+
乙	6	7	7	8	7	8	9	8	9	8	9	9+	9	9+
丙	6	6	6	7	6	7	8	7	8	7	8	9	8	9

钢筋混凝土房屋抗震等级的确定，尚应符合下列要求：

（1）设置少量剪力墙的框架结构，在规定的水平力作用下，底层（指计算嵌固端所在的层）框架部分所承担的地震倾覆力矩大于结构总地震倾覆力矩的50%时，其框架的抗震等级应按框架结构确定，剪力墙的抗震等级可与其框架的抗震等级相同。

（2）裙房与主楼相连，除应按裙房本身确定抗震等级外，相关范围（主楼周边外延3跨且不小于20m）不应低于主楼的抗震等级；主楼结构在裙房顶板对应的相邻上下各一层应适当加强抗震构造措施。裙房与主楼分离时，应按裙房本身确定抗震等级。

（3）当地下室顶板作为上部结构的嵌固部位时，地下一层的抗震等级应与上部结构相同，地下一层以下抗震构造措施的抗震等级可逐层降低一级，但不应低于四级。地下室中无上部结构的部分，抗震构造措施的抗震等级可根据具体情况采用三级或四级。

（4）当甲乙类建筑按规定提高一度确定其抗震等级而房屋的高度超过表6-2相应规定的上界时，应采取比一级更有效的抗震构造措施。

6.2.3 结构平面和竖向布置与防震缝的设置

建筑物平面和竖向的合理布置，在抗震设计中极为重要。按照抗震概念设计的原则，应尽可能使其符合规则结构的要求，合理布置和设置防震缝，不应采用严重不规则的布置。所谓建筑结构的规则性，包括对建筑平、立面外形尺寸、抗侧力构件布置（刚度分布）、质量分布和承载力分布等多方面的综合要求。对钢筋混凝土结构房屋，其结构平、立面布置应考虑本书第2章的有关要求。

设置防震缝可以将不规则的建筑结构划分为若干较为简单、规则的结构，使其有利于抗震。但防震缝会给建筑立面处理、地下室防水处理带来难度，而且在强震作用下防震缝两侧的相邻结构可能产生局部碰撞，造成破坏。因此，应根据具体情况合理设置和设计防震缝。首先，提倡少设防震缝，但当需要设置防震缝时，应符合下列规定：

（1）防震缝宽度应分别符合下列要求：

1）框架结构（包括设置少量剪力墙的框架结构）房屋的抗震缝宽度，当高度不超过

15m 时不应小于 100mm；高度超过 15m 时，6 度、7 度、8 度和 9 度分别每增加高度 5m、4m、3m 和 2m 时，宜加宽 20mm。

2）框架-剪力墙结构房屋的防震缝宽度不应小于 1）项规定数值的 70%，剪力墙结构房屋的防震缝宽度不应小于 1）项规定数值的 50%；且均不宜小于 100mm。

3）防震缝两侧结构类型不同时，宜按需要较宽防震缝的结构类型和较低房屋高度确定缝宽。

（2）8 度、9 度框架结构房屋防震缝两侧结构层高相差较大时，防震缝两侧框架柱的箍筋应沿房屋全高加密，并可根据需要在缝两侧沿房屋全高各设置不少于两道垂直于防震缝的抗撞墙。抗撞墙的布置宜避免加大扭转效应，其长度可不大于 1/2 层高，抗震等级可同框架结构；框架结构的内力应按设置和不设置抗撞墙两种计算模型的不利情况取值。

6.2.4　对楼盖的要求

水平地震作用是通过楼盖传递和分配到结构各抗侧力构件的。楼盖在其平面内的刚度应足够大，才能满足对水平地震作用进行传递和分配的要求，也才能符合一般计算模型中采用的楼盖水平刚度无穷大的假定。为此，要求框架-剪力墙、板柱-剪力墙以及框支层中，剪力墙之间无大洞口的楼、屋盖的长宽比，不宜超过表 6-5 的规定；超过时，应计入楼盖平面内变形的影响。

表 6-5

剪力墙之间楼屋盖的长宽比

楼、屋盖类型		设防烈度			
		6	7	8	9
框架-剪力墙	现浇或叠合楼、屋盖	4	4	3	2
	装配整体式楼、屋盖	3	3	2	不宜采用
板柱-剪力墙结构的现浇楼、屋盖		3	3	2	—
框支层的现浇楼、屋盖		2.5	2.5	2	—

为保证楼屋盖的刚度，宜优先采用现浇楼盖结构，其次是装配整体式楼盖，最后才是装配式楼盖结构。

在如下情况，应或宜采用现浇楼盖结构：

（1）房屋高度超过 50m 时，框架-剪力墙结构、筒体结构及复杂高层建筑结构应采用现浇楼盖，剪力墙结构和框架结构宜采用现浇楼盖结构。

（2）房屋高度不超过 50m 时，8、9 度抗震设计时宜采用现浇楼盖结构。

（3）房屋的顶层、结构转换层、大底盘多塔楼结构的底盘顶层、平面复杂或开洞过大的楼层、作为上部结构嵌固部位的地下室楼层应采用现浇楼盖结构。

采用装配整体式楼屋盖时，应采取措施保证楼屋盖的整体性及其与剪力墙的可靠连接。装配整体式楼屋盖采用配筋现浇面层加强时，其厚度不应小于 50mm。

6.2.5　对楼梯间的要求

发生强烈地震时，楼梯间是重要的紧急竖向逃生通道，楼梯间（包括楼梯板）的破坏会延误人员撤离，影响救援工作，从而造成严重伤亡。为此，楼梯间应符合下列要求：

（1）宜采用现浇钢筋混凝土楼梯。

（2）对于框架结构，楼梯间的布置不应导致结构平面特别不规则；楼梯构件与主体结构整浇时，应计入楼梯构件对地震作用及其效应的影响，应进行楼梯构件的抗震承载力验算；宜采用构造措施，减少楼梯构件对主体结构刚度的影响。

（3）楼梯间两侧填充墙与柱之间应加强拉结。

6.2.6 对框架结构的要求

1. 对框架的要求

（1）为使框架结构在横向和纵向均具有较好的抗震能力，框架结构应设计为双向梁柱抗侧力体系。主体结构除个别部位外，梁柱不应采用铰接。甲、乙类建筑以及高度大于24m的丙类建筑，不应采用单跨框架结构；高度不大于24m的丙类建筑不宜采用单跨框架结构。框架-剪力墙结构中的框架可以是单跨。

（2）框架梁中线与柱中线之间、柱中线与剪力墙中线之间有较大偏心距时，在地震作用下可能导致核心区受剪面积不足，对柱带来不利的扭转效应。因此，梁中线与柱中线、柱中线与剪力墙中线应尽可能重合在同一平面，偏心距不超过柱宽的1/4，超过此限值时，应计入偏心的影响，还可采取增设梁的水平加腋等措施。

（3）框架结构按抗震设计时，不应采用部分由砌体墙承重的混合形式。框架结构中的楼、电梯间及局部突出屋顶的电梯机房、楼梯间、水箱间等，应采用框架承重，不应采用砌体墙承重。

（4）不与框架柱相连的次梁，可按非抗震要求进行设计。

2. 对填充墙的要求

框架结构的填充墙及隔墙宜选用轻质墙体。抗震设计时，框架结构如采用砌体填充墙，其布置应符合下列规定：（1）避免形成上、下层刚度变化过大；（2）避免形成短柱；（3）减少因抗侧刚度偏心而造成的结构扭转。

抗震设计设计时，砌体填充墙及隔墙应具有自身稳定性，并应符合下列规定：

（1）砌体的砂浆强度等级不应低于 M5，当采用砖及混凝土砌块时，砌块的强度等级不应低于 MU5；采用轻质砌块时，砌块的强度等级不应低于 MU2.5；墙顶应与框架梁或楼板密切结合。

（2）砌体填充墙应沿框架柱全高每隔 500mm 左右设置 2 根直径 6mm 的拉筋，6 度时拉筋宜沿墙全长贯通，7、8、9 度时拉筋应沿墙全长贯通。

（3）墙长大于 5m 时，墙顶与梁（板）宜有钢筋拉结；墙长大于 8m 或层高的 2 倍时，宜设置间距不大于 4m 的钢筋混凝土构造柱；墙高超过 4m 时，墙体半高处（或门洞上皮）宜设置与柱连接且沿墙全长贯通的水平系梁。

（4）楼梯间采用砌体填充墙时，应设置间距不大于层高且不大于 4m 的钢筋混凝土构造柱，并应采用钢丝网砂浆面层加强。

6.2.7 对剪力墙结构的要求

1. 一般要求

（1）剪力墙平面布置宜简单、规则，宜沿两个主轴方向或其他方向双向布置，两个方向的侧向刚度不宜相差过大。抗震设计时，不应采用仅单向有墙的结构布置。

（2）剪力墙宜自下到上连续布置，避免刚度突变。

（3）剪力墙上的门窗洞口宜上下对齐、成列布置，形成明确的墙肢和连梁；宜避免造成墙肢宽度相差悬殊的洞口设置；抗震设计时，一、二、三级剪力墙的底部加强部位不宜采用上下洞口不对齐的错洞墙，全高均不宜采用洞口局部重叠的叠合错洞墙。

（4）剪力墙不宜过长，较长剪力墙宜设置跨高比较大的连梁将其分成长度较均匀的若干墙段，各墙段的高度与墙段长度之比不宜小于 3，墙段长度不宜大于 8m。

（5）当剪力墙或核心筒墙肢与其平面外相交的楼面梁刚接时，可沿楼面梁轴线方向设置与梁相连的剪力墙、扶壁柱或在墙内设置暗柱。

（6）当墙肢的截面高度与厚度之比不大于 4 时，宜按框架柱进行截面设计。

（7）跨高比小于 5 的连梁按连梁的有关规定设计，跨高比不小于 5 的连梁宜按框架梁设计。

2. 剪力墙结构和部分框支剪力墙结构中的剪力墙设置

（1）剪力墙的两端（不包括洞口两侧）宜设置端柱或与另一方向的剪力墙相连；框支部分落地墙的两端（不包括洞口两侧）应设置端柱或与另一方向的剪力墙相连。

（2）较长的剪力墙宜设置跨高比大于 6 的连梁形成洞口，将一道剪力墙分成长度较均匀的若干墙段，各墙段的高宽比不宜小于 3。

（3）墙肢长度沿墙高不宜有突变；剪力墙有较大洞口时，以及一、二级剪力墙的底部加强部位，洞口宜上下对齐。

（4）矩形平面的部分框支剪力墙结构，其框支层的楼层侧向刚度不应小于相邻非框支层楼层侧向刚度的 50%；框支层落地剪力墙间距不宜大于 24m，框支层的平面布置宜对称，且宜设置抗震筒体；底层框架部分承担的地震倾覆力矩，不应大于结构总地震倾覆力矩的 50%。

3. 剪力墙底部加强部位的范围

（1）底部加强部位的高度，应从地下室顶板算起。

（2）部分框支剪力墙结构的剪力墙，其底部加强部位的高度，可取框支层加框支层以上两层的高度及落地剪力墙总高度的 1/10 二者的较大值。其他结构的剪力墙，房屋高度大于 24m 时，底部加强部位的高度可取底部两层和墙体总高度的 1/10 二者的较大值；房屋高度不大于 24m 时，底部加强部位可取底部一层。

（3）但结构计算嵌固端部端位于地下一层的底板或以下时，底部加强部位尚宜向下延伸到计算嵌固端。

6.2.8 对框架-剪力墙结构的要求

框架-剪力墙结构应设计成双向抗侧力体系；抗震设计时，结构两主轴方向均应布置剪力墙。

框架-剪力墙结构中的框架部分和剪力墙部分除应满足上述要求之外，其剪力墙的设置尚宜符合下列要求：

（1）剪力墙宜贯通房屋全高。

(2) 楼梯间宜设置剪力墙，但不宜造成较大的扭转效应。

(3) 剪力墙的两端（不包括洞口两侧）宜设置端柱或与另一方向的剪力墙相连。

(4) 房屋较长时，刚度较大的纵向剪力墙不宜设置在房屋的端开间。

(5) 剪力墙洞口宜上下对齐；洞边距柱端不宜小于300mm。

6.3　框架结构的抗震设计

框架结构的抗震设计过程如图6-21所示。一般情况下可在建筑结构的两个主轴方向分别考虑水平地震作用并进行抗震验算，各方向的水平地震作用主要由该方向抗侧力框架结构承担。框架结构地震作用的计算可采用底部剪力法、振型分解反应谱法和时程分析法。对于高度不超过40m，以剪切变形为主且质量和刚度沿高度分布比较均匀的结构，通常采用底部剪力法。具体可参见第4章有关内容。

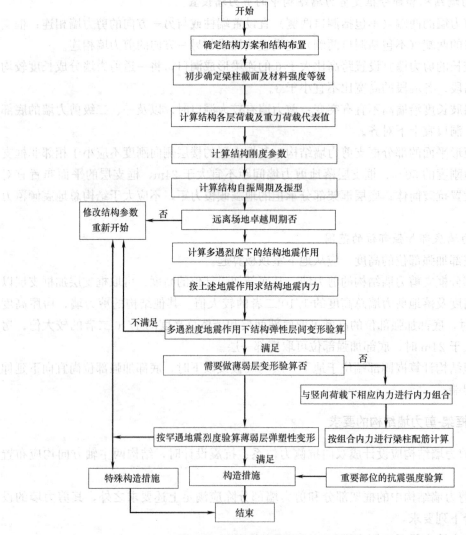

图6-21　框架结构抗震设计流程图

152

6.3.1 框架结构的抗震计算

在抗震计算方面，有如下几点需要说明：

（1）关于计算手段

在进行抗震计算时，可以采用电算和手算（也称简化计算方法或近似计算方法）。电算方法目前在我国工程界已经普及，并有很多不同的计算分析软件，因为采用空间结构模型的电算方法的计算量大、结果精确、速度快。利用电算进行抗震设计时要特别注意的是，其计算结果应经分析、判断确认其合理、有效后，方可用于工程设计。工程设计中常利用手算的结果来定性的校核、判断电算结果的合理性。因为采用平面结构的假定的近似手算方法概念明确，能够直观的反映结构的受力特点。因此，掌握手算方法对从事结构设计工作具有重要的作用。

（2）关于扭转和平动的假定

实际的结构是空间受力体系，但对于框架结构、剪力墙结构或框架-剪力墙结构，一般可以简化为平面结构处理，使其计算简化。本节手算方法的计算对象是质量中心和刚度中心重合的规则结构，且水平荷载平行于两个主轴方向，因此不需要考虑结构扭转，只考虑结构两个方向的平动。

本节介绍的是手算方法，包括竖向荷载作用下的内力手算方法（分层法和弯矩二次分配法）和水平荷载作用下的内力和位移手算方法（反弯点法和 D 值法），这些方法是结构分析的基本方法，通过学习这些方法了解有关结构受力和变形相关概念。

6.3.1.1 计算简图

实际的钢筋混凝土框架结构是一个复杂的三维空间结构，它是由竖向抗侧力构件与水平方向刚度很大的楼盖相互联结组成的。为了便于设计计算，在计算模型和受力分析上进行不同程度的简化。

（1）弹性工作假定

一般情况下，建筑结构的内力和位移可按弹性工作状态进行分析计算。对于非抗震设计，结构在竖向荷载和风荷载作用下应保持正常使用状态，即处于弹性工作状态；对于抗震设计，结构在多遇地震作用下，应保持处于不裂、不坏的弹性工作状态，即结构整体上基本处于弹性工作状态，结构内力与位移可按弹性方法进行计算。

但在某些情况下，如罕遇地震作用结构的地震反应或薄弱层变形计算，或考虑局部构件塑性变形引起的内力重分布时，结构进入弹塑性工作状态，此时应考虑结构构件的弹塑性性能进行内力和位移计算。

（2）平面结构假定

在正交布置情况下，一榀框架或一片剪力墙只能抵抗自身平面内的侧向作用力，其平面外的刚度很小，可以忽略。有了这个假定，结构就可以划分成平面抗侧力结构，每一个方向的水平力只有该方向的抗侧力结构承担，垂直于该方向的抗侧力结构不受力，如图6-22所示。

当抗侧力结构与主轴斜交时，如果斜交构件之间的角度不超过 15°，可视为一个轴线；如果斜交构件之间的角度超过 15°，在简化计算中，可将抗侧力构件转换到主轴方向再进行计算。

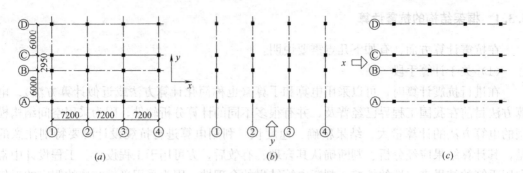

图 6-22　框架结构的平面结构

(a) 整体框架结构；(b) y 方向平面结构；(c) x 方向平面结构

（3）楼板刚性假定

在建筑结构中，楼板主要承受竖向荷载，由于既有平面内刚度，又有平面外刚度，在水平力作用下，楼板对结构的整体刚度、竖向构件和水平构件的内力都有一定的影响。

一般情况下，当框架、剪力墙等抗侧力构件的间距远小于进深时，楼板的整体性能较好，可采用刚性楼板假定，即假定楼板在自身平面内为无限刚，平面外刚度很小，可以忽略不计。在设计时应注意采取必要措施，以保证楼板平面内的整体刚度。当结构无扭转时，刚性楼板只产生平移；当结构有扭转时，楼板还作刚体转动，如图 6-23 所示。

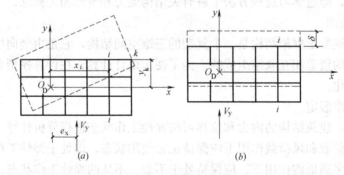

图 6-23　刚性楼板位移

(a) 有扭转；(b) 无扭转

当楼板有较大的凹入（即有效宽度较窄）、开有较大的洞口或有狭长外伸时，楼板平面内的刚度有较大的削弱且不均匀，此时不应采用刚性楼板假定，应考虑楼板变形对结构的影响采用弹性楼板假定进行计算。

本节中假定，楼板在自身平面内刚度无限大，在侧向力的作用下，楼板作刚体运动（本节仅考虑楼板的平动）。

（4）按位移协调原则分配水平荷载

将空间结构简化为平面结构后，整体结构的水平荷载应按位移协调分配到各片平面抗侧力结构上。有了前面的刚性楼盖假定，结构只发生刚体平动假定，在结构同一标高处的所有抗侧力结构的水平位移相等。为此，对于框架结构中各柱的水平力，应按各柱的抗侧刚度（后面的 D 值）的比例进行分配。

6.3.1.2 框架在竖向荷载作用下的内力计算

为了便于手算，框架结构在竖向荷载作用下进行内力分析时，常采用近似分析方法，即分层法和弯矩二次分配法。分层法应用较广泛，弯矩二次分配法适用于建筑层数不多时。这两种近似分析都是根据结构弹性静力分析的精确计算来简化的。

框架结构在恒荷载、活荷载及重力荷载代表值作用下的内力计算，采用本节的方法。

1. 分层法

精确计算法的计算结果表明，在竖向荷载作用下，框架结构的侧移很小，侧移对内力的影响也很小，而且框架每层梁上的荷载对其他层梁和柱的弯矩影响较小。为此，分层法作了如下假定：

(1) 忽略竖向荷载作用下框架的侧移及由侧移引起的弯矩；

(2) 每层梁上的竖向荷载仅对本层梁及与本层梁相连的柱的内力产生影响，而对其他层梁、柱的内力影响忽略不计；

(3) 忽略梁、柱轴向变形及剪切变形。

基于以上假定，可以将框架分成多个独立的单层无侧移框架（如图 6-24 所示），用力矩分配法进行计算，求得各单层框架的弯矩后再进行叠加，从而得到框架各杆端的弯矩。

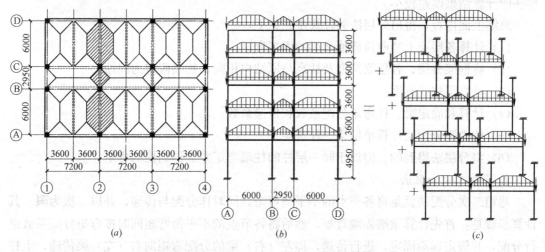

图 6-24 竖向荷载作用下框架结构的计算简图
(a) 竖向荷载导荷图；(b) 平面框架的计算简图；(c) 分层法计算简图

由于实际的框架柱，除底层为固定支承外，其余各层均为弹性支承，因此，按图 6-24 所示的单层无侧移框架计算时，必然会造成柱子的弯矩偏大。为了减小计算误差，分层法在计算时须作两项修正：

(1) 除底层柱外，其余各层柱的线刚度乘以 0.9 的折减系数，如图 6-25 (a) 所示；

(2) 除底层柱外，其余各层柱的弯矩传递系数都取为 1/3，如图 6-25 (b) 所示。

由分层法计算所得的杆端弯矩在各节点处一般都不能平衡，这是由于叠加时梁端弯矩是本层弯矩而柱端弯矩为两层弯矩之和所造成的。若有需要，可将节点的不平衡弯矩再作一次弯矩分配。

梁剪力、柱剪力和轴力可根据杆件平衡条件求得。

由分层法的假定可知，当节点的梁柱线刚度比较大，且结构与荷载都比较对称时，分

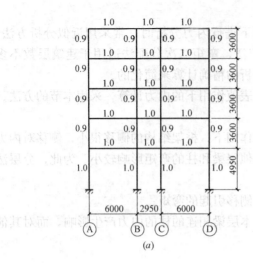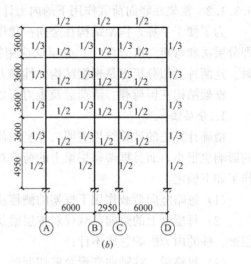

图 6-25　分层法中柱子的两项修正

(a) 线刚度修正；(b) 传递系数修正

层法的计算结果误差较小。

总结上面内容，得出分层法的计算步骤如下：

(1) 计算各层梁上竖向荷载值和梁的固端弯矩；

(2) 将框架分层，各层梁跨度及柱高与原结构相同，柱端假定为固端；

(3) 计算梁柱线刚度；

(4) 计算和确定梁、柱弯矩分配系数和传递系数；

(5) 按力矩分配法计算单层梁、柱弯矩；

(6) 将分层法得到的、但属于同一层柱的柱端弯矩叠加得到柱的弯矩。

2. 弯矩二次分配法

弯矩二次分配法就是将各节点的不平衡弯矩，同时作分配与传递，并以二次为限。其计算步骤是：首先计算梁端固端弯矩，然后将各节点的不平衡弯矩同时按弯矩分配系数进行分配，并假定远端固定，进行传递，即左（右）梁的分配弯矩向右（左）梁传递，上柱的分配弯矩向下柱传递，传递系数均为 1/2；第一次分配弯矩传递后，必然在节点处产生新的不平衡弯矩，最后将各节点的不平衡弯矩再进行一次分配，而不再传递。实际上，弯矩二次分配法是将不平衡弯矩分配二次，分配弯矩传递一次。

3. 框架梁的惯性矩取值

(1) 框架梁与楼板整体现浇

现浇楼板可以作为框架梁的有效翼缘。计算框架梁的截面惯性矩时，在工程设计时，允许简化计算，采用下列计算式：边框架梁：$I = 1.5I_0$；中框架梁：$I = 2.0I_0$；I_0 为矩形截面框架梁的惯性矩。

(2) 装配式整体框架梁

装配整体式框架梁的惯性矩可视楼盖与梁连接的整体性大小，取等于或小于现浇楼盖的上述值。一般装配整体式框架梁的惯性矩为：边框架梁：$I = 1.2I_0$；中框架梁：

156

$I=1.5I_0$。

（3）其他情况

当板与梁无可靠联结时，或虽有联结，但开孔较多、板面削弱较大的楼板，不考虑翼缘的作用，惯性矩仅按矩形截面计算，$I=I_0$。

4. 弯矩调幅

由于钢筋混凝土结构具有塑性内力重分布，为避免梁端支座配筋过于拥挤，影响施工质量，在竖向荷载下可以考虑适当降低梁端弯矩。调幅系数取值如下：现浇框架为 0.8～0.9；装配整体式框架，由于钢筋焊接或接缝不严等原因，节点容易产生变形，梁端实际弯矩比弹性计算值会有所降低，因此，支座负弯矩调幅系数为 0.7～0.8。梁端负弯矩减小后，梁跨中弯矩应按平衡条件相应增大（图 6-26，图中 M_1、M_2、M_0 分别为调幅前梁端负弯矩及跨中正弯矩），即跨中弯矩应满足下式要求：

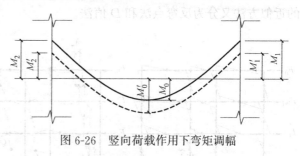

$$\frac{1}{2}(M_1'+M_2')+M_0'\geqslant M \quad (6\text{-}1)$$

$$M_0'\geqslant\frac{1}{2}M \quad (6\text{-}2)$$

图 6-26　竖向荷载作用下弯矩调幅

式中　　M_1'、M_2'、M_0'——分别为调幅后梁端负弯矩及跨中正弯矩；

M——按简支梁计算的跨中弯矩。

弯矩调幅只对竖向荷载作用下的内力进行，而水平荷载作用下产生的弯矩不参加调幅。因此，必须对梁先进行竖向荷载作用下的弯矩调幅，再与水平荷载作用产生的梁弯矩进行组合，即先调幅后组合。

5. 活荷载不利布置

作用于框架结构上的竖向荷载有恒荷载和活荷载两种，对活荷载要考虑其最不利布置。活荷载的最不利布置有多种方法，在此介绍两种。

（1）分跨计算组合法

这种方法是将活荷载逐层逐跨单独地作用在结构上，亦即每次仅在一根梁上布置活荷载，并计算出在此荷载作用下整个框架的内力。内力计算的次数与框架承受活荷载的梁的数目相同。求出所有这些内力之后，根据不同的构件、不同的截面、不同的内力种类，组合出最大内力。此法过程简单、规则，但计算工作量很大，故适合于编程计算。

（2）满布荷载法

当活荷载产生的内力远小于恒荷载及水平荷载产生的内力时，可不考虑活荷载的最不利布置，而把活荷载同时作用于所有的框架梁上。这样求得的内力在支座处与按考虑不利荷载布置时所得内力极为相近，可直接用于内力组合，但求得的梁跨中弯矩偏小，一般应乘以 1.1～1.2 系数予以增大。

一般高层建筑的活荷载不大，如一般民用建筑及公共建筑结构的重力荷载为 12～15kN/m^2，其竖向活荷载标准值仅为 2～3kN/m^2，它产生的内力在组合后的截面内力中所占的比例很小。因此高层建筑结构在竖向荷载作用下按满布荷载法计算内力，但对于某些竖向荷载很大的结构，如图书馆书库等，仍应考虑活荷载的不利布置，按分跨计算组合法等方法计算内力。

6.3.1.3 框架在水平荷载作用下的内力计算

框架结构在水平节点荷载作用下，弯矩和变形如图6-27（a）、（b）所示。从图中可以看到，每层柱都存在一个反弯点，而在反弯点处，内力只有剪力、轴力，没有弯矩。如果从某一层各柱的反弯点处切开并取分离体，如图6-27（c）所示，则可根据分离体的平衡条件求出各柱的剪力和（即层剪力）。因此，若要求柱端弯矩，关键要解决两个问题：一是层剪力在各柱间如何分配；二是各柱反弯点位置。解决了这两个问题，就可求出柱端弯矩，根据节点平衡条件及杆件平衡条件即可求出梁、柱的其他内力。

根据求柱剪力和反弯点位置时所作的假定不同，框架结构在水平荷载作用下内力计算的近似方法又分为反弯点法和 D 值法。

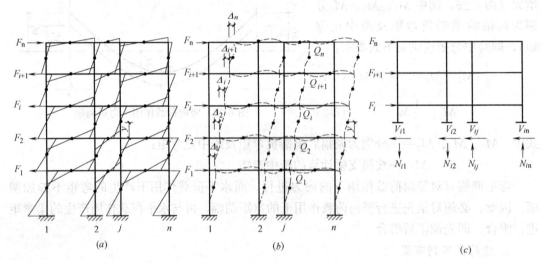

图 6-27 框架的弯矩图和变形

（a）弯矩图；（b）变形图；（c）反弯点截取的分离体

1. 反弯点法

(1) 基本假定

1）梁柱线刚度比很大，在水平荷载作用下，柱上下端转角为零，一般认为，当梁柱线刚度比超过 3 时，即可认为梁柱线刚度之比为无穷大；

2）底层柱的反弯点在距柱底 2/3 高度处，其余各层柱的反弯点在柱中；

3）忽略梁的轴向变形，即同一层各节点水平位移相同，梁端弯矩由节点平衡条件求出，并按节点左右梁线刚度进行分配；

(2) 层剪力分配

由结构力学可知，两端无转角的柱，当其上下两端有相对侧移 δ 时，如图 6-28 所示，柱剪力 V 与侧移 δ 之间的关系如下：

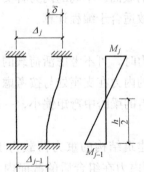

图 6-28 框架柱端固定无转角与内力和反弯点的关系

158

$$V = \frac{12i_c}{h^2}\delta \tag{6-3}$$

令： $$d = \frac{V}{\delta} = \frac{12i_c}{h^2} \tag{6-4}$$

式中 d——柱的抗侧刚度；

　　 i_c——柱的线刚度，$i_c = \frac{EI_c}{h}$，EI_c 为柱的抗弯刚度；

　　 h——层高。

设第 i 层有 m 根柱，第 i 层第 j 根柱的剪力为 V_{ij}，

$$V_{ij} = d_{ij}\delta_{ij} \tag{6-5}$$

则第 i 层各柱的剪力和 V_i 为：

$$V_i = \sum_{j=1}^{m} V_{ij} = \sum_{j=1}^{m}(d_{ij}\delta_{ij}) \tag{6-6}$$

由基本假定知，同层各节点水平位移相同，即 $\delta_{ij} = \delta_i$，故 $V_i = \delta_i \sum_{j=1}^{m} d_{ij}$，则

$$\delta_i = \frac{1}{\sum\limits_{j=1}^{m} d_{ij}} V_i \tag{6-7}$$

将式（6-7）代入式（6-5）得：

$$V_{ij} = \frac{d_{ij}}{\sum\limits_{j=1}^{m} d_{ij}} V_i \tag{6-8}$$

式（6-8）表明，层剪力是按柱的抗侧刚度大小进行分配的，即各层的剪力按各柱的抗侧刚度在该层总抗侧刚度中所占比例分配到各柱。

（3）计算步骤

1）由图 6-27（c）的分离体平衡条件得层剪力 $V_i = \sum_{k=i}^{n} F_k$；

2）由式（6-8）求得各柱剪力 V_{ij}；

3）确定各层柱的反弯点高度 yh（称 y 为反弯点高度比，即反弯点距柱底的距离与层高的比值）：

底层柱： $$yh = \frac{2}{3}h \tag{6-9}$$

其他层柱： $$yh = \frac{1}{2}h \tag{6-10}$$

4）由下式求柱端弯矩 $M_{ij上}$ 及 $M_{ij下}$：

$$M_{ij上} = V_{ij}(h - yh)$$
$$M_{ij下} = V_{ij}yh \tag{6-11}$$

5）根据节点平衡条件求梁端弯矩 M、$M_左$ 及 $M_右$（见图 6-29）：

边节点： $$M = M_上 + M_下 \tag{6-12}$$

中间节点： $$M_左 = \frac{i_左}{i_左 + i_右}(M_上 + M_下)$$

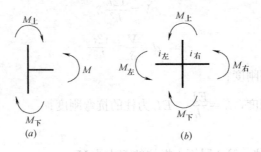

图 6-29　节点弯矩

(a) 边节点；(b) 中间节点

$$M_右 = \frac{i_右}{i_左 + i_右}(M_上 + M_下) \tag{6-13}$$

式中　$M_上$、$M_下$——分别为节点上下两端柱的弯矩；

　M、$M_左$、$M_右$——分别为边节点梁端弯矩和中间节点左、右两端梁的弯矩；

　　$i_左$、$i_右$——分别为中间节点左、右两端梁的线刚度。

6）根据平衡条件，由梁两端的弯矩求出梁的剪力和柱的轴力。

反弯点法适用于低层建筑，因为此类建筑柱子的截面尺寸较小，而梁的刚度较大，容易满足梁、柱线刚度之比超过 3 的要求。

2. D 值法

反弯点法基本假定的核心问题是梁柱线刚度比很大，梁柱节点无转角。实际的多层和高层框架中，很难做到这一点，通常的情况下，梁柱节点都会有转角，转角的大小与梁柱的线刚度比大小有关。为此，日本学者武藤清提出了修正的反弯点法。改进从两方面进行：一是考虑柱端转角的影响，即梁线刚度不是无穷大的情况下，对柱抗侧刚度的修正；二是考虑了梁柱线刚度比，上下层梁刚度变化及上下层柱高度变化对反弯点位置的影响，对反弯点高度进行修正。由于修正后的柱抗侧刚度用 D 表示，故此法又称 D 值法。

(1) 修正后的柱的抗侧刚度——D 值

为简化计算，确定柱的抗侧刚度时，作了如下假定：一是所分析柱及与之相邻的各杆件杆端转角均相等；二是所分析柱及与之相邻的上、下层柱线刚度相等，且弦转角亦相等。

在以上假定条件下，可以由结构力学的方法推导出柱的抗侧刚度计算公式如下：

$$D = \alpha \frac{12i_c}{h^2} \tag{6-14}$$

式中　α——刚度修正系数，按表 6-6 的公式计算；

　i_c——柱的线刚度；

　h——层高。

比较式（6-4）与式（6-14）可知，$D = \alpha d$。刚度修正系数 α（$\alpha \leqslant 1$）反映了节点转动降低了柱的抗侧能力，而节点转动的大小取决于梁柱线刚度比的大小，梁柱线刚度比越大，梁对柱的约束能力越大，节点转角越小，α 值就越大。反弯点法假定梁柱线刚度比很大，节点无转角，故 $\alpha = 1.0$。

160

楼层	简图		梁柱线刚度之比 K	α
	边柱	中柱		
上层柱	i_c i_2 i_4	i_1 i_2 i_c i_3 i_4	$K=\dfrac{i_1+i_2+i_3+i_4}{2i_c}$	$\alpha=\dfrac{K}{2+K}$
底层柱	i_2 i_c	i_1 i_2 i_c	$K=\dfrac{i_1+i_2}{i_c}$	$\alpha=\dfrac{0.5+K}{2+K}$

(2) 修正后的反弯点高度

D 值法确定反弯点的基本思路是：先根据水平荷载的形式、框架总层数和柱所在的层数、梁柱平均线刚度比确定柱的标准反弯点高度比 y_0，再以此为基础，考虑由于柱上、下层梁线刚度以及上、下层高的变化等因素的影响，对反弯点高度加以修正，最终采用下式确定各层柱的反弯点高度 yh：

$$yh=(y_0+y_1+y_2+y_3)h \tag{6-15}$$

式中　y_0——标准反弯点高度比，根据水平荷载作用形式、总层数 m、该层位值 n 以及梁柱线刚度之比的 K 值，均布水平力作用时标准反弯点高度比可查表 (6-7)，倒三角形水平荷载作用下的标准反弯点高度比可查表 (6-8)；

　　　y_1——考虑上、下层梁刚度变化对反弯点高度比的修正值，见表 (6-9)；

　　y_2、y_3——考虑上、下层层高变化对反弯点高度比的修正值，见表 (6-10)；

　　　　h——层高。

(3) 计算步骤

1) 根据表6-6计算出各柱的梁柱刚度比 K 及其相应的抗侧刚度修正系数 α，并按式 (6-14) 计算各框架柱的抗侧刚度 D 值；

2) 每层各柱按其抗侧刚度 D 值分配，第 j 层第 k 根柱子的剪力为：

$$V_{jk}=\frac{D_{jk}}{\sum D}V_j$$

3) 按式 (6-15) 计算反弯点高度比 yh_j；

4) 由下式求柱端弯矩 $M_上$ 及 $M_下$：

$$M_上=V_{jk}(1-y)h,\ M_下=V_{jk}yh$$

5) 根据节点平衡条件求梁端弯矩 M、$M_左$ 及 $M_右$（见图6-28）。

由于 D 值法所作的假定比反弯点法更接近实际情况，故 D 值法计算结果的精度高于反弯点法。作为近似计算，亦可以将 D 值法和反弯点法联合运用，即用 D 值法确定柱的抗侧刚度，用反弯点法确定柱的反弯点位置。当框架规则、各层层高及梁、柱截面均变化不大时，误差是不大的。

m	n	K 0.1	0.2	0.3	0.4	0.5	0.6	0.7	0.8	0.9	1.0	2.0	3.0	4.0	5.0
1	1	0.80	0.75	0.70	0.65	0.65	0.60	0.60	0.60	0.60	0.55	0.55	0.55	0.55	0.55
2	2	0.45	0.40	0.35	0.35	0.35	0.35	0.40	0.40	0.40	0.40	0.45	0.45	0.45	0.45
	1	0.95	0.80	0.75	0.70	0.65	0.65	0.65	0.60	0.60	0.60	0.55	0.55	0.55	0.50
3	3	0.15	0.20	0.20	0.25	0.30	0.30	0.30	0.35	0.35	0.35	0.40	0.45	0.45	0.45
	2	0.55	0.50	0.45	0.45	0.45	0.45	0.45	0.45	0.45	0.45	0.45	0.50	0.50	0.50
	1	1.00	0.85	0.80	0.75	0.70	0.70	0.65	0.65	0.65	0.60	0.55	0.55	0.55	0.55
4	4	−0.05	0.05	0.15	0.20	0.25	0.30	0.30	0.35	0.35	0.35	0.40	0.45	0.45	0.45
	3	0.25	0.30	0.30	0.35	0.35	0.40	0.40	0.40	0.40	0.45	0.45	0.50	0.50	0.50
	2	0.65	0.55	0.50	0.50	0.45	0.45	0.45	0.45	0.45	0.45	0.45	0.50	0.50	0.50
	1	1.10	0.90	0.80	0.75	0.70	0.70	0.65	0.65	0.65	0.60	0.55	0.55	0.55	0.55
5	5	−0.20	0.00	0.15	0.20	0.25	0.30	0.30	0.30	0.35	0.35	0.40	0.45	0.45	0.45
	4	0.10	0.20	0.25	0.30	0.35	0.35	0.40	0.40	0.40	0.40	0.45	0.45	0.50	0.50
	3	0.40	0.40	0.40	0.40	0.40	0.45	0.45	0.45	0.45	0.45	0.50	0.50	0.50	0.50
	2	0.65	0.55	0.50	0.50	0.50	0.50	0.50	0.50	0.50	0.50	0.50	0.50	0.50	0.50
	1	1.20	0.95	0.80	0.75	0.75	0.70	0.70	0.65	0.65	0.65	0.55	0.55	0.55	0.55
6	6	−0.30	0.00	0.10	0.20	0.25	0.25	0.30	0.30	0.35	0.35	0.40	0.45	0.45	0.45
	5	0.00	0.20	0.25	0.30	0.35	0.35	0.40	0.40	0.40	0.40	0.45	0.45	0.50	0.50
	4	0.20	0.30	0.35	0.35	0.40	0.40	0.40	0.45	0.45	0.45	0.50	0.50	0.50	0.50
	3	0.40	0.40	0.40	0.40	0.45	0.45	0.45	0.45	0.45	0.45	0.50	0.50	0.50	0.50
	2	0.70	0.60	0.55	0.50	0.50	0.50	0.50	0.50	0.50	0.50	0.50	0.50	0.50	0.50
	1	1.20	0.95	0.85	0.80	0.75	0.70	0.70	0.65	0.65	0.65	0.55	0.55	0.55	0.55
7	7	−0.35	−0.05	0.10	0.20	0.20	0.25	0.30	0.30	0.35	0.35	0.40	0.45	0.45	0.45
	6	−0.10	0.15	0.25	0.30	0.35	0.35	0.35	0.40	0.40	0.40	0.45	0.45	0.50	0.50
	5	0.10	0.25	0.30	0.35	0.40	0.40	0.40	0.45	0.45	0.45	0.45	0.50	0.50	0.50
	4	0.30	0.35	0.40	0.40	0.40	0.45	0.45	0.45	0.45	0.45	0.50	0.50	0.50	0.50
	3	0.50	0.45	0.45	0.45	0.45	0.45	0.45	0.45	0.45	0.45	0.50	0.50	0.50	0.50
	2	0.75	0.60	0.55	0.50	0.50	0.50	0.50	0.50	0.50	0.50	0.50	0.50	0.50	0.50
	1	1.20	0.95	0.85	0.80	0.75	0.70	0.70	0.65	0.65	0.65	0.55	0.55	0.55	0.55
8	8	−0.35	−0.15	0.10	0.10	0.25	0.25	0.30	0.30	0.35	0.35	0.40	0.45	0.45	0.45
	7	−0.10	0.15	0.25	0.30	0.35	0.35	0.40	0.40	0.40	0.40	0.45	0.50	0.50	0.50
	6	0.05	0.25	0.30	0.35	0.40	0.40	0.40	0.45	0.45	0.45	0.45	0.50	0.50	0.50
	5	0.20	0.30	0.35	0.40	0.45	0.45	0.45	0.45	0.45	0.45	0.50	0.50	0.50	0.50
	4	0.35	0.40	0.40	0.45	0.45	0.45	0.45	0.45	0.45	0.45	0.50	0.50	0.50	0.50
	3	0.50	0.45	0.45	0.45	0.45	0.45	0.45	0.45	0.50	0.50	0.50	0.50	0.50	0.50
	2	0.75	0.60	0.55	0.55	0.50	0.50	0.50	0.50	0.50	0.50	0.50	0.50	0.50	0.50
	1	1.20	1.00	0.85	0.80	0.75	0.70	0.70	0.65	0.65	0.65	0.55	0.55	0.55	0.55
9	9	−0.40	−0.05	0.10	0.20	0.25	0.25	0.30	0.30	0.35	0.35	0.45	0.45	0.45	0.45
	8	−0.15	0.15	0.20	0.30	0.35	0.35	0.35	0.40	0.40	0.40	0.45	0.45	0.50	0.50
	7	0.05	0.25	0.30	0.35	0.40	0.40	0.40	0.45	0.45	0.45	0.45	0.50	0.50	0.50
	6	0.15	0.30	0.35	0.40	0.40	0.45	0.45	0.45	0.45	0.45	0.50	0.50	0.50	0.50
	5	0.25	0.35	0.40	0.40	0.45	0.45	0.45	0.45	0.45	0.45	0.50	0.50	0.50	0.50
	4	0.40	0.40	0.40	0.45	0.45	0.45	0.45	0.45	0.45	0.45	0.50	0.50	0.50	0.50
	3	0.55	0.45	0.45	0.45	0.45	0.45	0.45	0.45	0.50	0.50	0.50	0.50	0.50	0.50
	2	0.80	0.65	0.55	0.55	0.50	0.50	0.50	0.50	0.50	0.50	0.50	0.50	0.50	0.50
	1	1.20	1.00	0.85	0.80	0.75	0.70	0.70	0.65	0.65	0.65	0.55	0.55	0.55	0.55

m	n	0.1	0.2	0.3	0.4	0.5	0.6	0.7	0.8	0.9	1.0	2.0	3.0	4.0	5.0
10	10	−0.40	−0.05	0.10	0.20	0.25	0.30	0.30	0.30	0.35	0.35	0.40	0.45	0.45	0.45
	9	−0.15	0.15	0.25	0.30	0.35	0.35	0.40	0.40	0.40	0.40	0.45	0.45	0.50	0.50
	8	0.00	0.25	0.30	0.35	0.40	0.40	0.40	0.45	0.45	0.45	0.45	0.50	0.50	0.50
	7	0.10	0.30	0.35	0.40	0.40	0.45	0.45	0.45	0.45	0.45	0.50	0.50	0.50	0.50
	6	0.20	0.35	0.40	0.40	0.45	0.45	0.45	0.45	0.45	0.45	0.50	0.50	0.50	0.50
	5	0.30	0.40	0.40	0.45	0.45	0.45	0.45	0.45	0.45	0.50	0.50	0.50	0.50	0.50
	4	0.40	0.40	0.45	0.45	0.45	0.45	0.45	0.45	0.45	0.50	0.50	0.50	0.50	0.50
	3	0.55	0.50	0.45	0.45	0.45	0.50	0.50	0.50	0.50	0.50	0.50	0.50	0.50	0.50
	2	0.80	0.65	0.55	0.55	0.55	0.50	0.50	0.50	0.50	0.50	0.50	0.50	0.50	0.50
	1	1.30	1.00	0.85	0.80	0.75	0.70	0.70	0.65	0.65	0.65	0.60	0.55	0.55	0.55
11	11	−0.40	0.05	0.10	0.20	0.25	0.30	0.30	0.30	0.35	0.35	0.40	0.45	0.45	0.45
	10	−0.15	0.15	0.25	0.30	0.35	0.35	0.40	0.40	0.40	0.40	0.45	0.45	0.50	0.50
	9	0.00	0.25	0.30	0.35	0.40	0.40	0.40	0.45	0.45	0.45	0.45	0.50	0.50	0.50
	8	0.10	0.30	0.35	0.40	0.40	0.45	0.45	0.45	0.45	0.45	0.50	0.50	0.50	0.50
	7	0.20	0.35	0.40	0.40	0.45	0.45	0.45	0.45	0.45	0.45	0.50	0.50	0.50	0.50
	6	0.25	0.35	0.40	0.45	0.45	0.45	0.45	0.45	0.45	0.45	0.50	0.50	0.50	0.50
	5	0.35	0.40	0.40	0.45	0.45	0.45	0.45	0.45	0.45	0.50	0.50	0.50	0.50	0.50
	4	0.40	0.45	0.45	0.45	0.45	0.45	0.45	0.50	0.50	0.50	0.50	0.50	0.50	0.50
	3	0.55	0.50	0.50	0.50	0.50	0.50	0.50	0.50	0.50	0.50	0.50	0.50	0.50	0.50
	2	0.80	0.65	0.60	0.55	0.55	0.50	0.50	0.50	0.50	0.50	0.50	0.50	0.50	0.50
	1	1.30	1.00	0.85	0.80	0.75	0.70	0.70	0.65	0.65	0.65	0.60	0.55	0.55	0.55
12 以上	↓1	−0.40	−0.05	0.10	0.20	0.25	0.30	0.30	0.30	0.35	0.35	0.40	0.45	0.45	0.45
	2	−0.15	0.15	0.25	0.30	0.35	0.35	0.40	0.40	0.40	0.40	0.45	0.45	0.50	0.50
	3	0.00	0.25	0.30	0.35	0.40	0.40	0.40	0.45	0.45	0.45	0.50	0.50	0.50	0.50
	4	0.10	0.30	0.35	0.40	0.40	0.45	0.45	0.45	0.45	0.45	0.50	0.50	0.50	0.50
	5	0.20	0.35	0.40	0.40	0.45	0.45	0.45	0.45	0.45	0.45	0.50	0.50	0.50	0.50
	6	0.25	0.35	0.40	0.45	0.45	0.45	0.45	0.45	0.45	0.50	0.50	0.50	0.50	0.50
	7	0.30	0.40	0.40	0.45	0.45	0.45	0.45	0.45	0.50	0.50	0.50	0.50	0.50	0.50
	8	0.35	0.40	0.45	0.45	0.45	0.45	0.45	0.50	0.50	0.50	0.50	0.50	0.50	0.50
	中间	0.40	0.40	0.45	0.45	0.45	0.45	0.50	0.50	0.50	0.50	0.50	0.50	0.50	0.50
	4	0.45	0.45	0.45	0.45	0.50	0.50	0.50	0.50	0.50	0.50	0.50	0.50	0.50	0.50
	3	0.60	0.50	0.50	0.50	0.50	0.50	0.50	0.50	0.50	0.50	0.50	0.50	0.50	0.50
	2	0.80	0.65	0.60	0.55	0.55	0.50	0.50	0.50	0.50	0.50	0.50	0.50	0.50	0.50
	↑1	1.30	1.00	0.85	0.80	0.75	0.70	0.70	0.65	0.65	0.65	0.55	0.55	0.55	0.55

注：m—框架总层数；n—计算层层号；K—梁柱线刚度比。

规则框架承受倒三角形分布水平力作用时标准反弯点高度比 y_0 表 6-8

m	n	0.1	0.2	0.3	0.4	0.5	0.6	0.7	0.8	0.9	1.0	2.0	3.0	4.0	5.0
1	1	0.80	0.75	0.70	0.65	0.65	0.60	0.60	0.60	0.60	0.55	0.55	0.55	0.55	0.55
2	2	0.50	0.45	0.40	0.40	0.40	0.40	0.40	0.40	0.40	0.45	0.45	0.45	0.45	0.50
	1	1.00	0.85	0.75	0.70	0.70	0.65	0.65	0.65	0.60	0.60	0.55	0.55	0.55	0.55
3	3	0.25	0.25	0.25	0.30	0.30	0.35	0.35	0.35	0.40	0.40	0.45	0.45	0.45	0.50
	2	0.60	0.50	0.50	0.50	0.50	0.45	0.45	0.45	0.45	0.45	0.50	0.50	0.50	0.50
	1	1.15	0.90	0.80	0.75	0.75	0.70	0.70	0.65	0.65	0.65	0.60	0.55	0.55	0.55

m	n \\ K	0.1	0.2	0.3	0.4	0.5	0.6	0.7	0.8	0.9	1.0	2.0	3.0	4.0	5.0
4	4	0.10	0.15	0.20	0.25	0.30	0.30	0.35	0.35	0.35	0.40	0.45	0.45	0.45	0.45
	3	0.35	0.35	0.35	0.40	0.40	0.40	0.40	0.45	0.45	0.45	0.45	0.50	0.50	0.50
	2	0.70	0.60	0.55	0.50	0.50	0.50	0.50	0.50	0.50	0.50	0.50	0.50	0.50	0.50
	1	1.20	0.95	0.85	0.80	0.75	0.70	0.70	0.70	0.65	0.65	0.55	0.55	0.55	0.55
5	5	−0.05	0.10	0.20	0.25	0.30	0.30	0.35	0.35	0.35	0.35	0.40	0.45	0.45	0.45
	4	0.20	0.25	0.35	0.35	0.40	0.40	0.40	0.40	0.40	0.45	0.45	0.50	0.50	0.50
	3	0.45	0.40	0.45	0.45	0.45	0.45	0.45	0.45	0.45	0.45	0.50	0.50	0.50	0.50
	2	0.75	0.60	0.55	0.55	0.50	0.50	0.50	0.50	0.50	0.50	0.50	0.50	0.50	0.50
	1	1.30	1.00	0.85	0.80	0.75	0.70	0.70	0.65	0.65	0.65	0.65	0.55	0.55	0.55
6	6	−0.15	0.05	0.15	0.20	0.25	0.30	0.30	0.35	0.35	0.35	0.40	0.45	0.45	0.45
	5	0.10	0.25	0.30	0.35	0.35	0.40	0.40	0.40	0.45	0.45	0.45	0.50	0.50	0.50
	4	0.30	0.35	0.40	0.40	0.45	0.45	0.45	0.45	0.45	0.45	0.50	0.50	0.50	0.50
	3	0.50	0.45	0.45	0.45	0.45	0.45	0.45	0.45	0.45	0.50	0.50	0.50	0.50	0.50
	2	0.80	0.65	0.55	0.55	0.55	0.55	0.50	0.50	0.50	0.50	0.50	0.50	0.50	0.50
	1	1.30	1.00	0.85	0.80	0.75	0.70	0.70	0.65	0.65	0.65	0.60	0.55	0.55	0.55
7	7	−0.20	0.05	0.15	0.20	0.25	0.30	0.30	0.35	0.35	0.35	0.45	0.45	0.45	0.45
	6	0.05	0.20	0.30	0.35	0.35	0.40	0.40	0.40	0.40	0.45	0.45	0.50	0.50	0.50
	5	0.20	0.30	0.35	0.40	0.40	0.45	0.45	0.45	0.45	0.45	0.50	0.50	0.50	0.50
	4	0.35	0.40	0.40	0.45	0.45	0.45	0.45	0.45	0.45	0.45	0.50	0.50	0.50	0.50
	3	0.55	0.50	0.50	0.50	0.50	0.50	0.50	0.50	0.50	0.50	0.50	0.50	0.50	0.50
	2	0.80	0.65	0.60	0.55	0.55	0.55	0.50	0.50	0.50	0.50	0.50	0.50	0.50	0.50
	1	1.30	1.00	0.90	0.80	0.75	0.70	0.70	0.70	0.65	0.65	0.60	0.55	0.55	0.55
8	8	−0.20	0.05	0.15	0.20	0.25	0.30	0.30	0.30	0.35	0.35	0.45	0.45	0.45	0.45
	7	0.00	0.20	0.30	0.35	0.35	0.40	0.40	0.40	0.40	0.45	0.45	0.50	0.50	0.50
	6	0.15	0.30	0.35	0.40	0.40	0.45	0.45	0.45	0.45	0.45	0.50	0.50	0.50	0.50
	5	0.30	0.40	0.40	0.45	0.45	0.45	0.45	0.45	0.45	0.45	0.50	0.50	0.50	0.50
	4	0.40	0.45	0.45	0.45	0.45	0.45	0.45	0.45	0.50	0.50	0.50	0.50	0.50	0.50
	3	0.60	0.50	0.50	0.50	0.50	0.50	0.50	0.50	0.50	0.50	0.50	0.50	0.50	0.50
	2	0.85	0.65	0.60	0.55	0.55	0.55	0.50	0.50	0.50	0.50	0.50	0.50	0.50	0.50
	1	1.30	1.00	0.90	0.80	0.75	0.70	0.70	0.70	0.70	0.65	0.60	0.55	0.55	0.55
9	9	−0.25	0.00	0.15	0.20	0.25	0.30	0.30	0.35	0.35	0.40	0.45	0.45	0.45	0.45
	8	0.00	0.20	0.30	0.35	0.35	0.40	0.40	0.40	0.40	0.45	0.45	0.50	0.50	0.50
	7	0.15	0.30	0.35	0.40	0.40	0.45	0.45	0.45	0.45	0.45	0.50	0.50	0.50	0.50
	6	0.25	0.35	0.40	0.40	0.45	0.45	0.45	0.45	0.45	0.50	0.50	0.50	0.50	0.50
	5	0.35	0.40	0.45	0.45	0.45	0.45	0.45	0.45	0.50	0.50	0.50	0.50	0.50	0.50
	4	0.45	0.45	0.45	0.45	0.45	0.50	0.50	0.50	0.50	0.50	0.50	0.50	0.50	0.50
	3	0.60	0.50	0.50	0.50	0.50	0.50	0.50	0.50	0.50	0.50	0.50	0.50	0.50	0.50
	2	0.85	0.65	0.60	0.55	0.55	0.55	0.55	0.50	0.50	0.50	0.50	0.50	0.50	0.50
	1	1.35	1.00	0.90	0.80	0.75	0.75	0.70	0.70	0.65	0.65	0.60	0.55	0.55	0.55
10	10	−0.25	0.00	0.15	0.20	0.25	0.30	0.30	0.35	0.35	0.40	0.45	0.45	0.45	0.45
	9	−0.10	0.20	0.30	0.35	0.35	0.40	0.40	0.40	0.40	0.45	0.45	0.50	0.50	0.50
	8	0.10	0.30	0.35	0.40	0.40	0.40	0.45	0.45	0.45	0.45	0.50	0.50	0.50	0.50
	7	0.20	0.35	0.40	0.40	0.45	0.45	0.45	0.45	0.45	0.50	0.50	0.50	0.50	0.50
	6	0.30	0.40	0.40	0.45	0.45	0.45	0.45	0.45	0.45	0.50	0.50	0.50	0.50	0.50
	5	0.40	0.45	0.45	0.45	0.45	0.45	0.45	0.50	0.50	0.50	0.50	0.50	0.50	0.50
	4	0.50	0.45	0.45	0.45	0.50	0.50	0.50	0.50	0.50	0.50	0.50	0.50	0.50	0.50
	3	0.60	0.55	0.50	0.50	0.50	0.50	0.50	0.50	0.50	0.50	0.50	0.50	0.50	0.50
	2	0.85	0.65	0.60	0.55	0.55	0.55	0.55	0.50	0.50	0.50	0.50	0.50	0.50	0.50
	1	1.35	1.00	0.90	0.80	0.75	0.75	0.70	0.70	0.65	0.65	0.60	0.55	0.55	0.55

m	n	K 0.1	0.2	0.3	0.4	0.5	0.6	0.7	0.8	0.9	1.0	2.0	3.0	4.0	5.0
	11	−0.25	0.00	0.15	0.20	0.25	0.30	0.30	0.30	0.35	0.35	0.45	0.45	0.45	0.45
	10	−0.05	0.20	0.25	0.30	0.35	0.40	0.40	0.40	0.40	0.45	0.45	0.50	0.50	0.50
	9	0.10	0.30	0.35	0.40	0.40	0.40	0.45	0.45	0.45	0.45	0.50	0.50	0.50	0.50
	8	0.20	0.35	0.40	0.40	0.45	0.45	0.45	0.45	0.45	0.50	0.50	0.50	0.50	0.50
	7	0.25	0.40	0.40	0.45	0.45	0.45	0.45	0.45	0.50	0.50	0.50	0.50	0.50	0.50
11	6	0.35	0.40	0.40	0.45	0.45	0.45	0.45	0.50	0.50	0.50	0.50	0.50	0.50	0.50
	5	0.40	0.45	0.45	0.45	0.45	0.50	0.50	0.50	0.50	0.50	0.50	0.50	0.50	0.50
	4	0.50	0.50	0.50	0.50	0.50	0.50	0.50	0.50	0.50	0.50	0.50	0.50	0.50	0.50
	3	0.65	0.55	0.60	0.50	0.50	0.50	0.50	0.50	0.50	0.50	0.50	0.50	0.50	0.50
	2	0.85	0.65	0.60	0.55	0.55	0.55	0.55	0.55	0.55	0.50	0.50	0.50	0.50	0.50
	1	1.35	1.05	0.90	0.80	0.75	0.75	0.70	0.70	0.65	0.65	0.60	0.55	0.55	0.55
	↓1	−0.30	0.00	0.15	0.20	0.25	0.30	0.30	0.30	0.35	0.35	0.40	0.45	0.45	0.45
	2	−0.10	0.20	0.25	0.30	0.30	0.40	0.40	0.40	0.40	0.40	0.45	0.45	0.45	0.50
	3	0.05	0.25	0.35	0.40	0.40	0.45	0.45	0.45	0.45	0.45	0.45	0.50	0.50	0.50
	4	0.15	0.30	0.40	0.40	0.45	0.45	0.45	0.45	0.45	0.45	0.45	0.50	0.50	0.50
	5	0.25	0.35	0.40	0.45	0.45	0.45	0.45	0.45	0.45	0.45	0.50	0.50	0.50	0.50
12	6	0.30	0.40	0.40	0.50	0.45	0.45	0.45	0.50	0.50	0.50	0.50	0.50	0.50	0.50
以上	7	0.35	0.40	0.55	0.50	0.50	0.50	0.50	0.50	0.50	0.50	0.50	0.50	0.50	0.50
	8	0.35	0.45	0.55	0.50	0.50	0.50	0.50	0.50	0.50	0.50	0.50	0.50	0.50	0.50
	中间	0.45	0.45	0.55	0.50	0.50	0.50	0.50	0.50	0.50	0.50	0.50	0.50	0.50	0.50
	4	0.55	0.50	0.50	0.50	0.50	0.50	0.50	0.50	0.50	0.50	0.50	0.50	0.50	0.50
	3	0.65	0.55	0.50	0.50	0.50	0.50	0.50	0.50	0.50	0.50	0.50	0.50	0.50	0.50
	2	0.70	0.70	0.60	0.55	0.55	0.55	0.55	0.55	0.55	0.50	0.50	0.50	0.50	0.50
	↑1	1.35	1.05	0.90	0.80	0.75	0.70	0.70	0.70	0.65	0.65	0.60	0.55	0.55	0.55

注：m—框架总层数；n—计算层层号；K—梁柱线刚度比。

上下层梁刚度变化对标准反弯点高度比的修正值 y_1 表 6-9

α_1	K 0.1	0.2	0.3	0.4	0.5	0.6	0.7	0.8	0.9	1.0	2.0	3.0	4.0	5.0
0.4	0.55	0.40	0.30	0.25	0.20	0.20	0.20	0.15	0.15	0.15	0.05	0.05	0.05	0.05
0.5	0.45	0.30	0.20	0.20	0.15	0.15	0.15	0.10	0.10	0.10	0.05	0.05	0.05	0.05
0.6	0.30	0.20	0.15	0.15	0.10	0.10	0.10	0.10	0.05	0.05	0.05	0.05	0	0
0.7	0.20	0.15	0.10	0.10	0.10	0.10	0.10	0.05	0.05	0.05	0.05	0	0	0
0.8	0.15	0.10	0.05	0.05	0.05	0.05	0.05	0.05	0.05	0	0	0	0	0
0.9	0.05	0.05	0.05	0.05	0	0	0	0	0	0	0	0	0	0

注：$\alpha_1 = \dfrac{i_1 + i_2}{i_3 + i_4}$，当 $(i_1 + i_2) > (i_3 + i_4)$ 时，则 α_1 取倒数，即 $\alpha_1 = \dfrac{i_3 + i_4}{i_1 + i_2}$，并且 y_1 取负号；K 按表 6-6 计算；底层可不考虑此项修正，即取 $y_1 = 0$。

6.3.1.4 框架侧移计算

框架侧移主要由水平荷载引起。设计时需要分别对层间位移及顶点位移加以限制，因此需要计算层间位移及顶点位移。

α_2 \\ α_3	K 0.1	0.2	0.3	0.4	0.5	0.6	0.7	0.8	0.9	1.0	2.0	3.0	4.0	5.0
2.0	0.25	0.15	0.15	0.10	0.10	0.10	0.10	0.10	0.05	0.05	0.05	0.05	0	0
1.8	0.20	0.15	0.10	0.10	0.10	0.05	0.05	0.05	0.05	0.05	0.05	0	0	0
1.6 0.4	0.15	0.10	0.10	0.05	0.05	0.05	0.05	0.05	0.05	0.05	0	0	0	0
1.4 0.6	0.10	0.10	0.05	0.05	0.05	0.05	0.05	0.05	0.05	0	0	0	0	0
1.2 0.8	0.05	0.05	0.05	0	0	0	0	0	0	0	0	0	0	0
1.0 1.0	0	0	0	0	0	0	0	0	0	0	0	0	0	0
0.8 1.2	−0.05	−0.05	−0.05	0	0	0	0	0	0	0	0	0	0	0
0.6 1.4	−0.10	−0.05	−0.05	−0.05	−0.05	−0.05	−0.05	−0.05	0	0	0	0	0	0
0.4 1.6	−0.15	−0.10	−0.05	−0.05	−0.05	−0.05	−0.05	−0.05	−0.05	0	0	0	0	0
1.8	−0.20	−0.15	−0.10	−0.10	−0.05	−0.05	−0.05	−0.05	−0.05	−0.05	0	0	0	0
2.0	−0.25	−0.15	−0.15	−0.10	−0.10	−0.10	−0.10	−0.10	−0.05	−0.05	−0.05	−0.05	0	0

注：$\alpha_2=h_\text{上}/h$，$\alpha_3=h_\text{下}/h$，h 为计算层层高，$h_\text{上}$ 为上一层层高，$h_\text{下}$ 为下一层层高；K 按表 6-6 计算；y_2 按 K 及 α_2 查表，对顶层可不考虑该项修正；y_3 按 K 及 α_3 查表，对底层可不考虑此项修正。

1. 多遇地震下框架弹性变形验算

抗震设计要求框架结构在多遇地震下主体结构保持弹性工作状态，不受损坏。非结构构件，如填充墙、内外装修等不发生破坏，因此应进行抗震变形验算。

框架结构在多遇地震下的变形验算，应满足如下要求：

$$\Delta u_\text{e} \leqslant [\theta_\text{e}]h \tag{6-16}$$

式中 $[\theta_\text{e}]$——弹性层间位移角限值，对钢筋混凝土框架取 1/550；

        h——层高；

     Δu_e——多遇地震作用标准值产生的楼层最大层间弹性位移，对于钢筋混凝土框架结构，可用下式求出第 i 层的层间弹性位移（V_i 表示第 i 层水平地震剪力标准值，$\sum D_i$ 表示第 i 层所有柱子的抗侧刚度之和）：$\Delta u_\text{e}=V_i/\sum D_i$。

顶点位移 Δ 等于各层层间弹性位移之和，假如该楼有 m 层，每层层间弹性位移为 Δu_i，则 Δ 如下式所示：

$$\Delta = \sum_{i=1}^{m} \Delta u_i \tag{6-17}$$

2. 罕遇地震作用下框架弹塑性位移验算

按照《建筑抗震设计规范》的规定，抗震设防烈度为 7～9 度时，当楼层屈服强度系数小于 0.5 时，钢筋混凝土框架应进行罕遇地震下层间弹塑性位移计算：

罕遇地震作用下，框架结构薄弱层的层间弹塑性位移 Δu_p 的验算，应符合下式的要求：

$$\Delta u_\text{p} \leqslant [\theta_\text{p}]h \tag{6-18}$$

式中 $[\theta_\text{p}]$——弹塑性层间位移角限值，对钢筋混凝土框架取 1/50；

        h——层高。

【例 6-1】 六层现浇钢筋混凝土框架房屋，屋顶有局部突出的楼梯间和水箱间。设防烈度 8 度（设计基本地震加速度为 $0.2g$）、Ⅱ 类场地，设计地震分组为第二组。梁、柱混凝土强度等级均为 C30。主筋采用 HRB335 级钢，箍筋用 HPB300 级钢。框架平面、剖面，构件尺寸和各层重力荷载代表值见图 6-30，其中，柱截面尺寸：1～3 层为 550mm× 550mm，4～7 层为 500mm×500mm。试验算在横向水平多遇地震作用下层间弹性位移，

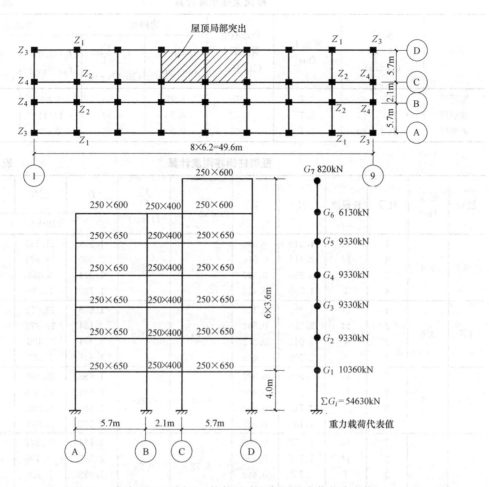

图 6-30 框架平面、剖面，构件尺寸和各层重力荷载代表值

并绘制出框架地震作用下的弯矩图。

【解】 1. 框架刚度

表 6-11 列出了梁的刚度计算过程。表 6-12 列出了按 D 值法计算柱刚度的过程。其中混凝土弹性模量 E_c：C30 为 $3.0×10^4 \text{N/mm}^2$。计算梁线刚度时考虑现浇楼板的影响，边框架梁的惯性矩取 $1.5I_0$，中框架梁的惯性矩 $2.0I_0$（I_0 为矩形截面梁的截面惯性矩）。

2. 自振周期计算

基本自振周期采用顶点位移法计算，其中考虑非结构墙影响的折减系数 α_0 取 0.7。

结构顶点假想侧移 u_T 计算结果列于表 6-11。

按顶点位移法计算基本自振周期 T_1

$$T_1 = 1.7\alpha_0\sqrt{u_T} = 1.7×0.7\sqrt{0.2426} = 0.58\text{s}$$

3. 多遇水平地震作用标准值计算

该建筑物总高为 22m，且质量和刚度沿高度分布均匀，符合《建筑抗震设计规范》采用底部剪力法的条件，该建筑不考虑竖向地震作用。

按地震影响系数 α 曲线，设防烈度 8 度时，$\alpha_{max} = 0.16$。

框架梁线刚度计算

表 6-11

部位	断面 $b \times h$ (m×m)	跨度 L (m)	矩形截面惯性矩 I_0 ($10^{-3} \mathrm{m}^4$)	边跨梁 $I_b = 1.5 I_0$ ($10^{-3} \mathrm{m}^4$)	边跨梁 $i_b = \dfrac{EI_b}{L}$ ($10^4 \mathrm{kN \cdot m}$)	中跨梁 $I_b = 2.0 I_0$ ($10^{-3} \mathrm{m}^4$)	中跨梁 $i_b = \dfrac{EI_b}{L}$ ($10^4 \mathrm{kN \cdot m}$)
屋面梁	0.25×0.60	5.7	4.50	6.75	3.55	9.00	4.74
楼层梁	0.25×0.65	5.7	5.72	8.58	4.52	11.44	6.02
走道梁	0.25×0.40	2.1	1.33	2.00	2.86	2.66	3.80

框架柱侧移刚度计算

表 6-12

层数	层高 (m)	柱号	柱根数	$\overline{K}$	α	i_c ($10^4 \mathrm{kN \cdot m}$)	$\dfrac{12}{h^2}$ ($1/\mathrm{m}^2$)	D ($10^4 \mathrm{kN/m}$)	$\sum D$ ($10^4 \mathrm{kN/m}$)	楼层 D
6	3.6	1	14	1.240	0.383	4.34	0.926	1.539	21.546	62.686
		2	14	2.115	0.514			2.060	28.924	
		3	4	0.930	0.317			1.274	5.096	
		4	4	1.589	0.443			1.780	7.120	
4,5	3.6	1	14	1.387	0.410	4.34	0.926	1.648	23.072	65.824
		2	14	2.263	0.531			2.134	29.876	
		3	4	1.041	0.342			1.374	5.496	
		4	4	1.700	0.459			1.845	7.380	
2,3	3.6	1	14	0.948	0.322	6.35	0.926	1.893	26.502	77.214
		2	14	1.546	0.436			2.564	35.896	
		3	4	0.712	0.263			1.541	6.184	
		4	4	1.162	0.367			2.158	8.632	
1	4.0	1	14	1.052	0.509	5.72	0.75	2.184	30.576	83.638
		2	14	1.717	0.596			2.557	35.798	
		3	4	0.790	0.462			1.982	7.928	
		4	4	1.290	0.544			2.334	9.336	

Δ_i 计算

表 6-13

层次	G_i (kN)	$\sum G_i$ (kN)	D_i ($10^4 \mathrm{kN/m}$)	$_i = \dfrac{\sum\limits_{j=i}^{n} G_j}{D_i}$ (m)	Δ_i (m)
6	6950	6950	62.686	0.0111	0.2426
5	9330	16280	65.824	0.0247	0.2315
4	9330	25610	65.824	0.0389	0.2068
3	9330	34940	77.214	0.0453	0.1679
2	9330	44270	77.214	0.0573	0.1226
1	10360	54630	83.638	0.0653	0.0653
$\sum$	54630				

Ⅱ类场地，设计地震分组为二组时，$T_g = 0.4\mathrm{s}$，则

$$\alpha_1 = \left(\frac{T_g}{T_1}\right)^{0.9} \alpha_{\max} = \left(\frac{0.4}{0.58}\right)^{0.9} \times 0.16 = 0.114$$

由于 $T_1 > 1.4 T_g$，顶部附加地震作用系数为：

$$\delta_n = 0.08T_1 + 0.01 = 0.08 \times 0.58 + 0.01 = 0.0564$$

结构总水平地震作用效应标准值为：

$$F_{Ek} = \alpha_1 G_{eq} = 0.114 \times 0.85 \times 54630 = 5294 \text{kN}$$

附加顶部集中力为：

$$\Delta F_n = \delta_n F_{Ek} = 0.0564 \times 5294 = 298 \text{kN}$$

各楼层水平地震作用标准值按下式计算，例如对第7层：

$$F_7 = \frac{G_i H_i}{\sum\limits_1^7 G_i H_i} F_{EK}(1 - \delta_n)$$

$$= \frac{820 \times 25.6}{\sum(820 \times 25.6) + (6130 \times 22) + \cdots + (10360 \times 4.0)} \times 5294 \times (1 - 0.0564)$$

$$= 154 \text{kN}$$

各楼层水平地震作用标准值、各楼层地震剪力及楼层层间弹性位移计算过程见表6-14。验算框架层间弹性位移，满足《建筑抗震设计规范》的要求。

水平地震作用、楼层剪力及楼层弹性位移计算   表 6-14

层次	h_i (m)	H_i (m)	G_i (kN)	$G_i H_i$ (kN·m)	F_i (kN)	V_i (kN)	D_i (kN/m)	$\Delta u_{ei} = \dfrac{V_i}{D_i}$ (cm)	$\dfrac{\Delta u_{ei}}{h}$	
7	3.6	25.6	820	20992	154	$154 \times 3 = 462$				
6	3.6	22.0	6130	134860	987	1439	626860	0.230	1/1565	
5	3.6	18.4	9330	171672	1257	2696	658240	0.410	1/878	
4	3.6	14.8	9330	138084	1011	3707	658240	0.563	1/639	≤ 1/550 满足要求
3	3.6	11.2	9330	104496	765	4472	772140	0.579	1/621	
2	3.6	7.6	9330	70908	519	4991	772140	0.646	1/557	
1	4.0	4.0	10360	41440	303	5294	836380	0.632	1/633	

4. 水平地震作用下内力分析

水平地震作用近似地取倒三角形分布，确定各柱的反弯点高度，利用 D 值法计算柱端弯矩，以中框架为例，计算结果见图6-31。

6.3.1.5 内力组合

通过对框架进行内力分析，可求得各种结构在不同荷载作用下产生的内力标准值，在进行截面设计时，应对控制截面（所谓控制截面是指对构件配筋起控制作用的截面）上的内力进行组合，以控制截面上的最不利内力作为配筋计算依据。一般选梁的两端和跨中截面、柱的上下端截面作为控制截面。在框架抗震设计时，一般应先调整出控制截面上的内力（因为前面的内力计算时，计算出的梁柱端内力值，是梁柱中线处的内力值，并不是控制截面的内力值），再根据控制截面的最不利内力类型考虑两种基本内力组合（有地震作用的组合和无地震作用的组合）。

1. 梁、柱端控制截面的内力

内力计算时，框架结构中的梁、柱是以其轴线作代表的，因此，计算所得的梁、柱端内力实质并非控制截面的内力，如图6-32所示。在内力组合之前，必须先求出相应于控制截面的内力。

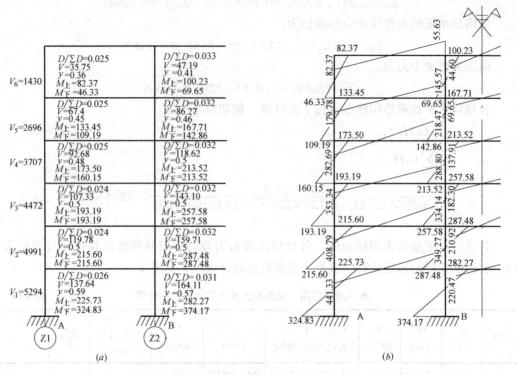

图 6-31 多遇水平地震作用框架柱的剪力、反弯点的位置以及弯矩图

(a) 每根框架柱承担的剪力、反弯点的位置；(b) 弯矩图

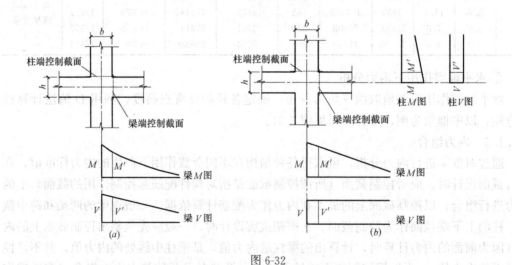

图 6-32

(a) 竖向荷载作用下框架梁边截面内力；(b) 水平荷载作用下框架梁、柱边截面内力

竖向荷载作用下，梁端控制截面的剪力和弯矩可由下式求得：

$$V' = V - (g+q)\frac{b}{2}$$

$$M' = M - V\frac{b}{2} \tag{6-19}$$

170

式中　V'、M'——梁端控制截面的剪力和弯矩；

　　　V、M——根据内力计算得到的梁支座剪力和弯矩；

　　　g、q——作用在梁上的竖向分布恒荷载和活荷载；

　　　　　b——柱宽。

水平荷载作用下，梁端控制截面的弯矩和剪力可根据比例关系求得，如表 6-14 所示。同理，根据比例关系，亦可求得在竖向荷载及水平荷载作用下柱端控制截面的内力。

2. 控制截面的最不利内力类型

框架梁的控制截面一般有三个，即梁两端的支座截面和跨中截面。在支座截面处，一般产生最大负弯矩 $-M_{max}$ 和最大剪力 V_{max}，水平荷载作用下还有可能产生最大正弯矩 $+M_{max}$；在跨中截面处，一般产生最大正弯矩 $+M_{max}$（在某些特殊情况下，跨中截面有可能产生负弯矩，在内力组合时应加以注意）。因此，框架梁的最不利内力类型为：

支座截面：$-M_{max}$、$+M_{max}$、V_{max}

跨中截面：$+M_{max}$

根据支座截面的最大负弯矩来确定梁端顶部纵筋；根据跨中最大正弯矩及支座最大正弯矩两者中的较大值来确定梁底部纵筋；根据支座截面最大剪力来确定梁的腹筋。

框架柱的控制截面一般有两个，即柱的上端截面和下端截面。在柱的上、下端截面处，弯矩、剪力都产生最大值，最大轴力产生在柱下端截面。由于柱为偏心受压构件，随着弯矩 M 和轴力 N 的比值变化，可能发生大偏心受压破坏或小偏心受压破坏，而不同的破坏形态，M、N 的相关性不同，因而在进行配筋计算之前，无法确定哪一组内力为最不利内力。所以，对一般框架柱，最不利内力通常取以下四种类型：

(1) $|M_{max}|$ 及相应的 N

(2) N_{max} 及相应的 M

(3) N_{min} 及相应的 M

(4) V_{max} 及相应的 N

取 (1)、(2) 和 (3) 组不利内力的配筋的较大值作为柱的纵向配筋，根据 (4) 的最大剪力来确定柱的箍筋。

3. 有地震作用效应的组合

为实现抗震设防目标第一水准的要求（小震不坏），应保证在多遇地震作用下结构有足够的承载能力。在考虑地震作用组合时，重力荷载一律采用重力荷载代表值。对于多层框架（60m 以下且设防烈度 9 度以下），只需考虑水平地震作用与重力荷载代表值效应的组合，其内力组合设计值 S 可写成：

$$S=1.2(1.0)S_{GE}+1.3S_{Eh} \tag{6-20}$$

式中　S_{GE}——重力荷载代表值效应的标准值；

　　　S_{Eh}——水平地震作用效应的标准值。

组合时要注意两点：一是当重力荷载效应对结构有利时，重力荷载分项系数取括号中的数值 1.0；二是水平地震作用要考虑正负两个方向。

4. 无地震作用效应的组合

无地震作用时，应考虑正常荷载（包括全部永久荷载和可变荷载）作用下的基本组合，其内力设计值 S 可写成如下。

由可变荷载效应控制的组合：

$$S-1.2S_{Gk}+1.0\times1.4S_{Qk}+0.6\times1.4S_{Wk} \tag{6-21}$$

$$S=1.2S_{Gk}+0.7\times1.4S_{Qk}+1.0\times1.4S_{Wk} \tag{6-22}$$

由永久荷载效应控制的组合：

$$S=1.35S_{Gk}+0.7\times1.4S_{Qk} \tag{6-23}$$

式中 S——荷载效应组合的设计值；

S_{Gk}——永久荷载效应标准值；

S_{Qk}——楼面活荷载效应标准值；

S_{Wk}——风荷载效应标准值。

组合时还应注意两点：一是当永久荷载效应对结构有利时，永久荷载分项系数取为1.0；二是风荷载要考虑正负两个方向。

6.3.2 框架结构的截面设计

在内力组合的基础上，要进行构件的截面设计。对于抗震等级为一、二、三级的框架，在进行考虑地震作用组合的截面抗震验算时，一般不直接用上述方法得到的地震作用组合内力作为内力设计值，还需进行一定的内力调整，以保证建筑结构在中震作用下不发生严重破坏和罕遇地震作用下不发生倒塌的设防目标，对于一、二、三级框架，还应进行节点核心区抗震验算。

本节先介绍框架结构抗震设计的一些重要原则，然后介绍对梁、柱杆件的内力调整、截面抗震验算和抗震构造措施，最后是节点核心区的抗震验算和钢筋锚固。

6.3.2.1 框架结构的合理破坏机制

钢筋混凝土框架为了满足三水准抗震设防标准，即"小震不坏，中震可修，大震不倒"。其设计要求是：在正常使用荷载及小震（或风载）作用下，结构应处于弹性；在中等强度地震作用下（相当于设防烈度的地震），允许结构进入弹塑性状态，但裂缝宽度不能过大，结构应具有足够的承载力、延性及良好吸收地震能量的能力，框架不发生严重破坏；在强烈地震作用下（相当于罕遇烈度的地震），结构处于弹塑性状态，框架应具有足够的延性且不允许倒塌。由以上可知，为了满足"中震可修，大震不倒"的要求，必须把框架结构设计成延性框架。由于延性框架有较大的塑性变形能力，可以利用其塑性变形吸收和耗散大量的地震能量，且塑性变形使结构的刚度降低，因此，结构的地震作用大大减小。只要延性框架有足够的塑性变形能力，就可以实现"中震"及"大震"作用下的设防目标。

从地震中建筑物破坏和倒塌的过程中认识到，建筑物在地震时要免于倒塌和严重破坏，对于框架结构中的构件，发生强度屈服的顺序应该符合杆件先于节点、梁先于柱。因此，进行框架抗震设计时，需要遵循以下设计原则：（1）强柱弱梁（强竖若平）；（2）强剪弱弯；（3）强节点弱构件、强锚固。

强柱弱梁是指框架结构中，塑性铰应首先在梁端出现，尽量避免或减少在柱中出现，使结构形成"梁铰机制"（图6-33*a*），避免结构形成"柱铰机制"（图6-33*b*）。即通过内力的调整，控制同一节点梁柱的相对承载力，使同一节点处的柱端实际受弯承载力大于梁端实际受弯承载力。

172

强剪弱弯是指构件在弯曲屈服（延性较好的破坏）之前，不允许出现脆性的剪切破坏。即要求构件的受剪承载力大于其受弯承载力对应的剪力。

强节点弱构件、强锚固是指在构件塑性铰充分塑性转动之前，节点不出现破坏。即要求节点核心区的受剪承载力大于节点两侧框架梁达到受弯承载力时对应的核心区的剪力；同时还要保证伸入核心区内的梁、柱纵筋应具有足够的锚固长度，保证梁、柱纵钢筋能发生弯曲屈服。

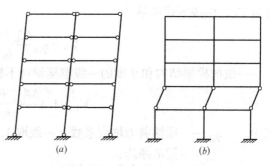

图 6-33　框架的破坏机制
(a) 梁铰机制；(b) 柱铰机制

6.3.2.2　框架梁的截面设计

框架结构的最佳破坏机制是在梁上出现塑性铰，因此在框架梁的截面抗震设计中，应保证框架梁在形成塑性铰后仍具有足够的抗剪能力，在梁纵筋屈服后，塑性铰区段仍有良好的变形和耗能能力，即框架梁要按强剪弱弯设计，避免发生剪切破坏。框架梁的截面设计包括正截面受弯承载力抗震计算、斜截面受剪承载力抗震计算和抗震构造要求。

1. 梁正截面受弯承载力抗震计算

完成梁的控制截面的最不利内力组合后，即可按《混凝土结构设计规范》的规定进行正截面承载力计算，在受弯承载力计算公式右边应除以相应的承载力抗震调整系数 r_{RE}，即：

$$M_b \leqslant \frac{1}{\gamma_{RE}}[\alpha_1 f_c bx(h_0 - 0.5x) + A_s' f_y'(h_0 - a_s')]$$

$$\alpha_1 f_c bx = f_y A_s - f_y' A_s' \tag{6-24}$$

且应符合 $x \leqslant \xi_b h_0$，$x \geqslant 2a_s'$。

式中　M_b——考虑地震作用组合的梁弯矩设计值；

α_1——混凝土强度系数，当混凝土强度等级不超过 C50 时，α_1 取 1.0，当混凝土强度等级为 C80 时，α_1 取 0.94，其间按线性内插法确定；

f_c——混凝土轴心抗压强度设计值；

A_s、A_s'——分别为受拉钢筋和受压钢筋的截面面积；

f_y、f_y'——分别为受拉钢筋和受压钢筋的抗拉强度设计值；

h_0——梁截面的有效高度；

b——矩形截面的宽度或倒 T 形截面的腹板宽度；

x——计算受压区高度；

a_s'——受压钢筋重心至截面受压边缘的距离；

γ_{RE}——承载力抗震调整系数，取 0.75。

2. 梁斜截面受剪承载力抗震计算

（1）根据强剪弱弯的原则调整框架梁的截面剪力

为避免梁在弯曲破坏前发生脆性的剪切破坏，应按强剪弱弯的原则调整框架梁端截面组合的剪力设计值。对于抗震等级为一、二、三级的框架梁端截面考虑地震组合的剪力设

计值 V_b，应按下式调整：

$$V_b = \eta_{vb} \frac{M_b^l + M_b^r}{l_n} + V_{Gb}$$

(6-25)

一级的框架结构和 9 度的一级框架梁可不按上式调整，但应符合下式要求：

$$V_b = 1.1 \frac{M_{bua}^l + M_{bua}^r}{l_n} + V_{Gb}$$

(6-26)

式中　　η_{vb}——梁端剪力增大系数，一级取 1.3，二级取 1.2，三级取 1.1；

l_n——梁的净跨；

V_{Gb}——考虑地震组合时的重力荷载代表值（9 度时高层建筑还应包括竖向地震作用标准值）作用下，按简支梁分析的梁端截面剪力设计值；

M_b^l、M_b^r——框架梁左、右两端截面反时针或顺时针方向考虑地震组合的弯矩设计值，一级框架梁两端均为负弯矩时，绝对值较小的一端的弯矩应取零；

M_{bua}^l、M_{bua}^r——分别为梁左、右两端截面逆时针或顺时针方向实配的正截面受弯承载力所对应的弯矩值，可根据实配钢筋面积（计入受压钢筋和梁有效翼缘宽度范围内的楼板钢筋）和材料强度标准值并考虑承载力抗震调整系数 γ_{RE}（取 0.75）计算确定：

$$M_{bua} = \frac{1}{\gamma_{RE}} f_{yk} A_s (h_0 - a_s')$$

（2）剪压比限值

剪压比是截面上平均剪应力与混凝土轴心抗压强度设计值的比值，以 $V/f_c bh_0$ 表示，用以说明截面上承受名义剪应力的大小。梁的截面上出现斜裂缝之前，构件剪力基本上由混凝土抗剪强度来承受。如果剪压比过大，混凝土就会过早被压坏，待箍筋要发挥作用时，混凝土的抗剪承载力已经降低很多，因此必须对剪压比加以限制，即限制梁因截面尺寸过小而发生斜压破坏。

跨高比大于 2.5 的框架梁，应符合下式要求：

$$V_b \leqslant \frac{1}{\gamma_{RE}} (0.2 \beta_c f_c bh_0)$$

(6-27)

跨高比不大于 2.5 的框架梁，应符合下式要求：

$$V_b \leqslant \frac{1}{\gamma_{RE}} (0.15 \beta_c f_c bh_0)$$

(6-28)

式中　V_b——经过"强剪弱弯"调整后的梁端剪力设计值；

γ_{RE}——承载力抗震调整系数，取 0.85；

β_c——混凝土强度影响系数，当混凝土强度等级不超过 C50 时取 1.0，当混凝土强度等级为 C80 时取 0.8，其间按线性内插法确定；

f_c——混凝土轴心抗压强度设计值；

b——梁截面宽度；

h_0——梁截面有效高度。

（3）梁斜截面受剪承载力

与非抗震设计类似，梁的受剪承载力可归结为由混凝土和抗剪钢筋两部分组成，但是在反复荷载作用下，混凝土的抗剪作用将有明显的削弱，其原因是梁的受压区混凝土不再

174

完整，斜裂缝的反复张开与闭合使骨料咬合作用下降，严重时混凝土将剥落。根据试验资料，在反复荷载下，梁的受剪承载力比静力低 20%～40%。《混凝土结构设计规范》规定，对于矩形、T 形和 I 形截面的框架梁，考虑地震作用组合时，斜截面受剪承载力应按下式验算：

$$V_b \leqslant \frac{1}{\gamma_{RE}} \left(0.6 \alpha_{cv} f_t b h_0 + f_{yv} \frac{A_{sv}}{s} h_0 \right) \tag{6-29}$$

式中　V_b——经过"强剪弱弯"调整后的梁端剪力设计值；

　　　γ_{RE}——承载力抗震调整系数，取 0.85；

　　　α_{cv}——斜截面混凝土受剪承载力系数，对于一般受弯构件取 0.7，对集中荷载作用下（包括有多种荷载，其中集中荷载对支座截面或节点边缘产生的剪力值占总剪力值的 75% 以上的情况）的独立梁，取 $\frac{1.75}{\lambda+1}$，λ 为计算截面的剪跨比，可取 $\lambda = a/h_0$，当 λ 小于 1.5 时取 1.5，当 λ 大于 3 时取 3，a 取集中荷载作用点至支座截面或节点边缘的距离；

　　　其余符号意义及取值同普通钢筋混凝土梁。

3. 抗震构造要求

对于钢筋混凝土框架结构，构造的目的在于保证结构在非弹性变形阶段有足够的延性，便于吸收较多的地震能量。因此在设计中应注意防止构件发生剪切破坏或混凝土受压的脆性破坏。

(1) 梁的截面尺寸

框架梁截面高度 h 可按跨度的 $\frac{1}{12} \sim \frac{1}{8}$ 确定，为使塑性铰出现后，梁的截面尺寸不致有过大的削弱，以保证梁有足够的抗剪能力，梁的截面宽度 b 不宜小于 200mm。

抗震试验表明，截面面积相同的梁，当梁的高宽比较大时，混凝土承担的剪力有较大降低，如截面高宽比大于 4 的无箍筋梁比方形截面梁大约降低 40%，并且，狭而高的梁不利于混凝土的约束，也会在梁刚度降低后引起侧向失稳，为此，框架梁的截面的高宽比 h/b 不宜大于 4。

跨高比小于 4 的梁极易出现斜裂缝，发生剪切破坏，在这种梁上，一旦形成主斜裂缝，构件承载力急剧下降，呈现出很差的延性。因而框架梁的净跨与截面高度之比不宜小于 4。

(2) 受压区高度及纵筋配筋要求

框架梁端塑性铰的转动能力，与截面受压区高度有关，受压区高度越大，塑性铰的转动能力越差；而截面受压区高度又与梁端截面配置的纵向钢筋有关，受拉钢筋配置越多，受压区高度越大，配置受压钢筋，可以减小受压区高度。《建筑抗震规范》规定：梁端计入受压钢筋的混凝土受压区高度与有效高度之比 x/h_0，一级不应大于 0.25，二、三级不应大于 0.35；梁端截面的底面和顶面纵向钢筋截面面积的比值，一级不应小于 0.5，二、三级不应小于 0.3；梁端纵向受拉钢筋的配筋率不应大于 2.5%；

梁纵向受拉钢筋配置过少时，会发生脆性的少筋破坏，因此，框架梁的受拉纵筋配筋率应不小于表 6-15 的最小配筋率。

抗震等级	梁中位置	
	支座（取较大值）	跨中（取较大值）
一级	0.4 和 $80f_t/f_y$	0.3 和 $65f_t/f_y$
二级	0.3 和 $65f_t/f_y$	0.25 和 $55f_t/f_y$
三、四级	0.25 和 $55f_t/f_y$	0.2 和 $45f_t/f_y$

梁端纵筋配置尚应符合下列要求：一、二级抗震设计时梁底面和顶面的通长钢筋均不应小于 2φ14，且分别不应小于梁两端顶面和底面纵向配筋中较大截面面积的 1/4，三、四级抗震设计时通长钢筋不应小于 2φ12；一、二、三级抗震等级的框架梁内贯通中柱的每根纵向钢筋的直径，对矩形截面柱，不宜大于柱在该方向截面尺寸的 1/20，对圆形截面柱，不宜大于纵向钢筋所在位置柱截面弦长的 1/20。

（3）箍筋

除了按强剪弱弯要求来进行斜截面抗剪承载力验算之外，在梁中加密箍筋，可以起到约束混凝土、提高混凝土变形能力的作用，从而可提高梁截面转动能力，增加其延性的效果，因此梁端塑性铰区域的箍筋必须满足以下要求：箍筋加密区的长度、箍筋最大间距和最小直径应满足表 6-16 的要求；当梁端纵向受拉钢筋配筋率大于 2% 时，表中箍筋最小直径数值应增大 2mm；加密区的箍筋肢距，一级不宜大于 200mm 和 20 倍箍筋直径的较大值，二、三级不宜大于 250mm 和 20 倍箍筋直径的较大值，四级不宜大于 300mm。

梁端箍筋加密区的长度、箍筋的最大间距和最小直径   表 6-16

抗震等级	加密区长度（取较大值） （mm）	箍筋最大间距（取较小值） （mm）	箍筋最小直径 （mm）
一级	$2.0h_b$，500	$h_b/4，6d，100$	10
二级	$1.5h_b$，500	$h_b/4，8d，100$	8
三级	$1.5h_b$，500	$h_b/4，8d，150$	8
四级	$1.5h_b$，500	$h_b/4，8d，150$	6

注：1. d 为纵向钢筋直径，h_b 为梁截面高度；
  2. 一、二级抗震等级框架梁，当箍筋直径大于 12mm、肢数不少于 4 肢且肢距不大于 150mm 时，箍筋加密区最大间距应允许适当放松，但不应大于 150mm。

另外，抗震设计时，框架梁的箍筋尚应符合下列要求：

1）沿框架梁全长箍筋的面积配箍率应符合下列要求：一级 $\rho_{sv} \geqslant 0.3\dfrac{f_t}{f_{yv}}$；二级 $\rho_{sv} \geqslant 0.28\dfrac{f_t}{f_{yv}}$；三、四级 $\rho_{sv} \geqslant 0.26\dfrac{f_t}{f_{yv}}$。

2）第一个箍筋应设置在距支座边缘 50mm 处。

3）箍筋必须为封闭箍，应有 135° 弯钩，弯钩直段的长度不小于箍筋直径的 10 倍和 75mm 的较大者，见图 6-34。

4）在纵向钢筋搭接长度范围内的箍筋间距，钢筋受拉时不应大于搭接钢筋较小直径的 5 倍，且不应大于 100mm；钢筋受压时不应大于搭接钢筋较小直径的 10 倍，且不应大于 200mm。

5）框架梁非加密区箍筋最大间距不宜大于加密区箍筋间距的 2 倍。

【例 6-2】 某框架梁截面尺寸 $b \times h = 250\text{mm} \times 550\text{mm}$，$h_0 = 505\text{mm}$，抗震等级为二级。梁左右两端截面考虑地震作用组合的最不利弯矩设计值：

（1）逆时针方向：$M_b^r = 175\text{kN} \cdot \text{m}$，$M_b^l = 420\text{kN} \cdot \text{m}$

（2）顺时针方向：$M_b^r = -360\text{kN} \cdot \text{m}$，$M_b^l = -210\text{kN} \cdot \text{m}$

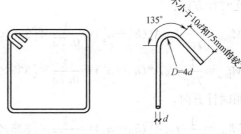

图 6-34　箍筋的做法

梁净跨 $l_n = 7.0\text{m}$，重力荷载代表值产生的剪力设计值 $V_{Gb} = 135.2\text{kN}$。计算梁端截面组合的剪力设计值（kN）。

【解】（1）根据梁端截面剪力设计值调整公式（6-25）：

$$V_b = \eta_{vb} \frac{M_b^l + M_b^r}{l_n} + V_{Gb}$$

（2）顺时针方向：

$$M_b^r + M_b^l = 210 + 360 = 570\text{kN} \cdot \text{m}$$

（3）逆时针方向：

$$M_b^r + M_b^l = 175 + 420 = 595\text{kN} \cdot \text{m}$$

（4）逆时针方向绝对值最大，抗震等级为二级，$\eta_{vb} = 1.2$，$V_{Gb} = 135.2\text{kN}$，故有：

$$V_b = \eta_{vb} \frac{M_b^l + M_b^r}{l_n} + V_{Gb} = 1.2 \times 595/7.0 + 135.2 = 237.2\text{kN}$$

所以该框架梁的梁端剪力设计值为 237.2kN。

【例 6-3】 某框架梁截面尺寸 $b \times h = 250\text{mm} \times 600\text{mm}$，$h_0 = 555\text{mm}$，抗震等级为一级，采用 C30 混凝土（$f_t = 1.43\text{N/mm}$，$f_c = 14.3\text{N/mm}$），纵向受力钢筋采用 HRB335 级（$f_y = 300\text{N/mm}$，$f_{yk} = 335\text{N/mm}$），箍筋采用 HPB300（$f_y = 270\text{N/mm}$）。已知梁的两端截面纵向钢筋均为：梁顶 5 根 22mm，梁底 4 根 22mm，梁顶相关楼板参加工作的纵向钢筋为 4 根 10mm。梁净跨 $l_n = 5.6\text{m}$，重力荷载代表值为 30kN/m（标准值）。在重力荷载和地震作用组合下，内力调整前梁端弯矩设计值如图 6-35 所示。计算框架梁梁端的剪力设计值（kN）。

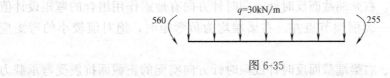

图 6-35

【解】（1）重力荷载引起的梁端支座边缘剪力设计值：

$$V_{Gb} = 1.2(ql_n/2) = 1.2 \times 30 \times 5.6/2 = 100.8\text{kN}$$

（2）确定实配纵筋的正截面抗震受弯承载力：

梁顶钢筋面积 $A_s^a = 1900 + 314 = 2214 \text{mm}^2$，梁底钢筋面积 $A_s^b = 1520 \text{mm}^2$。

逆时针方向：

$$M_{bua}^l = \frac{1}{\gamma_{RE}} f_{yk} A_s^a (h_0 - a_s') = \frac{1}{0.75} \times [335 \times 2214 \times (555 - 60)/10^6] = 489.5 \text{kN} \cdot \text{m}$$

$$M_{bua}^r = \frac{1}{\gamma_{RE}} f_{yk} A_s^b (h_0 - a_s') = \frac{1}{0.75} \times [335 \times 1520 \times (555 - 60)/10^6] = 336.1 \text{kN} \cdot \text{m}$$

顺时针方向：

$$M_{bua}^l = \frac{1}{\gamma_{RE}} f_{yk} A_s^b (h_0 - a_s') = \frac{1}{0.75} \times [335 \times 1520 \times (555 - 60)/10^6] = 336.1 \text{kN} \cdot \text{m}$$

$$M_{bua}^r = \frac{1}{\gamma_{RE}} f_{yk} A_s^a (h_0 - a_s') = \frac{1}{0.75} \times [335 \times 2214 \times (555 - 60)/10^6] = 489.5 \text{kN} \cdot \text{m}$$

（3）逆时针和顺时针方向绝对值一样大，抗震等级为一级，根据梁端截面剪力设计值调整公式（6-26）得：

$$V_b = 1.1 \frac{M_{bua}^l + M_{bua}^r}{l_n} + V_{Gb} = 1.1 \times (489.5 + 336.1)/5.6 + 100.8 = 263 \text{kN}$$

所以该框架梁的梁端剪力设计值为 263kN。

6.3.2.3 框架柱的截面设计

框架柱是框架结构的主要受力构件，地震作用下，个别柱的破坏失效，有可能导致整个结构的坍塌。因此，框架柱的设计必须要遵循强柱弱梁和强剪弱弯的设计原则。框架柱的截面设计包括正截面受弯承载力抗震计算、斜截面受剪承载力抗震计算和抗震构造要求。

1. 柱正截面受弯承载力抗震计算

（1）根据"强柱弱梁"的原则调整柱端弯矩设计值

有地震作用组合时，柱端轴力设计值直接取考虑地震作用组合的轴力值。

为满足"强柱弱梁"的要求，柱端弯矩设计值应按下列规定取值：

1）一、二、三、四级框架的梁柱节点处，除框架顶层和柱轴压比小于 0.15 者及框支梁与框支柱节点外，柱端组合的弯矩设计值应符合：

$$\sum M_c = \eta_c \sum M_b \tag{6-30}$$

一级的框架结构和 9 度的一级框架可不符合上式要求，但应符合下式要求：

$$\sum M_c = 1.2 \sum M_{bua} \tag{6-31}$$

式中　$\sum M_c$——节点上、下柱端截面顺时针或反时针方向有地震作用组合的弯矩设计值之和，上、下柱端的弯矩设计值可按弹性分析的弯矩比例进行分配；

$\sum M_b$——节点左、右梁端截面反时针或顺时针方向有地震作用组合的弯矩设计值之和，一级框架节点左、右梁端均为负弯矩时，绝对值较小的弯矩应取零；

$\sum M_{bua}$——节点左、右梁端截面反时针或顺时针方向实配的正截面抗震受弯承载力所对应的弯矩值之和，可根据实际配筋面积（计入梁受压钢筋和相关楼板钢筋）和材料强度标准值并考虑承载力抗震调整系数计算；

η_c——框架柱端弯矩增大系数；对于框架结构，一、二、三、四级可分别取 1.7、1.5、1.3、1.2；其他结构类型中的框架，一级取 1.4，二级取

1.2，三、四级取 1.1。

2）当反弯点不在柱的层高范围内时，说明框架梁对柱的约束作用较弱，为避免在竖向荷载和地震共同作用下柱压屈失稳，柱端截面组合的弯矩设计值，可乘以上述柱端弯矩增大系数 η_c。

3）框架顶层柱和轴压比小于 0.15 的柱可取最不利内力组合的弯矩值作为设计值。

4）为了推迟框架结构底层柱固定端截面的屈服，一、二、三、四级框架结构的底层，柱固定端截面组合的弯矩设计值，应分别乘以 1.7、1.5、1.3 和 1.2。底层柱纵向钢筋应按上下端的不利情况配置。

5）考虑到地震扭转效应的影响明显，一、二、三、四级框架的角柱，经上述调整后的组合弯矩设计值尚应乘以不小于 1.1 的增大系数。

（2）正截面承载力验算

框架柱的正截面承载力，可按钢筋混凝土偏心受压构件或偏心受拉构件计算，但在其所有的承载力计算公式中，承载力项均应除以相应的正截面承载力抗震调整系数 γ_{RE}。

2. 柱斜截面受剪承载力抗震计算

（1）根据"强剪弱弯"原则调整柱的剪力设计值

为了防止框架柱在压弯破坏之前发生脆性的剪切破坏，应按"强剪弱弯"的原则对剪力设计值进行调整，并以此剪力进行柱斜截面计算。为此，柱端剪力设计值应按下列规定采用。

1）一、二、三、四级框架柱和框支柱组合的剪力设计值应按下式调整：

$$V_c = \eta_{vc}(M_c^t + M_c^b)/H_n \tag{6-32}$$

一级的框架结构和 9 度的一级框架可不按上式调整，但应符合下式要求：

$$V_c = 1.2(M_{cua}^t + M_{cua}^b)/H_n \tag{6-33}$$

式中　M_c^t、M_c^b——分别为柱的上、下端顺时针或逆时针方向截面考虑地震组合的弯矩设计值（应取调整增大后的设计值），且取顺时针方向之和及逆时针方向之和两者的较大值；

M_{cua}^t、M_{cua}^b——分别为柱的上、下端顺时针或逆时针方向实配的正截面抗震受弯承载力所对应的弯矩值，根据实际配筋面积、材料强度标准值和重力荷载代表值产生的轴向压力设计值并考虑承载力抗震调整系数计算；

H_n——柱的净高；

η_{vc}——柱剪力增大系数；对于框架结构，一、二、三、四级可分别取 1.5、1.3、1.2、1.1；其他结构类型中的框架，一级取 1.4，二级取 1.2，三、四级取 1.1。

2）考虑到地震扭转效应的影响明显，一、二、三、四级框架的角柱，经上述调整后的组合剪力设计值尚应乘以不小于 1.1 的增大系数。

（2）剪压比限值

柱截面上平均剪应力与混凝土轴心抗压强度设计值的比值称为柱的剪压比，以 $V/(f_c bh_0)$ 表示，如果剪压比过大，混凝土就会过早被压坏，产生脆性破坏，待箍筋要发挥作用时，混凝土的抗剪承载力已经降低很多，箍筋不能充分发挥作用。因此必须限制剪压比，即防止柱的截面尺寸过小而发生斜压破坏。考虑地震组合的矩形截面框架柱和框支柱，其受剪截面应符合下列条件：

剪跨比 λ 大于 2 的柱，应满足：

$$V_c \leqslant \frac{1}{\gamma_{RE}}(0.2\beta_c f_c bh_0) \tag{6-34}$$

剪跨比 λ 不大于 2 的柱，应满足：

$$V_c \leqslant \frac{1}{\gamma_{RE}}(0.15\beta_c f_c bh_0) \tag{6-35}$$

式中　V_c——经过"强剪弱弯"调整后的柱端剪力设计值；

　　　γ_{RE}——承载力抗震调整系数，取 0.85；

　　　λ——框架柱、框支柱计算剪跨比，取 M/Vh_0；此处，M 宜取柱上、下端考虑地震组合的弯矩设计值的较大值，V 取与 M 对应的剪力设计值，h_0 为柱截面有效高度；当框架结构中的框架柱的反弯点在柱层高范围内时，可取 $\lambda = H_n/(2h_0)$，此处，H_n 为柱净高。

　　　β_c——混凝土强度影响系数，当混凝土强度等级不超过 C50 时取 1.0，当混凝土强度等级为 C80 时取 0.8，其间按线性内插法确定；

　　　f_c——混凝土轴心抗压强度设计值；

　　　b——柱截面宽度，圆形柱可按面积相等的方形柱计算；

　　　h_0——柱截面有效高度。

（3）受剪承载力验算

1）考虑地震组合的矩形截面框架柱和框支柱时，其斜截面受剪承载力应符合下列规定：

$$V_c \leqslant \frac{1}{\gamma_{RE}}\left(\frac{1.05}{\lambda+1}f_t bh_0 + f_{yv}\frac{A_{sv}}{s}h_0 + 0.056N\right) \tag{6-36}$$

2）考虑地震组合的矩形截面框架柱和框支柱时，当出现拉力时，其斜截面受剪承载力应符合下列规定：

$$V_c \leqslant \frac{1}{\gamma_{RE}}\left(\frac{1.05}{\lambda+1}f_t bh_0 + f_{yv}\frac{A_{sv}}{s}h_0 - 0.2N\right) \tag{6-37}$$

式中　N——与剪力设计值 V_c 相应的轴向力设计值，当为轴向压力时，$N > 0.3f_c bh$，取 $0.3f_c bh$；当为轴向拉力时，下式右边括号内的值不应小于 $f_{yv}\frac{A_{sv}}{s}h_0$，且 $f_{yv}\frac{A_{sv}}{s}h_0$ 不应小于 $0.36f_t bh_0$；

　　　γ_{RE}——承载力抗震调整系数，取 0.85；

　　　λ——框架柱、框支柱计算剪跨比；当 λ 小于 1.0 时，取 1.0；当 λ 大于 3.0 时，取 3.0；

其余符号意义及取值同普通钢筋混凝土柱。

3. 抗震构造要求

（1）柱的截面尺寸

1）矩形截面柱，抗震等级为四级或层数不超过 2 层时，其最小截面尺寸不宜小于 300mm，一、二、三级抗震等级且层数超过 2 层时不宜小于 400mm；圆柱的截面直径，抗震等级为四级或层数不超过 2 层时不宜小于 350mm，一、二、三级抗震等级且层数超过 2 层时不宜小于 450mm。

2）为避免形成短柱，柱的剪跨比宜大于 2。

3）框架柱为双向受弯构件，截面长边与短边之比不宜大于 3。

（2）轴压比

轴压比是指柱考虑地震作用组合的轴向压力设计值 N 与柱全截面面积 A 和混凝土轴心抗压强度设计值 f_c 乘积之比值，以 $\mu_N = N/f_c A$ 表示。轴压比能反映柱的大小偏压情况，是影响柱破坏形态和延性的主要因素之一。试验结果表明柱的变形能力随轴压比增大而急剧降低，在大偏压情况下延性还是相当好的，而在小偏压情况下则延性较差。因此必须对框架柱的轴压比加以限制，以保证柱有足够的延性。一、二、三、四级抗震等级的各类框架柱、框支柱，其轴压比限值见表 6-17。对Ⅳ类场地上较高的高层建筑，柱轴压比限值应适当减小。

柱轴压比限值

表 6-17

结 构 体 系	抗震等级			
	一级	二级	三级	四级
框架结构	0.65	0.75	0.85	0.90
框架-剪力墙、板柱-剪力墙、框架-核心筒及筒中筒	0.75	0.85	0.90	0.95
部分框支剪力墙结构	0.60	0.70	—	—

注：1. 轴压比是柱考虑地震作用组合的轴向压力设计值与柱全截面面积和混凝土轴心抗压强度设计值乘积之比值；对抗震规范规定不进行地震作用计算的结构，可取无地震作用组合的轴力设计值计算；

2. 表内限值适用于剪跨比大于 2、混凝土强度等级不高于 C60 的柱；剪跨比不大于 2 的柱轴压比限值应降低 0.05；剪跨比小于 1.5 的柱，轴压比限值应专门研究并采取特殊构造措施；

3. 当混凝土强度等级为 C65、C70 时，轴压比限值宜按表中数值减小 0.05；当混凝土强度等级为 C75、C80 时，轴压比限值宜按表中数值减小 0.10；

4. 沿柱全高采用井字复合箍，且箍筋间距不大于 100mm、肢距不大于 200mm、直径不小于 12mm，或沿柱全高采用复合螺旋箍，且螺距不大于 100mm、肢距不大于 200mm、直径不小于 12mm，或沿柱全高采用连续复合矩形螺旋箍，且螺旋净距不大于 80mm、肢距不大于 200mm、直径不小于 10mm 时，轴压比限值可按表中数值增加 0.10；

5. 当柱的截面中部设置由附加纵筋并用箍筋约束形成的芯柱，且附加纵向钢筋的总截面面积不少于柱截面面积的 0.8% 时，轴压比限值宜按表中数值增加 0.05；此项措施与注 4 的措施同时采用时，轴压比限值宜按表中数值增加 0.15，但箍筋的配箍特征值 λ_v 仍按轴压比增加 0.10 的要求确定；

6. 调整后的柱轴压比限值不应大于 1.05。

（3）纵向钢筋

为了避免地震作用下柱子过早进入屈服，并获得较大的屈服变形，柱的纵向钢筋不能配置过少，柱纵向钢筋的最小总配筋率见表 6-18，同时每一侧配筋率不小于 0.2%；对建造于Ⅳ类场地上较高的高层建筑，最小总配筋率应增加 0.1%。

另外，柱总配筋率不应大于 5%；剪跨比不大于 2 的一级框架柱，每侧纵向钢筋配筋率不宜大于 1.2%；边柱、角柱在地震作用组合产生小偏心受拉时，柱内纵筋总截面面积应比计算值增加 25%。

框架柱宜采用对称配筋；截面尺寸大于 400mm 的柱，纵向钢筋间距不宜大于 200mm，纵向钢筋净距不应小于 50mm。

柱截面纵向钢筋的最小总配筋率（%） 表 6-18

类别	抗震等级			
	一级	二级	三级	四级
中柱、边柱	0.9(1.0)	0.7(0.8)	0.6(0.7)	0.5(0.6)
角柱、框支柱	1.1	0.9	0.8	0.7

注：1. 表中括号内数值用于框架结构的柱；

    2. 钢筋强度标准值小于 400MPa 时，表中数值应增加 0.1，钢筋强度标准值为 400MPa 时，表中数值应增加 0.05；

    3. 混凝土强度等级高于 C60 时，上述数值应相应增加 0.1。

（4）箍筋

1）箍筋加密区范围

根据震害调查，框架柱的破坏主要集中在 1.0～1.5 倍柱截面高度范围内，加密柱端箍筋可以起到承担柱子剪力、约束混凝土，提高混凝土抗压强度、变形能力以及为纵向钢筋提供侧向支撑，防止纵筋压曲。柱的箍筋加密范围，应按如下规定：

① 底层柱的上端和其他各层柱的两端，取截面高度（圆柱直径）、柱净高的 1/6 和 500mm 三者的最大值。

② 底层柱，取柱根以上不小于净高的 1/3。

③ 当有刚性地坪时，除柱端外尚应取刚性地面上下各 500mm。

④ 剪跨比不大于 2 的柱和因填充墙等形成的柱净高与柱截面高度之比不大于 4 的柱，取全高。

⑤ 抗震等级为一级及二级框架的角柱，取全高。

⑥ 框支柱，取全高。

2）加密区的箍筋最大间距和最小直径

① 一般情况下，箍筋的最大间距和最小直径，应满足表 6-19 的要求。

柱箍筋加密区箍筋的最大间距和最小直径 表 6-19

抗震等级	箍筋最大间距(取较小值) (mm)	箍筋最小直径(取较大值) (mm)
一级	6d,100	10
二级	8d,100	8
三级	8d,150(柱根 100)	8
四级	8d,150(柱根 100)	6(柱根 8)

注：d 为柱纵向钢筋最小直径；柱根是指底层柱下端的箍筋加密区范围。

② 一级框架柱的箍筋直径大于 12mm 且箍筋肢距不大于 150mm 及二级框架柱箍筋直径不小于 10mm 且箍筋肢距不大于 200mm 时，除柱根外最大间距应允许采用 150mm。

③ 三级框架柱截面尺寸不大于 400mm 时，箍筋最小直径允许采用 6mm。

④ 四级框架柱剪跨比不大于 2 或中柱全部纵筋的配筋率大于 3% 时，箍筋直径不应小于 8mm。

⑤ 剪跨比不大于 2 的柱，箍筋间距不应大于 100mm，一级时尚不应大于 6 倍的纵向钢筋直径。

3）加密区箍筋的体积配箍率要求

① 柱中箍筋除了抗剪作用之外，还可以约束混凝土的横向变形，从而提高混凝土的抗压强度和变形能力。箍筋对混凝土的约束能力大小，与箍筋的体积配箍率有关。箍筋体积配箍率的表达式为：

$$\rho_v = a_{sk} l_{sk}/(l_1 l_2 s) \tag{6-38}$$

式中 a_{sk}——箍筋单肢截面面积；

  l_{sk}——单个截面内箍筋的总长；

  l_1、l_2——外围箍筋包围的混凝土核心的两条边长，可取箍筋的中心线计算；

  s——箍筋间距。

箍筋的体积配箍率越大，箍筋对混凝土的约束作用就越大，延性越好，耗能能力越大。箍筋加密区范围内箍筋的体积配箍率必须满足下式要求：

$$\rho_v \geqslant \lambda_v \frac{f_c}{f_{yv}} \tag{6-39}$$

式中 f_c——混凝土的轴心抗压强度设计值，强度等级低于 C35 时，应按 C35 计算；

  f_{yv}——箍筋或拉筋抗拉强度设计值；

  λ_v——最小配箍特征值，按表 6-20 采用。

柱端加密区箍筋最小配箍特征值　　　　　　　　表 6-20

抗震等级	箍筋形式	轴压比								
		≤0.3	0.4	0.5	0.6	0.7	0.8	0.9	1.0	1.05
一级	普通箍、复合箍	0.10	0.11	0.13	0.15	0.17	0.20	0.23	—	—
	复合或连续复合螺旋箍、螺旋箍	0.08	0.09	0.11	0.13	0.15	0.18	0.21	—	—
二级	普通箍、复合箍	0.08	0.09	0.11	0.13	0.15	0.17	0.19	0.22	0.24
	复合或连续复合螺旋箍、螺旋箍	0.06	0.07	0.09	0.11	0.13	0.15	0.17	0.20	0.22
三、四级	普通箍、复合箍	0.06	0.07	0.09	0.11	0.13	0.15	0.17	0.20	0.22
	复合或连续复合螺旋箍、螺旋箍	0.05	0.06	0.07	0.09	0.11	0.13	0.15	0.18	0.20

注：1. 普通箍指单个矩形箍筋或单个圆形箍筋；螺旋箍指单个螺旋箍筋；复合箍指由矩形、多边形、圆形箍筋或拉筋组成的箍筋；复合螺旋箍指由螺旋箍与矩形、多边形、圆形箍筋或拉筋组成的箍筋；连续复合螺旋箍指全部螺旋箍为同一根钢筋加工成的箍筋；

2. 在计算复合螺旋箍的体积配筋率时，其非螺旋箍筋的体积应乘以系数 0.8；

3. 混凝土强度等级高于 C60 时，箍筋宜采用复合箍、复合螺旋箍或连续复合螺旋箍，当轴压比不大于 0.6 时，其加密区的最小配箍特征值宜按表中数值增加 0.02；当轴压比大于 0.6 时，宜按表中数值增加 0.03。

② 对于一、二、三、四级框架柱，其箍筋加密区范围内箍筋的体积配箍率尚且分别不应小于 0.8%、0.6%、0.4% 和 0.4%。

③ 框支柱宜采用复合螺旋箍或井字复合箍，其最小配箍特征值应按表中的数值增加 0.02 采用，且体积配筋率不应小于 1.5%。

④ 当柱剪跨比不大于 2 时，宜采用宜采用复合螺旋箍或井字复合箍，其体积配筋率不应小于 1.2%；9 度设防烈度一级抗震等级时，不应小于 1.5%。

4）柱非加密区的箍筋

① 其体积配箍率不宜小于加密区的一半。

② 其箍筋间距不应大于加密区箍筋间距的 2 倍，且一、二级不应大于 10 倍纵向钢筋直径，三、四级不应大于 15 倍纵向钢筋直径。

5）箍筋的形式和肢距

箍筋的形式对混凝土的约束作用也有影响。常用的箍筋形式如图 6-36 所示。其中，螺旋箍筋对混凝土的约束作用最强，效果最好，复合箍筋次之，普通箍筋再次。箍筋应为封闭式。另外，加密区箍筋的肢距，一级不宜大于 200mm，二、三级不宜大于 250mm 和 20 倍箍筋直径的较大值，四级不宜大于 300mm；至少每隔一根纵向钢筋宜在两个方向有箍筋或拉筋约束，采用拉筋复合箍时，拉筋宜紧靠纵筋并勾住封闭箍。

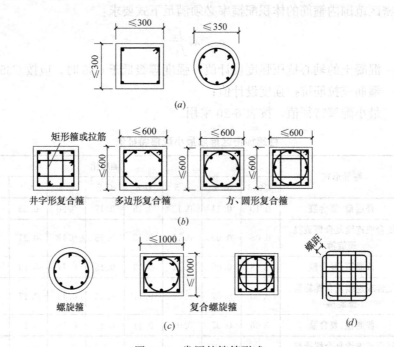

图 6-36 常用的箍筋形式

(a) 普通箍；(b) 复合箍；(c) 螺旋箍；(d) 复合螺旋箍

【例 6-4】 某钢筋混凝土框架结构，抗震等级为二级，首层柱上端某节点处各构件弯矩值如图 6-37 所示：节点上柱下端 $M_{cu} = -708$kN·m；节点下柱上端 $M_{cd} = -708$kN·m；节点左梁右端（左震时）$M_{bl} = +882$kN·m，（右震时）$M_{bl} = -442$kN·m；节点右梁左端

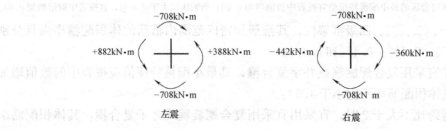

图 6-37

（左震时）$M_{br}=+388kN \cdot m$，（右震时）$M_{br}=-360kN \cdot m$。"+"表示逆时针方向，"−"表示顺时针方向。求此节点下柱上端截面的弯矩设计值。

【解】 （1）根据式（6-30）：

$$\sum M_c = \eta_c \sum M_b$$

（2）梁顺时针方向（右震）：

$$\sum M_b = M_{bl} + M_{br} = 442 + 360 = 802kN \cdot m$$

（3）梁逆时针方向（左震）：

$$\sum M_b = M_{bl} + M_{br} = 388 + 882 = 1270kN \cdot m$$

（4）柱逆时针方向：

$$\sum M_c = M_{cu} + M_{cd} = 708 + 708 = 1416kN \cdot m$$

（5）梁逆时针方向绝对值最大取 $1270kN \cdot m$，抗震等级为二级，$\eta_c = 1.5$，故有：

$$\sum M_c = \eta_c \sum M_b = 1.5 \times 1270 = 1905kN \cdot m > 1416kN \cdot m$$

该框架柱端的弯矩设计值之和取 $1905kN \cdot m$，根据此值来调整下柱上端弯矩设计值，有：

$$M_{cd} = 1905 \times \frac{708}{708 + 708} = 952.5kN \cdot m$$

所以作用于下柱上端截面的弯矩设计值为 $952.5kN \cdot m$。

【例6-5】 某层框架柱截面尺寸 $b \times h = 400mm \times 400mm$，每侧配置 HRB335 钢筋 2 根 18mm，$A_s = A_s' = 509mm^2$，$a_s = a_s' = 40mm$。上、下端考虑地震作用组合且经调整后的弯矩设计值分别为 $M_c^t = 75kN \cdot m$，$M_c^b = 68kN \cdot m$，层高 5.25m，框架梁高 750mm，柱净高 $H_n = 4.5m$，已知 $M_{cua}^t + M_{cua}^b = 88.73kN \cdot m$，反弯点位于柱高中部，混凝土强度等级 C30（$f_c = 14.3N/mm$）。求抗震等级分别为一级、二级时，柱上、下端截面的剪力设计值，并验算剪压比。

【解】 （1）根据式（6-32）和式（6-33），一级抗震等级时：

$$V_c = \max \left\{ 1.2 \frac{M_{cua}^t + M_{cua}^b}{H_n}, \ 1.5 \frac{M_c^t + M_c^b}{H_n} \right\}$$

$$= \max \left\{ 1.2 \frac{88.73 \times 2}{4.5}, \ 1.5 \frac{75 + 68}{4.5} \right\}$$

$$= \max \{47.3, \ 47.7\} = 47.7kN$$

（2）二级抗震等级时：

$$V_c = 1.3 \frac{M_c^t + M_c^b}{H_n} = 1.3 \times \frac{75 + 68}{4.5} = 41.3kN$$

（3）剪压比验算

剪跨比 $\lambda = H_n / (2h_0) = 4.2 \times 10^3 / (2 \times 360) = 5.83 > 2$，应采用式（6-34），有：

$$V_c \leqslant \frac{1}{\gamma_{RE}} (0.2\beta_c f_c b h_0)$$

$$\frac{1}{\gamma_{RE}} (0.2\beta_c f_c b h_0) = \frac{1}{0.85} \times 0.2 \times 1 \times 14.3 \times 400 \times 360 = 484.5kN$$

$$V_c = 47.7kN < 484.5kN，满足。$$

所以抗震等级为一级时，柱上、下端截面的剪力设计值为 47.7kN；抗震等级为二级时，柱上、下端截面的剪力设计值为 41.3kN，且两者均满足剪压比要求。

6.3.2.4 框架节点的设计

国内外大量震害表明，框架节点在地震中有不同程度的破坏，破坏的主要形式是节点核心区剪切破坏和钢筋锚固破坏，严重的会引起整个结构倒塌。节点破坏后的修复比较困难。节点的失效意味着与之相连的梁和柱同时失效。同时，混凝土构件中钢筋要屈服的前提是钢筋必须有可靠的锚固，相应的塑性铰形成的基本前提也是保证梁柱纵筋在节点区有可靠的锚固。根据"强节点弱构件、强锚固"的设计原则，在框架节点的抗震设计中应满足：节点的承载力不应低于其连接构件的承载力；梁柱纵筋在节点区应有可靠的锚固。

1. 节点截面抗震验算

框架节点核心区的抗震验算应符合下列要求：一、二、三级框架的节点核心区应进行抗震受剪承载力验算；四级框架节点可不进行抗震受剪承载力验算，但应符合抗震构造措施的要求。框支层中间层节点的抗震受剪承载力验算方法及抗震构造措施与框架中间层节点相同。

(1) 节点剪力设计值的调整

图 6-38 为中柱节点受力简图，根据平衡条件可以得出核心区剪力的表达式。《建筑抗震设计规范》给出一、二、三级抗震等级的框架梁柱节点核心区的剪力设计如下：

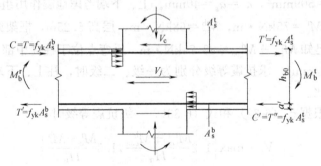

图 6-38 节点受力简图

1）顶层中间节点和端节点

一级抗震等级的框架结构和 9 度设防烈度的一级抗震等级框架：

$$V_j = \frac{1.15\sum M_{bua}}{h_{b0} - a'_s} \tag{6-40}$$

其他情况：

$$V_j = \frac{\eta_{jb}\sum M_b}{h_{b0} - a'_s} \tag{6-41}$$

2）其他层中间节点和端节点

一级抗震等级的框架结构和 9 度设防烈度的一级抗震等级框架：

$$V_j = \frac{1.15\sum M_{bua}}{h_{b0} - a'_s}\left(1 - \frac{h_{b0} - a'_s}{H_c - h_b}\right) \tag{6-42}$$

186

其他情况：

$$V_j = \frac{\eta_{jb} \sum M_b}{h_{b0} - a_s'} \left(1 - \frac{h_{b0} - a_s'}{H_c - h_b}\right) \tag{6-43}$$

式中　$\sum M_{bua}$——节点左、右两侧的梁端反时针或顺时针方向实配的正截面抗震受弯承载力所对应的弯矩值之和，可根据实配钢筋面积（计入纵向受压钢筋）和材料强度标准值确定；

$\sum M_b$——节点左、右两侧的梁端反时针或顺时针方向有地震组合弯矩设计值之和，一级抗震等级框架节点左右梁端均为负弯矩时，绝对值较小的弯矩应取零；

η_{jb}——节点剪力增大系数，对于框架结构，一级取 1.50，二级取 1.35，三级取 1.20；对于其他结构中的框架，一级取 1.35，二级取 1.20，三级取 1.10；

h_{b0}、h_b——分别为梁的截面有效高度、截面高度，当节点两侧梁高不相同时，取其平均值；

H_c——节点上柱和下柱反弯点之间的距离；

a_s'——梁纵向受压钢筋合力点至截面近边的距离。

（2）节点核心区的受剪水平截面应符合下列条件：

$$V_j \leqslant \frac{1}{\gamma_{RE}} (0.3 \eta_j \beta_c f_c b_j h_j) \tag{6-44}$$

式中　h_j——框架节点核心区的截面高度，可取验算方向的柱截面高度 h_c；

b_j——框架节点核心区的截面有效验算宽度，当 b_b 不小于 $b_c/2$ 时，可取 b_c；当 b_b 小于 $b_c/2$ 时，可取 $(b_b + 0.5 h_c)$ 和 b_c 中的较小值；当梁与柱的中线不重合且偏心距 e_0 不大于 $b_c/4$ 时，可取 $(b_b + 0.5 h_c)$、$(0.5 b_b + 0.5 b_c + 0.25 h_c - e_0)$ 和 b_c 三者中的最小值，此处，b_b 为验算方向梁截面宽度，b_c 为该侧柱截面宽度；

η_j——正交梁对节点的约束影响系数：当楼板为现浇、梁柱中线重合、四侧各梁截面宽度不小于该侧柱截面宽度 1/2，且正交方向梁高度不小于较高框架梁高度的 3/4 时，可取 η_j 为 1.50，但对 9 度设防烈度宜取 η_j 为 1.25；当不满足上述条件时，应取 η_j 为 1.00；

γ_{RE}——承载力抗震调整系数，取 0.85。

（3）节点抗剪承载力验算

9 度设防烈度的一级抗震等级框架：

$$V_j \leqslant \frac{1}{\gamma_{RE}} \left(0.9 \eta_j f_t b_j h_j + f_{yv} A_{svj} \frac{h_{b0} - a_s'}{s}\right) \tag{6-45}$$

其他情况：

$$V_j \leqslant \frac{1}{\gamma_{RE}} \left(1.1 \eta_j f_t b_j h_j + 0.05 \eta_j N \frac{b_j}{b_c} + f_{yv} A_{svj} \frac{h_{b0} - a_s'}{s}\right) \tag{6-46}$$

式中　N——对应于考虑地震组合剪力设计值的节点上柱底部的轴向力设计值；当 N 为压力时，取轴向压力设计值的最小值，且当 N 大于 $0.5 f_c b_c h_c$ 时，取 $0.5 f_c b_c h_c$；当 N 为拉力时，取为 0；

b_j——核心区截面有效验算宽度，按式（6-44）的规定取用；

h_j——核心区截面高度，可采用验算方向的柱截面高度；

b_c——分别为验算方向柱截面宽度；

A_{svj}——核心区有效验算宽度范围内同一截面验算方向箍筋各肢的全部截面面积；

其余符号意义同前。

（4）抗震构造要求

框架节点核心区箍筋的最大间距和最小直径宜按柱箍筋加密区的要求采用，一、二、三级框架节点核心区配箍特征值分别不宜小于 0.12、0.10 和 0.08，且体积配箍率分别不宜小于 0.6%、0.5% 和 0.4%。柱剪跨比不大于 2 的框架节点核心区的配箍特征值不宜小于核心区上、下柱端的较大配箍特征值。

2. 梁柱纵筋在节点核心区的锚固

在反复荷载作用下，钢筋与混凝土的粘结强度将发生退化，因此，抗震设计时钢筋的锚固长度 l_{aE} 要大于非抗震设计时的锚固长度 l_a。一、二级抗震等级时，$l_{aE}=1.15l_a$；三级抗震等级时，$l_{aE}=1.05l_a$；四级抗震等级时，$l_{aE}=l_a$。

框架梁和框架柱的纵向受力钢筋在框架节点区的锚固和搭接应符合下列要求：

（1）框架梁的上部纵向钢筋应贯穿中间节点。贯穿中柱的每根梁纵向钢筋直径，对于 9 度设防烈度的各类框架和一级抗震等级的框架结构，当柱为矩形截面时，不宜大于柱在该方向截面尺寸的 1/25，当柱为圆形截面时，不宜大于纵向钢筋所在位置柱截面弦长的 1/25；对一、二、三级抗震等级，当柱为矩形时，不宜大于柱在该方向截面尺寸的 1/20，当柱为圆形截面时，不宜大于纵向钢筋所在位置柱截面弦长的 1/20。

（2）对于框架中间层的中间节点、中间层的边节点、顶层的中间节点及顶层的端节点，梁、柱纵向钢筋在节点部位的锚固和搭接，应符合图 6-39 的相关构造规定。

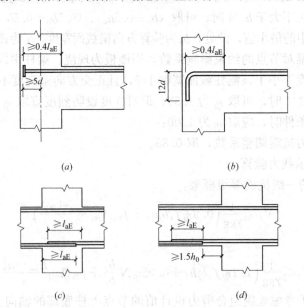

图 6-39 梁柱纵筋在节点的锚固

（a）中间层端节点梁筋加锚头（锚板）锚固；（b）中间层端节点梁筋 90°弯折锚固；
（c）中间层中间节点梁筋在节点内直锚固；（d）中间层中间节点梁筋在节点外搭接

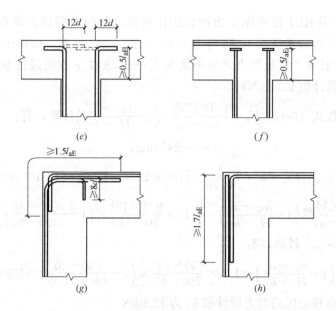

图 6-39　梁柱纵筋在节点的锚固（续）

(e) 顶层中间节点柱筋 90° 弯折锚固；(f) 顶层中间节点柱筋加锚头（锚板）锚固；

(g) 钢筋在顶层端节点外侧和梁端顶部弯折搭接；(h) 钢筋在顶层端节点外侧直线搭接

【例 6-6】～【例 6-8】　某现浇钢筋混凝土多层框架结构房屋，抗震设防烈度为 9 度，抗震等级为一级，梁柱混凝土强度等级 C30（f_t＝1.43N/mm，f_c＝14.3N/mm），纵筋均采用 HRB400 级热轧钢筋（f_y＝360N/mm，f_{yk}＝400N/mm），框架中间层某端节点平面及节点配筋如图 6-40 所示。

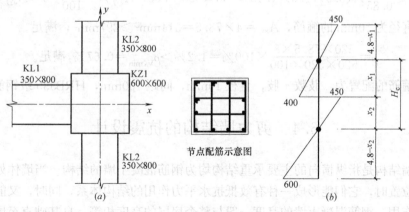

图 6-40

【例 6-6】　该节点上、下楼层的层高均为 4.8m，上柱的上、下端弯矩设计值分别为 M_{c1}^t＝450kN·m，M_{c1}^b＝400kN·m；下柱的上、下端弯矩设计值分别为 M_{c2}^t＝450kN·m，M_{c2}^b＝600kN·m，柱上除节点外无水平荷载作用。求上、下柱反弯点之间的距离 H_c(m)。

【解】　计算简图如图 6-40 (b) 所示，根据三角形相似原理有：$\dfrac{x_1}{400}＝\dfrac{4.8-x_1}{450}$，$x_1$＝2.26m；$\dfrac{x_2}{450}＝\dfrac{4.8-x_2}{600}$，$x_2$＝2.06m；$H_c＝x_1+x_2＝2.26+2.06＝4.32$m。

【例 6-7】 假定 KL1 在考虑 x 方向地震作用组合时的梁端最大负弯矩设计值 $M_b =$ 650kN·m；梁端上部和下部配筋均为 5 根 25mm（$A_s = A'_s = 2454$mm^2），$a_s = a'_s =$ 40mm。该节点上柱和下柱反弯点之间距离为 4.6m。求在 x 方向进行节点验算时，该节点核心区的剪力设计值 V_j（kN）。

【解】 (1) 按式（6-42）$V_j = \dfrac{1.15 \sum M_{bua}}{h_{b0} - a'_s}\left(1 - \dfrac{h_{b0} - a'_s}{H_c - h_b}\right)$ 计算，有：

$$A_s^a = 2454\text{mm}^2$$

$$M_{bua} = \frac{1}{\gamma_{RE}} f_{yk} A_s^a (h_0 - a'_s) = \frac{1}{0.75} \times [400 \times 2454 \times (760 - 40)/10^6] = 942\text{kN·m}$$

$$V_j = \frac{1.15 \sum M_{bua}}{h_{b0} - a'_s}\left(1 - \frac{h_{b0} - a'_s}{H_c - h_b}\right) = 1.15 \times \frac{942 \times 10^3}{760 - 40} \times \left(1 - \frac{760 - 40}{4600 - 800}\right) = 1220\text{kN}$$

(2) 按式（6-43）计算，有

$$V_j = \frac{\eta_{jb} \sum M_b}{h_{b0} - a'_s}\left(1 - \frac{h_{b0} - a'_s}{H_c - h_b}\right) = 1.5 \times \frac{650 \times 10^3}{760 - 40} \times \left(1 - \frac{760 - 40}{4600 - 800}\right) = 1098\text{kN} < 1220\text{kN}$$

所以，该节点核心区的剪力设计值 V_j 为 1220kN。

【例 6-8】 假定框架梁柱节点核心区的剪力设计值 $V_j = 1300$kN，箍筋采用 HRB335 级（$f_y = 300$N/mm）、箍筋间距 $s = 100$mm。节点核心区箍筋的最小体积配箍率 $\rho_{V,min} =$ 0.67%，$a_s = a'_s = 40$mm。配置节点核心区的箍筋。

【解】 按式（6-45）计算，$\gamma_{RE} = 0.85$，$\eta_j = 1.0$。

由 $V_j \leqslant \dfrac{1}{\gamma_{RE}}\left(0.9 \eta_j f_t b_j h_j + f_{yv} A_{svj} \dfrac{h_{b0} - a'_s}{s}\right)$ 得出：

$$1300 \times 10^3 \leqslant \frac{1}{0.85} \times (0.9 \times 1.0 \times 1.43 \times 600 \times 600 + 300 \times A_{svj} \times \frac{760 - 40}{100}) \Rightarrow A_{svj} \geqslant 297\text{mm}^2$$

选用直径为 10mm 的箍筋，$A_{svj} = 4 \times 78.5 = 314\text{mm}^2 \geqslant 297\text{mm}^2$，满足。

$$\rho = \frac{520 \times 78.5 \times 8}{520 \times 520 \times 100} \times 100\% = 1.2\% > \rho_{V,min} = 0.67\%，满足。$$

所以箍筋的配置为：肢数 4 肢，直径 10mm，间距 100mm，HRB335 级钢筋。

6.4 剪力墙结构的抗震设计

剪力墙结构是指纵横向的主要承重结构均为钢筋混凝土墙的结构。当墙体处于建筑物中合适的位置时，它们能形成一种有效抵抗水平力作用的结构体系，同时，又能起到对空间的分割作用。钢筋混凝土墙的高度一般与整个房屋的高度相等，自基础直至屋顶，高达几十米甚至上百米，其宽度则视建筑平面的布置而定，一般为几米至十几米。相对而言，它的厚度则很薄，一般仅为 200～300mm，最小可达 160mm。因此，钢筋混凝土墙在其自身平面内的抗侧刚度很大，而其墙身平面外的刚度却很小，一般可以忽略不计。一般情况下，剪力墙应当沿建筑物的主轴方向均匀布置，以承受纵横两个方向的水平作用和扭转作用。

钢筋混凝土剪力墙的设计要求是：在正常使用荷载及小震作用下，结构应处于弹性工作状态；在中等强度地震（设防烈度）作用下，允许进入弹塑性状态，但裂缝宽度不能过大，应具有足够的承载力、延性及良好的吸收地震能量的能力；在强烈地震（罕遇烈度）作用下，剪力墙不允许倒塌。此外还应保证剪力墙结构的稳定。

每片剪力墙从其本身开洞的情况又可以分成多种类型。由于墙的类型不同，相应的受力特点、计算简图与计算方法也不相同。根据剪力墙开洞情况可以分为以下三种：

（1）整体墙和小开口整体墙

没有门窗洞口或只有很小的洞口，剪力墙正应力为直线规律分布，符合平面假定，这种类型的剪力墙可视为一个整体的悬臂墙，称为整体墙（图 6-41a）。

当门窗洞口稍大一些，墙肢应力中已出现局部弯矩，但局部弯矩的值不超过整体弯矩的15％时，可以认为截面变形大体上仍符合平面假定，按材料力学公式计算应力，然后适当修正。这种剪力墙叫小开口整体墙（图 6-41b）。

（2）双肢、多肢剪力墙

开有一排较大洞口的剪力墙叫双肢剪力墙（图 6-41c），开有多排较大洞口的剪力墙叫多肢剪力墙（图 6-41d）。由于洞口开得较大，截面的整体性已经破坏，正应力分布较直线规律差别较大。

（3）壁式框架

如果洞口更大些，且连梁刚度很大，而墙肢刚度较弱的情况，已接近框架的受力特性，称为壁式框架（图 6-41e）。

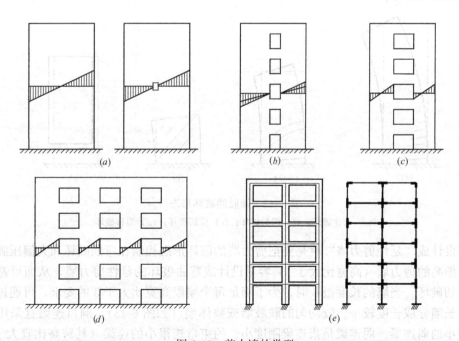

图 6-41　剪力墙的类型

(a) 整体墙；(b) 小开口整体墙；(c) 双肢墙；(d) 多肢墙；(e) 壁式框架

整体墙只有墙肢这一种构件，开洞的剪力墙由墙肢和连梁两种构件组成。在竖向力和水平力作用下，墙肢内力有轴力、弯矩和剪力，连梁的内力主要是弯矩和剪力，轴力很小，可以忽略。墙肢的轴力可能是压力，也可能是拉力，墙肢应进行平面内的偏心受压或偏心受拉承载力验算和斜截面受剪承载力验算，连梁应进行受弯和受剪承载力验算。墙肢和连梁截面尺寸和配筋还应符合构造要求。

6.4.1 延性剪力墙

6.4.1.1 整体剪力墙

实际工程中剪力墙是与各层楼盖或连梁等构件连接形成的空间超静定体系，由于墙身平面内的刚度比与其连接的部件的刚度大得多，在实际计算中为了简化计算又能反映剪力墙的主要受力性能，可将整体墙视为下端固定、上端自由的薄壁悬臂梁，按静定梁计算，这种只考虑一个墙肢的悬臂构件，是剪力墙的基本形式，其抗震性能是剪力墙结构抗震设计的基础。悬臂剪力墙既承受水平荷载所引起的弯矩和剪力，又承受重力荷载引起的轴向力。整截面墙是截面高大而厚度相对很小的"片"状构件。有承载力大和平面内刚度大等优点，也具有剪切变形相对较大、平面外较薄弱的不利性能。经过合理设计，悬臂墙可达到具有良好变形能力的延性构件。

（1）控制墙段的高宽比

在轴向压力和水平力作用下，整体悬臂墙的破坏形态可归纳为弯曲破坏、弯剪破坏、剪切破坏和滑移破坏几种形态（如图 6-42）。弯曲破坏又分为大偏压破坏和小偏压破坏，大偏压破坏是具有延性的破坏形态，小偏压破坏的延性很小，而剪切破坏是脆性的，矮墙经常出现剪切破坏。

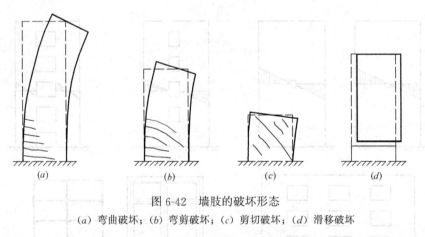

图 6-42 墙肢的破坏形态

（a）弯曲破坏；（b）弯剪破坏；（c）剪切破坏；（d）滑移破坏

要设计成"延性剪力墙"就是要把剪力墙的破坏形态控制在弯曲破坏和大偏压破坏范围内。细高的剪力墙（高宽比大于 3）容易设计成弯曲破坏的延性剪力墙，从而可避免脆性的剪切破坏。当墙的长度很长时，为了满足每个墙段高宽比大于 3 的要求，可通过开设洞口将长墙分成长度较小、较均匀的联肢墙或整体墙（如图 6-43）。洞口连梁宜采用约束弯矩较小的弱连梁。弱连梁是指连梁刚度小、约束弯矩很小的连梁（其跨高比宜大于 6），目的是设置了刚度和承载力比较小的连梁后，地震作用下连梁有可能先开裂、屈服，使墙段成为抗震单元。这是由于连梁对墙肢内力的影响可以忽略，才可近似认为长墙分成了以弯曲变形为主的独立墙段。

墙肢的平面长度（即墙肢截面高度）不宜大于 8m。剪力墙结构的一个结构单元中，当有少量长度大于 8m 的大墙肢时，计算中楼层剪力主要由这些大墙肢承受，其他的小

192

的墙肢承受的剪力很小。一旦地震，尤其超烈度地震时，大墙肢容易首先遭受破坏，而小的墙肢无足够能力抵抗，使整个结构可能被各个击破，这是极不利的。当墙肢长度超过8m时，应采用施工时墙上留洞，完工时砌填充墙的结构洞法，把墙肢分成短墙肢（如图6-44）。

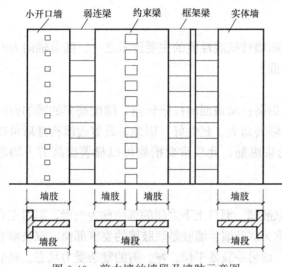

图 6-43　剪力墙的墙段及墙肢示意图

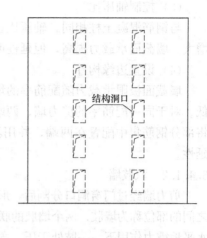

图 6-44　长墙肢留结构洞

（2）在基底加强部位设置塑性铰

大震时悬臂剪力墙上出现塑性铰会吸收大量的地震能量，缓和地震作用。

在简化计算中，悬臂剪力墙是按静定结构计算的，实际上在横向是有多余约束的，故允许出现塑性铰，但只能出现一个塑性铰。塑性铰的位置可以通过配筋设计来加以控制。如果按设计弯矩图配筋，弯曲屈服就可能沿墙任何高度发生。为保证墙的延性，就要在整个墙高采取较严格的构造措施，这是很不经济的，所以要对塑性铰出现的位置进行控制。

在水平荷载作用下，悬臂剪力墙的弯矩和剪力最大值均在基底部位，一般情况下塑性铰通常在底部截面出现。塑性铰区局限在底部截面以上 h_w 高度范围内，故将这部分设置成底部加强区（如图6-45）。要使悬臂剪力墙具有延性，则要防止剪力墙出现剪切破坏和锚固破坏，充分发挥弯曲作用下的钢筋抗拉作用，使剪力墙的塑性铰具有很好的延性。在塑性铰区必须按照"强剪弱弯"的设计原则，用截面达到屈服时的剪力进行截面抗剪验算，以保证在塑性铰出现之前，墙肢不剪坏。因

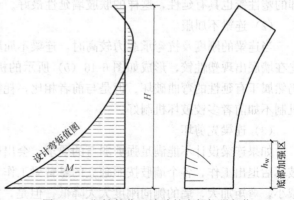

图 6-45　塑性铰位于墙肢的底部加强部位

此，《建筑抗震设计规范》规定剪力墙的底部加强部位的范围应符合下列规定：

① 底部加强部位的高度，应从地下室顶板算起。

② 部分框支剪力墙结构的剪力墙，其底部加强部位的高度，可取框支层加框支层以

上两层的高度及落地剪力墙总高度的 1/10 二者的较大值；其他结构的剪力墙，房屋高度大于 24m 时，底部加强部位的高度可取底部两层和墙体总高度的 1/10 二者的较大值；房屋高度不大于 24m 时，底部加强部位的高度可取底部一层。

③ 当结构计算嵌固端位于地下一层的底板或以下时，底部加强部位向下延伸到计算嵌固端。

（3）控制轴压比

与钢筋混凝土柱相同，轴压比也是影响墙肢抗震性能的主要因素之一。随着轴向力的增大，墙截面承载力提高，但延性明显降低。

（4）设置边缘构件

墙截面极限承载力随配筋率的增加而提高；墙截面的极限转角，随配筋率的增加而降低。对于同一配筋率的剪力墙，两端的极限转角大、延性好。因此，设置边缘构件后可以将部分钢筋集中配置在两端，并用箍筋约束纵筋，此项重要措施可以显著提高剪力墙的延性。

6.4.1.2 双肢墙

剪力墙经过门窗洞口分割后，形成了联肢墙。洞口上下之间的部位称为连梁，洞口左右之间的部位称为墙肢，两个墙肢的联肢墙称为双肢墙。墙肢是联肢墙的要害部位，双肢墙在水平地震力作用下，一肢处于压、弯、剪，而另一肢处于拉、弯、剪的复杂受力状态。联肢墙的设计应该把连梁放在抗震第一道防线，在连梁屈服之前，不让墙肢破坏。而连梁本身还要保证能做到受剪承载力高于弯曲承载力，概括起来就是"强肢弱梁"和"强剪弱弯"。

"强剪弱弯"这一原则既应体现在整体的剪力墙设计中，又要体现在连梁、墙肢各局部构件的设计上。当双肢墙做到"强剪弱弯"后，双肢墙的破坏机制可有下列三种情况：

（1）连梁先屈服

当连梁先于墙肢屈服，且连梁具有足够的延性，待墙肢底部出现塑性铰以后，形成如图 6-46（a）所示的机构。数量众多的连梁端部塑性铰既可较多地吸收地震能量，又能继续传递弯矩与剪力；而且对墙肢形成约束弯矩，使其保持足够的刚度和承载力。墙肢的底部的塑性铰也具有延性，这样的联肢墙延性最好。

（2）连梁不屈服

当连梁的刚度及抗弯承载力较高时，连梁不屈服，这使联肢墙与整体悬臂墙类似，首先在墙底出现塑性铰，形成如图 6-46（b）所示的机构。只要墙肢不过早剪坏，这种破坏仍然属于有延性的弯曲破坏。但是与前者相比，耗能集中在墙肢底部塑性铰上，这种破坏机制不如前者多铰破坏机制好。

（3）连梁先剪坏

如果连梁设计不能满足强剪弱弯的要求，会出现剪切破坏，具有脆性破坏性质，连梁破坏后退出工作，各个墙肢按照独立的悬臂梁工作。与连梁不破坏的墙相比，墙肢中轴力减小，弯矩加大，墙的侧向刚度大大降低。但是，如果能保持墙肢处于良好的工作状态，那么结构仍可继续承载，直到墙肢屈服形成机构，如图 6-46（c）所示。只要墙肢塑性铰具有延性，则这种破坏也是属于延性的弯曲破坏，但同样没有多铰破坏机制好。

双肢墙的抗震试验还表明，当墙的一肢出现拉力时，该墙肢（拉肢）刚度降低，内力将转移集中到另一墙肢（压肢），产生内力重分布。

194

6.4.2 墙肢的设计

整体墙只有墙肢这一种构件，开洞的剪力墙由墙肢和连梁两种构件组成，墙肢是剪力墙结构重要的受力构件，要具有较好的延性。

设计时要根据强墙弱梁和强剪弱弯的设计原则来调整内力。在竖向力和水平力作用下，墙肢内力有轴力、弯矩和剪力。墙肢的轴力可能是压力，

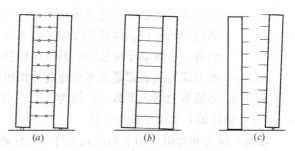

图 6-46　联肢墙三种破坏机构
(*a*) 连梁先屈服；(*b*) 连梁不屈服；(*c*) 连梁先剪坏

也可能是拉力，墙肢应进行平面内的偏心受压或偏心受拉承载力验算和斜截面受剪承载力验算。另外，在施工时，墙肢可能在施工缝截面出现滑移破坏，还要进行墙肢的抗滑移验算。墙肢的截面尺寸和配筋还应符合构造要求。

6.4.2.1　内力设计值

非抗震和抗震设计的剪力墙应分别按无地震作用和有地震作用进行荷载效应组合，取控制截面的最不利组合内力或对其调整后的内力（统称为内力设计值）进行配筋设计，墙肢的控制截面一般取墙底截面以及改变墙厚、改变混凝土强度等级、改变配筋量的截面。

为加强抗震等级为一级的剪力墙的抗震能力，保证在墙底部出现塑性铰，其弯矩设计值取法如下：底部加强部位，采用墙肢底部截面地震组合的弯矩设计值；底部加强部位以上部位，取墙肢截面最不利地震组合的弯矩设计值和剪力设计值乘以增大系数，弯矩增大系数可取为 1.2，剪力增大系数可取为 1.3。其他抗震等级和非抗震设计的剪力墙的弯矩设计值，采用墙肢截面最不利组合的弯矩设计值。

小偏心受拉时墙肢全截面受拉，混凝土开裂贯通整个截面高度，不宜采用小偏心受拉的墙肢，可通过调整剪力墙长度或连梁尺寸避免出现小偏心受拉的墙肢。此外，减小连梁高度也可减小墙肢轴力。

抗震设计的双肢剪力墙，其墙肢不宜出现小偏心受拉；当任一墙肢为偏心受拉时，另一墙肢的弯矩设计值和剪力设计值应乘以增大系数 1.25。原因是，当一个墙肢出现水平裂缝时，刚度降低，由于内力重分布而剪力向无裂缝的另一墙肢转移，使另一墙肢内力加大。

为了加强一、二、三级剪力墙墙肢底部加强部位的抗剪能力，避免过早出现剪切破坏，实现强剪弱弯，墙肢截面的剪力组合设计值应按下式调整：

$$V = \eta_{vw} V_w \tag{6-47}$$

9 度一级剪力墙底部加强部位应按下式调整：

$$V = 1.1 \frac{M_{wua}}{M_w} V_w \tag{6-48}$$

一、二、三级的其他部位、四级可不调整：

$$V = V_w \tag{6-49}$$

式中　V——底部加强部位截面的剪力设计值；

　　　　V_w——底部加强部位剪力墙墙肢截面考虑地震作用组合的最不利剪力计算值；

M_{wua}——剪力墙正截面抗震受弯承载力，应考虑承载力抗震调整系数 γ_{RE}、采用实配纵向钢筋面积、材料强度标准值和组合的轴力等计算，有翼墙时应计入墙两侧各一倍翼墙厚度范围内的纵向钢筋；

M_{w}——剪力墙墙肢底部截面考虑地震作用组合的最不利弯矩计算值；

η_{vw}——墙肢剪力增大系数，一级为 1.6，二级为 1.4，三级为 1.2。

6.4.2.2 墙肢偏心受压承载力计算

墙肢在轴力和弯矩作用下的承载力计算与柱相似，区别在于剪力墙的墙肢除在端部配置竖向抗弯钢筋外，还在端部以外配置竖向和横向分布钢筋，竖向分布钢筋参与抵抗弯矩，横向分布钢筋抵抗剪力，计算承载力时应包括分布钢筋的作用。分布钢筋一般比较细，容易压曲，为简化计算，验算压弯承载力时不考虑受压竖向分布钢筋的作用。

1. 大偏心受压承载力计算（$\xi \leqslant \xi_{\text{b}}$）

在极限状态下，墙肢截面相对受压区高度不大于其相对界限受压区高度时，为大偏心受压破坏。大偏心受压破坏时，远离中和轴的受拉钢筋和受压钢筋都可屈服，只有中和轴附近的竖向分布钢筋没有屈服。根据大偏心受压破坏特点，采用以下假定建立墙肢截面大偏心受压承载力计算公式：

（1）截面变形符合平截面假定；

（2）不考虑受拉混凝土作用；

（3）受压区混凝土的应力图用等效应力图替换，应力达到 $\alpha_1 f_{\text{c}}$（f_{c} 为混凝土轴心抗压强度，α_1 为与混凝土等级有关的等效矩形应力图系数）；

（4）墙肢端部的纵向受拉、受压钢筋屈服；

（5）极限状态下矩形墙肢截面的应力如图 6-47 所示，$h_{\text{w}}-1.5x$（x 为等效矩形应力图受压区高度）范围内的受拉竖向分布钢筋全部屈服并参与受力计算，受压区 $1.5x$ 范围以内的竖向分布钢筋未受拉屈服或为受压，不参与受力计算。

（6）分布钢筋一般比较细，容易压曲，因此不考虑受压竖向分布钢筋的作用。

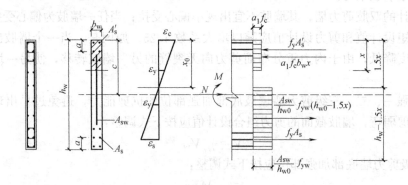

图 6-47 墙肢大偏心受压截面应变和应力分布

由上述假定，根据 $\Sigma N = 0$ 和 $\Sigma M = 0$ 两个平衡条件，建立方程。

对称配筋时，$A_{\text{s}} = A'_{\text{s}}$，由 $\Sigma N = 0$ 计算等效矩形应力图受压区高度 x：

$$N = \alpha_1 f_{\text{c}} b_{\text{w}} x - f_{\text{yw}} \frac{A_{\text{sw}}}{h_{\text{w0}}}(h_{\text{w0}} - 1.5x) \tag{6-50}$$

$$x = \frac{N + f_{yw}A_{sw}}{\alpha_1 f_c b_w + 1.5 f_{yw}A_{sw}/h_{w0}} \qquad (6-51)$$

式中　α_1——当混凝土强度等级不超过 C50 时，取 1.0，当混凝土强度等级为 C80 时，取 0.94，当混凝土强度等级在 C50 和 C80 之间时，按线性内插值取。

对受压区中心取矩，由 $\sum M = 0$ 可得：

$$M = f_{yw}\frac{A_{sw}}{h_{w0}}(h_{w0} - 1.5x)\left(\frac{h_{w0}}{2} + \frac{x}{4}\right) + N\left(\frac{h_{w0}}{2} - \frac{x}{2}\right) + f_y A_s(h_{w0} - a') \qquad (6-52)$$

忽略式中 x^2 项，化简后得：

$$M = \frac{f_{yw}A_{sw}}{2}h_{w0}\left(1 - \frac{x}{h_{w0}}\right)\left(1 + \frac{N}{f_{yw}A_{sw}}\right) + f_y A_s(h_{w0} - a') \qquad (6-53)$$

上式第一项是竖向分布钢筋抵抗的弯矩，第二项是端部钢筋抵抗的弯矩，令

$$M_{sw} = \frac{f_{yw}A_{sw}}{2}h_{w0}\left(1 - \frac{x}{h_{w0}}\right)\left(1 + \frac{N}{f_{yw}A_{sw}}\right) \qquad (6-54)$$

$$M_0 = f_y A_s(h_{w0} - a') \qquad (6-55)$$

根据截面承载力验算要求有：

$$M \leqslant M_0 + M_{sw} \qquad (6-56)$$

式中　M——墙肢的弯矩设计值。

工程设计时，先给定竖向分布钢筋的截面面积 A_{sw}，由式（6-51）计算 x 值，代入式（6-54），求出 M_{sw}，然后按下式计算端部钢筋面积 A_s：

$$A_s \geqslant \frac{M - M_{sw}}{f_y(h_{w0} - a')} \qquad (6-57)$$

不对称配筋时，$A_s \neq A_s'$，此时要先给定竖向分布钢筋 A_{sw}，并给定一端的端部钢筋面积 A_s 或 A_s'，求另一端钢筋面积，由 $\sum N = 0$，得：

$$N = \alpha_1 f_c b_w x + f_y A_s' - f_y A_s - \frac{A_{sw}}{h_{w0}}f_{yw}(h_{w0} - 1.5x) \qquad (6-58)$$

当已知受拉钢筋面积时，对受压钢筋重心取矩：

$$M \leqslant f_{yw}\frac{A_{sw}}{h_{w0}}(h_{w0} - 1.5x)\left(\frac{h_{w0}}{2} + \frac{3x}{4} - a'\right) - \alpha_1 f_c b_w x\left(\frac{x}{2} - a'\right)$$
$$+ f_y A_S(h_{w0} - a') + N(c - a') \qquad (6-59)$$

当已知受压钢筋面积时，对受拉钢筋重心取矩：

$$M \leqslant f_{yw}\frac{A_{sw}}{h_{w0}}(h_{w0} - 1.5x)\left(\frac{h_{w0}}{2} - \frac{3x}{4} - a\right) - \alpha_1 f_c b_w x\left(h_{w0} - \frac{x}{2}\right)$$
$$- f_y A_s'(h_{w0} - a') + N(h_{w0} - c - a) \qquad (6-60)$$

由式（6-59）或式（6-60）可求得 x，再由式（6-58）求得另一端的端部钢筋面积。

当墙肢截面为 T 形或 I 形时，可参照 T 形或 I 形柱的偏心受压承载力的计算方法配筋。首先判断中和轴的位置，然后计算钢筋面积，计算中按上述原则考虑竖向分布筋的作用。

混凝土受压高度应符合 $x \geqslant 2a'$ 的条件，否则按 $x = 2a'$ 计算。

2. 小偏心受压承载力计算（$\xi > \xi_b$）

在极限状态下，墙肢截面混凝土相对受压区高度大于其相对界限受压区高度时为小偏心受压。剪力墙墙肢截面小偏心受压破坏与小偏心受压柱相同，截面大部分或全部受压，由于

受压较大一边的混凝土达到极限压应变而丧失承载力，靠近受压较大边的端部钢筋及竖向分布钢筋屈服，受拉区的竖向分布钢筋未屈服。为了简化计算，不考虑分布钢筋的作用。因此墙肢截面极限状态应力分布及承载力计算方法与小偏心受压柱完全相同（图 6-48）。

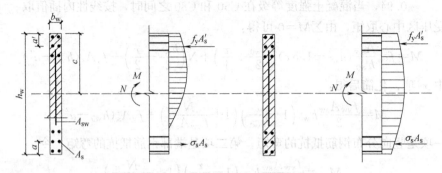

图 6-48　墙肢小偏心受压截面应力分布

根据 $\sum N = 0$ 和 $\sum M = 0$ 两个平衡条件建立基本方程：

$$N = \alpha_1 f_c b_w x + f_y A_s' - \sigma_s A_s \tag{6-61a}$$

$$Ne = \alpha_1 f_c b_w x \left(h_{w0} - \frac{x}{2} \right) + f_y A_s' (h_{w0} - a') \tag{6-61b}$$

$$e = e_0 + e_a + \frac{h_w}{2} - a \tag{6-61c}$$

式中　e_0——轴向压力对截面重心的偏心距，$e_0 = M/N$；

e_a——附加偏心距。

$$\sigma_s = \frac{f_y}{\xi_b - 0.8} \left(\frac{x}{h_{w0}} - \beta_1 \right)$$

对称配筋、采用 HPB300 级和 HRB335 级热轧钢筋时，截面相对受压区高度 ξ 值可用下述近似公式计算：

$$\xi = \frac{N - \alpha_1 \xi_b f_c b_w h_{w0}}{\dfrac{Ne - 0.43 \alpha_1 f_c b_w h_{w0}^2}{(0.8 - \xi_b)(h_{w0} - a')} + \alpha_1 f_c b_w h_{w0}} + \xi_b \tag{6-62}$$

由式（6-60）和式（6-61），可得：

$$A_s = A_s' = \frac{Ne - \xi(1 - 0.5\xi)\alpha_1 f_c b_w h_{w0}^2}{f_y(h_{w0} - a')} \tag{6-63}$$

非对称配筋时，可先按端部构造配筋要求给定 A_s，然后由式（6-62）和式（6-61b）求解 ξ 及 A_s'。如果 $\xi \geqslant h_w/h_{w0}$，为全截面受压，取 $x = h_w$，A_s' 可由下式计算得到：

$$A_s' = \frac{Ne - \alpha_1 f_c b_w h_w (h_{w0} - h_w/2)}{f_y(h_{w0} - a')} \tag{6-64}$$

小偏心受压时，还要验算墙肢平面外稳定。这时可按轴心受压构件计算。

抗震和非抗震设计的剪力墙的墙肢偏心受拉、受压承载力的计算公式相同。抗震设计时，承载力计算公式（6-50）、式（6-52）、式（6-61a）、式（6-61b）应除以承载力抗震调整系数 γ_{RE}，偏心受压、受拉时 γ_{RE} 都取 0.85。

6.4.2.3　墙肢偏心受拉承载力计算

矩形截面偏心受拉剪力墙的正截面承载力可按下列近似公式计算：

永久、短暂设计状况：

$$N \leqslant \cfrac{1}{\cfrac{1}{N_{0u}} + \cfrac{e_0}{M_{wu}}} \tag{6-65}$$

地震设计状况：

$$N \leqslant \cfrac{1}{\gamma_{RE}} \left[\cfrac{1}{\cfrac{1}{N_{0u}} + \cfrac{e_0}{M_{wu}}} \right] \tag{6-66}$$

式中　N_{0u}——剪力墙的轴心受拉承载力设计值；

　　　M_{wu}——剪力墙通过轴向拉力作用点的弯矩平面计算的正截面受弯承载力设计值。

N_{0u}、M_{wu} 按下列公式计算：

$$N_{0u} = 2A_s f_y + A_{sw} f_{yw} \tag{6-67a}$$

$$M_{wu} = A_s f_y (h_{w0} - \alpha') + A_{sw} f_{yw} \frac{(h_{w0} - \alpha'_s)}{2} \tag{6-67b}$$

式中　A_{sw}——剪力墙腹板竖向分布钢筋截面面积。

6.4.2.4　墙肢斜截面受剪承载力计算

1. 墙肢斜截面剪切破坏形态

根据试验，剪力墙斜截面剪切破坏主要有：斜拉破坏、斜压破坏和剪压破坏三种形式。

当剪力墙剪跨比较大、无横向钢筋或横向钢筋很少时，可能发生斜拉破坏。这种破坏特点为：随着荷载的增加，斜裂缝一旦出现即形成一条主要的斜裂缝，并延伸至受压区边缘，使墙肢破裂为两部分而破坏。竖向钢筋锚固不好时，也会发生类似的破坏，斜拉破坏具有明显脆性。

当剪力墙截面尺寸较小、横向钢筋配置过多时，可能发生斜压破坏。这种破坏的主要特点为：随着荷载的增加，斜裂缝将墙肢分割为许多斜向的受压柱体，在横向钢筋屈服前，混凝土被压碎而破坏。斜压破坏也属于脆性破坏，破坏时变形很小。

当剪力墙截面适中、横向钢筋配置适中时，可能发生剪压破坏。这是最常见的墙肢剪切破坏形态。在竖向和水平向荷载作用下，首先出现水平裂缝或细的倾斜裂缝，随着水平荷载的增加，出现一条主要斜裂缝，并延伸扩展，混凝土受压区减小，最后斜裂缝尽端的受压区混凝土在剪应力和压应力共同作用下破坏，横向钢筋屈服。剪压破坏也为脆性破坏，但破坏有一定的预兆。

墙肢斜截面受剪承载力计算公式主要建立在剪压破坏的基础上。墙肢受剪承载力由两部分组成即横向钢筋和混凝土的受剪承载力，并考虑轴力的影响作用。通过构造要求和限制截面尺寸防止墙肢发生斜拉和斜压破坏。

2. 墙肢的剪压比限制

为了防止墙肢发生斜拉破坏，限制墙肢的最小配箍率和横向分布钢筋的最小直径和最大间距。同时为了防止发生斜压破坏，应限制墙肢的最小截面尺寸，即限制剪压比。

永久、短暂设计状况：

$$V \leqslant 0.25 \beta_c f_c b_w h_{w0} \tag{6-68}$$

地震设计状况：

剪跨比 $\lambda > 2.5$ 时

$$V \leqslant \frac{1}{\gamma_{RE}} (0.2 \beta_c f_c b_w h_{w0}) \tag{6-69a}$$

剪跨比 $\lambda \leqslant 2.5$ 时 $$V \leqslant \frac{1}{\gamma_{RE}}(0.15\beta_c f_c b_w h_{w0}) \qquad (6\text{-}69b)$$

式中　V——墙肢截面剪力设计值，一、二、三级剪力墙底部加强部位墙肢截面的剪力设计值按式（6-47）和式（6-48）调整；

　　　β_c——混凝土强度影响系数；

　　　λ——计算截面处的剪跨比，即 $M^c/(V^c h_{w0})$，其中 M^c、V^c 应分别取与 V_w 同一组合的、未调整的弯矩和剪力计算值。

3. 偏心受压斜截面受剪承载力

偏心受压墙肢的受剪承载力计算公式为：

永久、短暂设计状况：

$$V \leqslant \frac{1}{\lambda-0.5}\left(0.5f_t b_w h_{w0} + 0.13N\frac{A_w}{A}\right) + f_{yh}\frac{A_{sh}}{s}h_{w0} \qquad (6\text{-}70a)$$

地震设计状况：

$$V \leqslant \frac{1}{\gamma_{RE}}\left[\frac{1}{\lambda-0.5}\left(0.4f_t b_w h_{w0} + 0.1N\frac{A_w}{A}\right) + 0.8f_{yh}\frac{A_{sh}}{s}h_{w0}\right] \qquad (6\text{-}70b)$$

式中　b_w、h_{w0}——分别为墙肢截面腹板厚度和有效高度；

　　　A、A_w——分别为墙肢全截面面积和墙肢的腹板面积，矩形截面 $A_w = A$；

　　　N——墙肢的轴向压力设计值，抗震设计时，应考虑地震作用效应组合，当 N 大于 $0.2f_c b_w h_w$ 时，取 $0.2f_c b_w h_w$；

　　　f_{yh}——横向分布钢筋抗拉强度设计值

　　　s、A_{sh}——分别为横向分布钢筋间距及配置在同一截面内的横向钢筋面积之和；

　　　λ——计算截面的剪跨比，当 λ 小于 1.5 时取 1.5，当 λ 大于 2.2 时取 2.2，当计算截面与墙肢底截面的距离小于 $0.5h_{w0}$ 时，λ 取距墙肢底截面 $0.5h_w$ 处值。

4. 偏心受拉斜截面受剪承载力

大偏心受拉时，墙肢截面还有部分受压区，混凝土仍可以抗剪，但轴向拉力对抗剪不利。偏心受拉墙肢的受剪承载力计算公式为：

永久、短暂设计状况：

$$V \leqslant \frac{1}{\lambda-0.5}\left(0.5f_t b_w h_{w0} - 0.13N\frac{A_w}{A}\right) + f_{yh}\frac{A_{sh}}{s}h_{w0} \qquad (6\text{-}71a)$$

地震设计状况：

$$V \leqslant \frac{1}{\gamma_{RE}}\left[\frac{1}{\lambda-0.5}\left(0.4f_t b_w h_{w0} - 0.1N\frac{A_w}{A}\right) + 0.8f_{yh}\frac{A_{sh}}{s}h_{w0}\right] \qquad (6\text{-}71b)$$

公式右边圆括号内的计算值小于 0 时取 0。

式中　N——剪力墙截面轴向拉力设计值；

　　　A——剪力墙全截面面积；

　　　A_w——T 形或 I 形截面剪力墙腹板的面积，矩形截面时应取 A；

　　　λ——计算截面的剪跨比，λ 小于 1.5 时应取 1.5，λ 大于 2.2 时应取 2.2，计算截面与墙底之间的距离小于 $0.5h_{w0}$，λ 应按距墙底 $0.5h_{w0}$ 处的弯矩值与剪力值计算；

s——剪力墙水平分布钢筋间距。

6.4.2.5 施工缝的抗滑移验算

剪力墙可能在施工缝截面出现滑移破坏。因此一级抗震等级设计的剪力墙，其水平施工缝处的抗滑移能力宜符合下列要求：

$$V_{wj} \leqslant \frac{1}{\gamma_{RE}}(0.6f_y A_s + 0.8N) \tag{6-72}$$

式中 V_{wj}——水平施工缝处考虑地震作用组合的剪刀设计值；

A_s——水平施工缝处剪力墙腹板内竖向分布钢筋和边缘构件中竖向钢筋总面积（不包括两侧翼墙）以及在墙体中有足够锚固长度的附加插筋面积；

f_y——竖向钢筋抗拉强度设计值；

N——水平施工缝处考虑地震作用组合的轴向力设计值，压力取正值，拉力取负值。

6.4.2.6 墙肢构造要求

1. 最小截面尺寸

为保证剪力墙在轴力和侧向力作用下平面外稳定，防止平面外失稳破坏以及有利于混凝土的浇灌质量，剪力墙的最小厚度不应小于表 6-21 中数值的较大者。不满足表 6-21 时，应计算墙体的稳定。

剪力墙墙肢最小厚度　　　　　　　　　　　表 6-21

部　　位	抗震等级		非抗震
	一、二级	三、四级	
底部加强部位	200mm, $h/16$	160mm, $h/20$	160mm, $h/25$
其他部位	160mm, $h/20$	140mm, $h/25$	

表 6-21 中，h 为层高或剪力墙无支撑高度；一、二级抗震设计的无端柱或翼墙的一字形剪力墙的厚度，底部加强部位不应小于 $h/12$、其他部位不应小于 $h/16$，且不小于 180mm；三、四级抗震设计的无端柱或翼墙的一字形剪力墙的厚度，底部加强部位不应小于 $h/16$、其他部位不应小于 $h/20$，且不小于 180mm。剪力墙井筒中，分隔电梯井的墙肢厚度可适当减小，但不小于 160mm。

2. 轴压比限值

为了保证剪力墙的延性，应当控制截面的相对受压区高度，剪力墙截面对受压区高度与截面形状有关，实际工程中抗震墙截面复杂，会增加设计时计算受压区高度的困难，为此，《建筑抗震设计规范》采用了简化方法，要求限制截面的平均轴压比。一、二、三级剪力墙墙肢的轴压比，在重力荷载代表值作用下的不宜超过表 6-22 的限值。

墙肢轴压比限值　　　　　　　　　　　表 6-22

轴压比	一级(9 度)	一级(7、8 度)	二、三级
n	0.4	0.5	0.6

轴压比：

$$n = \frac{N}{f_c A} \tag{6-73}$$

式中 N——重力荷载代表值作用下墙肢的轴向压力设计值；

      f_c——混凝土轴向抗压强度设计值；

      A——剪力墙墙肢全截面面积。

3. 分布钢筋

墙肢应配置竖向和水平分布钢筋。分布钢筋主要可以抗剪、抗拉、减少收缩裂缝以及抑制斜裂缝的开展等。墙肢的竖向和水平分布钢筋的最小配筋要求见表 6-23，表中 b_w 为墙肢的厚度。

墙肢的竖向和水平分布钢筋的最小配筋率要求   表 6-23

抗震等级或部位	最小配筋率 (%)	最大间距 (mm)	最小直径 (mm)	最大直径
一、二、三级	0.25	300	8	$b_w/10$
四级、非抗震	0.20			
部分框支剪力墙结构底部加强部位	0.30	200		

房屋顶层剪力墙，长矩形平面房屋的楼梯间和电梯间剪力墙，端开间的纵向剪力墙以及端山墙的水平和竖向分布钢筋的最小配筋率都不应小于 0.25%，钢筋间距不应大于 200mm。

竖向和水平分布钢筋的配筋率可分别按下式计算：

$$\rho_{sw}=A_{sw}/(b_w s) \tag{6-74a}$$

$$\rho_{sh}=A_{sh}/(b_w s) \tag{6-74b}$$

式中 ρ_{sw}、ρ_{sh}——分别为竖向、横向分布钢筋的配筋率；

      A_{sw}、A_{sh}——分别为同一截面内竖向、横向钢筋各肢面积之和；

      s——竖向或横向钢筋间距。

为避免墙表面的温度收缩裂缝，为使混凝土均匀受力，高层剪力墙结构的分布钢筋不应单排配置。剪力墙截面厚度不大于 400mm 时，可以采用双排配筋；大于 400mm、但不大于 700mm 时，宜采用三排配筋；大于 700mm 时，宜采用四排配筋。各排分布钢筋之间拉筋间距不大于 600mm，直径不小于 6mm。

4. 边缘构件

剪力墙截面两端设置边缘构件可以提高墙肢端部混凝土极限压应变、改善剪力墙延性。边缘构件根据约束程度的强弱又分为约束边缘构件和构造边缘构件。约束边缘构件是指用箍筋约束的暗柱、端柱和翼墙，其箍筋较多，对混凝土的约束较强，因而混凝土有比较大的变形能力；构造边缘构件的箍筋较少，对混凝土约束程度较差。

《建筑抗震设计规范》规定剪力墙两端和洞口两侧应设置边缘构件，边缘构件包括暗柱、端柱和翼墙，并应符合下列要求：

（1）对于剪力墙结构，底层墙肢底截面的轴压比不大于表 6-24 规定的一、二、三级剪力墙及四级剪力墙，墙肢两端可设置构造边缘构件，构造边缘构件的范围可按图 6-49 采用，构造边缘构件的配筋除应满足受弯承载力要求外，并宜符合表 6-25 的要求。非抗震设计时，墙端应配置不少于 4 根直径 12mm 的纵向钢筋，沿纵筋配置不少于直径 6mm、间距为 250mm 的拉筋。

墙肢轴压比限值 表 6-24

抗震等级或烈度	一级(9 度)	一级(7.8 度)	二、三 级
轴压比	0.1	0.2	0.3

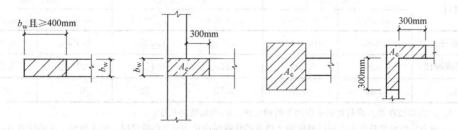

图 6-49　剪力墙墙肢构造边缘构件范围

墙肢构造边缘构件的构造配筋要求 表 6-25

抗震等级	底部加强部位			其他部分		
	纵向钢筋最小量（取较大值）	箍筋		纵向钢筋最小量	拉筋	
		最小直径（mm）	沿竖向最大间距（mm）		最小直径（mm）	沿竖向最大间距(mm)
一	$0.01A_c$、$6\phi16$	8	100	$0.008A_c$、$6\phi14$	8	150
二	$0.008A_c$、$6\phi14$	8	150	$0.006A_c$、$6\phi12$	8	200
三	$0.006A_c$、$6\phi12$	6	150	$0.005A_c$、$4\phi12$	6	200
四	$0.005A_c$、$4\phi12$	6	200	$0.004A_c$、$4\phi12$	6	250

A_c 为计算边缘构件纵向构造钢筋的暗柱或端柱面积，即图 6-49 剪力墙墙肢的阴影部分；对其他部位，拉筋的水平间距不应大于纵向钢筋间距的 2 倍，转角处宜用箍筋。

（2）底层墙肢底截面的轴压比大于表 6-24 规定的一、二、三级剪力墙，以及部分框支剪力墙结构的剪力墙，应在底部加强部位及相邻的上一层设置约束边缘构件（约束边缘构件的范围可按图 6-50 采用），在以上的其他部位可设置构造边缘构件。

约束边缘构件包括暗柱（矩形截面端部），端柱和翼墙等形式，并应符合下列规定：

① 约束边缘构件沿墙肢的长度 l_c 和箍筋配箍特征值 λ_v 应符合表 6-26 的规定，其体积配率 ρ_v 应按下式计算：

$$\rho_v = \lambda_v \frac{f_c}{f_{yv}} \tag{6-75}$$

式中　ρ_v——箍筋体积配箍率，可计入箍筋、拉筋以及符合构造要求的水平分布钢筋，计入的水平分布钢筋的体积配箍率不应大于总体积配箍率的 30%；

λ_v——约束边缘构件配箍特征值；

f_c——混凝土轴心抗压强度设计值；混凝土强度等级低于 C35 时，应取 C35 的混凝土轴心抗压强度设计值；

f_{yv}——箍筋、拉筋或水平分布钢筋的抗拉强度设计值。

② 剪力墙约束边缘构件阴影部分的竖向钢筋除应满足正截面受压（受拉）承载力计

算要求外，其配筋率一、二、三级分别不应小于 1.2%、1.0% 和 1.0%。

③ 约束边缘构件内箍筋或拉筋沿竖向的间距，一级不大于 100mm，二、三级不大于 150mm；箍筋、拉筋沿水平方向的肢距不宜大于 300mm，不应大于竖向钢筋间距的 2 倍。

约束边缘构件沿墙肢 l_c 及其配箍特征值 λ_v

表 6-26

项目	一级（9度）		一级（6、7、8度）		二、三级	
	$\mu_N \leq 0.2$	$\mu_N > 0.2$	$\mu_N \leq 0.3$	$\mu_N > 0.3$	$\mu_N \leq 0.4$	$\mu_N > 0.4$
l_c（暗柱）	$0.20h_w$	$0.25h_w$	$0.15h_w$	$0.20h_w$	$0.15h_w$	$0.20h_w$
l_c（翼墙或端柱）	$0.15h_w$	$0.20h_w$	$0.10h_w$	$0.15h_w$	$0.10h_w$	$0.15h_w$
λ_v	0.12	0.20	0.12	0.20	0.12	0.20

注：1. μ_N 为墙肢在重力荷载代表值作用下的轴压比，h_w 为墙肢的长度；
2. 剪力墙的翼墙长度小于翼墙厚度的 3 倍或端柱截面边长小于 2 倍墙厚时，按无翼墙、无端柱查表；
3. l_c 为约束边缘构件沿墙肢的长度，对暗柱不应小于墙厚和 400mm 的较大值；有翼墙和端柱时，不应小于翼墙厚度或端柱沿墙肢方向截面高度加 300mm。

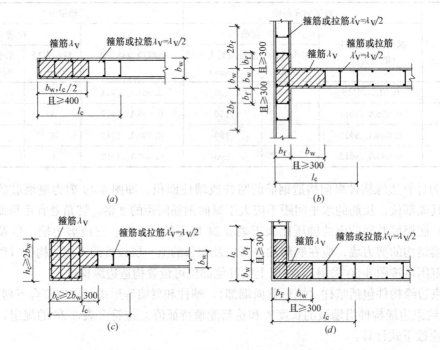

图 6-50 剪力墙墙肢的约束边缘构件
(a) 暗柱；(b) 有翼墙；(c) 端柱；(d) 转角墙

5. 剪力墙钢筋锚固和连接

(1) 剪力墙内钢筋的锚固长度，非抗震设计时，不小于 l_a，抗震设计时不小于 l_{aE}。

(2) 墙肢竖向及横向分布钢筋通常采用搭接连接，一、二级剪力墙的底部加强部位，接头位置应错开，见图 6-51，每次连接的钢筋数量不超过总数的 50%，错开净距不小于 500mm；其他情况的墙可以在同一部位连接。非抗震设计时，搭接长度不小于 $1.2l_a$，抗震设计时不小于 $1.2l_{aE}$。

（3）暗柱及端柱内纵向钢筋连接和锚固要求宜与框架柱相同，宜符合框架节点处的有关规定。

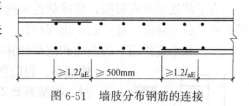

图 6-51　墙肢分布钢筋的连接

6.4.3　连梁的设计

连梁是联肢墙中连接各墙肢协同工作的关键部件，连梁的设计要求是：

（1）在小震和风荷载作用的正常使用状态下，它起着连系墙肢、加大剪力墙刚度的作用。

（2）在中震下它是联肢剪力墙的第一道防线，塑性铰就发生在它的两端。应按"强剪弱弯"的原则控制连梁的破坏形态，使连梁两端出现弯曲屈服的塑性铰，耗散地震能量；应按"强墙肢弱连梁"的原则使连梁的屈服先于墙肢发生，使联肢墙形成理想的多铰机构，具有较大的延性。

（3）在大震作用下，也可允许连梁发生剪切破坏。

连梁设计是剪力墙结构抗震设计的重要环节。

连梁与普通梁在截面尺寸和受力变形等方面有所不同。连梁通常是跨高比小而梁高大（接近深梁），住宅、旅馆剪力墙结构的连梁的跨高比往往小于 2.0，甚至不大于 1.0，在竖向荷载产生的弯矩和剪力不大，而在水平侧向力作用下与墙肢相互作用产生的约束弯矩与剪力较大，且约束弯矩在梁两端呈同时针方向，这种反弯作用使梁产生很大的剪切变形，对剪应力十分敏感，容易出现斜裂缝。在反复荷载作用下，连梁易形成交叉斜裂缝使混凝土酥裂，延性较差，如图 6-52 所示。

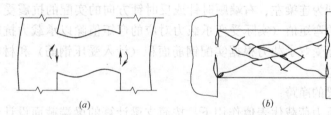

（a）　　　　　　　　　　　（b）

图 6-52　小跨高比连梁的变形和裂缝图
（a）变形图；（b）裂缝图

为使连梁具有延性，连梁应按强剪弱弯进行设计，连梁的设计剪力应等于或大于连梁的抗弯极限承载力。由于连梁跨高比小，很难避免斜裂缝及剪切破坏，必须采取限制连梁名义剪应力的措施推迟连梁的剪切破坏。对于延性要求高的核心筒连梁和框筒裙梁，可采取特殊措施，如配置交叉斜筋或交叉暗撑，改善连梁受力性能。

连梁的跨高比不小于 5 时，按本节连梁设计，当连梁的跨高大于 5 时，按框架梁设计。

6.4.3.1　内力设计值

1. 弯矩设计值

连梁屈服先于墙肢屈服，使塑性变形和耗能分散于连梁中，避免因墙肢过早屈服使塑性变形集中在某一层而形成软弱层或薄弱层。

为了使连梁首先屈服，应降低连梁的弯矩设计值，按降低后弯矩进行配筋，可以使连梁抗弯承载力降低，连梁较早出现塑性铰。弯矩调幅的方法有以下两种方法：

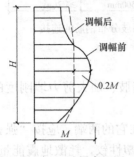

（1）在小震作用下的内力和位移计算时，通过折减连梁的刚度，使连梁的弯矩、剪力值减小。设防烈度为6、7度时，折减系数不小于0.7；8、9度时，折减系数不小于0.5。折减系数也不能过小，以保证连梁有足够的承受竖向荷载的能力。

（2）按连梁弹性刚度计算内力和位移，将弯矩组合值乘以折减系数。抗震设防烈度为6度和7度时，折减系数不小于0.8；8度和9度时，不小于0.5。用这种方法时，应适当增加其他连梁的弯矩设计值（图6-53），以补偿静力平衡。

图 6-53 连梁弯矩调幅示意图

2. 剪力设计值

对于连梁，与框架梁相同，通过剪力增大系数调整剪力设计值，实现强剪弱弯。非抗震设计及四级剪力墙的连梁，取最不利组合的剪力计算值作为其剪力设计值。一、二、三级剪力墙的连梁，按强剪弱弯要求调整连梁梁端截面组合的剪力设计值。连梁截面剪力设计值 V_b 按下式计算：

$$V_b = \eta_{vb}(M_b^l + M_b^r)/l_n + V_{Gb} \tag{6-76a}$$

9度一级剪力墙的连梁剪力应按下式确定：

$$V_b = 1.1(M_{bua}^l + M_{bua}^r)/l_n + V_{Gb} \tag{6-76b}$$

式中　V_b——连梁截面的剪力设计值；

M_b^l、M_b^r——分别为连梁左、右端顺时针或反时针方向考虑地震作用组合的弯矩设计值；

M_{bua}^l、M_{bua}^r——分别为连梁左、右端顺时针或反时针方向的实配的抗震受弯承载力所对应的弯矩值（实际受弯承载力对应的弯矩值除以承载力抗震调整系数），实际受弯承载力根据实配钢筋面积（计入受压钢筋）和材料强度标准值确定；

l_n——连梁的净跨；

V_{Gb}——在重力荷载代表值作用下，按简支梁计算的梁端截面设计值，在连梁跨度不大的情况下，V_{Gb} 比较小，可以忽略；

η_{vb}——连梁剪力增大系数，一级取1.3，二级取1.2，三级取1.1。

6.4.3.2 承载力验算

1. 连梁剪压比限制

为避免过早出现斜裂缝和混凝土过早剪坏，要限制截面名义剪应力，连梁截面的剪力设计值应满足下式要求：

永久、短暂设计状况：

$$V_b \leqslant 0.25\beta_c f_c b_b h_{b0} \tag{6-77a}$$

地震设计状况：

跨高比大于 2.5 时　　　　$$V_b \leqslant \frac{1}{\gamma_{RE}}(0.2\beta_c f_c b_b h_{b0}) \tag{6-77b}$$

跨高比不大于 2.5 时　　　　$$V_b \leqslant \frac{1}{\gamma_{RE}}(0.15\beta_c f_c b_b h_{b0}) \tag{6-77c}$$

式中 V_b—— 按"强剪弱弯"调整后的连梁截面的剪力设计值；

$\quad b_b$—— 连梁截面宽度；

$\quad h_{b0}$—— 连梁截面有效高度；

$\quad \beta_c$—— 混凝土强度影响系数，取值同前。

由于连梁对剪切变形十分敏感，其名义剪应力限制比较严，在很多情况下计算时经常出现不满足式（6-77）的情况，一般可以采取以下处理方法：

（1）减小连梁截面高度或采取其他减小连梁刚度的措施。连梁名义剪应力超过限制值时，加大截面高度、会吸引更多剪力，更为不利，减小截面高度或加大截面有效厚度，而后者一般很难实现。

（2）抗震设计的剪力墙中连梁弯矩可进行塑性调幅。连梁塑性调幅可采用两种方法，一是在内力计算前就将连梁刚度进行折减；二是在内力计算之后，将连梁弯矩和剪力组合值乘以折减系数。两种方法的效果都是减小连梁内力和配筋。因此在内力计算时已经降低了刚度的连梁，其调幅范围应当限制或不再继续调幅。当部分连梁降低弯矩设计值后，其余部位连梁和墙肢的弯矩设计值应相应提高。

（3）当连梁破坏对承受竖向荷载无明显影响时，可按独立墙肢的计算简图进行第二次多遇地震作用下的内力分析，墙肢截面应按两次计算的较大值计算配筋。

无论用什么方法，连梁调幅后的弯矩、剪力设计值不应低于使用状况下的值，也不宜低于比设防烈度低一度的地震作用组合所得的弯矩设计值。

2. 受剪承载力验算

连梁的受剪承载力按下式验算：

永久、短暂设计状况：

$$V_b \leqslant 0.7 f_t b_b h_{b0} + f_{yv} \frac{A_{sv}}{s} h_{b0} \tag{6-78a}$$

地震设计状况：

跨高比大于 2.5 时 $\quad V_b \leqslant \dfrac{1}{\gamma_{RE}} \left(0.42 f_t b_b h_{b0} + f_{yv} \dfrac{A_{sv}}{s} h_{b0} \right) \tag{6-78b}$

跨高比不大于 2.5 时 $\quad V_b \leqslant \dfrac{1}{\gamma_{RE}} \left(0.38 f_t b_b h_{b0} + 0.9 f_{yv} \dfrac{A_{sv}}{s} h_{b0} \right) \tag{6-78c}$

式中 V_b—— 按"强剪弱弯"调整后的连梁截面的剪力设计值；

$\quad f_t$—— 混凝土轴心抗拉强度设计值；

b_b、h_{b0}—— 分别为连梁截面宽度和有效高度；

$\quad A_{sv}$—— 同一截面内竖向箍筋的全部截面面积；

$\quad s$—— 箍筋的间距；

$\quad f_{yv}$—— 箍筋的抗拉强度设计值。

3. 受弯承载力验算

连梁可按普通梁计算受弯承载力。连梁通常采用对称配筋（$A_s = A'_s$），验算公式如下：

永久、短暂设计状况：

$$M_b \leqslant f_y A_s (h_{b0} - a') \tag{6-79a}$$

地震设计状况：
$$M_b \leqslant \frac{1}{\gamma_{RE}} f_y A_s (h_{b0} - a') \qquad (6\text{-}79b)$$

式中 M_b——连梁弯矩设计值；

A_s——受力纵向钢筋面积；

$h_{b0} - a'$——上、下受力钢筋重心之间的距离。

6.4.3.3 连梁构造要求

1. 连梁的最小配筋率和最大配筋率

跨高比（l/h_b）不大于 1.5 连梁，非抗震设计时，其纵向钢筋的最小配筋率可取为 0.2%；抗震设计时，其纵向钢筋的最小配筋率宜符合表 6-27 的要求；跨高比大于 1.5 的连梁，其纵向钢筋的最小配筋率可按框架梁的要求采用。

跨高比不大于 1.5 的连梁纵向钢筋的最小配筋率（%）　　　　　表 6-27

跨高比	最小配筋率(采用较大值)
$l/h_b \leqslant 0.5$	$0.20, 45 f_t / f_y$
$0.5 < l/h_b \leqslant 1.5$	$0.25, 55 f_t / f_y$

连梁中，非抗震设计时，顶面及底面单侧纵向钢筋的最大配筋率不宜大于 2.5%；抗震设计时，顶面及底面单侧纵向钢筋的最大配筋率宜符合表 6-28 的要求。如不满足，则应按实配钢筋进行连梁强剪弱弯的验算。

连梁纵向钢筋的最大配筋率（%）　　　　　表 6-28

跨 高 比	最大配筋率
$l/h_b \leqslant 1.0$	0.6
$1.0 < l/h_b \leqslant 2.0$	1.2
$2.0 < l/h_b \leqslant 2.5$	1.5

2. 连梁配筋构造要求

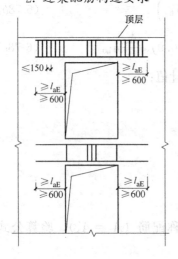

图 6-54　连梁配筋构造示意图
注：非抗震设计时图中 l_{aE} 取 l_a

连梁配筋构造（图 6-54）应满足下列要求：

（1）连梁顶面、底面纵向水平钢筋伸入墙肢的长度，抗震设计时不应小于 l_{aE}，非抗震设计时不应小于 l_a，且不应小于 600mm；

（2）抗震设计时，沿连梁全长箍筋的构造应符合框架梁端箍筋加密区的箍筋构造要求，非抗震设计时，沿连梁全长的箍筋直径不小于 6mm，间距不应大于 150mm；

（3）顶层连梁纵向水平钢筋伸入墙肢的长度范围内应配置箍筋，箍筋间距不宜大于 150mm，直径应与该连梁的箍筋直径相同；

（4）连梁高度范围内的墙肢水平分布钢筋应在连梁内拉通作为连梁的腰筋。连梁高度大于 700mm 时，其两侧设置的腰筋直径不小于 8mm，间距不大于 200mm；跨高比不大于 2.5 的连梁，两侧腰筋的总面积配筋率不应小于 0.3%。

6.5　框架-剪力墙结构的抗震设计

在框架结构的适当部位设置剪力墙，就形成了框架-剪力墙结构。典型的框架-剪力墙结构平面布置如图 6-55 所示。

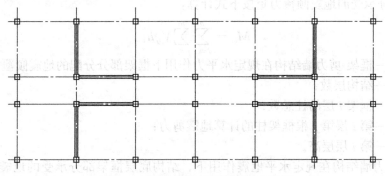

图 6-55　框架-剪力墙结构平面布置图

框架-剪力墙结构中的框架和剪力墙的截面抗震设计，应按 6.4 节和 6.3 节中有关框架和剪力墙的截面抗震设计外，同时应满足以下规定。

6.5.1　框架-剪力墙结构的抗震设计的基本思想

框架-剪力墙结构的抗震设计的基本思想是"强剪弱弯，强肢弱梁，可靠的楼盖"。

震害表明，框架-剪力墙结构比框架结构在减轻框架及非结构部件的震害方面有明显的优越性，剪力墙可以控制层间位移，降低了对框架的延性要求，简化了抗震措施。由于框架和剪力墙的共同作用，顶层高振型的鞭梢效应可以大为减轻。

同框架结构相比，剪力墙结构的耗能能力为同高度框架结构的 20 倍左右，剪力墙还具有在强震作用下裂而不倒和事后易于修复的优点。

框架-剪力墙设计应能做到以下几点：

（1）墙体的受弯破坏要先于受剪或其他形式的破坏，并且要把这种破坏限定在墙体中某个指定的部位。

（2）联肢剪力墙的连梁在墙肢最终破坏前应具有足够的变形能力。

（3）与剪力墙相连的楼盖（或屋盖）应具有必要的承载力和刚度。

框架-剪力墙结构应具有多道设防的抗震结构体系。在大震作用下，随着剪力墙的刚度退化，框架起着保持结构稳定及防止全部倒塌的二道防线作用，此时框架并不需考虑过大的地震作用（但需有一定的承载力储备），因为已开裂的剪力墙仍有一定的耗能能力，同时结构刚度的退化，也在一定程度上降低了地震作用。

大震作用下剪力墙开裂刚度退化同时也引起了框架与剪力墙之间的塑性内力重分布，这需要对原有的内力分析结果做一些调整，赋予框架一定的安全储备，以实现多道设防的原则。

框架-剪力墙结构会推迟框架塑性机制的形成，因此框架部分不需严格按强柱弱梁的原则进行设计,对梁柱节点的要求可适当放宽。

6.5.2 地震倾覆力矩比值对框架-剪力墙结构的最大适用高度、抗震等级和轴压比的影响

地震倾覆力矩比值是指:抗震设计时的框架-剪力墙结构,在规定的水平力作用下,结构底层框架部分承受的地震倾覆力矩与结构总地震倾覆力矩的比值。

规定的水平力引起的对房屋的地震倾覆力矩由框架和剪力墙两部分共同承担。

框架部分承受的地震倾覆力矩按下式计算:

$$M_c = \sum_{i=1}^{n} \sum_{j=1}^{m} V_{ij} h_i \tag{6-80}$$

式中 M_c——框架-剪力墙结构在规定水平力作用下框架部分分配的地震倾覆力矩;

n——结构层数;

m——框架 i 层的柱总数;

V_{ij}——第 i 层第 j 根框架柱的计算地震剪力;

h_i——第 i 层层高。

框架-剪力墙结构在规定水平地震作用下,结构底层框架部分承受的地震倾覆力矩与结构总地震倾覆力矩的比值不尽相同,结构性能有较大差别。在结构设计时,因根据此比值确定该结构相应的适用高度和构造措施,计算模型及分析按框架-剪力墙结构进行实际输入和计算分析。

不同"地震倾覆力矩值"时最大适用高度、抗震等级和轴压比取值见表 6-29。

地震倾覆力矩比值对框架-剪力墙结构的最大适用高度、抗震等级和轴压比的影响　表 6-29

地震倾覆力矩比值	最大适用高度	抗震等级		轴压比限制
		框架部分的抗震等级	剪力墙部分的抗震等级	
≤10%	按剪力墙结构的要求执行	应按框架-剪力墙结构的框架进行设计	可按剪力墙结构的规定执行	应按框架-剪力墙结构的规定进行设计
>10%、≤50%	按框架-剪力墙结构的要求执行	按框架-剪力墙结构的规定进行设计	按框架-剪力墙结构的规定进行设计	按框架-剪力墙结构的规定进行设计
>50%、≤80%	可比框架结构适当增加,提高的幅度可视剪力墙承担的地震倾覆力矩来确定	宜按框架结构的规定采用	按框架-剪力墙结构的规定采用	宜按框架结构的规定采用
>80%	宜按框架结构采用	应按框架结构的规定采用	按框架-剪力墙结构的规定采用	应按框架结构的规定采用

6.5.3 内力的调整

1. 框架部分总剪力的调整

框架-剪力墙结构中,柱与剪力墙相比,其抗剪刚度很小,故在地震作用下,楼层地震引起的总剪力主要由剪力墙来承担,框架柱只承担很小一部分,因此框架由于地震作用所造成的内力很小,而框架作为抗震的第二道防线,过于单薄是不利的。由于计算中采用楼板平面内刚度无限大的假定,但在框架-剪力墙结构中,作为主要侧向支承的剪力墙间

距比较大，实际上楼板是有变形的，变形的结果将使框架部分的水平位移大于剪力墙的水平位移，相应地，框架实际承受的水平力大于采用刚性楼板假定计算的结果。另外剪力墙的刚度大，承受了大部分水平力，因而在地震作用下，剪力墙会首先开裂，刚度降低，从而使一部分地震作用向框架转移，框架受到的地震作用会显著增加。

由内力分析可知，框架-剪力墙结构的框架，受力情况不同于纯框架中的框架，它下部楼层的计算剪力很小，其底部接近于零。显然，直接按照计算的剪力进行配筋是不安全的，必须予以适当调整，使框架具有足够的抗震能力，使框架有能力成为框架-剪力墙结构的第二道抗震防线。为了保证框架部分有一定的能力储备，规定框架部分所承担的地震剪力不应小于一定的值，并将该值规定为：

侧向刚度沿竖向分布基本均匀的框架-剪力墙结构，任一层框架部分的地震剪力值，不应小于结构底部总地震剪力 V_0 的 20％和按框架-剪力墙结构计算的框架部分各楼层地震剪力中最大值 $V_{f,max}$ 的 1.5 倍二者的较小值采用。其中 V_0 是对框架柱数量从下至上基本不变的规则建筑，应取对应于地震作用标准值的结构底部总剪力；对框架柱数量从下至上分段有规律变化的结构，应取每段最下一层结构对应于地震作用标准值的总剪力；$V_{f,max}$ 是对框架柱数量从下至上基本不变的规则建筑，应取对应于地震作用标准值且未经调整的各层框架承担的地震总剪力中的最大值；对框架柱数量从下至上分段有规律变化的结构，应取每段中对应于地震作用标准值且未经调整的各层框架承担的地震总剪力中的最大值。各层框架所承担的地震总剪力按上述调整后，应按调整前、后总剪力的比值调整每根框架柱以及与之相连框架梁的剪力及端部弯矩标准值，框架柱的轴力标准值可不予调整。

按振型分解反应谱法计算地震作用时，为便于操作，框架柱地震剪力的调整可在振型组合之后进行。框架剪力的调整应在楼层剪力满足楼层最小剪力系数（剪重比）的前提下进行。

框架剪力的调整是框架-剪力墙结构进行内力计算后，为提高框架部分承载力的一种人为措施，是调整截面设计用的内力设计值，所以调整后，节点弯矩与剪力不再保持平衡，但不必再重新分配节点弯矩。

2. 框架部分截面内力的调整

框架-剪力墙结构中的框架与框架结构一样要设计成"延性"结构，亦要进行内力调整。由于框架-剪力墙中的框架作为第二道防线，其要求应该比框架结构降低一些。故增大系数 η 要低于框架结构。

（1）强柱弱梁

一、二、三、四级框架的梁柱节点处，除框架顶层和柱轴压比小于 0.15 者及框支梁与框支柱节点外，柱端组合的弯矩设计值应符合：$\sum M_c = \eta_c \sum M_b$。此公式中的 η_c 为框架柱端弯矩增大系数；对于前面的框架结构，一、二、三、四级可分别取 1.7、1.5、1.3、1.2；对于本节的框架-剪力墙结构中的框架，一级取 1.4，二级取 1.2，三、四级取 1.1。

（2）强剪弱弯

为了防止框架柱在压弯破坏之前发生脆性的剪切破坏，应按"强剪弱弯"的原则对剪力设计值进行调整，并以此剪力进行柱斜截面计算。为此，柱端剪力设计值应按下列规定采用。一、二、三、四级框架柱和框支柱组合的剪力设计值应按下式调整：

$$V_c = \eta_{vc}(M_c^t + M_c^b)/H_n$$

此公式中的 η_{vc} 为柱剪力增大系数；对于框架结构，一、二、三、四级可分别取 1.5、1.3、1.2、1.1；对于本节的框架-剪力墙结构中的框架，一级取 1.4，二级取 1.2，三、四级取 1.1。

（3）强节点，弱构件

一、二、三级抗震等级的框架梁柱节点核心区组合的剪力设计如下：对于顶层中间节点和端节点，$V_j = \dfrac{\eta_{jb} \sum M_b}{h_{b0} - a_s'}$；对于其他层中间节点和端节点，$V_j = \dfrac{\eta_{jb} \sum M_b}{h_{b0} - a_s'}\left(1 - \dfrac{h_{b0} - a_s'}{H_c - h_b}\right)$。两公式中的 η_{jb} 为节点剪力增大系数，对于框架结构，一级取 1.50，二级取 1.35，三级取 1.20；对于本节的框架-剪力墙结构中的框架，一级取 1.35，二级取 1.20，三级取 1.10。

（4）强柱根不作要求

框架结构计算嵌固端所在层即底层的柱下端过早出现塑性屈服，将影响整个结构的抗地震倒塌能力。嵌固端截面乘以弯矩增大系数是为了避免框架结构柱下端过早屈服。对于框架-剪力墙结构中的框架，其主要抗侧力构件为剪力墙，对其框架部分的嵌固端，可不做要求。

6.5.4　带边框的剪力墙

框架-剪力墙结构中的剪力墙，是作为该结构体系第一道防线的主要抗侧力构件，需要比一般的剪力墙有所加强。

其剪力墙通常有两种布置方式：一种是剪力墙与框架分开，剪力墙围成筒，墙的两端没有柱；另一种是剪力墙嵌入框架内，有端柱，有边框梁，成为带边框剪力墙。第一种情况的剪力墙，与剪力墙结构中的剪力墙、筒体结构中的核心筒或内筒墙体区别不大。

这里讲述第二种情况的剪力墙，即带边框的剪力墙。

带边框的剪力墙的构造应符合下列规定：

（1）带边框剪力墙的截面厚度应符合墙体稳定计算要求，且应符合下列规定：

① 抗震设计时，一、二级剪力墙的底部加强部位不应小于 200mm；

② 除①项以外的其他情况不应小于 160mm。

（2）剪力墙的水平钢筋应全部锚入边框柱内，锚固长度不应小于（非抗震设计）l_a 或 l_{aE}（抗震设计）。

（3）与剪力墙重合的框架梁可保留，亦可做成宽度与墙厚相同的暗梁，暗梁截面高度可取墙厚的 2 倍或与该榀框架梁截面等高，暗梁的配筋可按构造配置且应符合一般框架梁相应抗震等级的最小配筋要求。

（4）剪力墙截面宜按工字形设计，其端部的纵向受力钢筋应配置在边框柱截面内。

（5）边框柱宜与该榀框架其他柱的截面相同，并应满足前面框架柱的构造配筋规定。剪力墙底部加强部位的端柱和紧靠剪力墙洞口的端柱宜按柱箍筋加密区的要求沿全高加密箍筋。

6.5.5　框架-剪力墙结构的抗震构造措施

（1）剪力墙的厚度不应小于 160mm 且不宜小于层高和无支长度的 1/20，底部加强部位的剪力墙厚度不应小于 200mm 且不宜小于层高和无支长度的 1/16。

(2) 剪力墙的竖向和横向分布钢筋的配筋率，抗震设计时均不应小于 0.25%，钢筋直径不宜小于 10mm，间距不宜大于 300mm，并应至少双排布置，各排分布钢筋之间应设置拉筋，拉筋直径不应小于 6mm，间距不应大于 600mm。非抗震设计时，剪力墙的竖向和横向分布钢筋的配筋率均不应小于 0.20%。

(3) 框架-剪力墙的其他抗震构造措施，应符合框架和剪力墙结构的抗震构造措施。

思 考 题

1. 简述多高层钢筋混凝土结构的震害特点。
2. 什么是材料的延性、构件的延性和结构的延性？
3. 划分结构抗震等级的原则和意义是什么？
4. 简述分层法的计算步骤。
5. 简述反弯点法和 D 值法的区别以及它们的计算步骤。
6. 怎样进行框架结构的内力组合？
7. 为什么要钢筋混凝土框架梁进行弯矩调幅？
8. 什么是"强柱弱梁"和"强剪弱弯"？在设计中如何保证？
9. 框架柱和框架梁的抗震构造要求有哪些？
10. 墙肢和连梁的抗震构造要求有哪些？
11. 框架结构、剪力墙结构和框架-剪力墙结构它们的抗震设计原则或思想是什么？

习 题

1. 如图 6-56 所示三层现浇钢筋混凝土框架结构，属丙类建筑，设防烈度为 8 度，（设计基本地震加速度为 0.2g），建筑场地为 Ⅱ 类，设计地震分组为第二组。梁、柱混凝土强度等级为 C25，纵向钢筋为 HRB335，箍筋为 HPB300。试对横向中间框架进行抗震计算。经计算，各层重力荷载代表值：$G_1 = 12000$kN，$G_2 = 11000$kN，$G_3 = 8000$kN。梁、柱子截面尺寸分别为 250mm×600mm 和 500mm×500mm。

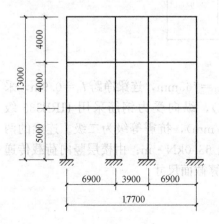
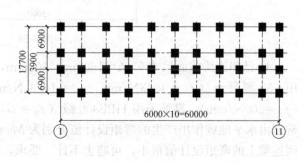

图 6-56

2. 某框架结构，框架抗震等级为三级，其梁柱节点如图 6-57 所示，梁受压和受拉钢筋合力点至梁边缘的距离为 $a_s = a'_s = 60$mm，节点左侧梁端弯矩设计值 $M_b^l = 474.3$kN·m，节点右侧梁端弯矩设计值 $M_b^r = 260.8$kN·m，节点上下层反弯点之间的距离 $H_c = 4150$mm。求梁柱节点核心区截面沿 x 方向的组合剪力设计值（kN）。

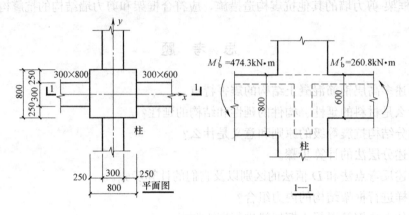

图 6-57

3. 某剪力墙结构，抗震设防烈度 8 度，抗震等级二级如图 6-58 所示，混凝土为 C40，端柱纵筋用 HRB335，分布筋用 HPB300，轴压比大于 0.4。要求：（1）剪力墙约束边缘构件沿墙肢方向的长度 l_c（mm）；（2）剪力墙约束边缘构件纵向钢筋的最小配筋面积 A_s（mm²）；（3）约束边缘构件的最小体积配箍率 ρ_v；（4）若约束边缘构件实配箍筋如图 6-58 所示，求其体积配箍率 ρ_v。

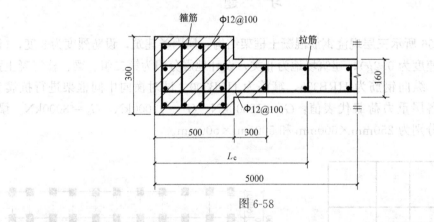

图 6-58

4. 已知连梁截面尺寸 $b \times h = 160$mm×800mm，$h_0 = 765$mm，连梁净跨 $l_n = 0.9$m，采用 C30 混凝土（$f_t = 1.43$N/mm，$f_c = 14.3$ N/mm），纵向受力钢筋采用 HRB335 级（$f_y = 300$N/mm），箍筋采用 HPB300 级（$f_y = 270$N/mm），抗震等级为二级。连梁的两端部由水平地震作用产生的弯矩设计值分别为 $M_b^l = \pm 63.0$kN·m；由楼层竖向荷载传递到连梁上的弯矩设计值很小，可略去不计。要求：验算截面尺寸。

第7章 多层及高层钢结构抗震设计

7.1 多层及高层钢结构的典型震害分析

钢材是属于各向同性的均质材料，具有轻质高强、延性好的性能，用其建造的建筑物具有轻质高强、塑性变形能力强等特点，在大变形下仍不致倒塌，从而保证结构的安全性。

根据震害调查，一些多层及高层钢结构房屋，即使在设计时并未考虑抗震，在强震作用下仍具有较强的承载能力，由但于其侧向刚度一般不足，地震作用时会产生较大的层间变形导致窗户及隔墙受到破坏；或者因钢结构房屋设计与制造不当，在地震作用下，发生构件的失稳、材料的脆性破坏及连接破坏。

总体来说，在同等场地、烈度条件下，钢结构房屋的震害较钢筋混凝土结构房屋的震害要轻。根据已有地震震害调查资料可知钢结构在地震中的破坏主要包括节点破坏、梁柱支撑构件等破坏形式，下面具体介绍。

7.1.1 节点连接破坏

由于钢结构节点传力集中、构造复杂和施工缺陷等原因，因此，地震作用时节点是钢结构易发生破坏的部位之一，节点连接破坏主要包括支撑连接破坏和梁柱连接破坏，如图7-1、图7-2所示。

图 7-1　支撑连接破坏　　　　　　　　　图 7-2　梁柱节点破坏

7.1.1.1 支撑连接破坏

交叉支撑的破坏是钢结构中常见的震害形式（图7-1）。钢拉条的破坏发生在法兰螺栓处、拉条与节点板连接处。型钢支撑受压时由于失稳而导致屈曲破坏，受拉时在端部连接处拉脱或拉断。

7.1.1.2 梁柱连接破坏

1994年美国北岭和1995年日本阪神地震造成了很多梁柱刚性连接破坏，震害调查发现，梁柱连接的破坏大多数发生在梁的下翼缘处，而上翼缘的破坏要少得多。这可能有两种原因：一是楼板与梁共同变形导致下翼缘应力增大；二是卜翼缘在腹板位置焊接的中断，造成显著的焊缝缺陷。

梁柱刚性连接裂缝或断裂破坏的原因有：(1) 焊缝缺陷，如裂纹、欠焊、夹渣和气孔等。这些缺陷将成为裂缝开展直至断裂的起源。(2) 三轴应力影响。分析表明，梁柱连接的焊缝变形由于受到梁和柱约束，施焊后焊缝残存三轴拉应力，使材料变脆。(3) 构造缺陷。出于焊接工艺的要求，梁翼缘与柱连接处设有垫条，实际工程中垫条在焊接后就留在结构上，这样垫条与柱翼缘之间就形成一条"人工"裂缝，如图 7-2 所示，成为连接裂缝发展的起源。(4) 焊缝金属冲击韧性低。美国北岭地震前，焊缝采用 E70T-4 或 E70T-7 自屏蔽药芯焊条，这种焊条对冲击韧性无规定，实验室试件和从实际破坏的结构中取出的连接试件在室温下的试验表明，其冲击韧性往往只有 10~15J，这样低的冲击韧性使得连接很易产生脆性破坏，成为引发节点破坏的重要因素。

7.1.2 梁、柱、支撑等构件的破坏

多高层建筑钢结构构件破坏的主要形式有：

(1) 支撑压屈，支撑在地震中所受的压力超过其屈曲临界力时，即发生压屈破坏，如图 7-3 所示。

(2) 梁柱局部失稳，梁或柱在地震作用下反复受弯，在弯矩最大截面处附近由于过度弯曲可能发生翼缘局部失稳破坏。

(3) 柱水平裂缝或断裂破坏。1995 年日本阪神地震中，位于阪神地震区芦屋市海滨城的 52 栋高层钢结构住宅，有 57 根钢柱发生断裂，其中 13 根钢柱为母材断裂，7 根钢柱在与支撑连接处断裂，37 根钢柱在拼接焊缝处断裂。钢柱的断裂是出人意料的，分析原因认为：竖向地震使柱中出现动拉力，由于应变速率高，使材料变脆；加上地震时为日本严冬时期，钢柱位于室外，钢材温度低于 0℃；以及焊缝和所受弯矩与剪力的不利影响，造成柱水平断裂，如图 7-4 所示。

图 7-3　支撑杆失稳

图 7-4　柱水平裂缝

7.1.3 基础锚固破坏

钢结构构件与基础的连接锚固破坏主要有螺栓拉断、混凝土锚固失效、连接板断裂等。其主要原因是设计构造、材料质量和施工质量等方面的问题。

7.2 多层及高层钢结构体系及抗震设计一般规定

7.2.1 多层和高层钢结构的体系

多层和高层建筑钢结构的主要结构体系有纯框架结构、框架-支撑结构、框架-剪力墙结构、框筒结构、筒中筒结构、束筒结构、桁架筒体结构和巨型结构等结构体系。

纯框架结构体系是由梁柱板构件组成，水平力作用全部由柱传到基础，其变形主要表现为剪切变形。

为了提高结构的侧向刚度可在框架的一部分开间设置支撑，支撑与梁、柱组成一竖向的支撑桁架体系，它们通过楼板体系可以与无支撑框架共同抵抗侧向力，以减小结构侧向位移。在框架-支撑结构体系中，框架是剪切型结构，底部层间位移大；支撑为弯曲型结构，底部层间位移小，两者并联，可以明显减小建筑物下部的层间位移，因此，在相同的侧移限值标准的情况下，框架-支撑结构体系可以用于比框架结构体系更高的房屋。

支撑体系的布置由建筑要求及结构功能来确定，一般布置在结构端部框架中、电梯井周围等处。支撑类型的选择与建筑的层高、柱距和建筑使用功能等有关，需要根据不同的设计条件选择适宜的支撑类型。就钢支撑的布置而言，可分为中心支撑和偏心支撑两大类，如图 7-5 和图 7-6 所示。

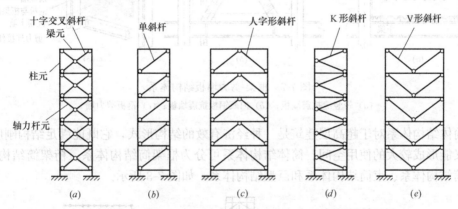

图 7-5　中心支撑的类型（支撑框架）
(*a*) X 形支撑；(*b*) 单斜支撑；(*c*) 人字形支撑；(*d*) K 形支撑；(*e*) V 形支撑

中心支撑是指斜杆、横梁及柱交于一点的支撑体系，或两根斜杆与横杆汇交于一点，也可与柱子汇交于一点，但汇交时均无偏心距。根据斜杆的不同布置形式，可形成 X 形支撑、单斜支撑、人字形支撑、K 形支撑及 V 形支撑等类型。

偏心支撑是指支撑斜杆的两端，至少有一端与梁相交（不在柱节点处），另一端可在梁与柱交点处连接，或偏离另一根支撑斜杆一段长度与梁连接，并在支撑斜杆杆端与柱子之间构成一消能梁段，或在两根支撑斜杆之间构成一消能梁段的支撑，如图 7-6 所示。

框架-剪力墙板结构体系是以钢框架为主体，并配置一定数量的剪力墙板。这种结构体系综合了钢框架和剪力墙板的优势，剪力墙在水平力作用下犹如竖直的悬臂梁，发生弯曲时顶部挠度最大，而框架结构主要发生剪切变形，在底部层间位移最大。因此，当二者

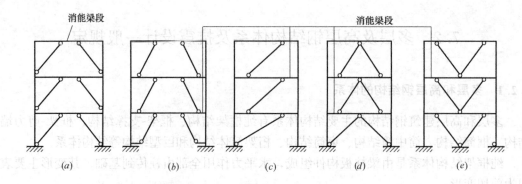

图 7-6　偏心支撑类型（偏心支撑框架）
(a) 门架式 1；(b) 门架式 2；(c) 单斜杆式；(d) 人字形式；(e) V 字形式

共同工作时，彼此互相约束，剪力墙限制了框架底部的变形，同时框架又限制了剪力墙顶部的变形。这里的剪力墙板包括钢筋混凝土带竖缝墙板、内藏钢板支撑混凝土墙板和钢板剪力墙等，如图 7-7 所示。

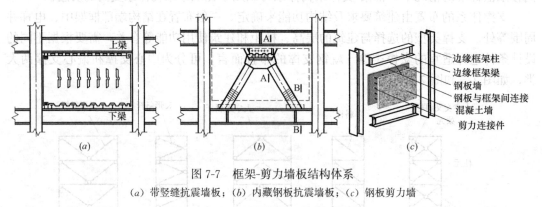

图 7-7　框架-剪力墙板结构体系
(a) 带竖缝抗震墙板；(b) 内藏钢板抗震墙板；(c) 钢板剪力墙

　　筒体结构体系对于超高层建筑是一种经济有效的结构形式，它既能满足结构刚度的要求，又能形成较大的使用空间。筒体结构体系可分为框架筒结构体系、桁架筒结构体系、筒中筒结构体系、束筒结构体系和巨型结构体系，如图 7-8 所示。

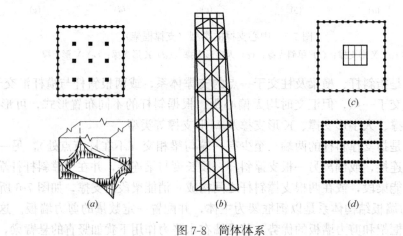

图 7-8　筒体体系
(a) 框架筒；(b) 桁架筒；(c) 筒中筒；(d) 束筒

巨型结构体系是一种新型的超高层建筑结构体系，是由矩形梁和矩形柱组成的简单而巨型的主结构和由常规结构构件组成的次结构共同工作的一种结构体系。巨型结构体系的主结构通常为主要的抗侧力体系，承受全部的水平荷载和次结构传来的各种荷载；次结构承担竖向荷载，并负责将力传给主结构。

7.2.2 多层和高层钢结构抗震设计一般规定

7.2.2.1 钢结构房屋的最大适用高度和最大高宽比

随着房屋结构高度的增加，在水平地震作用下产生的水平位移也增大，必然抗侧刚度要求也大。因此，在研究各种结构体系结构性能和造价的基础上，从安全性和经济性方面考虑，对建筑的高度做出了一些限定，对于钢结构不同类型的结构体系在不同设防烈度的最大建筑高度应满足表7-1要求。平面和竖向均不规则的钢结构，适用的最大高度宜适当降低。

钢结构房屋适用的最大高度（单位：m） 表7-1

结构类型	6、7度 (0.10g)	7度 (0.15g)	8度		9度 (0.40g)
			(0.20g)	(0.30g)	
框架	110	90	90	70	50
框架-中心支撑	220	200	180	150	120
框架-偏心支撑（延性墙板）	240	220	200	180	160
筒体（框筒，筒中筒，桁架筒，束筒）和巨型框架	300	280	260	240	180

注：1. 房屋高度指室外地面到主要屋面板板顶的高度（不包括局部突出屋顶部分）；
　　2. 超过表内高度的房屋，应进行专门研究和论证，采取有效的加强措施；
　　3. 表内的筒体不包括混凝土筒。

高宽比指房屋总高度和沿水平地震作用方向较小宽度的比值。房屋高宽比过大，则结构体系较柔，在地震作用下的侧移较大。《建筑抗震设计规范》规定钢结构民用建筑最大高宽比不宜超过表7-2的数值。

钢结构民用房屋适用的最大高宽比 表7-2

烈 度	6、7度	8度	9度
最大高宽比	6.5	6.0	5.5

注：塔形建筑的底部有大底盘时，高宽比可按大底盘以上计算。

7.2.2.2 钢结构房屋的抗震等级

钢结构房屋应根据设防分类、烈度和房屋高度采用不同的抗震等级，并应符合相应的计算和构造措施要求。丙类建筑的抗震等级应按表7-3确定。甲、乙类设防的建筑结构，当构件承载力明显提高，能满足烈度高一度的地震作用要求时，延性要求可适当降低，故只定义了丙类建筑的抗震等级要求。

钢结构房屋的抗震等级 表7-3

房屋高度	烈 度			
	6度	7度	8度	9度
≤50m		四	三	二
>50m	四	三	二	一

注：1. 高度接近或等于高度分界时，应允许结合房屋不规则程度和场地、地基条件确定抗震等级；
　　2. 一般情况，构件的抗震等级应与结构相同；当某个部位各构件的承载力均满足2倍地震作用组合下的内力要求时，7～9度的构件抗震等级应允许按降低一度确定。

7.2.2.3 平面布置及防震缝设置

与其他类型的建筑结构一样，多层与高层钢结构房屋的平面布置宜简单、规则和对称，并应具有良好的整体性；建筑的立面和竖向剖面宜规则，结构的抗侧刚度宜均匀变化，竖向抗侧力构件的截面尺寸和材料强度宜自下而上逐渐减小，避免抗侧力结构的侧向刚度和承载力突变。钢结构房屋应尽量避免采用不规则建筑结构方案，不设防震缝。需要设置防震缝时，缝宽应不小于相应钢筋混凝土房屋的 1.5 倍。

抗震等级为一、二级的钢结构房屋，宜设置偏心支撑、带竖缝钢筋混凝土抗震墙板、内藏钢支撑钢筋混凝土墙板、屈曲约束支撑等消能支撑或筒体。采用框架结构时，甲、乙类建筑和高层的丙类建筑不应采用单跨框架，多层的丙类建筑不宜采用单跨框架。

当采用框架-支撑结构的钢结构房屋应符合下列规定：

（1）支撑框架在两个方向的布置均宜基本对称，支撑框架之间楼盖的长宽比不宜大于 3。

（2）抗震等级为三、四级且高度不大于 50m 的钢结构宜采用中心支撑，也可采用偏心支撑、屈曲约束支撑等消能支撑。

（3）中心支撑框架宜采用交叉支撑，也可采用人字支撑或单斜杆支撑，不宜采用 K 形支撑；支撑的轴线宜交汇于梁柱构件轴线的交点，偏离交点时的偏心距不应超过支撑杆件宽度，并应计入由此产生的附加弯矩。当中心支撑采用只能受拉的单斜杆体系时，应同时设置不同倾斜方向的两组斜杆，且每组中不同方向单斜杆的截面面积在水平方向的投影面积之差不应大于 10%。

（4）偏心支撑框架的每根支撑应至少有一端与框架梁连接，并在支撑与梁交点和柱之间或同一跨内另一支撑与梁交点之间形成消能梁段。

（5）采用屈曲约束支撑时，宜采用人字支撑、成对布置的单斜杆支撑等形式，不应采用 K 形或 X 形，支撑与柱的夹角宜在 35°～55°之间。屈曲约束支撑受压时，其设计参数、性能检验和作为一种消能部件的计算方法可按相关要求设计。

当采用钢框架-筒体结构，必要时可设置由筒体外伸臂或外伸臂和周边桁架组成的加强层。

7.2.2.4 钢结构房屋的楼盖

钢结构房屋的楼盖应符合下列要求：

（1）宜采用压型钢板现浇钢筋混凝土组合楼板或钢筋混凝土楼板，并应与钢梁有可靠连接。

（2）对 6、7 度时不超过 50m 的钢结构，尚可采用装配整体式钢筋混凝土楼板，也可采用装配式楼板或其他轻型楼盖；但应将楼板预埋件与钢梁焊接，或采取其他保证楼盖整体性的措施。

（3）对转换层楼盖或楼板有大洞口等情况，必要时可设置水平支撑。

7.2.2.5 地下室的设置规定

设置地下室时，框架-支撑（抗震墙板）结构中竖向连续布置的支撑（抗震墙板）应延伸至基础；钢框架柱应至少延伸至地下一层，其竖向荷载应直接传至基础。超过 50m 的钢结构房屋应设置地下室。其基础埋置深度，当采用天然地基时不宜小于房屋总高度的 1/15；当采用桩基时，桩承台埋深不宜小于房屋总高度的 1/20。

7.3 多层及高层钢结构的抗震设计

7.3.1 多层和高层钢结构的地震作用

多层和高层钢结构的地震作用计算应依据实际房屋的平、立面布置的规则性，结构楼层质量和刚度的变化情况，确定能较好地反映结构地震反应实际的分析方法，如底部剪力法、振型分解反应谱法和时程分析法等。

7.3.1.1 计算模型

多层和高层钢结构房屋的计算模型，当结构布置规则、质量及刚度沿高度分布均匀、不计扭转效应时，可采用平面结构计算模型；当结构平面或立面不规则、体形复杂、无法划分成平面抗侧力单元的结构，或为筒体结构等时，应采用空间结构计算模型。

7.3.1.2 钢结构房屋的阻尼比

阻尼比是计算地震作用一个必不可少的参数。实测研究表明，钢结构房屋的阻尼比小于钢筋混凝土结构的阻尼比。

(1) 对多遇地震作用下的高层钢结构的反应分析，高度不大于 50m 时可取 0.04，高度大于 50m 且小于 200m 时，可取 0.03，高度不小于 200m 时，宜取 0.02。

(2) 当偏心支撑框架部分承担的地震倾覆力矩大于结构总地震倾覆力矩的 50% 时，其阻尼比应增加 0.005。

(3) 而在罕遇强烈地震作用下，钢结构构件会出现塑性铰后，甚至开裂，当钢结构构件钢材屈服和产生塑性铰后，其刚度的退化较为明显，非结构构件的破坏和构件钢材屈服和产生塑性铰等使得结构阻尼也发生变化，所以在罕遇地震作用下的结构反应分析，其阻尼比可采用 0.05。对于屈曲约束支撑结构阻尼比，应按屈曲约束支撑在罕遇地震作用下的阻尼比计算公式计算其附加的阻尼比。

7.3.2 钢结构在地震作用下的内力

(1) 由于钢结构的抗侧刚度相对较弱，随着建筑物高度的增加，重力二阶效应的影响也越来越大。《建筑抗震设计规范》规定，当结构在地震作用下的重力附加弯矩（重力附加弯矩指任一楼层以上全部重力荷载与该楼层地震平均层间位移的乘积；初始弯矩指该楼层地震剪力与楼层层高的乘积）大于初始弯矩的 10% 时，应计入重力二阶效应的影响。钢结构应按《建筑抗震设计规范》中规定计入重力二阶效应。进行二阶效应的弹性分析时，应按《钢结构设计规范》的有关规定，在每层柱顶附加假想水平力。

(2) 框架梁可按梁端截面的内力设计。对工字形截面柱，宜计入梁柱节点域剪切变形对结构侧移的影响；对箱形柱框架、中心支撑框架和不超过 50m 的钢结构，其层间位移计算可不计入梁柱节点域剪切变形的影响，近似按框架轴线进行分析。

(3) 钢框架-支撑结构的斜杆可按端部铰接杆计算；其框架部分按刚度分配计算得到的地震层剪力应乘以调整系数，达到不小于结构底部总地震剪力的 25% 和框架部分地震剪力最大层剪力 1.8 倍的较小值。

(4) 中心支撑框架的斜杆轴线偏离梁柱轴线的交点不超过支撑杆件的宽度时，仍可按中心支撑框架分析，但应计及由此产生的附加弯矩；

（5）偏心支撑框架中，与消能梁段相连构件的内力设计值，应按下列要求调整：

1）支撑斜杆的轴力设计值，应取与支撑斜杆相连接的消能梁段达到受剪承载力时支撑斜杆轴力与增大系数的乘积，其增大系数，一级不应小于1.4，二级不应小于1.3，三级不应小于1.2。

2）位于消能梁段同一跨的框架梁内力设计值，应取消能梁段达到受剪承载力时框架梁内力与增大系数的乘积，其增大系数，一级不应小于1.3，二级不应小于1.2，三级不应小于1.1。

3）框架柱的内力设计值，应取消能梁段达到受剪承载力时柱内力与增大系数的乘积；其增大系数，一级不应小于1.3，二级不应小于1.2，三级不应小于1.1。

（6）内藏钢支撑钢筋混凝土墙板和带竖缝钢筋混凝土墙板应按有关规定计算，带竖缝钢筋混凝土墙板可仅承受水平荷载产生的剪力，不承受竖向荷载产生的压力。

（7）钢结构转换构件下的钢框架柱，地震内力应乘以增大系数，其值可采用1.5。

7.3.3 多高层钢结构在地震作用下的变形验算

1. 多遇地震作用下的抗震变形验算

可按多遇地震和罕遇地震两个阶段分别验算。首先，所有的钢结构都要进行多遇地震作用下的抗震变形验算，并且弹性层间位移角限值取1/250，即楼层内最大的弹性层间位移应符合式（7-1）的要求：

$$\Delta u_e \leqslant h/250 \tag{7-1}$$

式中　Δu_e——多遇地震作用标准值产生的楼层内最大弹性层间位移；

　　　h——计算楼层层高。

2. 罕遇地震作用下的抗震变形验算

结构在罕遇地震作用下薄弱层的弹塑性变形验算，《建筑抗震设计规范》规定，高度超过150m的钢结构必须进行验算；高度不超过150m的钢结构，宜进行弹塑性变形验算。规范同时规定，多层及高层钢结构的弹塑性层间位移角限值取1/50，即楼层内最大的弹塑性层间位移应符合下式要求：

$$\Delta u_p \leqslant h/50 \tag{7-2}$$

式中　Δu_p——罕遇地震作用标准值产生的楼层内最大弹塑性层间位移；

　　　h——计算楼层层高。

7.3.4 钢结构的整体稳定

多层和高层钢结构的稳定分为倾覆稳定和压屈稳定两种类型。倾覆稳定可通过限制高宽比来满足。压屈稳定又分为整体稳定和局部稳定。当钢框架梁的上翼缘采用抗剪连接件与组合楼板连接时，可不验算地震作用下的整体稳定。

7.3.5 钢结构构件的截面抗震承载力验算

7.3.5.1 柱的抗震验算

（1）框架柱截面抗震验算包括强度验算以及平面内和平面外的整体稳定性验算，分别按下列公式进行验算：

强度
$$\frac{N}{A_n} + \frac{M_x}{\gamma_x W_{nx}} + \frac{M_y}{\gamma_y W_{ny}} \leqslant \frac{f}{\gamma_{RE}} \tag{7-3}$$

稳定性
$$\frac{N}{\varphi_x A} + \frac{\beta_{mx} M_x}{\gamma_x W_{1x}\left(1 - \frac{0.8N}{N'_{Ex}}\right)} \leqslant \frac{f}{\gamma_{RE}} \tag{7-4}$$

$$\frac{N}{\varphi_y A} + \frac{\beta_{tx} M_x}{\varphi_b W_{1x}} \leqslant \frac{f}{\gamma_{RE}} \tag{7-5}$$

式中 N、M_x、M_y——构件的设计轴力和弯矩；

A_n、A——构件的净截面和毛截面面积；

γ_x、γ_y——构件截面塑性发展系数，按《钢结构设计规范》的规定取值；

W_{nx}、W_{ny}——x 轴和 y 轴的净截面的截面系数；

φ_x、φ_y——弯矩作用平面内和平面外的轴心受压构件稳定系数；

W_{1x}——弯矩作用内较大受压纤维的毛截面的截面系数，按《钢结构设计规范》规定取值；

β_{mx}、β_{tx}——平面内和平面外的等效弯矩系数，按《钢结构设计规范》的规定取值；

N'_{Ex}——构件的欧拉临界力，$N'_{Ex} = \pi^2 EA/(\lambda_x^2)$，$\lambda_x$ 为长细比；

φ_b——均匀弯曲的受弯构件的整体稳定系数，按《钢结构设计规范》的规定取值；

γ_{RE}——框架柱承载力抗震调整系数，按《建筑抗震设计规范》取值（下同），式 (7-3) 取 0.75，式 (7-4) 和式 (7-5) 取 0.8。

（2）钢框架梁柱节点全塑性承载力验算。

"强柱弱梁"是抗震设计的基本原则之一，所以除了分别验算梁、柱构件的截面承载力外，还要验算节点的左右梁端和上下柱端的全塑性承载力。为了保证"强柱弱梁"的实现，要求交汇点的框架柱受弯承载力之和应大于梁的受弯承载力之和。即满足下列式 (7-6)、式 (7-7) 的要求（出于对地震内力考虑不足、钢材超强等原因的考虑，公式中还增加了强柱系数 η 以增大框架柱的承载力）。等截面梁：

$$\sum W_{pc}(f_{yc} - N/A_c) \geqslant \eta \sum W_{pb} f_{yb} \tag{7-6}$$

端部翼缘变截面的梁：

$$\sum W_{pc}(f_{yc} - N/A_c) \geqslant \sum (\eta W_{pb1} f_{yb} + V_{pb}s) \tag{7-7}$$

式中 W_{pc}、W_{pb}——分别为交汇于节点的柱和梁的塑性截面模量；

W_{pb1}——梁塑性铰所在截面的梁塑性截面模量；

f_{yc}、f_{yb}——分别为柱和梁的钢材屈服强度；

N——地震组合的柱轴力；

A_c——框架柱的截面面积；

η——强柱系数，一级取 1.15，二级取 1.10，三级取 1.05；

V_{pb}——梁塑性铰剪力；

s——塑性铰至柱面的距离，塑性铰可取梁端部变截面翼缘的最小处。

当结构构件满足以下条件时，可不进行节点全塑性承载力验算：①柱所在楼层的受剪承载力比上一层的受剪承载力高出 25%；②柱轴压比不超过 0.4，或 $N_2 \leqslant \varphi A_{\mathrm{c}} f$（$N_2$ 为 2 倍地震作用下的组合轴力设计值）；③与支撑斜杆相连的节点。

（3）节点域的抗剪强度、屈服承载力和稳定性验算。

为了保证在大地震作用下，使柱和梁连接的节点域腹板不致局部失稳，以利于吸收和耗散地震能量，在柱与梁连接处，柱应设置与梁上下翼缘位置对应的加劲肋，使之与柱翼缘相包围处形成梁柱节点域。节点域柱腹板的厚度，一方面要满足腹板局部稳定要求，另一方面还应满足节点域的抗剪要求。

研究表明，节点域既不能太厚，也不能太薄，太厚会使节点域不能发挥耗能作用，太薄将使框架的侧向位移太大。节点域的屈服承载力应满足式（7-8）的要求。

$$\phi(M_{\mathrm{pb1}} + M_{\mathrm{pb2}})/V_{\mathrm{p}} \leqslant 4 f_{\mathrm{yv}}/3 \tag{7-8}$$

其中，工字形截面柱：

$$V_{\mathrm{p}} = h_{\mathrm{b1}} h_{\mathrm{c1}} t_{\mathrm{w}} \tag{7-9}$$

箱形截面柱：

$$V_{\mathrm{p}} = 1.8 h_{\mathrm{b1}} h_{\mathrm{c1}} t_{\mathrm{w}} \tag{7-10}$$

圆管截面柱：

$$V_{\mathrm{p}} = (\pi/2) h_{\mathrm{b1}} h_{\mathrm{c1}} t_{\mathrm{w}} \tag{7-11}$$

式中　M_{pb1}、M_{pb2}——分别为节点域两侧梁的全塑性受弯承载力；

　　　　　　V_{p}——节点域的体积；

　　　　　f_{yv}——钢材的屈服抗剪强度设计值，取钢材屈服强度设计值的 0.58 倍；

　　　　　　ϕ——折减系数，三、四级取 0.6，一、二级取 0.7；

　　　h_{b1}、h_{c1}——分别为梁翼缘厚度中点间的距离和柱翼缘（或钢管直径线上管壁）厚度中点间的距离；

　　　　　t_{w}——柱在节点域的腹板高度。

（4）工字形截面柱和箱形截面柱的节点域应按式（7-12）、式（7-13）验算：

$$t_{\mathrm{w}} \geqslant (h_{\mathrm{b}} + h_{\mathrm{c}})/90 \tag{7-12}$$

$$(M_{\mathrm{b1}} + M_{\mathrm{b2}})/V_{\mathrm{p}} \leqslant (4/3) f_{\mathrm{v}}/\gamma_{\mathrm{RE}} \tag{7-13}$$

式中　M_{b1}、M_{b2}——分别为节点域两侧梁的弯矩设计值。

7.3.5.2　框架梁的抗震验算

钢梁构件除与钢筋混凝土梁一样，均应进行受弯和受剪承载力的验算外，还应进行稳定验算。

（1）钢梁的受弯承载力验算可按式（7-14）进行：

$$\frac{M_{\mathrm{x}}}{\gamma_{\mathrm{x}} W_{\mathrm{nx}}} \leqslant \frac{f}{\gamma_{\mathrm{RE}}} \tag{7-14}$$

式中　M_{x}——梁对 x 轴的弯矩设计值；

　　　W_{nx}——梁对 x 轴的净截面的截面系数；

　　　　γ_{x}——截面塑性发展系数，按《钢结构设计规范》的规定取值；

　　　　　f——钢材强度设计值。

（2）钢梁的稳定，除设置刚性铺板情况外，应按式（7-15）计算：

$$\frac{M_{\mathrm{x}}}{\varphi_{\mathrm{b}} W_{\mathrm{x}}} \leqslant \frac{f}{\gamma_{\mathrm{RE}}} \tag{7-15}$$

式中　W_{x}——梁的毛截面的截面系数（单轴对称者以受压翼缘为准）；

φ_b——梁的整体稳定系数，按《钢结构设计规范》的规定确定，当梁在端部仅以腹板与柱（或主梁）相连时，φ_b（或当 $\varphi_b > 0.6$ 时的 φ_b）应乘以降低系数 0.85。

（3）在主平面内受弯的实腹构件，其抗剪强度应按式（7-16）、式（7-17）计算：

$$\tau = \frac{VS}{It_w} \leqslant \frac{f_v}{\gamma_{RE}} \tag{7-16}$$

$$\tau = V/A_{wn} \leqslant \frac{f_v}{\gamma_{RE}} \tag{7-17}$$

式中　V——计算截面沿腹板平面作用的剪力；

　　A_{wn}——梁端腹板的净截面面积；

　　　I——截面的毛截面抗弯惯性矩；

　　t_w——腹板厚度。

7.3.5.3　中心支撑框架构件的抗震承载力验算

在反复荷载作用下，支撑斜杆反复受压、受拉，且受压屈曲后的变形增大较大，转而受拉时不能完全拉直，造成受压承载力再次降低，即出现弹塑性屈曲后承载力退化现象。支撑杆件屈曲后，最大承载力的降低是明显的，长细比越大，退化程度越严重。在计算支撑杆件时应考虑这种情况。

支撑斜杆的受压承载力应按下列公式验算：

$$N/(\varphi A_{br}) \leqslant \phi f/\gamma_{RE} \tag{7-18}$$

$$\phi = 1/(1 + 0.35\lambda_n) \tag{7-19}$$

$$\lambda_n = (\lambda/\pi)\sqrt{f_{ay}/E} \tag{7-20}$$

式中　N——支撑斜杆的轴向力设计值；

　　A_{br}——支撑斜杆的截面面积；

　　　φ——轴心受压构件的稳定系数；

　　　ϕ——受循环荷载时的强度降低系数；

λ、λ_n——支撑斜杆的长细比和正则化长细比；

　　　E——支撑斜杆钢材的弹性模量；

f、f_{ay}——分别为钢材强度设计值和屈服强度。

人字支撑或 V 形支撑的斜杆受压屈曲后，承载力将急剧下降，则拉压两支撑斜杆将在支撑与横梁连接处引起不平衡力。对于人字形支撑而言，这种不平衡力将引起楼板的下陷；对于 V 形支撑而言，这种不平衡力将引起楼板的向上隆起。为了避免这种情况的出现，应对横梁进行承载力验算。人字支撑和 V 形支撑的框架梁在支撑连接处应保持连续，并按不计入支撑支点作用的梁验算重力荷载和支撑屈曲时不平衡力作用下的承载力；不平衡力应按受拉支撑的最小屈服承载力和受压支撑最大屈曲承载力的 0.3 倍计算。必要时，人字支撑和 V 形支撑可沿竖向交替设置或采用拉链柱。值得注意的是，顶层和出屋面房间的梁可不执行这样的条件。

7.3.5.4　偏心支撑框架构件的抗震承载力验算

消能梁段是偏心支撑框架中的关键部位，偏心支撑框架在大震作用下的塑性变形就是通过消能梁段良好的剪切变形能力实现的。设计良好的偏心支撑框架。即柱脚有可能出现塑性铰外，其他塑性铰均出现在梁段上。偏心支撑框架的每根支撑应至少一端与梁连接，并在支撑与梁交点和柱之间或在同一跨内另一支撑与梁交点之间形成消能梁段。消能梁段的受剪承载力应按下列规定验算。

当 $N \leqslant 0.15Af$ 时：

$$V \leqslant \varphi V_l / \gamma_{RE} \tag{7-21}$$

式中 $V_l = 0.58 A_w f_{ay}$ 或 $V_l = 2M_{lp}/a$，取较小值。

其中：

$$A_w = (h - 2t_f)t_w; M_{lp} = fW_p$$

当 $N > 0.15Af$ 时：

$$V \leqslant \varphi V_{lc} / \gamma_{RE} \tag{7-22}$$

式中 $V_{lc} = 0.58 A_w f_{ay} \sqrt{1 - [N/(Af)]^2}$ 或 $V_{lc} = 2.4 M_{lp}[1 - N/(Af)]/a$，取较小值。

φ——系数，可取 0.9；

N、V——分别为消能梁段的轴力设计值和剪力设计值；

V_l、V_{lc}——分别为消能梁段的受剪承载力和计入轴力影响的受剪承载力；

M_{lp}——消能梁段的全塑性受弯承载力；

a、h、t_w、t_f——分别为消能梁段的净长、截面高度、腹板厚度和翼缘厚度；

A、A_w——分别为消能梁段的截面面积和腹板截面面积；

W_p——消能梁段的塑性截面模量；

f、f_{ay}——分别为消能梁段钢材的抗压强度设计值和屈服强度。

支撑斜杆与消能梁段连接的承载力不得小于支撑的承载力。若支撑需抵抗弯矩，支撑与梁的连接应按抗压弯连接设计。

7.3.6 钢结构构件连接的抗震承载力验算——"强连接弱构件"

抗震结构设计对连接的要求是，在构件未失效前其连接部位不能失效，也就是说连接部位应能确保构件作用的发挥。在高层钢结构中主要有梁与梁的连接、柱与柱的连接、梁与柱的连接，支撑与框架梁、柱的连接等。

（1）钢结构抗侧力构件连接的承载力设计值，不应小于相连构件的承载力设计值；高强度螺栓连接不得滑移。

（2）钢结构抗侧力构件连接的极限承载力应大于相连构件的屈服承载力。

（3）梁与柱连接的承载力验算。

梁与柱连接弹性设计时，梁上下翼缘的端截面应满足连接的弹性设计要求，梁腹板应计入剪力和弯矩。梁与柱连接的极限受弯、受剪承载力，应符合下列公式要求：

$$M_u^j \geqslant \eta_j M_p \tag{7-23}$$

$$V_u^j \geqslant 1.2(2M_p/l_n) + V_{Gb} \tag{7-24}$$

式中 M_u^j、V_u^j——分别为连接的极限受弯、受剪承载力；

M_p——分别为梁的塑性受弯承载力；

l_n——梁的净跨；

V_{Gb}——梁在重力荷载代表值（9度时高层建筑尚应包括竖向地震作用标准值）作用下，按简支梁分析的梁端截面剪力设计值；

η_j——连接系数，可按表 7-4 采用。

母材牌号	梁柱连接		支撑连接、构件连接		柱　　脚	
	焊接	螺栓连接	焊接	螺栓连接		
Q235	1.40	1.45	1.25	1.30	埋入式	1.2
Q345	1.30	1.35	1.20	1.25	外包式	1.2
Q345GJ	1.25	1.30	1.15	1.20	外露式	1.1

注：1. 屈服强度高于 Q345 的钢材，按 Q345 得规定采用；

　　2. 屈服强度高于 Q345GJ 的 GJ 钢材，按 Q345GJ 的规定采用；

　　3. 翼缘焊接腹板栓接时，连接系数分别按表中连接形式取用。

（4）支撑与框架连接和梁、柱、支撑的拼接极限承载力验算。

支撑连接和拼接： $\qquad N_{\mathrm{ubr}}^{j} \geqslant \eta_j A_{\mathrm{br}} f_{\mathrm{v}}$ (7-25)

梁的拼接： $\qquad M_{\mathrm{ub,sp}}^{j} \geqslant \eta_j M_{\mathrm{p}}$ (7-26)

柱的拼接： $\qquad M_{\mathrm{uc,sp}}^{j} \geqslant \eta_j M_{\mathrm{pc}}$ (7-27)

式中　　　　　A_{br}——支撑杆件的截面面积；

N_{ubr}^{j}、$M_{\mathrm{ub,sp}}^{j}$、$M_{\mathrm{uc,sp}}^{j}$——分别为支撑连接和拼接、梁、柱拼接的极限受压（拉）、受弯承载力；

η_j——连接系数，可按表 7-4 采用；

f_{v}——钢材的抗剪强度设计值；

M_{p}、M_{pc}——分别为梁的塑性受弯承载力和考虑轴力影响时柱的塑性受弯承载力。

（5）柱脚与基础的连接极限承载力，应按下式验算：

$$M_{\mathrm{u,base}}^{j} \geqslant \eta_j M_{\mathrm{pc}}$$ (7-28)

式中　M_{pc}——为考虑轴力影响时柱的塑性受弯承载力；

$M_{\mathrm{u,base}}^{j}$——柱脚的极限受弯承载力；

7.4　多层及高层钢结构抗震构造措施

7.4.1　钢框架结构的抗震构造措施

7.4.1.1　框架柱的长细比

框架柱的长细比关系到结构的整体稳定性，应符合下列规定：抗震等级为一级的钢框架柱的长细比不应大于 $60\sqrt{235/f_{\mathrm{ay}}}$，抗震等级为二级的不应大于 $80\sqrt{235/f_{\mathrm{ay}}}$，抗震等级为三级的不应大于 $100\sqrt{235/f_{\mathrm{ay}}}$，抗震等级为四级的不应大于 $120\sqrt{235/f_{\mathrm{ay}}}$。

7.4.1.2　框架梁、柱板件宽厚比

在钢框架结构设计中，为了实现强柱弱梁的要求，需要柱在强震作用下仅出现少量的塑性变形，同时考虑梁的受压翼缘宽厚比或腹板的高度较大，在受力过程中可能会出现局部失稳的问题，板件的局部失稳可能会导致构件承载力降低，为此，要对框架梁、柱板件宽厚比进行限制，应符合表 7-5 的要求。

板件名称		一级	二级	三级	四级
柱	工字形截面翼缘外伸部分	10	11	12	13
	工字形截面腹板	43	45	48	52
	箱形截面壁板	33	36	38	40
梁	工字形截面和箱形截面翼缘外伸部分	9	9	10	11
	箱形截面翼缘在两腹板之间部分	30	30	32	36
	工字形截面和箱形截面腹板	$72-120N_b/(Af)$ $\leqslant 60$	$72-100N_b/(Af)$ $\leqslant 65$	$80-110N_b/(Af)$ $\leqslant 70$	$85-120N_b/(Af)$ $\leqslant 75$

注：1. 表列数值适用于 Q235 钢，采用其他牌号钢材时，应乘以 $\sqrt{235/f_{ay}}$；

2. $N_b/(Af)$ 为梁轴压比。

7.4.1.3　梁柱构件的侧向支承应符合下列要求：

（1）梁柱构件受压翼缘应根据需要设置侧向支承。

（2）梁柱构件在出现塑性铰的截面，上下翼缘均应设置侧向支承。

（3）相邻两侧向支承点间的构件长细比，应符合《钢结构设计规范》的有关规定。

7.4.1.4　梁与柱的连接

梁与柱的连接宜采用柱贯通型。柱在两个互相垂直的方向都与梁刚接时宜采用箱形截面，并在梁翼缘连接处设置隔板；隔板采用电渣焊时，柱壁板厚度不宜小于 16mm，小于 16mm 时可改用工字形柱或采用贯通式隔板。当柱仅在一个方向与梁刚接时，宜采用工字形截面，并将柱腹板置于刚接框架平面内。

工字形柱（绕强轴）和箱形柱与梁刚接时，如图 7-9 所示，应符合下列要求。

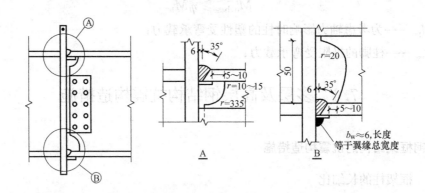

图 7-9　框架梁与柱的现场连接

（1）梁翼缘与柱翼缘间应采用全熔透坡口焊缝；抗震等级为一、二级时，应检验焊缝的 V 形切口的冲击韧性，其夏比冲击韧性在 -20℃ 时不低于 27J；

（2）柱在梁翼缘对应位置设置横向加劲肋（隔板），加劲肋（隔板）厚度不应小于梁翼缘厚度，强度与梁翼缘相同；

（3）梁腹板宜采用摩擦型高强度螺栓与柱连接板连接（经工艺试验合格能确保现场焊接质量时，可用气体保护焊进行焊接）；腹板角部应设置焊接孔，孔形应使其端部和梁翼缘和柱翼缘间的全熔透坡口焊缝完全隔开；

（4）腹板连接板与柱的焊接，当板厚不大于 16mm 时应采用双面角焊缝，焊缝有效厚度应满足等强度要求，且不小于 5mm；板厚大于 16mm 时采用 K 形坡口对接焊缝，该焊缝宜采用气体保护焊，且板端应绕焊；

（5）抗震等级为一级和二级时，宜采用能将塑性铰自梁端外移的端部扩大形连接、梁端加盖板或骨形连接，如图 7-10 所示。

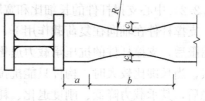

图 7-10　骨形连接

框架梁采用悬臂梁段与柱刚性连接时，如图 7-11 所示，悬臂梁段与柱应采用全焊接连接，此时上下翼缘焊接孔的形式宜相同；梁的现场拼接可采用翼缘焊接、腹板螺栓连接或全部螺栓连接。箱形截面柱在与梁翼缘对应位置设置的隔板，应采用全熔透对接焊缝与壁板相连。工字形柱的横向加劲肋与柱翼缘，应采用全熔透对接焊缝连接，与腹板可采用角焊缝连接。

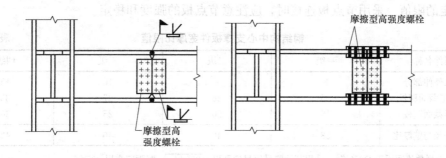

图 7-11　框架梁与柱通过梁悬臂端的连接

当节点域的腹板厚度不满足《建筑抗震设计规范》的规定时，应采取加厚柱腹板或采取贴焊补强板的措施。补强板的厚度及其焊缝应按传递补强板所分担剪力的要求设计。梁与柱刚性连接时，柱在梁翼缘上下各 500mm 的范围内，柱翼缘与柱腹板间或箱形柱壁板间的连接焊缝应采用全熔透坡口焊缝。

7.4.1.5　其他规定

框架柱的接头距框架梁上方的距离，可取 1.3m 和柱净高一半二者的较小值。上下柱的对接接头应采用全熔透焊缝，柱拼接接头上下各 100mm 范围内，工字形截面柱翼缘与腹板间及箱形柱角部壁板间的焊缝，应采用全熔透焊缝。

钢结构的柱脚主要有埋入式、外包式和外露式三种。钢结构的刚接柱脚宜采用埋入式，也可采用外包式；6、7 度且高度不超过 50m 时也可采用外露式。埋入式柱脚和外包式柱脚的设计和构造，应符合有关标准的规定。

7.4.2　钢框架-中心支撑结构的抗震构造措施

7.4.2.1　框架部分的构造措施。

框架-中心支撑结构的框架部分，当房屋高度不高于 100m 且框架部分按计算分配的地震剪力不大于结构底部总地震剪力的 25% 时，一、二、三级的抗震构造措施可按框架结构降低一级的相应要求采用。其他抗震构造措施，应符合本节对框架结构抗震构造措施的规定。

7.4.2.2 中心支撑杆件的长细比和宽厚比

支撑杆件在轴向往复荷载作用下，其抗拉和抗压承载力均有不同程度的降低，在弹塑性屈服后，支撑杆件的抗压承载力退化更为严重，支撑杆件的长细比是影响其性能的重要因素，当长细比较大时，构件只能抗拉，不能抗压，在反复荷载作用下，当支撑构件受压失稳后，其承载力降低、刚度退化、耗能能力随之降低。长细比小的杆件滞回曲线丰满，耗能性能好，工作性能稳定。但支撑的长细比并非越小越好，支撑的长细比越小，支撑刚架的刚度就越大，不但承受的地震作用越大，而且在某些情况下动力分析得出的层间位移也越大。中心支撑杆件的长细比和板件宽厚比应符合下列规定：支撑杆件的长细比，按压杆设计时，不应大于 $120\sqrt{235/f_{ay}}$；一、二、三级中心支撑不得采用拉杆设计，四级采用拉杆设计时，其长细比不应大于 180。支撑杆件的板件宽厚比是影响局部屈曲的重要因素，直接影响支撑杆件的承载力和耗能能力。因此支撑杆件的板件宽厚比，不应大于表7-6 规定的限值。采用节点板连接时，应注意节点板的强度和稳定。

钢结构中心支撑板件宽厚比限值

表 7-6

板件名称	一级	二级	三级	四级
翼缘外伸部分	8	9	10	13
工字形截面腹板	25	26	27	33
箱形截面壁板	18	20	25	30
圆管外径与壁厚比	38	40	40	42

注：表列数值适用于 Q235 钢，采用其他牌号钢材应乘以 $\sqrt{235/f_{ay}}$，圆管应乘以 $235/f_{ay}$。

7.4.2.3 中心支撑节点的构造要求

（1）中心支撑的轴线应交汇于梁柱构件轴线的交点，当受构造条件的限制有偏心时，偏离中心不得超过支撑杆件的宽度，否则，节点设计应计入偏心造成附加弯矩的影响。一、二、三级，支撑宜采用 H 型钢制作，如图 7-12 所示，两端与框架可采用刚接构造，梁柱与支撑连接处应设置加劲肋；一级和二级采用焊接工字形截面的支撑时，其翼缘与腹板的连接宜采用全熔透连续焊缝。

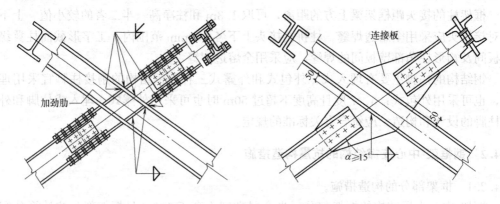

图 7-12 支撑中心节点连接形式

（2）支撑与框架连接处，支撑杆端宜做成圆弧，如图 7-13 所示。

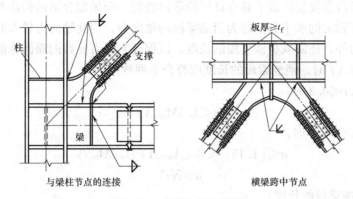

图 7-13　支撑杆端部构造

（3）梁在其与 V 形支撑或人字支撑相交处，应设置侧向支承；该支承点与梁端支承点间的侧向长细比（λ_y）以及支承力，应符合《钢结构设计规范》关于塑性设计的规定。

（4）若支撑与框架采用节点板连接，应符合《钢结构设计规范》关于节点板在连接杆件每侧有不小于 30°夹角的规定；一、二级时，为了减轻大震作用对支撑的破坏，支撑端部至节点板最近嵌固点（节点板与框架构件连接焊缝的端部）在沿支撑杆件轴线方向的距离，不应小于节点板厚度的 2 倍。

7.4.3　钢框架-偏心支撑结构抗震构造措施

1. 框架部分的构造措施。

框架-偏心支撑结构的框架部分，当房屋高度不高于 100m 且框架部分按计算分配的地震作用不大于结构底部总地震剪力的 25％时，一、二、三级的抗震构造措施可按框架结构降低一级的相应要求采用；其他抗震构造措施，应符合本节对框架结构抗震构造措施的规定。

2. 支撑杆件的长细比和宽厚比。

偏心支撑框架消能梁段的钢材屈服强度不应大于 345MPa。消能梁段板件宽厚比的要求，比一般框架梁略严格一些。消能梁段及与消能梁段同一跨内的非消能梁段，其板件的宽厚比不应大于表 7-7 规定的限值。

偏心支撑框架梁的板件宽厚比限值　　　　　　　　　　　　表 7-7

板件名称		宽厚比限值
翼缘外伸部分		8
腹板	当 $N/(Af) \leqslant 0.14$ 时	$90[1-1.65N/(Af)]$
	当 $N/(Af) > 0.14$ 时	$33[2.3-N/(Af)]$

注：表列数值适用于 Q235 钢，当材料为其他钢号时，应乘以 $\sqrt{235/f_{ay}}$；$N/(Af)$ 为梁轴压比。

偏心支撑框架的支撑杆件的长细比不应大于 $120\sqrt{235/f_{ay}}$，支撑杆件的板件宽厚比不应超过《钢结构设计规范》规定的轴心受压构件在弹性设计时的宽厚比限值。

231

3. 消能梁段的构造要求。

为使消能梁段在反复荷载下具有良好的滞回性能，应采取合适的构造并加强对腹板的约束。支撑斜杆轴力的水平分量称为消能梁段的轴向力，当此轴向力较大时，除降低此梁段的受剪承载力外，还需减少该梁段的长度，以保证它具有良好的滞回性能。

当 $N>0.16Af$ 时，消能梁段的长度应符合下列规定：

当 $\rho(A_w/A)<0.3$ 时：

$$a<1.6M_{lp}/V_l \tag{7-29}$$

当 $\rho(A_w/A)\geqslant 0.3$ 时：

$$a\leqslant[1.15-0.5\rho(A_w/A)]1.6M_{lp}/V_l \tag{7-30}$$

$$\rho=N/V \tag{7-31}$$

式中　a——消能梁段的长度；

ρ——消能梁段轴向力设计值与剪力设计值之比。

4. 消能梁段的腹板不得贴焊补强板，也不得开洞。

5. 消能梁段应按下列要求在其腹板上设置中间加劲肋：

（1）当 $a\leqslant 1.6M_{lp}/V_l$ 时，加劲肋间距不大于 $(30t_w-h/5)$；

（2）当 $2.6M_{lp}/V_l<a\leqslant 5M_{lp}/V_l$ 时，应在距消能梁段端部 $1.5b_f$ 处配置中间加劲肋，且中间加劲肋间距不应大于 $(52t_w-h/5)$；

（3）当 $1.6M_{lp}/V_l<a\leqslant 2.6M_{lp}/V_l$ 时，中间加劲肋的间距宜在上述二者间线性插入；

（4）当 $a>5M_{lp}/V_l$ 时，可不配置中间加劲肋；

（5）中间加劲肋应与消能梁段的腹板等高，当消能梁段截面高度不大于 640mm 时，可配置单侧加劲肋，消能梁段截面高度大于 640mm 时，应在两侧配置加劲肋，一侧加劲肋的宽度不应小于 $(b_f/2-t_w)$，厚度不应小于 t_w 和 10mm。

6. 消能梁段与柱连接的构造措施。

消能梁段与框架柱的连接为刚性节点，与一般的框架梁柱连接稍有区别。应符合下列要求：

（1）消能梁段与柱连接时，其长度不得大于 $1.6M_{lp}/V_l$，且应满足相关标准的规定。

（2）消能梁段翼缘与柱翼缘之间应采用坡口全熔透对接焊缝连接，消能梁段腹板与柱之间应采用角焊缝（气体保护焊）连接，角焊缝的承载力不得小于消能梁段腹板的轴力、剪力和弯矩同时作用时的承载力。

（3）消能梁段与柱腹板连接时，消能梁段翼缘与横向加劲板间应采用坡口全熔透焊缝，其腹板与柱连接板间应采用角焊缝（气体保护焊）连接；角焊缝的承载力不得小于消能梁段腹板的轴力、剪力和弯矩同时作用时的承载力。

7. 消能梁段与支撑的连接构造。

消能梁段两端上下翼缘应设置侧向支撑，支撑的轴力设计值不得小于消能梁段翼缘轴向承载力设计值（翼缘宽度、厚度和钢材受压承载力设计值三者的乘积）的 6%，即 $0.06b_ft_ff$。消能梁段与支撑连接处，应在其腹板两侧配置加劲肋，加劲肋的高度应为梁腹板高度，一侧的加劲肋宽度不应小于 $(b_f/2-t_w)$，厚度不应小于 $0.75t_w$ 和 10mm 的较大值。偏心支撑框架梁的非消能梁段上下翼缘，应设置侧向支撑，支撑的轴力设计值不得小于梁翼缘轴向承载力的 2%，即 $0.02b_ft_ff$。

思 考 题

1. 钢结构在地震中的破坏有何特点，试分析其原因及设计中如何避免。
2. 多高层钢结构有哪几种常见结构体系，试分析其抗震性能与优缺点。
3. 高层钢结构的构件设计，为什么要对板件的宽厚比提出更高的要求？
4. 在多遇地震作用下，支撑斜杆的抗震验算如何进行？
5. 抗震设防的高层钢结构连接节点最大承载力应满足什么要求？
6. 偏心支撑的耗能梁段的腹板加劲肋应如何设置？
7. 多层钢结构在强震作用下柱子断裂的主要原因是什么？
8. 钢框架-中心支撑体系和钢框架-偏心支撑体系的抗震作用机理各有何特点？
9. 楼盖与钢梁有哪些可靠的连接措施？为什么在进行罕遇烈度下结构地震反应分析时不考虑楼板与钢梁的共同作用？
10. 为什么支撑-框架结构的支撑斜杆需要按刚接设计，但可按端部铰接计算？

第 8 章　钢筋混凝土单层厂房抗震设计

钢筋混凝土单层厂房通常是由钢筋混凝土柱、钢筋混凝土屋架或钢屋架以及有檩或无檩的钢筋混凝土屋盖组成的装配式结构。以往震害调查表明：未采取抗震措施的钢筋混凝土单层厂房，在6度、7度地区主体结构完好、支撑系统基本完好、少数围护砖墙局部开裂或外闪。在8度区（特别是Ⅳ类场地地区）主体结构有不同程度破坏；屋盖与柱间支撑有相当数量出现杆件压曲或节点拉脱、天窗架立柱开裂，部分倒塌、砖围护墙严重开裂，部分墙体局部倒塌。在9度区（特别是Ⅳ类场地地区）主体结构严重破坏，屋盖破坏和局部倒塌、支撑系统大部分压曲，节点拉脱破坏、天窗架普遍倾倒、砖围护墙大面积倒塌、有的厂房整个严重破坏。在10度、11度地区，许多厂房整体倾覆倒塌。因此，有必要对钢筋混凝土单层厂房进行抗震设计，使之具有良好的抗震性能。

8.1　钢筋混凝土单层厂房的震害特点

8.1.1　屋盖体系震害

屋盖系统包括天窗架、屋面板、屋架，震害主要表现为：

1. 天窗架

天窗架主要有N形天窗架和井式（下沉式）天窗架两种。目前大量采用的是N形天窗架，是厂房的薄弱部位，特别是纵向地震时震害普遍，表现为天窗架立柱根部水平开裂或折断，如图8-1所示；天窗架纵向支撑刚度不足使支撑杆件压屈失稳，使天窗架发生倾倒甚至倒塌。N形天窗架的震害产生的主要原因是：天窗架突出在屋面，天窗屋盖重量大，重心高，刚度突变，特别是天窗架上的屋面板与屋架上的屋面板不在同一标高，地震作用大；天窗架垂直支撑布置不合理或不足。

图 8-1　天窗架根部破坏

2. 屋面板

主要表现为：①屋面板错位、震落，由于屋面板端部预埋件小，且预应力屋面板的预埋件又未与板肋内主钢筋焊接，加之施工中有的屋面板搁置长度不足、屋顶板与屋架的焊点数不足、焊接质量差、板间没有灌缝或灌缝质量很差等连接不牢的原因，造成地震时屋面板焊缝拉开，屋面板滑脱，以致部分或全部屋面板倒塌，如图8-2所示。②屋架（屋面梁）与柱连接处屋面板传递的水平地震力最大，因此该处会出现较为明显的破坏。

3. 屋架

由于屋盖纵向水平地震力经由屋架向柱头传递时，该处的地震剪力最集中，致使发生端头混凝土酥裂掉角，支撑大型屋面板的支墩折断，端节间上弦剪断等震害。而当屋架与柱的连接破坏时，有可能导致屋架从柱顶塌落，如图 8-3 所示。当屋架高度较大，而两端又未设垂直支撑，或砖墙未能起到支撑作用时，屋架有可能发生倾倒。

图 8-2　屋面板滑落

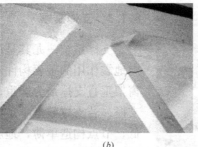

（a）　　　　　　　　　　　　　　（b）　　　　　　　　　　　　　　（c）

图 8-3　屋架破坏

（a）混凝土酥裂；（b）斜撑断裂；（c）屋架坠落

8.1.2　钢筋混凝土柱震害

钢筋混凝土柱在设计中考虑了风荷载和吊车水平制动力，整体倒塌破坏较少，但柱子的局部破坏现象比较普遍。常见的震害有：

（1）柱肩竖向拉裂，地震时由于高阶振型影响，高低跨两层屋盖产生相反方向的运动，发生弯曲或剪切裂缝，如图 8-4（a）所示。

（2）柱头及其与屋架连接的破坏，屋盖地震作用首先通过柱头节点向下传递，因此柱与屋架的连接节点是个重要部位，在强大的横向水平地震作用与竖向荷载及竖向地震力的共同作用下：①当屋架与柱头采取焊接连接，而焊缝强度不足时，则可能引起焊缝切断，或者因预埋锚固筋锚固强度不足而被拔出，使连接破坏；②当节连接强度足够时，柱头在反复水平地震作用下处于剪压复合受力状态，加上屋架与柱顶之间由于角变变形引起柱头混凝土受挤压，因此柱头混凝土被剪压而出现斜裂缝，被挤压而酥落，锚筋拔出，钢筋弯折使柱头失去承载力。

（3）柱子的变截面处因刚度突变而产生应力集中，一般在吊车梁顶面附近，易产生拉裂，甚至折断，如图 8-4（b）所示。

（4）当水平地震作用过大，下柱截面强度不足时，地坪以上至窗台这一区段的柱子常会出现横向裂缝，纵向剪切斜裂缝，比较严重的是压弯破坏引起的混凝土压碎、纵筋屈曲，如图 8-4（c）所示。

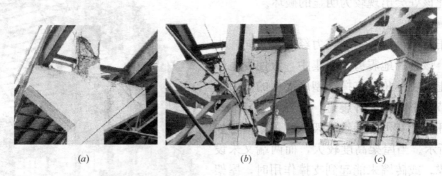

图 8-4　排架柱破坏
(a) 上柱根部破坏；(b) 牛腿破坏；(c) 柱底部破坏

8.1.3　支撑震害

支撑系统，尤其是厂房纵向支撑系统，是承受纵向地震作用的重要构件。主要震害是失稳弯曲，以天窗架垂直支撑最为严重，其次是屋盖垂直支撑和柱间支撑。若支撑数量不足，杆件刚度偏弱以及承载力偏低，节点构造单薄，地震时会发生杆件压曲、焊缝撕开、钢筋拉断等现象，如图 8-5 所示。

8.1.4　墙体的破坏

图 8-5　支撑破坏

厂房的墙体有山墙、外围护墙、封墙及内隔墙等。山墙因为面积大，与主体结构连接少，山尖部位高，动力反应大，在地震中往往破坏较早，一般从檐口、山尖处脱离主体结构开始，进一步使整个墙体或上下两层圈梁间的墙体外闪或产生水平裂缝，严重时，局部脱落，甚至于大面积的倒塌。地震区封檐墙破坏的现象更多，主要在高低跨相接处的封檐墙、厂房檐口的封檐墙及女儿墙等。封檐墙由于突出于屋面，墙体有时较高，与下部无锚固，在地震时动力放大效应明显，因此，往往首先遭到破坏，如图 8-6 所示。倒塌的封檐墙常常把副跨屋面结构砸坏，造成严重的次生灾害。

图 8-6　墙体破坏

8.1.5 厂房与生活间相接处的破坏

钢筋混凝土柱单层厂房与车间的生活间（如办公室、附属用房等）二者刚度相差悬殊，破坏现象主要表现为山墙与生活间脱开或互撞，生活间的承重构件拔出，山墙上有通长或局部的水平裂缝等。

8.2 钢筋混凝土单层厂房抗震设计的一般规定

8.2.1 厂房的结构布置

8.2.1.1 平面布置

厂房的平面布置力求简单、规正，使整个厂房结构的质量与刚度分布均匀、对称，尽可能使质量中心与刚度中心重合，尽量避免体型曲折复杂，凹凸变化，尽可能选用长方形平面体型，当必须采用复杂平面布置时，应使用防震缝将复杂平面分割成体型简单的独立单元；在厂房纵横跨交接处，以及对大柱网厂房等不设柱间支撑的厂房，防震缝宽度可采用 100～150mm，其他情况可采用 50～90mm。

当采用多跨厂房时宜等高等长，高低跨厂房不宜采用一端开口的结构布置；厂房设置山墙和纵墙时应两端（侧）对称布置，尽量不要仅一端（侧）有山墙，另一端（侧）为开口的结构布置方案，以减轻扭转效应。不宜在厂房柱的外侧贴建局部突出的较短毗连房屋，必须布置时应沿厂房纵墙或山墙布置，而不宜布置在厂房的角部和紧邻防震缝处，防止因局部刚度增大，造成地震作用加大，以及该区段排架与相邻排架间沿排架方向的变形不协调发生碰撞。

8.2.1.2 竖向布置

竖向布置，体型应立面简单、规则，尽量避免局部突出和设置高低跨。当高低跨的高差不大时，沿厂房横向和纵向都宜采用等高结构。必须采用不等高厂房时，应该用防震缝将高、低跨分成独立的单元，使其在地震时各自独立振动，并考虑不等高造成的高振型影响，加强高低跨交接处中柱的抗震能力，在厂房两端不宜采用无端屋架的山墙承重方案。

8.2.2 厂房的支撑系统

厂房的支撑系统是保障厂房整体性的重要条件，地震时所有的支撑系统都承受地震力，所以支撑的布置及其杆件的截面与刚度均应符合抗震要求。突出屋面天窗架支撑系统和厂房纵向柱列柱间支撑是厂房纵向主要抗侧力结构，要合理选择。一般宜考虑将支撑的刚度分散，设置多道支撑的方案。厂房屋面的横向支撑和纵向支撑应成封闭的水平桁架体系，这样可以大大加强厂房的整体性，同时柱间支撑和屋盖的横向支撑设在同一开间内有利于屋盖产生的地震作用直接传递到其下的柱间支撑。

8.2.3 厂房围护墙和女儿墙的布置

刚性非承重墙体的布置，应避免使结构形成刚度和强度分布上的突变。单层厂房的刚性围护墙沿纵向宜均匀对称布置。墙体与主体结构应有可靠的拉结，应能适应主体结构不同方向的层间位移；8度、9度时应具有满足层间变位的变形能力；与悬挑构件相连接时，尚应具有满足节点转动引起的竖向变形的能力。外墙板的连接件应具有足够的延性和适当的转动能力，宜满足在设防烈度下主体结构层间变形的要求。

单层厂房的围护墙宜采用轻质墙板或钢筋混凝土大型墙板，外侧柱距为12m时，应采用轻质墙板或钢筋混凝土大型墙板；不等高厂房的高跨封墙和纵横向厂房交接处的悬墙宜采用轻质墙板，8度、9度时应采用轻质墙板。砌体隔墙与柱宜脱开或柔性连接，同时应采取措施保证墙体稳定，且顶部应设整浇的钢筋混凝土压顶梁。由于砖墙自重大，抗裂、抗剪能力、延性及整体性较差，容易造成开裂和倒塌破坏，因此砖围护墙宜采用外贴式，对单跨厂房可采用嵌砌墙，并加强与厂房柱的锚拉。

8.2.4 厂房天窗架的设置

突出屋面的N形天窗架，地震时位移反应比较大，特别是在纵向地震作用下，由于高振型的影响往往造成天窗架与支撑的破坏，对屋盖和厂房抗震不利。为了保证天窗和整个厂房的安全，减轻地震震害，在天窗架的设置上应注意以下几点：

（1）天窗宜采用突出屋面较小的避风型的钢天窗，应优先选用抗震性能好的结构，有条件或9度时宜采用重心低的下沉式天窗，如图8-7所示。

（2）8度和9度时，天窗架宜从厂房单元端部第三柱间开始设置。因为第二开间起开设天窗，将使端开间每块屋面板与屋架无法焊接或焊连的可靠性大大降低而导致地震时掉落，同时也大大降低屋面纵向水平刚度。

（3）天窗屋盖、端壁板和侧板，宜采用轻型板材。有突出屋面天窗架的屋盖不宜采用预应力混凝土或钢筋混凝土空腹屋架。为了减小天窗侧板刚度对天窗变形的影响，不致在天窗立柱连接处形成刚性节点而产生应力集中，天窗架两侧的侧板或下档与天窗立柱的连接宜采用螺栓连接。

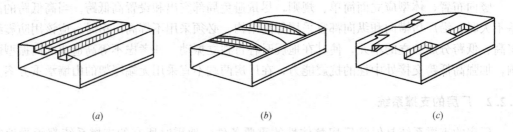

(a) (b) (c)

图 8-7 下沉式天窗

(a) 纵向下沉式；(b) 横向下沉式；(c) 中井下沉式

8.2.5 厂房屋架的布置

根据地震震害调查结果，厂房屋盖的震害程度与屋盖承重结构形式有密切关系，采用重心较低的屋盖在地震中几乎没有出现破坏，为此，厂房宜采用钢屋架或重心较低的预应力混凝土、钢筋混凝土屋架，如有突出屋面天窗架的屋盖不宜采用预应力混凝土或钢筋混凝土空腹屋架。其主要是由于预应力混凝土和钢筋混凝土空腹桁架的腹杆及其上弦节点均较薄弱，在天窗两侧竖向支撑的附加地震作用下，容易产生节点破坏，腹杆折断的严重破坏。

当厂房跨度不大于 15m 时，可采用钢筋混凝土屋面梁；当厂房跨度大于 24m 时，或 8 度Ⅲ、Ⅳ类场地和 9 度时，应优先采用钢屋架。当厂房的柱距为 12m 时，可采用预应力混凝土托架（梁），如采用钢屋架时，亦可采用钢托架（梁）。8 度（0.30g）和 9 度时跨度大于 24m 的厂房不宜采用大型屋面板。

8.2.6　厂房柱的布置

钢筋混凝土单层厂房柱按建筑抗震规范设计时都具有足够的抗剪承载力，为此，设计时应提高柱的延性，协调柱两个方面的刚度，提高结构的变形能力。在 8 度和 9 度区的单层混凝土结构厂房宜采用矩形、工字形截面柱或斜腹杆双肢柱，不宜采用薄壁工字形柱、腹板开孔工字形柱、预制腹板的工字形柱和管柱，也不宜采用平腹肝双肢柱。柱底至地坪以上 500mm 范围内和阶形柱的上柱宜采用矩形柱截面。

8.3　钢筋混凝土单层厂房的抗震验算

单层厂房计算包括横向和纵向两个方向的计算。《建筑抗震设计规范》规定，当属于设防烈度 7 度，Ⅰ、Ⅱ类场地，柱高不超过 10m 且结构单元两端均有山墙的单跨及等高多跨厂房（锯齿形厂房除外），可不进行横向及纵向的截面抗震验算，但应采取抗震构造措施。

8.3.1　横向计算

厂房的横向抗震计算时，根据厂房屋盖的横向弹性变形，按多质点空间结构分析。为了简化计算，将厂房按不考虑扭转的平面铰排架进行计算，该种方法需根据《建筑抗震设计规范》中的要求对计算结果进行修正。

8.3.1.1　计算简图

由于在计算周期和计算地震作用时采取的简化假定各不相同，故其计算简图和重力荷载集中方法要分别考虑。

1. 确定厂房自振周期的计算简图

进行单层厂房横向计算时，取一榀排架作为计算单元，它的动力分析计算简图，可根据厂房类型的不同，按照能量相等（周期相等）或接近的原则，把厂房的重力荷载均集中于屋盖处，由于吊车桥架重力荷载对排架横向自振周期影响较小，计算时一般不考虑，这样处理后排架周期会减小，对厂房抗震计算是偏于安全的。因此，对于单跨和等高多跨的厂房，其计算简图简化为单质点体系，如图 8-8（a）所示；对于两跨不等高厂房，可简化为两质点体系，如图 8-8（b）所示；对于三跨不对称带升高中跨厂房，则可简化为三质点体系，如图 8-8（c）所示。当厂房屋盖设有突出屋盖的天窗时，上述计算简图不变，而只需将天窗屋盖部分的重力荷载也集中到屋盖质点处即可。

2. 确定厂房水平地震作用的计算简图

按柱底弯矩等效原则，把厂房各部分重力荷载集中到屋盖处，同时还要考虑吊车重力荷载对柱子的最不利影响，一般把某跨吊车重力荷载布置于该跨任一柱子的吊车梁顶面

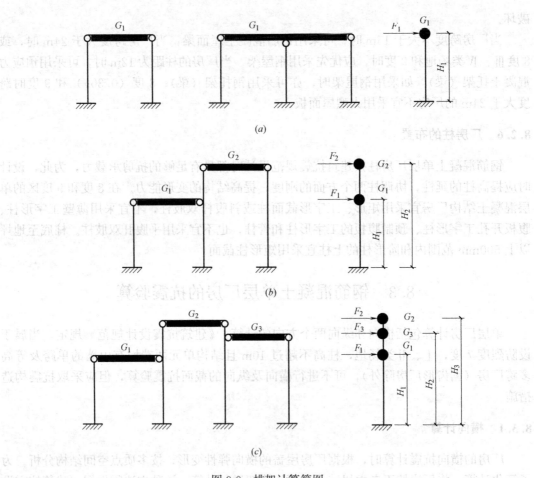

图 8-8 排架计算简图

(a) 单跨和多跨等高厂房排架计算简图；(b) 两跨不等高厂房排架计算简图；
(c) 三跨不对称升高中跨厂房排架计算简图

处。确定有桥式吊车厂房水平地震作用的计算简图，如图 8-9 所示。无吊车的单层厂房，水平地震作用计算简图与图 8-8 相同。

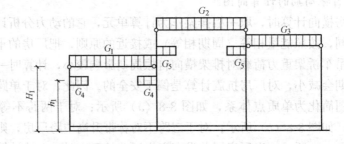

图 8-9 有桥式吊车厂房水平地震作用的计算简图

8.3.1.2 质点等效重力荷载标准值

计算厂房自振周期时，集中屋盖标高处的质点等效重力荷载代表值，是根据动能等效原理求得的。动能等效是原结构体系的最大动能 $U_{\max}$ 与质量集中到柱顶质点的折算体系的最大动能$\bar{U}_{\max}$相等的原理。通过动能等效原理计算周期时的质点等效质量：

(1) 单跨或多跨等高厂房

$$G_1=1.0G_{屋盖}+0.5G_{雪}+0.5G_{积灰}+0.5G_{吊车梁}+0.25G_{柱}+0.25G_{纵墙}+1.0G_{檐墙}$$
$$(8\text{-}1a)$$

(2) 两跨不等高厂房

$$G_1=1.0G_{低跨屋盖}+0.5G_{低跨雪}+0.5G_{低跨积灰}+0.5G_{低跨吊车梁}+0.25G_{低跨柱}+0.25G_{低跨纵墙}$$
$$+1.0G_{低跨檐墙}+1.0G_{高跨吊车梁(中柱)}+0.25G_{中柱下柱}+0.5G_{中柱上柱}+0.5G_{高跨封墙} \quad (8\text{-}1b)$$
$$G_2=1.0G_{高跨屋盖}+0.5G_{高跨雪}+0.5G_{高跨积灰}+0.5G_{高跨吊车梁}+1.0G_{高跨悬挂}+0.25G_{高跨边柱}$$
$$+0.25G_{高跨外纵墙}+1.0G_{高跨檐墙}+0.5G_{中柱上柱}+0.5G_{高跨封墙} \quad (8\text{-}1c)$$

计算地震作用时重力荷载代表值，吊车梁、柱和纵墙的等效换算系数是按柱底或墙底截面处弯矩等效的原则确定。即：

(1) 单跨或多跨等高厂房

$$G_1=1.0G_{屋盖}+0.5G_{雪}+0.5G_{积灰}+0.75G_{吊车梁}+0.5G_{柱}+0.5G_{纵墙}+1.0G_{檐墙} \quad (8\text{-}2a)$$

(2) 两跨不等高厂房

两跨不等高厂房集中于屋盖标高处质点等效重力荷载标准值为：

$$G_1=1.0G_{低跨屋盖}+0.5G_{低跨雪}+0.5G_{低跨积灰}+0.75G_{低跨吊车梁}+0.5G_{低跨边柱}+0.5G_{低跨纵墙}$$
$$+1.0G_{低跨檐墙}+1.0G_{高跨吊车梁(中柱)}+0.5G_{中柱下柱}+0.5G_{高跨封墙} \quad (8\text{-}2b)$$
$$G_2=1.0G_{高跨屋盖}+0.5G_{高跨雪}+0.5G_{高跨积灰}+0.75G_{高跨吊车梁(边跨)}+0.5G_{高跨边柱}$$
$$+0.5G_{高跨外纵墙}+1.0G_{高跨檐墙}+0.5G_{中柱上柱}+0.5G_{高跨封墙} \quad (8\text{-}2c)$$

8.3.1.3 横向基本周期的计算

1. 单跨和等高多跨厂房

这类厂房可简化为单质点体系，参见图 8-10 (a)，它的基本周期可按式 (8-3) 计算：

$$T_1=2\pi\sqrt{\frac{G_1\delta_{11}}{g}}\approx 2\sqrt{G_1\delta_{11}} \qquad (8\text{-}3)$$

式中　G_1——集中于屋盖处的质点等效重力荷载
　　　　　　（kN）；

　　　δ_{11}——单位水平力作用于排架顶部时，该
　　　　　　处发生的沿水平方向的位移（m/
　　　　　　kN），如图 8-10 (a) 所示，其计算
　　　　　　公式为 $\delta_{11}=(1-X_1)\delta_{11}^A$。

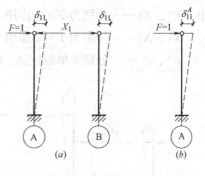

图 8-10　单跨排架横梁内力图
(a) 单位水平力在排架顶部引起的位移；
(b) A轴柱顶作用单位水平力该处引起的位移

2. 两跨不等高厂房

这类厂房一般简化为两个质点体系，其基本
周期可按由能量法得到的公式 (8-4) 计算：

$$T_1=2\pi\sqrt{\frac{G_1u_1{}^2+G_2u_2^2}{G_1u_1+G_2u_2}} \qquad (8\text{-}4)$$

式中　G_1、G_2——集中于低跨和高跨柱顶处的质点等效重力荷载代表值（kN）；

　　　u_1、u_2——G_1、G_2作为水平力同时作用于相应质点处时，排架在质点 1、2 处的侧
　　　　　　　移值（m），参见图 8-11，分别按下列公式计算：

$$\left.\begin{aligned} u_1 &= G_1\delta_{11} + G_2\delta_{12} \\ u_2 &= G_1\delta_{21} + G_2\delta_{22} \end{aligned}\right\} \tag{8-5}$$

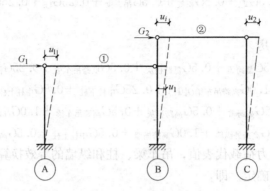

图 8-11 两跨不等高排架横梁内力图 1

式中　δ_{11}——单位水平力 $F=1$ 作用于屋盖①处时，该屋盖标高引起的位移，如图 8-12 (a) 所示 (m/kN)；

δ_{12}、δ_{21}——单位水平力 $F=1$ 分别作用于屋盖②和屋盖①处，屋盖①和②引起的侧移，如图 8-12 (a)、(b) 所示，$\delta_{12}=\delta_{21}$ (m/kN)；

δ_{22}——单位水平力 $F=1$ 作用于屋盖②处时，在该处引起的侧移，如图 8-12 (b) 所示 (m/kN)。

$$\left.\begin{aligned} \delta_{11} &= (1-X_1^1)\delta_{11}^A \\ \delta_{21} &= X_2^1\delta_{11}^C = \delta_{12} = X_1^1\delta_{11}^A \\ \delta_{22} &= (1-X_1^2)\delta_{11}^C \end{aligned}\right\} \tag{8-6}$$

式中　X_1^1、X_2^1——分别为 $F=1$ 作用于屋盖①处时，在横梁①和②内引起的内力；

X_1^2、X_2^2——分别为 $F=1$ 作用于屋盖②处时，在横梁①和②内引起的内力；

δ_{11}^A、δ_{11}^C——分别为单根柱 A、C 柱顶作用单位水平力 $F=1$ 时，在该处引起的侧移。

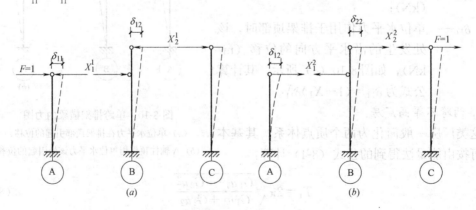

图 8-12 两跨不等高排架横梁内力图 2

3. 三跨不对称带升高跨厂房

计算这类厂房的自振周期时，一般可简化为三质点体系，采用能量法计算其基本周

242

期，公式为：

$$T_1 = 2\sqrt{\frac{G_1 u_1^2 + G_2 u_2^2 + G_3 u_3^2}{G_1 u_1 + G_2 u_2 + G_3 u_3}}$$ (8-7)

式中
$$\left.\begin{array}{l} u_1 = G_1\delta_{11} + G_2\delta_{12} + G_3\delta_{13} \\ u_2 = G_1\delta_{21} + G_2\delta_{22} + G_3\delta_{23} \\ u_3 = G_1\delta_{31} + G_2\delta_{32} + G_3\delta_{33} \end{array}\right\}$$，δ_{11}，δ_{12}，δ_{13}，δ_{22}，δ_{23}，δ_{33} 均按结构力学方法计算，

其他符号解释同前。

8.3.1.4 横向基本周期的修正

由于排架计算简图与实际结构的差别，按上面公式计算的自振周期比实际结构的周期大，这是因为屋架与柱的连接因加焊而或多或少存在某些刚接作用，厂房纵墙对增大排架横向刚度也有明显的影响。《建筑抗震设计规范》规定，按平面铰接排架计算的横向自振周期，即由钢筋混凝土屋架与钢筋混凝土柱或钢柱组成的排架，有纵墙时取周期计算值的80%，无纵墙时取90%。

8.3.1.5 排架地震作用计算

单层厂房在横向水平地震作用下，可视为多质点体系。当它的高度不超过40m，质量和刚度沿高度分布比较均匀时，可以假定地震时各质点的加速度反应与质点的高度成比例，可采用底部剪力法进行计算。

1. 基底总地震作用标准值为

$$F_{EK} = \alpha_1 G_{eq}$$

式中 F_{EK}——厂房总水平地震作用标准值；

α_1——相应于结构基本周期 T_1 的地震影响系数；

G_{eq}——结构等效总重力荷载，单质点时取 G_E，多质点时取 $0.85G_E$；

G_E——结构的总重力荷载代表值，$G_E = \sum\limits_{i=1}^{n} G_i$；

G_i——为集中于 i 点的重力荷载代表值。

2. 水平地震作用沿高度分布

作用于排架第 i 屋盖高度处的横向水平地震作用标准值公式为：

$$F_i = \frac{G_i H_i}{\sum\limits_{i=1}^{n} G_i H_i} F_{EK}$$ (8-8)

式中 H_i——质点 i 的高度。

3. 吊车产生的横向水平地震作用

对于柱距为12m或12m以下的厂房，单跨时应取一台，多跨时不超过两台。集中的吊车重量为跨内一台最大吊车重，软钩时不包括吊重，硬钩时要考虑吊重的30%。一台吊车重产生的作用在一根柱上的吊车水平地震作用 F_{cr} 为：

$$F_{cri} = \alpha_1 G_{ci} = \frac{H_{ci}}{H_i}$$ (8-9)

式中 G_{ci}——第 i 跨吊车重作用在一根柱上的重力荷载，其数值取一台吊车自重轮压在一根柱上的牛腿反力；

H_{ci}——第 i 跨吊车梁面标高处的高度；

H_i——吊车所在跨柱顶的高度；

α_1——按厂房平面排架横向水平地震作用计算所取的 α_1 值采用。

当为多跨厂房时，各跨的吊车地震作用分别进行计算。

4. 突出屋面天窗架横向水平地震作用

《建筑抗震设计规范》规定：对突出屋面的且带有斜撑杆的三铰拱式钢筋混凝土和钢天窗架的横向抗震计算可采用底部剪力法；跨度大于 9m 或 9 度设防烈度时，天窗架的地震作用效应应乘以增大系数 1.5，以考虑高振型的影响。其他情况可采用振型分解反应谱进行计算。

8.3.1.6 排架内力分析及组合

求出各部位的地震作用后，根据一般结构力学方法求解排架就可确定地震作用效应。但按单个排架简图求出的地震作用效应，在一定的条件下尚需进行调整。

1. 考虑空间作用及扭转影响对柱地震效应的调整

单层厂房的纵向系统一般包括屋盖、纵向支撑、吊车梁等。纵墙一方面增大横向排架的刚度，另一方面也起着纵向联系作用。因此，各横向排架是互相联系和互相制约的，它们与纵向系统一起组成一个复杂的空间体系。我们把这种互相制约的影响叫做厂房的空间作用。在地震作用下，厂房将产生整体振动。若将钢筋混凝土屋盖视为具有很大水平刚度、支承在若干弹性支承上的连续梁，在横向水平地震作用，只要各弹性支承（即排架）的刚度相同，屋盖沿纵向质量分布也较均匀，各排架亦有同样的柱顶位移，则可认为无空间作用影响。只有当厂房两端无山墙（中间亦无横墙）时，厂房的整体振动（第一振型）才接近单片排架的平面振动，如图 8-13（a）所示。当厂房两端有山墙，如图 8-13（b）所示，且山墙在其平面内刚度很大时，作用于屋盖平面内的地震作用将部分地通过屋盖传给山墙，因而排架所受的地震作用将有所减少。山墙的侧移可近似为零，厂房各排架的侧移将不相等，中间排架处柱顶的侧移最大，即厂房存在空间工作。此时各排架实际承受的地震作用将比按平面排架计算的小。因此，按平面排架简化求得的排架地震作用必须进行调整。如果厂房仅一端有山墙，或虽然两端有山墙，但两山墙的抗侧移刚度相差很大时，厂房的整体振动将复杂化，除了有空间作用影响外，还会出现较大的平面扭转效应，使得排架各柱的柱顶侧移均不相同，如图 8-13（c）所示。在弹性阶段排架承受的地震作用与柱顶侧移成正比，既然在空间作用时排架的柱顶的侧移小于无空间作用时排架柱顶侧移，在有扭转作用时有的排架柱顶侧移又大于无空间作用时排架柱顶侧移。因此，按平面排架简图求得的排架地震作用必须进行调整。

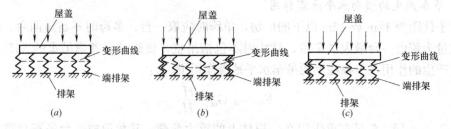

图 8-13　厂房屋盖的变形图

（a）两端无山墙时；（b）两端有山墙时；（c）一端有山墙时

当厂房符合下列条件时，可考虑整体空间作用和扭转影响的调整系数，如表 8-1 所示。

钢筋混凝土柱（高低跨交接处上柱除外）考虑整体空间作用及扭转影响的效应调整系数　表 8-1

屋盖	山墙		屋盖长度(m)											
			≤30	36	42	48	54	60	66	72	78	84	90	96
钢筋混凝土无檩屋盖	两端山墙	等高厂房			0.75	0.75	0.75	0.8	0.8	0.8	0.85	0.85	0.85	0.9
		不等高厂房			0.85	0.85	0.85	0.9	0.9	0.9	0.95	0.95	0.95	1.0
	一端山墙		1.05	1.15	1.2	1.25	1.3	1.3	1.3	1.3	1.35	1.35	1.35	1.35
钢筋混凝土有檩屋盖	两端山墙	等高厂房			0.8	0.85	0.9	0.95	0.95	1.0	1.0	1.05	1.05	1.1
		不等高厂房			0.85	0.9	0.95	1.0	1.0	1.05	1.05	1.1	1.1	1.15
	一端山墙		1.0	1.05	1.1	1.1	1.15	1.15	1.15	1.2	1.2	1.2	1.25	1.25

（1）设防烈度为 7 度和 8 度。当设防烈度大于 8 度时，由于山墙破坏严重，地震作用无法传给山墙，不能考虑整体空间作用。

（2）厂房单元屋盖长度 L 与厂房总跨度 B 之比 $L/B \leqslant 8$ 或 $B > 12m$ 时（其中屋盖长度指山墙到山墙的间距，当厂房仅一端有山墙或横墙时，应取所考虑排架至山墙的距离；高低跨相差较大的不等高厂房，总跨度可不包括低跨）。因为当符合这个规定时，厂房屋盖的横向水平刚度较大，能保证将地震作用通过屋盖按相应的比例传给山墙或到顶横墙，否则，由于屋盖的横向水平刚度小而不能考虑整体空间作用。

（3）山墙（或横墙）的厚度不小于 240mm，开洞所占的水平截面面积不超过总面积的 50%，并与屋盖系统有良好的连接。

2. 高低跨交接处上柱地震作用效应的调整

在排架高低跨交接处的钢筋混凝土柱的支承低跨屋盖牛腿以上各截面，按底部剪力法求得的地震弯矩和剪力应乘以增大系数 η，其值按下式采用：

$$\eta = \xi \left(1 + 1.7 \frac{n_h}{n_0} \frac{G_{El}}{G_{Eh}} \right) \tag{8-10}$$

式中　ξ——不等高厂房高低跨交接处的空间工作影响系数，可按表 8-2 采用；

n_h——高跨跨数；

n_0——计算跨度，仅一侧有时应取总跨数，两侧均有低跨时应取总跨数与高跨数之和；

G_{Eh}——集中于高跨柱顶标高处的总重力荷载代表值；

G_{El}——集中于高低跨交接处一侧各低跨屋盖标高处的总重力荷载代表值。

高低跨交接处钢筋混凝土上柱空间工作影响系数　　　　　　　表 8-2

屋盖	山墙		屋盖长度(m)									
		≤36	42	48	54	60	66	72	78	84	90	96
钢筋混凝土无檩屋盖	两端山墙		0.7	0.76	0.82	0.88	0.94	1.0	1.06	1.06	1.06
	一端山墙					1.25					

屋盖	山墙	屋盖长度(m)										
		≤36	42	48	54	60	66	72	78	84	90	96
钢筋混凝土有檩屋盖	两端山墙	0.9	1.0	1.05	1.1	1.1	1.15	1.15	1.15	1.2	1.2
	一端山墙	1.05										

3. 吊车桥架引起的地震作用效应增大系数

对有吊车的厂房,应将吊车梁顶面标高处的上柱截面内力乘以由吊车桥架引起的地震作用效应增大系数,见表 8-3。因为吊车桥架是一个较大的移动质量,地震时它将引起厂房的强烈局部振动,从而使吊车桥架所在排架的地震作用效应突出地增大,造成局部严重破坏,为了减轻这种震害的发生,特将吊车桥架引起的地震作用效应予以放大。

吊车桥架地震作用效应增大系数　　　　　　　　表 8-3

屋盖类别	山墙条件	边柱	高低跨住	其他中柱
钢筋混凝土无檩屋盖	两端山墙	2.0	2.5	3.0
	一端山墙	1.5	2.0	2.5
钢筋混凝土有檩屋盖	两端山墙	1.5	2.0	2.5
	一端山墙	1.5	2.0	2.0

4. 排架内力组合

排架横向抗震验算时的内力组合,是指地震作用引起的内力和与之相应的静力竖向荷载引起的内力,在可能出现的最不利情况下所进行的组合,可以根据它进行结构构件的强度验算。其计算方法有以下特点:①地震作用是往复的,所以内力符号可正可负;②在进行单层厂房排架的地震作用效应和与其相应的其他荷载效应组合时,一般可不考虑风荷载效应,不考虑吊车横向水平制动力引起的内力,也不考虑竖向地震作用;③在静力竖向荷载计算中,起重机的竖向荷载在单跨时按一台起重机考虑,在多跨时按分别在不同跨度内的两台起重机考虑,并与计算地震作用时所取的起重机台数和所在跨相对应。

排架内力组合效应的一般表达式可简化为:

$$S = \gamma_G S_{GE} + \gamma_{Eh} S_{Ehk} \tag{8-11}$$

式中　γ_G——重力荷载分项系数,一般情况应取 1.2,当重力荷载效应对构件承载能力有利时,不应大于 1.0;

γ_{Eh}——水平地震作用分项系数,可取 1.3;

S_{GE}——重力荷载代表值的效应,当有起重机时,尚应包括悬吊物重力标准值的效应,此悬吊重力荷载不计入横向水平地震作用;

S_{Ehk}——水平地震作用标准值的效应,尚应乘以相应的增大系数或调整系数。

8.3.1.7　截面抗震验算

对于单层厂房,柱截面的抗震验算,应满足下列一般表达式的要求:

$$S \leqslant R/\gamma_{RE} \tag{8-12}$$

式中　R——结构构件承载力设计值;

γ_{RE}——承载力抗震调整系数,对钢筋混凝土偏心受压柱,轴压比小于 0.15 时,

$\gamma_{RE}=0.75$，轴压比大于 0.15 时，$\gamma_{RE}=0.8$。

对于结构构件可按本书混凝土构件截面抗震验算，对于排架柱应按偏压构件进行验算；为了防止不等高厂房支承低跨屋盖的柱牛腿在地震中竖向拉裂，其纵向受拉钢筋截面积应满足：

$$A_s \geqslant \left(\frac{N_G a}{0.85 h_0 f_y} + \frac{1.2 N_E}{f_y}\right)\gamma_{RE} \tag{8-13}$$

式中　N_G——柱牛腿面上承受的重力荷载代表值；

　　　a——重力荷载作用点至下柱近侧的距离，当 $a<0.3h_0$ 时，取 $0.3h_0$；

　　　N_E——柱牛腿面上承受的水平地震作用；

　　　h_0——牛腿最大竖向截面的有效高度。

对于有侧向水平变位约束（如嵌砌内隔墙、有侧边贴建坡屋等）处于短柱工作状态的钢筋混凝土柱，柱头的截面抗震应满足：

$$V \leqslant (0.42 b_c h_0 f_c + A_{sv} f_{yv} + 0.054 N)/\gamma_{RE} \tag{8-14}$$

式中　V——柱顶设计剪力；

　　　N——与柱顶设计剪力相对应的柱顶轴压力；

　　b_c、h_0——柱顶截面的宽度和有效高度。

8.3.2　纵向抗震计算

震害结果表明，厂房的纵向抗震能力较差，甚至低于厂房的横向抗震能力。在地震作用下，厂房的纵向也是整体空间工作的，并且或多或少总伴随着扭转影响。厂房纵向受力体系是由柱间支撑、柱列、纵墙和屋面等组成。柱间支撑的抗侧移刚度比柱列大得多；纵墙的抗侧移刚度也是相当大的，但当开裂以后，其刚度急剧退化；屋面纵向刚度随着屋面形式的不同差别很大。厂房的纵向震害主要表现在天窗两侧的竖向支撑、屋面板与屋架的连接、柱间支撑的纵墙几个部位。中柱列柱间支撑的震害远大于边柱列柱间支撑的震害。

厂房纵向抗震计算时，宜计及屋盖的纵向弹性变形，围护墙与隔墙的有效刚度，不对称时尚宜计及扭转影响，按多质点进行空间结构分析，一般由计算机进行数值计算，本节就不做介绍；当柱顶标高不大于 15m 且平均跨度不大于 30m 的单跨或等高多跨的钢筋混凝土柱厂房，可采用柱列法、修正刚度法和拟能量法进行计算，下面对这些计算方法进行介绍。

8.3.2.1　柱列法

一般单跨厂房的两边纵墙都是对称布置的，即两边柱列纵向刚度相同，在厂房作纵向振动时，基本上是同步的，这样可认为两柱列独自振动相互不影响。对于轻屋盖多跨等高厂房，边柱列和中柱列纵向刚度虽有差异，但因屋盖刚度小，协调各柱列变形的能力差，厂房纵向振动时，各柱列可认为独自振动。为此，对于上述两类厂房，以跨度中线划界，取各自独立的柱列进行分析，使计算得到简化，这种计算方法称为柱列法。对于柱列法关键的部分是计算柱列柔度和刚度计算，对于其计算过程介绍如下：

1. 柱

只计柱子弯曲变形部分。当只有一个侧力作用于柱顶时，$\delta_{11}=H^3/\mu_c 3EI$，$K_{11}^c=1/\delta_{11}$；当有两个侧力作用时，比较容易求出 δ_{11}、δ_{22}、$\delta_{12}=\delta_{21}$，μ_c 为屋盖、吊车梁等纵向

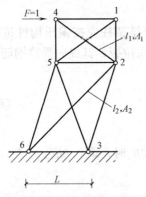

图 8-14　柱间支撑计算简图

构件对柱侧移刚度的影响系数，无吊车梁时 $\mu_c = 1.1$，有吊车梁时 $\mu_c = 1.5$。

2. 柱间支撑

单层厂房中常见的柱间支撑形式有 K 形撑、交叉撑等，柱间支撑的计算简图如图 8-14 所示。

（1）柔性支撑（$\lambda > 150$）

这类支撑适用于设计烈度低（例如设防烈度为 7 度）、厂房小、无起重机或起重机起重量轻的情况，或不属于上述情况，但所布置的支撑数量较多时（例如设防烈度为 8 度时所设置的上柱支撑）。由于在这种情况下支撑斜杆的内力很小，截面小而杆件长细比很大，斜杆基本上不能承受压力，因而在柱间支撑的计算简图中只考虑受拉的斜杆，不考虑受压斜杆。

$$\delta_{11} = \frac{1}{L^2 E}\left(\frac{l_1^3}{A_1} + \frac{l_2^3}{A_2}\right) \tag{8-15}$$

式中　l_1、l_2、A_1、A_2——上、下柱支撑斜杆的长度（m）和截面面积（m²）；

　　　　L——支撑水平杆的长度（m）；

　　　　E——支撑斜杆材料的弹性模量（kN/m²）。

（2）半刚性支撑（$\lambda = 40 \sim 150$）

这类支撑适用于设防烈度为 8 度的较大跨度厂房。在这种情况下，由于支撑斜杆的内力较大，小截面型钢已不能满足强度和刚度的要求，故此时斜杆的长细比往往小于 150，属于中柔度杆，具有一定的抗压强度和刚度，因而可以考虑这类支撑的斜拉杆和斜压杆均参加受力，但仍忽略水平杆和竖杆的轴向变形。半刚性交叉支撑的柔度为：

$$\delta_{11} = \frac{1}{L^2 E}\left[\frac{l_1^3}{(1+\varphi_{上})A_1} + \frac{l_2^3}{(1+\varphi_{下})A_2}\right] \tag{8-16}$$

式中　$\varphi_{上}$、$\varphi_{下}$——上支撑和下支撑轴心受压钢构件的稳定系数，按《钢结构设计规范》查取。

当有两个水平力时，有以下计算公式：

$$\delta_{12} = \delta_{21} = \delta_{22} = \frac{1}{L^2 E}\frac{l_2^3}{(1+\varphi_{下})A_2} \tag{8-17}$$

（3）刚性支撑（$\lambda < 40$）

这类支撑杆件的长细比较小，属于小柔度杆，受压时不致发生侧向失稳现象，压杆与拉杆一样能充分发挥其全截面强度和刚度的作用。刚性支撑的柔度按下式计算：

$$\delta_{11} = \frac{1}{2L^2 E}\left(\frac{l_1^3}{A_1} + \frac{l_2^3}{A_2}\right) \tag{8-18}$$

3. 砖围护墙

砖围墙刚度计算参照 5.3.2 节。

计算出柱、柱间支撑和砖围护墙的柔度后，则在柱列柱顶侧向刚度之和等于各抗侧力构件（柱、柱间支撑和砖围护墙）同一标高的侧移柔度倒数之和。

4. 柱列等效重力荷载代表值

根据动能等效原则计算出柱顶处在计算柱列自振周期时的重力荷载代表值：

$$G_1 = 1.0G_{屋盖} + 0.5G_{雪} + 0.5G_{积灰} + 0.25G_{柱} + 0.25G_{山墙}$$
$$+ 0.35G_{纵墙} + 0.5G_{吊车梁} + 0.5G_{吊车桥} \tag{8-19}$$

根据内力等效原则计算出柱顶处在计算柱列地震作用时的重力荷载代表值:

$$G_1 = 1.0G_{屋盖} + 0.5G_{雪} + 0.5G_{积灰} + 0.5G_{柱} + 0.7G_{纵墙}$$
$$+ 0.5G_{山墙} + 0.75G_{吊车梁} + 0.75G_{吊车桥} \tag{8-20}$$

5. 柱列自振周期计算

柱列沿厂房纵向的基本自振周期为:

$$T_1 = 2\varphi_T \sqrt{G\delta} \tag{8-21}$$

式中 φ_T——周期修改系数,对于单跨厂房,$\varphi_T = 1.0$,对于多跨厂房,按表8-4取值。

周期修改系数 表 8-4

围护墙	天窗或支撑		柱列	边柱列	中柱列
石棉瓦、挂板或无墙	有支撑		边跨无天窗	1.3	0.9
			边跨有天窗	1.4	0.9
	无柱间支撑			1.15	0.85
砖墙	有支撑		边跨无天窗	1.6	0.9
			边跨有天窗	1.65	0.9
	无柱间支撑			2	0.85

6. 柱列各抗侧力构件水平地震作用标准值

柱列的水平地震作用标准值按底部剪力法进行计算,各抗侧力构件地震作用按刚度进行分配:

柱:
$$F_c = \frac{K_c}{K_{总和}} F_{EK} \tag{8-22}$$

支撑
$$F_b = \frac{K_b}{K_{总和}} F_{EK} \tag{8-23}$$

墙
$$F_w = \frac{K_w}{K_{总和}} F_{EK} \tag{8-24}$$

$$K_{总和} = \sum K_c + \sum K_b + \varphi_k \sum K_w \tag{8-25}$$

式中 $K_{总和}$——考虑砖墙开裂后柱列的侧移刚度;

φ_k——贴砌的砖围护墙侧移刚度折减系数,7度、8度和9度时分别取0.6、0.4、0.2。

8.3.2.2 修正刚度法

适用于单跨或等高多跨钢筋混凝土无檩和有檩屋盖厂房。柱顶标高不大于15m且平均跨度不大于30m的单跨或等高多跨钢筋混凝土柱厂房。钢筋混凝土无檩和有檩体系的弹性屋盖的水平刚度很大,厂房的空间工作明显,厂房沿纵向的振动特性接近刚性屋盖厂房。因此,可以按刚性屋盖厂房的计算原则进行计算,但为了反映屋盖变形的影响,须对厂房的纵向自振周期和柱列侧移刚度加以修正,这种方法就称为修正刚度法。

1. 厂房纵向的基本自振周期

(1) 按厂房的纵向刚度计算确定

这种方法假定厂房整个屋盖是理想的刚性体,将所有柱列重力荷载代表值按动能等效原则集中到屋盖标高处，并与屋盖重力代表值加在一起，将各柱列侧移刚度也加在一起，形成单质点弹性体系，其自振周期按单质点弹性体系计算，如图 8-15 所示。

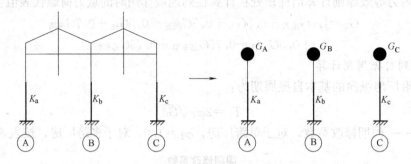

图 8-15　纵向周期计算简图

$$T_1 = 2\pi\psi_T\sqrt{\frac{\sum G_i}{g\sum K_i}} \approx 2\psi_T\sqrt{\frac{\sum G_i}{\sum K_i}} \tag{8-26}$$

式中　i——柱列序号；

G_i——确定周期时，按跨度中线划分换算集中到第 i 柱列柱顶处的等效重力荷载（kN）；

K_i——第 i 柱列的总刚度，是该柱列所有柱子、支撑和砖墙的刚度之和，$K_i = \sum K_c + \sum K_b + \sum K_w$；其中 K_c、K_b 分别为一根柱子、一片支撑的弹性侧移刚度；K_w 为贴砌砖围护墙的侧移刚度，应考虑墙开裂而引起的刚度折减，对地震烈度为 7 度、8 度和 9 度，分别取 0.6、0.4 和 0.2；

ψ_T——厂房自振周期修改系数，按表 8-5 取值。

自振周期修改系数　　　　　　　　　　　　　　　　表 8-5

屋盖类型	钢筋混凝土无檩屋盖		钢筋混凝土有檩屋盖	
	边跨无天窗	边跨有天窗	边跨无天窗	边跨有天窗
修改系数	1.3	1.35	1.4	1.45

（2）按经验公式确定

对于柱顶高度不超过 15m，且平均跨度不超过 30m 的单跨或等高多跨的钢筋混凝土柱砖围护墙厂房，其纵向基本周期的计算公式可按下列经验公式计算：

$$T_1 = 0.23 + 0.00025\varphi_1 l \sqrt{H^3} \tag{8-27}$$

式中　φ_1——屋盖类型系数，大型屋面板钢筋混凝土屋架时可采用 1.0，钢屋架时可取 0.85；

l——厂房跨度（m），多跨厂房可取各跨的平均值；

H——基础顶面至柱顶的高度（m）。

（3）对于敞开、半敞开或墙板与柱子柔性连接的厂房，基本周期 T_1 应乘以围护墙影响系数 φ_2，$\phi_2 = 2.6 - 0.002l \sqrt{H^3}$，$\varphi_2$ 小于 1.0 时取 1.0。

2. 柱列地震作用

（1）无吊车厂房柱列水平地震作用标准值

对于无桥式吊车的厂房，整个柱列的各项重力荷载集中到柱顶标高处；对于有桥式吊车的厂房，整个柱列的各项重力荷载应分别集中到柱顶标高处和吊车梁顶标高处。作用于第 i 柱列柱顶标高处的地震作用标准值：

$$F_i = \alpha_1 G_{eq} \frac{K_{ai}}{\sum K_{ai}} \tag{8-28}$$

$$K_{ai} = \varphi_3 \varphi_4 K_i \tag{8-29}$$

式中　φ_3——柱列侧移刚度的围护墙影响系数，按表 8-6 采用，对有纵向砖围护墙的四跨或五跨厂房，由边柱列数起的第三柱列，可按表内相应数值的 1.15 倍采用；

φ_4——柱列侧移刚度的柱间支撑影响系数，对于砖围护墙，边柱列为 $\varphi_4 = 1.0$，中柱列按表 8-7 采用。

围护墙影响系数 φ_3　　　　　　　　　　表 8-6

纵向围护墙与地震烈度		边柱列	中柱列			
			无檩屋盖		有檩屋盖	
240 砖墙	370 砖墙		边跨无天窗	边跨有天窗	边跨无天窗	边跨有天窗
	7 度	0.85	1.7	1.8	1.8	1.9
7 度	8 度	0.85	1.5	1.6	1.6	1.7
8 度	9 度	0.85	1.3	1.4	1.4	1.5
9 度		0.85	1.2	1.3	1.3	1.4
无墙、石棉瓦、挂板		0.90	1.1	1.1	1.2	1.2

注：四跨和五跨厂房，由边柱列数起，第三柱列（即中央柱列）的 φ_3 取本表中柱列数值乘以 1.15。

纵向采用砖围护墙的中柱列柱间支撑影响系数 φ_4　　　　　　表 8-7

中柱列下柱支撑斜杆的长细比 λ	<40	41～80	81～120	121～150	>150	无支撑
柱列内只设一道下柱支撑时	0.90	0.95	1.0	1.1	1.25	1.4
柱列内设有两道下柱支撑时	—	—	0.90	0.95	1.0	1.4

（2）有吊车厂房柱列水平地震作用标准值

对于有吊车的等高多跨钢筋混凝土柱屋盖厂房，各柱列柱顶处的纵向水平地震作用按式（8-28）计算，柱列各吊车梁顶标高处的纵向水平地震作用标准值 F_{ci} 按下式：

$$F_{ci} = \alpha_1 G_{ci} \frac{H_{ci}}{H_i} \tag{8-30}$$

式中　H_{ci}、H_i——分别为第 i 柱列吊车梁顶及柱顶高度。

（3）柱列各抗侧力构件水平地震作用的分配

① 无吊车厂房

一根柱子分配的地震作用标准值：

$$F_{ci} = \frac{K_c}{K_i'} F_i \tag{8-31}$$

一片支撑分配的地震作用标准值：

$$F_{bi} = \frac{K_b}{K_i'} F_i \qquad (8\text{-}32)$$

一片墙体分配的地震作用标准值：

$$F_{wi} = \frac{\varphi_k K_w}{K_i'} F_i \qquad (8\text{-}33)$$

式中 K_i'——考虑砖墙开裂后柱列的侧移刚度，即

$$K_i' = \sum k_c + \sum k_b + \varphi_k \sum k_w \qquad (8\text{-}34)$$

φ_k——贴砌的砖围护墙侧移刚度折减系数，7 度，8 度和 9 度时分别取 0.6、0.4 和 0.2。

② 有吊车厂房

为了简化计算，对于中小型厂房可粗略地假定柱子为剪切杆，并取整个柱列所有柱的总侧移刚度为该柱列全部柱间支撑总侧移刚度的 10%，即 $\sum k_c = 0.1 \sum k_b$

第 i 柱列一根柱、一片支撑、一片墙在柱顶标高处所分配的地震作用，如图 8-16 所示，仍按各构件柱顶高度处的侧移刚度比例分配，即同无吊车柱列的计算方法。

吊车所引起的地震作用标准值，因偏离砖墙较远，由柱和支撑分担：

一根柱所分配的水平地震作用标准值：

$$F_c' = \frac{1}{11n} F_{ci} \qquad (8\text{-}35)$$

一片支撑所分配的水平地震作用标准值：

$$F_b' = \frac{k_b}{1.1 \sum k_b} F_{ci} \qquad (8\text{-}36)$$

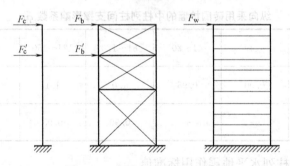

图 8-16 有吊车柱列的地震作用

8.3.2.3 拟能量法

适用于钢筋混凝土无檩及有檩屋盖的两跨不等高厂房的纵向抗震计算。由于存在高低跨柱列，使得厂房的纵向自振特性和柱列间地震作用的分配复杂化。拟能量法以剪扭振动空间分析结果为标准，进行试算对比，找出各柱列按跨度中心划分质量的调整系数，从而得出各柱列作为分离体时的有效质量，然后按能量法公式确定整个厂房的自振周期，并用底部剪力法按单独柱列分别计算出各柱列的水平地震作用。

1. 基本周期

当体系按基本振型振动时，体系的最大动能为：

$$T_{max} = \frac{1}{2g} w^2 \sum_{i=1}^{n} G_n' u_i^2$$

而体系的最大势能为：

$$V_{\max} = \frac{1}{2}\sum_{i=1}^{n}G'_n u_i$$

根据能量守恒的原则，$T_{\max} = V_{\max}$，并考虑厂房空间工作及等效重力荷载按内力等效取值时的差异，得到厂房纵向基本周期为：

$$T_1 = 2\varphi_{\mathrm{T}}\sqrt{\frac{\sum\limits_{i=1}^{n}G'_i u_i^2}{\sum\limits_{i=1}^{n}G'_i u_i}} \tag{8-37}$$

式中　i——质点编号；

　　　ω——厂房纵向自振圆频率；

　　　φ_{T}——拟能量法周期修正系数，无围护墙时，取 0.9，有围护墙时，取 0.8；

　　　u_i——各柱列作为独立单元，在本柱列各质点等效重力荷载（代表值）作为纵向水平力的共同作用下，i 质点处产生的侧移，如图 8-17 所示；

　　　G'_i——考虑厂房空间作用进行调整后第 i 质点的重力荷载代表值。

G'_i 按下列方法确定：

（1）高低跨中柱列柱顶高度处质点：

$$G'_i = \overline{k}\overline{G}_i$$

式中　$\overline{G}_i$——中柱列柱顶等效重力荷载。

（2）边柱列柱顶高度处质点：

$$\overline{G}'_i = G_i + (1-k)\overline{G}'_i$$

（3）吊车梁顶面标高处质点：

$$G'_i = G_{\mathrm{c}i}$$

式中　k——按跨度中线划分的柱列质点等效重力荷载代表值调整系数，按表 8-8 采用；

　　　$\overline{G}'_i$——高低跨中柱列重力荷载代表值。

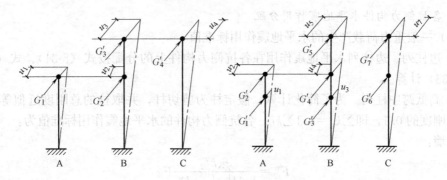

图 8-17　纵向周期计算简图

2. 柱列地震作用

作用于第 i 柱列屋盖标高处的地震作用标准值，按柱列调整后的质点重力荷载代表值计算：

　　　边柱列：

$$F_i = \alpha_1 G'_i \tag{8-38}$$

中柱列质量调整系数 k 表 8-8

纵向围护墙和烈度		钢筋混凝土无檩屋盖		钢筋混凝土有檩屋盖	
240 砖墙	370 砖墙	边跨无天窗	边跨有天窗	边跨无天窗	边跨有天窗
7 度 8 度 9 度	7 度 8 度 9 度	0.50 0.60 0.70 0.75	0.55 0.65 0.75 0.80	0.60 0.70 0.80 0.90	0.65 0.75 0.85
无墙、石棉瓦、瓦楞铁或挂板		0.90	0.90	1.0	1.0

中柱列：

$$F_{ik} = \alpha_1 (G'_{i1} + G'_{i2}) \frac{G'_{ik} H_{ik}}{G'_{i1} H_{i1} + G'_{i2} H_{i2}} \quad (k = 1, 2) \tag{8-39}$$

式中 k——中柱列（高低跨柱列）不同屋盖的序号。

有大吨位吊车的厂房，作用于第 i 柱列吊车梁顶标高处水平地震作用标准值，可近似按下式计算，有吊车厂房柱列地震作用计算简图如图 8-18 所示：

$$F_{ci} = \alpha_1 G_{ci} \frac{h}{H} \tag{8-40}$$

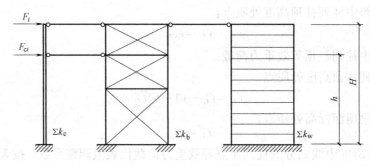

图 8-18 有吊车厂房柱列地震作用

3. 各抗侧力构件水平地震作用分配

（1）一般重力荷载产生的水平地震作用标准值

① 边柱列。边柱列水平地震作用在各抗侧力构件上的分配按式（8-31）、式（8-32）、式（8-33）计算。

② 高低跨中柱列。为了简化计算，假定柱为剪切杆，并取柱的总刚度近似等于柱间支撑总刚度的 0.1，即 $\sum k_c = 0.1 \sum k_b$。各抗侧力构件的水平地震作用标准值为：

悬墙：

$$F_{i2}^w = \frac{\varphi_K k_{22}^w}{1.1 k_{22}^b + \varphi_K k_{22}^w} F_{i2} \tag{8-41}$$

支撑：

$$F_{i2}^b = \frac{\sum k_{22}^b}{1.1 k_{22}^b + \varphi_K k_{22}^w} F_{i2} \tag{8-42}$$

$$F_{i1}^b = \frac{1}{1.1} (F_{i1} + F_{i2}^w) \tag{8-43}$$

柱：

254

$$F_{i2}^c = 0.1F_{i2}^b \tag{8-44}$$

$$F_{i1}^c = 0.1F_{i1}^b \tag{8-45}$$

式中 F_{i2}^w——悬墙顶点所分配的水平地震作用标准值；

       F_{i2}——第 i 柱列顶点标高处（即 2 质点）所承受的水平地震作用标准值；

       F_{i1}——第 i 柱列低跨标高处（即 1 质点）所承受的水平地震作用标准值；

F_{i1}^b、F_{i2}^b——分别为低跨和高跨屋盖标高处，柱支撑所分配的水平地震作用标准值；

F_{i1}^c、F_{i2}^c——分别为低跨和高跨屋盖标高处柱所分配的水平地震作用标准值；

       φ_K——考虑悬墙开裂后刚度降低系数，基本烈度为 7 度、8 度、9 度时，分别取 0.4、0.2 和 0.1。

（2）吊车桥重力荷载产生的地震作用标准值

吊车梁顶标高处由吊车重力荷载产生的水平地震作用标准值，可按式（8-35）、式（8-36）计算。

4. 天窗的纵向抗震计算

天窗架的纵向抗震计算，一般应采用本节前面介绍的空间结构分析法。但对柱高不超过 15m 的单跨和多跨等高钢筋混凝土无檩屋盖厂房的天窗架，其纵向抗震作用，可采用底部剪力法计算，但天窗架的地震作用效应分别乘以下列增大系数：

对单跨、边跨屋盖或有纵向内隔墙的中跨屋盖：

$$\eta = 1 + 0.5n$$

其他中跨屋盖：

$$\eta = 0.5n$$

式中 η——地震作用效应增大系数，大于 3 时，仍取 3；

       n——厂房跨数，超过 4 跨时，按 4 跨考虑。

8.4 钢筋混凝土单层厂房的抗震构造措施

8.4.1 屋盖构件的连接及支撑布置

有檩屋盖构件的连接及支撑布置，檩条应与混凝土屋架（屋面梁）焊牢，并应有足够的支承长度。双脊檩应在跨度 1/3 处相互拉结。压型钢板应与檩条可靠连接，瓦楞铁、石棉瓦等应与檩条拉结。支撑布置宜符合表 8-9 的要求。

无檩屋盖构件的连接及支撑布置时大型屋面板应与屋架（屋面梁）焊牢，靠柱列的屋面板与屋架（屋面梁）的连接焊缝长度不宜小于 80mm；6 度和 7 度时，有天窗厂房单元的端开间，或 8 度和 9 度时各开间，宜将垂直屋架方向两侧相邻的大型屋面板的顶面彼此焊牢；8 度和 9 度时，大型屋面板端头底面的预埋件宜采用角钢并与主筋焊牢；非标准屋面板宜采用装配整体式接头，或将板四角切掉后与屋架（屋面梁）焊牢；屋架（屋面梁）端部顶面预埋件的锚筋，8 度时不宜少于 4φ10，9 度时不宜少于 4φ12；支撑的布置宜符合表 8-10 的要求，有中间井式天窗时宜符合表 8-11 的要求；8 度和 9 度跨度不大于 15m 的屋面梁屋盖，可仅在厂房单元两端各设竖向支撑一道，单坡屋面梁的屋盖布置宜按屋架端部高度大于 900mm 的屋盖支撑布置执行。

支 撑 名 称		烈 度		
		6,7度	8度	9度
屋架支撑	上弦横向支撑	单元端开间各设一道	单元端开间及厂房单元长度大于66m的柱间支撑开间各设一道;天窗开洞范围的两端各增设局部的支撑一道	单元端开间及单元长度大于42m的柱间支撑开间各设一道;天窗开洞范围的两端各增设局部的上弦横向支撑一道
	下弦横向支撑	同非抗震设计		
	跨中竖向支撑			
	端部竖向支撑	屋架端部高度大于900mm时,单元端开间及柱间支撑开间各设一道		
天窗架支撑	上弦横向支撑	单元天窗端开间各设一道	单元天窗端开间及每隔30m各设一道	单元天窗端开间及每隔18m各设一道
	两侧竖向支撑	单元天窗端开间及每隔36m各设一道		

支 撑 名 称			烈 度		
			6,7度	8度	9度
屋架支撑	上弦横向支撑		屋架跨度小于18m时同非抗震设计,跨度不小于18m时在厂房单元端开间各设一道	厂房单元端开间及柱间支撑开间各设一道,天窗开洞范围的两端各增设局部的支撑一道	
	上弦通长水平系杆		同非抗震设计	沿屋架跨度不大于15m设一道,但装配整体式屋面可仅在无窗开洞范围内设置;围护墙在屋架上弦高度有现浇圈梁时,其端部处可不另设	沿屋架跨度不大于12m设一道,但装配整体式屋面无窗开洞范围内设置;围护墙在屋架上弦高度有现浇圈梁时,其端部处可不另设
	下弦横向支撑			同非抗震设计	同上弦横向支撑
	跨中竖向支撑				
	两端竖向支撑	屋架端部高度=900mm		单元端开间各设一道	单元端开间及每隔48m各设一道
		屋架端部高度>900mm	厂房单元端开间各设一道	单元端开间及柱间支撑开间各设一道	单元端开间、柱间支撑开间及每隔30m各设一道
	天窗两侧竖向支撑		厂房单元天窗端开间及每隔30m各设一道	厂房单元无窗端开间及每隔24m各设一道	单元无窗端开间及每隔18m各设一道
	上弦横向支撑		同非抗震设计	天窗跨度为9m时,单元天窗开间及柱间支撑开间各设一道	单元端开间及柱间支撑开间各设一道

中间井式天窗无檩屋盖支撑布置   表8-11

支撑名称		6、7度	8度	9度
上弦横向支撑 下弦横向支撑		厂房单元端开间各设一道	厂房单元端开间及柱间支撑开间各设一道	
上弦通长水平系杆		天窗范围内屋架跨中上弦节点处设置		
下弦通长水平系杆		天窗两侧及天窗范围内屋架下弦节点处设置		
跨中竖向支撑		有上弦横向支撑开间设置，位置与下弦通长系杆相对应		
两端竖向支撑	屋架端部高度=900mm	同非抗震设计		有上弦横向支撑开间，且间距不大于48m
	屋架端部高度>900mm	厂房单元端开间各设一道	有上弦横向支撑开间，且间距不大于48m	有上弦横向支撑开间，且间距不大于30m

屋盖支撑尚应符合下列要求：（1）天窗开洞范围内，在屋架脊点处应设上弦通长水平压杆，8度Ⅲ、Ⅳ类场地和9度时梯形屋架端部上节点应沿厂房纵向设置通长水平压杆。（2）屋架跨中竖向支撑在跨度方向的间距，6～8度时不大于15m，9度时不大于12m；当仅在跨中设一道时，应设在跨中屋架屋脊处；当设二道时，应在跨度方向均匀布置。（3）屋架上、下弦通长水平杆与竖向支撑宜配合设置。（4）柱距不小于12m且屋架间距6m的厂房，托架（梁）区段及其相邻开间应设下弦纵向水平支撑，如图8-19所示。（5）屋盖支撑杆件宜用型钢。

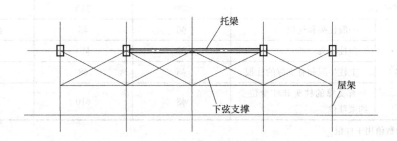

图8-19 托梁下弦支撑

混凝土屋架的截面和配筋，应符合下列要求：（1）屋架上弦第一节间和梯形屋架端竖杆的配筋，6度和7度时不宜少于4φ12，8度和9度时不宜少于4φ14。（2）梯形屋架的端竖杆截面宽度宜与上弦宽度相同。（3）拱形和折线形屋架上弦端部支撑屋面板的小立柱，截面不宜小于200mm×200mm，高度不宜大于500mm，主筋宜采用Ⅱ形，6度和7度时不宜少于4φ12，8度和9度时不宜少于4φ14，箍筋可采用φ6，间距不宜大于100mm。

8.4.2 柱

厂房柱在地震作用下是易损部位，建筑抗震规范对柱头、柱肩和柱根部的构造措施都提出了明确的规定，对于柱箍筋应加密长度规定：柱顶以下500mm并不小于柱截面长边尺寸内箍筋应加密；柱根部取下柱柱底至室内地坪以上500mm内（大柱网柱根部取基础顶面至室内地坪以上1m，且不小于柱全高的1/6）；取阶形柱自牛腿面至吊车梁顶面以上

300mm 高度范围内；牛腿（柱肩），取全高；柱间支撑与柱连接节点和柱变位受平台等约束的部位，取节点上、下各 300mm，如图 8-20 所示。对于加密区箍筋间距不应大于100mm，箍筋肢距和最小直径应符合表 8-12 的规定。

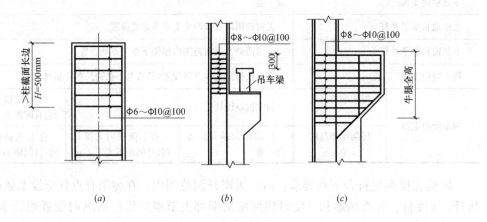

图 8-20　柱箍筋加密区

(a) 柱头；(b) 柱肩；(c) 牛腿

柱加密区箍筋最大肢距和最小箍筋直径　　　　　　　　　表 8-12

烈度和场地类别		6 度和 7 度Ⅰ、Ⅱ类场地	7 度Ⅲ、Ⅳ类场地和 8 度Ⅰ、Ⅱ类场地	8 度Ⅲ、Ⅳ类场地和 9 度
箍筋最大肢距(mm)		300	250	200
箍筋最小直径	一般柱头和柱根	φ6	φ8	φ8(φ10)
	角柱柱头	φ8	φ10	φ10
	上柱牛腿和有支撑的柱根	φ8	φ8	φ10
	有支撑的柱头和柱变位受约束部位	φ8	φ10	φ10

注：括号内数值用于柱根。

对于剪跨比不大于 2 的排架柱顶与屋架连接的预埋件，其钢板沿排架平面方向的长度宜取柱顶的截面高度，且不得小于截面高度的 1/2 及 300mm，柱顶轴向力排架平面内的偏心距在截面高度的 1/6～1/4 范围内时，柱顶箍筋加密区的箍筋体积配筋率：9 度不宜小于 1.2%；8 度不宜小于 1.0%；6、7 度不宜小于 0.8%，加密区箍筋宜配置四肢箍，肢距不大于 200mm。

山墙抗风柱的配筋，应符合下列要求：（1）抗风柱柱顶以下 300mm 和牛腿（柱肩）面以上 300mm 范围内的箍筋，直径不宜小于 6mm，间距不应大于 100mm，肢距不宜大于 250mm。（2）抗风柱的变截面牛腿（柱肩）处，宜设置纵向受拉钢筋，如图 8-21所示。

大柱网厂房柱的截面和配筋构造，应符合下列要求：（1）柱截面宜采用正方形或接近正方形的矩形，边长不宜小于柱全高的 1/18～1/16。（2）重屋盖厂房地震组合的柱轴压比，6、7 度时不宜大于 0.8，8 度时不宜大于 0.7，9 度时不应大于 0.6。（3）纵向钢筋宜沿柱截面周边对称配置，间距不宜大于 200mm，角部宜配置直径较大的钢筋。

8.4.3 柱间支撑

厂房柱间支撑的布置，应符合下列规定：（1）应在厂房单元中部设置上、下柱间支撑，且下柱支撑应与上柱支撑配套设置；（2）有吊车或8度和9度湿地，宜在厂房单元两端增设上柱支撑；（3）厂房单元较长或8度Ⅲ、Ⅳ类场地和9度时，可在厂房单元中部1/3区段内设置两道柱间支撑；（4）柱间支撑应采用型钢，支撑形式宜用交叉式，其斜杆与水平面的交角不宜大于55°；（5）支撑杆件的长细比，不宜超过表8-13的规定；（6）下柱支撑的下节点位置和构造措施，应保证将地震作用直接传给基础；当6度和7度（0.1g）不能直接传给基础时，应计及支撑对柱和基础的不利影响，采取加强措施；（7）交叉支撑在交叉点应设置节点板，其厚度不应小于10mm，斜杆与交叉节点板应焊接，与端节点板宜焊接。

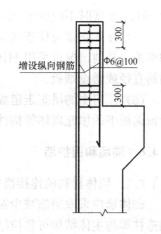

图 8-21 抗风柱配筋示意图

交叉支撑斜杆的最大长细比 表 8-13

位　　置	烈　　度			
	6度和7度Ⅰ、Ⅱ类场地	7度Ⅲ、Ⅳ类场地和8度Ⅰ、Ⅱ类场地	8度Ⅲ、Ⅳ类场地和9度Ⅰ、Ⅱ类场地	9度Ⅲ、Ⅳ类场地
上柱支撑	250	250	200	150
下柱支撑	200	150	120	120

8.4.4 柱顶水平杆布置

8度时跨度不小于18m的多跨厂房中柱和9度时多跨厂房各柱，柱顶宜设置通长水平压杆，此压杆可与梯形屋架支座处通长水平系杆合并设置，钢筋混凝土系杆端头与屋架间的空隙应采用混凝土填实。

8.4.5 连接节点

厂房结构构件的连接节点，应符合下列要求：

（1）屋架（屋面梁）与柱顶的连接，8度时宜采用螺栓，9度时宜采用钢板铰接，亦可采用螺栓；屋架（屋面梁）端部支承垫板的厚度不宜小于16mm。

（2）柱顶预埋件的锚筋，8度时不宜少于4φ14，9度时不宜少于4φ16；有柱间支撑的柱子，柱顶预埋件尚应增设抗剪钢板。

（3）山墙抗风柱的柱顶，应设置预埋板，使柱顶与端屋架的上弦（屋面梁上翼缘）可靠连接。连接部位应位于上弦横向支撑与屋架的连接点处，不符合时可在支撑中增设次腹杆或设置型钢横梁，将水平地震作用传至节点部位。

（4）支承低跨屋盖的中柱牛腿（柱肩）的预埋件，应与牛腿（柱肩）中按计算承受水平拉力部分的纵向钢筋焊接，且焊接的钢筋，6度和7度时不应少于2φ12，8度时不应少于 2φ14，9 度时不应少于 2φ16。

（5）柱间支撑与柱连接节点预埋件的锚件，8 度Ⅲ、Ⅳ类场地和 9 度时，宜采用角钢加端板，其他情况可采用 HRB335 级或 HRB400 级热轧钢筋，但锚固长度不应小于 30 倍锚筋直径或增设端板。

（6）厂房中的吊车走道板、端屋架与山墙间的填充小屋面板、天沟板、天窗端壁板和天窗侧板下的填充砌体等构件应与支承结构有可靠的连接。

8.4.6 隔墙和围护墙

8.4.6.1 墙体材料的连接措施

砌体墙应采取措施减少对主体结构的不利影响，并应设置拉结筋、水平系梁、圈梁、构造柱等与主体结构可靠拉结。①后砌的非承重隔墙应沿墙高每隔 500mm 配置 2φ6 拉结钢筋与承重墙或柱拉结，每边伸入墙内不应少于 500mm；8 度和 9 度时，长度大于 5m 的后砌隔墙，墙顶尚应与楼板或梁拉结。②钢筋混凝土结构中的砌体填充墙，宜与柱脱开或采用柔性连接，并应符合下列要求：填充墙在平面和竖向的布置，宜均匀对称，宜避免形成薄弱层或短柱；砌体的砂浆强度等级不应低于 M5，墙顶应与梁密切结合；填充墙应沿框架柱全高每隔 500mm 设拉筋，拉筋伸入墙内的长度 6 度、7 度时不应小于墙长的 1/5 且不小于 700mm，8 度、9 度时宜沿墙全长贯通；墙长大于 5m 时，墙顶与梁宜有拉结；墙长超过层高 2 倍时宜设置钢筋混凝土构造柱；墙高超过 4m 时，墙体半高宜设置与柱连接且沿墙全长贯通的钢筋混凝土水平系梁。

8.4.6.2 砌体隔墙和围护墙的构造要求

①砌体隔墙与柱宜脱开或柔性连接，并应采取措施使墙体稳定，隔墙顶部应现浇钢筋混凝土压顶梁。②厂房的砌体围护墙宜采用外贴式并与柱可靠拉结；不等高厂房的高跨封墙和纵横向厂房交接处的悬墙采用砌体时，不应直接砌在低跨屋盖上。③砌体围护墙在下列部位应设置现浇钢筋混凝土圈梁：梯形屋架端部上弦和柱顶的标高处应各设一道，但屋架端部高度不大于 900mm 时可合并设置。8 度和 9 度时，应按上密下稀的原则每隔 4m 左右在窗顶增设一道圈梁，不等高厂房的高低跨封墙和纵墙跨交接处的悬墙，圈梁的竖向间距不应大于 3m。山墙沿屋面应设钢筋混凝土卧梁并应与屋架端部上弦标高处的圈梁连接。

8.4.6.3 圈梁的构造要求

砌体围护墙在一些部位应设置现浇钢筋混凝土圈梁。围护砖墙上的圈梁应尽可能采用现浇。当采用预制墙梁时，除墙梁应与柱可靠锚拉外，梁底还应与砖墙顶牢固拉结，厂房转角处相邻的圈梁应相互可靠连接。圈梁宜闭合，圈梁截面宽度宜与墙厚相同，截面高度不应小于 180mm；圈梁的纵筋，6～8 度时不应少于 4φ12，9 度时不应少于 4φ14。厂房转角处柱顶圈梁在端开间范围内的纵筋，6 度～8 度时不宜少于 4φ14，9 度时不宜少于 4φ16，转角两侧各 1m 范围内的箍筋直径不宜小于 φ8，间距不宜大于 100mm；圈梁转角处应增设不少于 3 根且直径与纵筋相同的水平斜筋。圈梁应与柱或屋架牢固连接，山墙卧梁应与屋面板拉结；顶部圈梁与柱或屋架连接的锚拉钢筋不宜少于 4φ12，且锚固长度不宜少于 35 倍钢筋直径，防震缝处圈梁与柱或屋架的拉结宜加强。8 度Ⅲ、Ⅳ类场地和 9 度时，砖围护墙下的预制基础梁应采用现浇接头；当另设条形基础时，在柱基础顶面标高处应设置连续的现浇钢筋混凝土圈梁，其配筋不应少于 4φ12。墙梁宜采用现浇，当采用预制墙梁时，梁底应与砖墙顶面牢固拉结并应与柱锚拉；厂房转角处相邻的墙梁，应相互可靠连接。

8.5 单层厂房的抗震设计实例

某两跨不等高钢筋混凝土柱厂房，车间长度 66m，厂房柱距 6m，两端有山墙，采用钢筋混凝土无檩屋盖，钢筋混凝土屋架；240mm 厚砖围护墙，下设基础梁；屋盖雪荷载 $0.3kN/m^2$，活荷载 $0.5kN/m^2$。屋盖重力荷载 $3.5kN/m^2$，Ⅰ类场地，设计地震分组为第二组，$T_g = 0.30s$，地基土静承载力标准值 $f_k = 180kN/m^2$，按设防烈度为 8 度，设计基本地震加速度 $0.2g$，对厂房进行抗震验算。上柱截面尺寸均为 400mm×400mm，下柱截面尺寸：Ⓐ轴为 400mm×600mm，Ⓑ、Ⓒ轴均为 400mm×800mm 工字形。结构计算简图如图 8-22 所示，各柱列支撑布置图如图 8-23 所示。

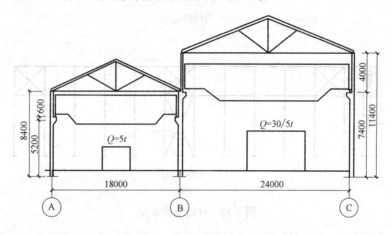

图 8-22 纵向周期计算简图

【解】 1. 荷载计算

根据已知条件可以计算出标准单元上的重力荷载标准值，如表 8-14 所示。

作用于一个标准单元上的重力荷载标准值 表 8-14

荷载类别		低 跨	高 跨
屋盖自重(kN)		3.5×6×18＝378	3.5×6×24＝504
雪荷载(kN)		0.3×6×18＝32.4	0.3×6×24＝43.2
吊车梁重(1 根)(kN)		37.2	49.8
柱自重(kN)	上柱	12.8	16
	下柱	34.8	60(B柱)41(C柱)
外纵墙重(kN)		186	238
吊车桥架重(kN)		125	180
悬墙重(kN)		101	

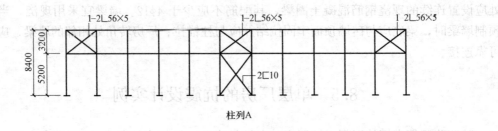

柱列A

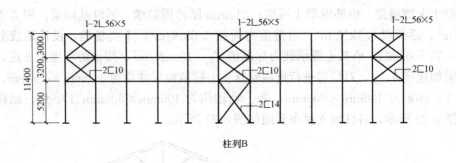

柱列B

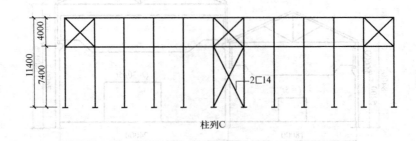

柱列C

图 8-23　柱间支撑布置

2. 横向抗震计算

按平面排架计算，再考虑空间工作等对地震作用效应的修正。取 6m 柱距为一个计算单元，计算简图示于图 8-24。

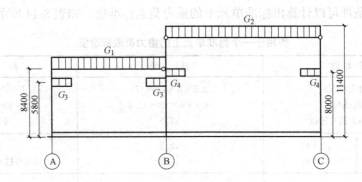

图 8-24　排架横向计算简图

（1）等效重力荷载代表值

1）屋盖处。

262

2）屋盖（柱顶）及起重机梁顶面的等效重力荷载代表值。

$G_1 = 1.0G_{低屋盖} + 0.5G_{低雪} + 0.25 \times (G_{低边柱} + G_{中柱下柱} + G_{低边柱外纵墙}) + 0.5G_{中柱上柱}$

$\qquad + 0.5G_{低跨吊车梁} + 1.0G_{高跨吊车梁(中)} + 0.5G_{高跨封墙}$

$\qquad = 1.0 \times 378 + 0.5 \times 32.4 + 0.25 \times (12.8 + 34.8 + 60 + 186) + 0.5 \times 16 + 0.5 \times 2 \times 37.2$

$\qquad + 1.0 \times 49.8 + 0.5 \times 101 = 394.2 + 73.4 + 8 + 37.2 + 49.8 + 50.5$

$\qquad = 613.1 \text{kN}$

$G_2 = 1.0G_{高屋盖} + 0.5G_{高雪} + 0.25 \times (G_{高边柱} + G_{高外墙}) + 0.5(G_{中柱上柱} + G_{高悬墙})$

$\qquad + 0.5G_{高起重机梁}$

$\qquad = 1.0 \times 504 + 0.5 \times 43.2 + 0.25 \times (16 + 41 + 238) + 0.50 \times (16 + 101) + 0.50 \times 49.8$

$\qquad = 504 + 21.6 + 73.75 + 58.5 + 24.9 = 682.75 \text{kN}$

（2）排架位移计算

各柱惯性矩：400×400 矩形，$I = 0.00213 \text{m}^4$；400×600 矩形，$I = 0.0072 \text{m}^4$；

$\qquad\qquad\qquad 400 \times 800$ 工形，$I = 0.0207 \text{m}^4$。

悬臂柱位移计算简图如图 8-25 所示。由图 8-25，可计算出：

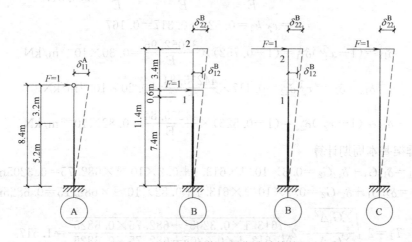

图 8-25 柱单位力作用下位移计算简图

$$\delta_{11}^A = \frac{1}{E}\left[\frac{3.2^3}{3 \times 0.00213} + \frac{8.4^3 - 3.2^3}{3 \times 0.0072}\right] = \frac{1}{E}\left[\frac{32.768}{6.39 \times 10^{-3}} + \frac{592.704 - 32.768}{0.0216}\right]$$

$$= \frac{1}{E}[5.13 \times 10^3 + 25922.96] = \frac{31052.96}{E} \text{ m/kN}$$

$$\delta_{12}^B = \delta_{21}^B = \frac{1}{E}\left[\frac{4^3 - 3.4^3}{3 \times 0.00213} - \frac{3.4(4^2 - 3.4^2)}{2 \times 0.00213} + \frac{11.4^3 - 4^3}{3 \times 0.0072} - \frac{3.4(11.4^2 - 4^2)}{2 \times 0.0207}\right]$$

$$= \frac{1}{E}[3864.79 - 3543.66 + 22826.8 - 9359.03] = \frac{13788.9}{E} \text{ m/kN}$$

$$\delta_{11}^B = \frac{1}{E}\left[\frac{0.6^3}{3 \times 0.00213} + \frac{8^3 - 0.6^3}{2 \times 0.0072}\right] = \frac{1}{E}[33.80 + 12361.93] = \frac{12395.73}{E} \text{ m/kN}$$

$$\delta_{22}^B = \frac{1}{E}\left[\frac{4^3}{3 \times 0.00213} + \frac{11.4^3 - 4^3}{2 \times 0.0072}\right] = \frac{1}{E}[10015.65 + 34240.19] = \frac{44255.84}{E} \text{ m/kN}$$

$$\delta_{22}^C = \frac{1}{E}\left[\frac{4^3}{3 \times 0.00213} + \frac{11.4^3 - 4^3}{2 \times 0.0072}\right] = \frac{44255.84}{E} \text{ m/kN}$$

排架在单位水平力作用下的位移，根据排架计算手册算得：

$$K_1 = \frac{\delta_{21}^B}{\delta_{22}^B + \delta_{22}^C} = \frac{\dfrac{13788.9}{E}}{\dfrac{44255.84}{E} + \dfrac{44255.84}{E}} = 0.156$$

$$K_2 = \frac{\delta_{12}^B}{\delta_{11}^A + \delta_{11}^B} = \frac{\dfrac{13788.9}{E}}{\dfrac{31052.96}{E} + \dfrac{12395.73}{E}} = 0.317$$

$$x_1^{①} = \frac{\delta_{11}^A}{\delta_{11}^A + \delta_{11}^B - \delta_{11}^B K_1} = \frac{\dfrac{31052.96}{E}}{\dfrac{31052.96}{E} + \dfrac{12395.73}{E} - \dfrac{13788.9}{E} \times 0.156} = 0.752$$

$$x_2^{①} = x_1^{①} k_1 = 0.752 \times 0.156 = 0.117$$

$$x_2^{②} = \frac{\delta_{11}^C}{\delta_{22}^B + \delta_{22}^C - \delta_{12}^B K_2} = \frac{\dfrac{44255.84}{E}}{\dfrac{44255.84}{E} + \dfrac{44255.84}{E} - \dfrac{13788.9}{E} \times 0.317} = 0.526$$

$$x_1^{②} = x_2^{②} k_2 = 0.526 \times 0.317 = 0.167$$

$$\delta_{11} = (1 - x_1^{①}) \delta_{11}^A = (1 - 0.752) \times \frac{31052.96}{E} = 0.30 \times 10^{-3} \text{m/kN}$$

$$\delta_{12} = \delta_{21} = x_2^{①} \delta_{22}^C = 0.117 \times \frac{44255.84}{E} = 0.20 \times 10^{-3} \text{m/kN}$$

$$\delta_{22} = (1 - x_2^{②}) \delta_{22}^C = (1 - 0.526) \times \frac{44255.84}{E} = 0.82 \times 10^{-3} \text{m/kN}$$

（3）排架基本周期计算

$$\Delta_1 = \delta_{11} G_1 + \delta_{12} G_2 = 0.3 \times 10^{-3} \times 613.1 + 0.2 \times 10^{-3} \times 682.75 = 0.3205 \text{m}$$

$$\Delta_2 = \delta_{21} G_1 + \delta_{22} G_2 = 0.2 \times 10^{-3} \times 613.1 + 0.82 \times 10^{-3} \times 682.75 = 0.6825 \text{m}$$

$$T_1 = 2 \sqrt{\frac{\sum\limits_i G_i \Delta_i^2}{\sum\limits_i G_i \Delta_i}} = 2 \sqrt{\frac{613.1 \times 0.3205^2 + 682.75 \times 0.6825^2}{613.1 \times 0.3205 + 682.75 \times 0.6825}} = 1.517 \text{s}$$

取周期调整系数为 0.8，则 $T_1 = 0.8 \times 1.517 = 1.214 \text{s}$。

（4）横向地震作用计算

1）集中于低跨屋盖的重力荷载为：

$G_1 = 1.0G_{低屋盖} + 0.5G_{低雪} + 0.5 \times (G_{低边柱} + G_{中柱}) + 0.5G_{低纵墙} + 0.75G_{低起重梁} + 0.5G_{高悬墙}$

$= 1.0 \times 378 + 0.5 \times 32.4 + 0.25 \times (12.8 + 34.8 + 16 + 60) + 0.5 \times 186 + 0.75 \times 2 \times 37.2$
$\quad + 0.5 \times 101$

$= 378 + 16.2 + 61.8 + 93 + 55.8 + 50.5$

$= 655.3 \text{kN}$

应注意的是，G 中包括了中柱高跨起重机梁重。

2）集中于高跨屋盖的重力荷载为：

$G_2 = 1.0G_{高屋盖} + 0.5G_{高雪} + 0.5 \times (G_{中柱上柱} + G_{高边柱} + G_{高外墙}) + 0.75G_{高起重机梁} + 0.5G_{高悬墙}$

$= 1.0 \times 504 + 0.5 \times 43.2 + 0.5 \times (16 + 16 + 41 + 238) + 0.75 \times 49.8 \times 2 + 0.5 \times 101$

$= 806.3 \text{kN}$

3）集中于起重机梁顶面的重力为：

$$G_3 = 1.0G_{吊车梁} + 1.0G_{吊车桥架} = 1.0 \times 37.2 + 1.0 \times 125 = 162.2 \text{kN}$$

$$G_4 = 1.0 \times 49.8 + 1.0 \times 180 = 229.8 \text{kN}$$

4）作用于排架柱底剪力为：

由表查得：$T_g = 0.30$，$\alpha_{max} = 0.16$，则

$$\alpha_1 = \left(\frac{T_g}{T}\right)^{0.9} \alpha_{max} = \left(\frac{0.30}{1.214}\right)^{0.9} \times 0.16 = 0.045$$

$$F_E = \alpha_1 \times 0.85 \times \sum G_i = 0.045 \times 0.85 \times (655.3 + 806.3 + 162.2 + 229.8) = 70.9 \text{kN}$$

5）各质点的地震作用：

$$F_i = \frac{G_i H_i}{\sum\limits_{j=1}^{n} G_j H_j} F_E$$

由此得各质点的地震作用为：

$$F_1 = \frac{655.3 \times 8.4}{655.3 \times 8.4 + 806.3 \times 11.4 + 162.2 \times 5.2 + 229.8 \times 7.4} \times 70.9 = 22.64 \text{kN}$$

$$F_2 = \frac{806.3 \times 11.4}{655.3 \times 8.4 + 806.3 \times 11.4 + 162.2 \times 5.2 + 229.8 \times 7.4} \times 70.9 = 37.80 \text{kN}$$

$$F_3 = \frac{162.2 \times 5.2}{655.3 \times 8.4 + 806.3 \times 11.4 + 162.2 \times 5.2 + 229.8 \times 7.4} \times 70.9 = 3.47 \text{kN}$$

$$F_4 = \frac{229.8 \times 7.4}{655.3 \times 8.4 + 806.3 \times 11.4 + 162.2 \times 5.2 + 229.8 \times 7.4} \times 70.9 = 6.99 \text{kN}$$

（5）排架内力分析

屋盖标高处地震作用引起的柱子内力标准值为：

1）横梁内力：

$$X_1 = F_1 x_1^① + F_2 x_1^② = 22.64 \times 0.752 + 37.8 \times (-0.167) = 10.71 \text{kN （压）}$$

$$X_2 = F_1 x_2^① + F_2 x_2^② = 22.64 \times 0.117 + 37.8 \times (-0.526) = 17.23 \text{kN （拉）}$$

2）排架内力调整。

本厂房两端有 240mm 厚山墙，并与屋盖有良好的连接，厂房的总长度与总跨度之比小于 8，且柱顶高度小于 15m，故对排架的地震剪力与弯矩乘以考虑空间工作和扭转影响的效应调整系数，柱截面（中柱上柱截面除外）内力乘以 0.9。中柱上柱截面内力乘以效应增大系数。

$$\eta = \xi\left[1 + 1.7\frac{n_1}{n_0} \times \frac{G_{El}}{G_{Eh}}\right] = 1.0 \times \left[1 + 1.7 \times \frac{1}{2} \times \frac{655.3}{806.3}\right] = 1.69$$

（6）柱内力计算

屋盖标高处地震作用引起的柱子内力计算见表 8-15。

（7）起重机桥架地震作用引起的柱的内力标准值。

此时，柱的内力可由静力计算中起重机横向水平荷载所引起的柱内力乘以相应比值得到。要对起重机梁顶标高处的上柱截面乘以内力增大系数。

3. 纵向计算

（1）等效重力荷载代表值

由于吊车起重量较小，各柱列重力荷载均集中于屋盖标高处，如图 8-26 所示。

柱列		A			B			C		
截面		上柱底	下柱底		上柱底	下柱底		上柱底	下柱底	
内力	内力分类	M (kN·m)	M (kN·m)	V (kN)	M (kN·m)	M (kN·m)	V (kN)	M (kN·m)	M (kN·m)	V (kN)
	按平面排架计算	38.17	100.21	11.93	51.69	318.52	27.94	82.28	234.50	20.57
	考虑空间工作	34.35	90.19	10.74	90.97	286.67	25.15	74.05	211.05	18.51

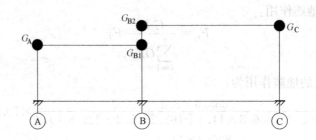

图 8-26 厂房重力荷载集中计算简图

Ⓐ、Ⓒ柱列：

$$\overline{G}_A=4316kN, \overline{G}_C=4705kN$$

Ⓑ柱列：

$$\overline{G}_{B1}=3605kN, \overline{G}_{B2}=2305kN$$

考虑空间作用调整后的重力荷载 G_i'，查得调整系数为 $k=0.7$，则：

$$G'_A=\overline{G}_A+(1-k)\overline{G}_{B1}=4316+(1-0.7)\times3605=5397.5kN$$

$$G'_{B1}=k\overline{G}_{B1}=0.7\times3605=2523.5kN$$

$$G'_{B2}=k\overline{G}_{B2}=0.7\times2305=1613.5kN$$

$$G'_C=\overline{G}_C+(1-k)\overline{G}_{B2}=4705+(1-0.7)\times2305=5400.5kN$$

（2）柱列侧移柔度

1）柱列Ⓐ

① 柱列支撑刚度。柱间支撑计算简图如 8-27 所示，有关数据见表 8-16。

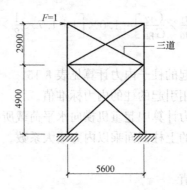

图 8-27 柱列Ⓐ柱间支撑计算简图

Ⓐ列柱间支撑参数表 表 8-16

序号	支撑位置	数量	截面	A (mm²)	r_{min} (mm)	l (mm)	L_0 (mm)	λ	f	ψ_c
2	上柱支撑	三道	2∟56×5	1083	17.2	6306	3153	183	0.234	0.517
1	下柱支撑	一道	2[10	2189	39.9	7441	3721	98	0.653	0.605

$$\delta_{11}=\frac{1}{EL^2}\left(\frac{1}{1+\varphi_1}\frac{l_1^3}{A_1}+\frac{1}{1+\varphi_2}\frac{l_2^3}{A_2}\frac{1}{3}\right)$$

$$=\frac{1}{206\times10^3\times5600^2}\left(\frac{1}{1+0.605}\times\frac{7441^2}{2189}+\frac{1}{1+0.234}\frac{6306^3}{1083}\times\frac{1}{3}\right)=3.1\times10^{-5}\,\text{mm/N}$$

$$k_A^b=\frac{1}{\delta_{11}}=\frac{1}{3.1\times10^{-5}}=0.32\times10^5\,\text{kN/m}$$

② 纵墙刚度。计算简图如图 8-28 所示，计算过程见表 8-17，其中 $E=2.06\times10^6\,\text{kN/m}^2$。

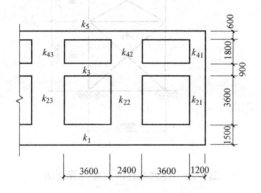

图 8-28　纵墙刚度计算简图

Ⓐ列墙段刚度计算表 表 8-17

	序号	h (m)	b (m)	$\rho=\dfrac{h}{b}$	$\dfrac{1}{\rho^3+3\rho}$	k_{ij}	$k_i=\sum\dfrac{Et}{\rho^3+3\rho}$ (kN/m)	$\delta_i=\dfrac{1}{k_i}$ (m/kN)
	1	1.5	66	0.023	14.49	—	7.16×10^6	0.14×10^{-6}
2	$2_1,2_{12}$	3.6	1.2	3	0.028	13832	$2\times13832+10\times62738$	1.53×10^{-6}
	$2_2\sim2_{11}$	3.6	2.4	1.5	0.127	62738	$=655044$	
	3	0.9	66	0.014	23.81	—	11.76×10^{-6}	0.085×10^{-6}
4	$4_1,4_{12}$	1.8	1.2	1.5	0.127	62738	$2\times62738+10\times184756$	0.51×10^{-6}
	$4_2\sim4_{11}$	1.8	2.4	0.75	0.374	184756	$=1973036$	
	5	0.6	66	0.01	33.33	—	16.47×10^{-6}	0.061×10^{-6}
							$\sum\delta_i=2.326\times10^{-6}$	

$Et=2.06\times10^{-6}\times0.24=0.494\times10^6\,\text{kN/m}$

于是，柱列Ⓐ的纵墙刚度为：

$$K_A^w=\frac{1}{\sum\delta_i}=\frac{1}{2.326\times10^{-6}}=0.43\times10^6\,\text{kN/m}$$

③ 柱列Ⓐ的总刚度：

$$K_A = \sum K_A^c + \sum K_A^b + \sum K_A^w = 1.1 \sum K_A^b + \sum K_A^w = 1.1 \times 0.32 \times 10^5 + 0.43 \times 10^6$$
$$= 0.4652 \times 10^6 \, \text{kN/m}$$

④ 柱列Ⓐ的柔度：

$$\delta_A = \frac{1}{k_A} = \frac{1}{0.4652 \times 10^6} = 2.15 \times 10^{-6} \, \text{m/kN} = \delta_{A11}$$

2) 柱列

① 柱间支撑刚度。柱间支撑计算简图如 8-29 所示，有关数据见表 8-18。

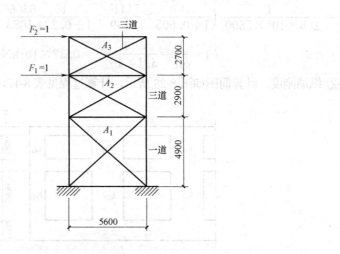

图 8-29　柱列Ⓑ柱间支撑计算简图

Ⓑ列柱间支撑参数表　　　　　　表 8-18

序号	支撑位置	数量	截面	A (mm²)	r_{min} (mm)	l (mm)	L_0 (mm)	λ	f	ψ_c
3	上柱支撑	三道	2 ∟56×5	1083	17.2	6217	3108	180	0.243	0.52
2	中柱支撑	三道	2[10	2189	39.9	6306	3153	183	0.234	0.517
1	下柱支撑	一道	2[14	3130	56.0	7441	3721	72	0.816	0.658

$$\delta_{22} = \frac{1}{EL^2} \left(\frac{1}{1+\varphi_1} \frac{l_1^3}{A_1} + \frac{1}{1+\varphi_2} \frac{l_2^3}{A_2} \frac{1}{3} + \frac{1}{1+\varphi_3} \frac{l_3^3}{A_3} \frac{1}{3} \right)$$

$$= \frac{1}{206 \times 10^3 \times 5600^2} \left(\frac{1}{1+0.816} \times \frac{7441^2}{3130} + \frac{1}{1+0.234} \frac{6306^3}{2189} \times \frac{1}{3} + \frac{1}{1+0.243} \frac{6217^3}{1083} \times \frac{1}{3} \right)$$

$$= 2.523 \times 10^{-5} \, \text{mm/N}$$

$$\delta_{11} = \delta_{12} = \delta_{21} = \frac{1}{EL^2} \left(\frac{1}{1+\varphi_1} \frac{l_1^3}{A_1} + \frac{1}{1+\varphi_2} \frac{l_2^3}{A_2} \frac{1}{3} \right)$$

$$= \frac{1}{206 \times 10^3 \times 5600^2} \left(\frac{1}{1+0.816} \times \frac{7441^2}{3130} + \frac{1}{1+0.234} \frac{6306^3}{2189} \times \frac{1}{3} \right) = 1.602 \times 10^{-5} \, \text{mm/N}$$

由式：

$$|\delta| = \delta_{11}\delta_{22} - \delta_{12}^2 = 1.602 \times 10^{-5} \times 2.523 \times 10^{-5} - (1.602 \times 10^{-5})^2 = 1.4754 \times 10^{-10} \, \text{mm/N}$$

于是，柱列Ⓑ的支撑刚度为：

$$k_{B11}^{b} = \frac{\delta_{22}}{|\delta|} = \frac{2.523 \times 10^{-5}}{1.4754 \times 10^{-10}} = 1.71 \times 10^{5} \, \text{kN/m}$$

$$k_{B22}^{b} = \frac{\delta_{11}}{|\delta|} = \frac{1.602 \times 10^{-5}}{1.4754 \times 10^{-10}} = 1.086 \times 10^{5} \, \text{kN/m}$$

$$k_{B12}^{b} = k_{B21}^{b} = -\frac{\delta_{12}}{|\delta|} = -\frac{1.602 \times 10^{-5}}{1.4754 \times 10^{-10}} = -1.086 \times 10^{5} \, \text{kN/m}$$

② 悬墙刚度。计算简图如图 8-30 所示, 计算过程见表 8-19。

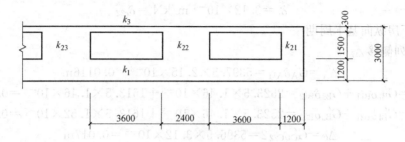

图 8-30 悬墙刚度计算简图

Ⓑ列悬墙刚度计算表　　　　　　　　表 8-19

序号		h (m)	b (m)	$\rho = \dfrac{h}{b}$	$\dfrac{1}{\rho^3 + 3\rho}$	k_{ij}	$k_i = \sum \dfrac{Et}{\rho^3 + 3\rho}$ (kN/m)	$\delta_i = \dfrac{1}{k_i}$ (m/kN)
1		1.2	66	0.02	16.665	—	8.22×10^{6}	0.12×10^{-6}
2	$2_1, 2_{12}$	1.5	1.2	1.25	0.175	86479	$2 \times 86479 + 10 \times 232736$	0.40×10^{-6}
	$2_2 \sim 2_{11}$	1.5	2.4	0.625	0.472	232736	$= 2500318$	
3		0.3	66	0.005	66.666	-	32.88×10^{-6}	0.03×10^{-6}
							$\sum \delta_i = 0.55 \times 10^{-6}$	

于是, 柱列Ⓑ的悬墙刚度为:

$$k_B^w = \frac{1}{\sum \delta_i} = 1.818 \times 10^{6} \, \text{kN/m}$$

$$[k_B^w] = \begin{bmatrix} 1.818 \times 10^{6} & -1.818 \times 10^{6} \\ -1.818 \times 10^{6} & 1.818 \times 10^{6} \end{bmatrix}$$

③ 柱列Ⓑ的刚度矩阵:

$$[k_B] = \begin{bmatrix} 1.1 k_{11}^{b} + k_{11}^{w} & 1.1 k_{12}^{b} + k_{12}^{w} \\ 1.1 k_{21}^{b} + k_{21}^{w} & 1.1 k_{22}^{b} + k_{22}^{w} \end{bmatrix}$$

$$= \begin{bmatrix} 1.1 \times 0.171 + 1.818 & -1.1 \times 0.1086 - 1.818 \\ -1.1 \times 0.1086 - 1.818 & 1.1 \times 0.1086 + 1.818 \end{bmatrix} \times 10^{6}$$

$$= \begin{bmatrix} 2.006 & -1.938 \\ -1.938 & 1.938 \end{bmatrix} \times 10^{6}$$

④ 柱列Ⓑ的柔度:

$$|k| = k_{11} k_{22} - k_{12}^{2} = [2.006 \times 1.938 - (1.938)^2] \times 10^{12} = 0.132 \times 10^{12}$$

$$\delta_{B11} = \frac{k_{22}}{|k|} = \frac{1.938 \times 10^{6}}{0.132 \times 10^{12}} = 1.46 \times 10^{-5} \, \text{m/kN}$$

$$\delta_{B12} = \delta_{B21} = \frac{-k_{21}}{|k|} = \frac{1.938 \times 10^6}{0.132 \times 10^{12}} = 1.46 \times 10^{-5} \, \text{m/kN}$$

$$\delta_{B22} = \frac{k_{11}}{|k|} = \frac{2.006 \times 10^6}{0.132 \times 10^{12}} = 1.52 \times 10^{-5} \, \text{m/kN}$$

3）柱列ⓒ

计算方法同柱列Ⓐ，计算过程从略，结果为：

$$k_c^b = 0.21 \times 10^5 \, \text{kN/m}, k_c^w = 0.305 \times 10^6 \, \text{kN/m}$$

$$\delta_c = 3.12 \times 10^{-6} \, \text{m/kN} = \delta_{c22}$$

（3）厂房纵向基本周期

1）柱列侧移 Δ_j

$$\Delta_A = G_A' \delta_{A11} = 5397.5 \times 2.15 \times 10^{-6} = 0.0116 \text{m}$$

$$\Delta_{B1} = G_{B1}' \delta_{B11} + G_{B2}' \delta_{B12} = 2523.5 \times 1.46 \times 10^{-5} + 1613.5 \times 1.46 \times 10^{-5} = 0.06 \text{m}$$

$$\Delta_{B2} = G_{B1}' \delta_{B21} + G_{B2}' \delta_{B22} = 2523.5 \times 1.46 \times 10^{-5} + 1613.5 \times 1.52 \times 10^{-5} = 0.06 \text{m}$$

$$\Delta_C = G_C' \delta_{C22} 2 = 5396.5 \times 3.12 \times 10^{-5} = 0.017 \text{m}$$

2）厂房纵向基本周期

$$T_1 = 2\psi_T \sqrt{\frac{\sum_j G_j' \Delta_j^2}{\sum_j G_j' \Delta_j}}$$

$$= 2 \times 0.8 \times \sqrt{\frac{5397.5 \times 0.0116^2 + 2523.5 \times 0.06^2 + 1613.5 \times 0.06^2 + 5396.5 \times 0.017^2}{5397.5 \times 0.0116 + 2523.5 \times 0.06 + 1613.5 \times 0.06 + 5396.5 \times 0.017}}$$

$$= 0.3306 \text{s}$$

（4）柱列水平地震作用标准值

$$\alpha_1 = \left(\frac{T_g}{T_1}\right)^{0.9} \alpha_{max} = \left(\frac{0.3}{0.3306}\right)^{0.9} \times 0.16 = 0.147$$

$$F_A = \alpha_1 G_A' = 0.147 \times 5397.5 = 793.43 \text{kN}$$

$$F_C = \alpha_1 G_C' = 0.147 \times 5400.5 = 793.87 \text{kN}$$

$$F_{B1} = \alpha_1 (G_{B1}' + G_{B2}') \frac{G_{B1}' H_{B1}}{G_{B1}' H_{B1} + G_{B2}' H_{B2}}$$

$$= 0.147 \times (2523.5 + 1613.5) \times \frac{2523.5 \times 8.4}{2523.5 \times 8.4 + 1613.5 \times 11.4}$$

$$= 325.6 \text{kN}$$

$$F_{B2} = \alpha_1 (G_{B1}' + G_{B2}') \frac{G_{B2}' H_{B2}}{G_{B1}' H_{B1} + G_{B2}' H_{B2}}$$

$$= 0.147 \times (2523.5 + 1613.5) \times \frac{1613.5 \times 11.4}{2523.5 \times 8.4 + 1613.5 \times 11.4}$$

$$= 282.54 \text{kN}$$

（5）构件水平地震作 F 用标准值

1）柱列Ⓐ

$$K_A' = \sum K_A^c + \sum K_A^b + \psi_k \sum K_A^w = 1.1 \sum K_A^b + \psi_k \sum K_A^w$$

$$= 1.1 \times 0.32 \times 10^5 + 0.4 \times 0.43 \times 10^6$$

$$= 2.072 \times 10^5 \, \text{kN/m}$$

砖墙： $F_A^w = \dfrac{\psi_k \sum k_A^w}{k_A'} \times F_A = \dfrac{0.4 \times 0.43 \times 10^6}{2.072 \times 10^5} \times 793.43 = 658.64 \text{kN}$

柱撑： $F_A^b = \dfrac{\psi_k \sum k_A^b}{k_A'} \times F_A = \dfrac{0.32 \times 10^5}{2.072 \times 10^5} \times 793.43 = 122.54 \text{kN}$

柱： $F_A^c = \dfrac{0.1 \sum k_A^b}{n k_A'} \times F_A = \dfrac{0.1 \times 0.32 \times 10^5}{12 \times 2.072 \times 10^5} \times 793.43 = 1.02 \text{kN}$

2）柱列Ⓑ

$$
\begin{aligned}
K_{B2}' &= 1.1 \sum K_{B22}^b + \psi_k \sum K_{B22}^w \\
&= 1.1 \times 1.086 \times 10^5 + 0.2 \times 1.818 \times 10^6 \\
&= 4.58 \times 10^5 \text{kN/m}
\end{aligned}
$$

悬墙： $F_{B2}^w = \dfrac{\psi_k \sum k_{B22}^w}{k_{B2}'} \times F_{B2} = \dfrac{0.2 \times 1.818 \times 10^6}{4.58 \times 10^5} \times 282.54 = 208.92 \text{kN}$

柱撑： $F_{B2}^b = \dfrac{\sum k_{B22}^b}{k_{B2}'} \times F_{B2} = \dfrac{1.086 \times 10^5}{4.58 \times 10^5} \times 282.54 = 66.93 \text{kN}$

$F_{B1}^b = \dfrac{1}{1.1}(F_{B1} + F_{B2}^w) = \dfrac{1}{1.1} \times (325.6 + 208.92) = 485.93 \text{kN}$

柱： $F_{B2}^c = \dfrac{1}{12} \times 0.1 F_{B2}^b = \dfrac{1}{12} \times 0.1 \times 66.93 = 0.608 \text{kN}$

$F_{B1}^c = \dfrac{1}{12} \times 0.1 F_{B1}^b = \dfrac{1}{12} \times 0.1 \times 485.93 = 4.05 \text{kN}$

3）柱列Ⓒ

$$
\begin{aligned}
K_C' &= 1.1 \sum K_C^b + \psi_k \sum K_C^w \\
&= 1.1 \times 0.21 \times 10^5 + 0.4 \times 0.305 \times 10^6 \\
&= 1.451 \times 10^5 \text{kN/m}
\end{aligned}
$$

砖墙： $F_C^w = \dfrac{\psi_k \sum k_C^w}{k_C'} \times F_C = \dfrac{0.4 \times 0.305 \times 10^6}{1.451 \times 10^5} \times 793.87 = 667.49 \text{kN}$

柱撑： $F_A^b = \dfrac{\sum k_C^b}{k_C'} \times F_C = \dfrac{0.21 \times 10^5}{1.451 \times 10^5} \times 793.87 = 114.9 \text{kN}$

柱： $F_C^c = \dfrac{0.1 \sum k_C^b}{n k_C'} \times F_C = \dfrac{0.1 \times 0.21 \times 10^5}{12 \times 1.451 \times 10^5} \times 793.87 = 0.957 \text{kN}$

（6）构件内力分析及承载力验算

1）柱撑

选择列Ⓑ进行计算，Ⓐ、Ⓒ柱列从略。

上柱支撑：

$N_{t3} = \dfrac{1}{1 + \psi_{C3} \varphi_3} \times \dfrac{l_3}{L} \times V_{b3} = \dfrac{1}{1 + 0.52 \times 0.243} \times \dfrac{6217}{5600} \times 1.3 \times 66.93 = 85.76 \text{kN}$

截面应力为：

$\sigma_{t3} = \dfrac{N_{t3}}{A_n} = \dfrac{85.76 \times 10^3}{1083 \times 3} = 26.40 \text{N/mm}^2 < \dfrac{f}{\gamma_{RE}} = \dfrac{215}{0.9} = 238.8 \text{N/mm}^2$

中柱支撑：

$$\sigma_{t2} = \frac{1}{1+\psi_{C2}\varphi_2} \times \frac{l_2}{LA_n} \times V_{b2}$$

$$= \frac{1}{1+0.517 \times 0.234} \times \frac{6306}{5600 \times 2189 \times 3} \times 1.3 \times (66.93+485.93) \times 10^3$$

$$= 109.94 \text{N/mm}^2 < 238.8 \text{ N/mm}^2$$

下柱支撑：

$$\sigma_{t1} = \frac{1}{1+\psi_{C1}\varphi_1} \times \frac{l_1}{LA_n} \times V_{b1}$$

$$= \frac{1}{1+0.658 \times 0.816} \times \frac{7441}{5600 \times 3130} \times 1.3 \times (66.93+485.93) \times 10^3$$

$$= 198.52 \text{N/mm}^2 < 238.8 \text{N/mm}^2$$

2）悬墙

验算从略。

3）柱

验算从略。

思　考　题

1. 简述单层厂房纵向抗震计算的修正刚度法的基本原理和适用范围。

2. 单层工业厂房横向抗震计算应考虑哪些因素进行内力调整？

3. 简述厂房柱间支撑的抗震设置要求。

4. 单层厂房纵向抗震计算方法有哪些？试简述各种方法的步骤与要点。

272

第9章 桥梁抗震设计

在多次地震中，一些经过抗震设计的桥梁，在中等强度的地震作用下即遭到严重破坏，暴露出桥梁抗震设计规范存在的缺陷。因此，每次地震后，结构抗震工作者都要对现行的抗震设计规范进行反省和修订。自1976年唐山地震以后，我国的桥梁抗震工作也日益受到重视。最近几年来，我国的《铁路工程抗震设计规范》GB 50111—2006、《公路桥梁抗震设计细则》JTG/T B02—1—2008以及《城市桥梁抗震设计规范》CJJ 166—2011先后得到了修订。这些规范引入了新的桥梁抗震设计理念，完善了相应的抗震设计方法。我国铁路桥梁、公路桥梁以及城市桥梁抗震设计规范均采用了延性抗震设计的概念，其抗震设计的方法和流程大体一致。本章主要针对城市桥梁与公路桥梁，铁路桥梁抗震设计可根据相应的规范进行设计。

9.1 桥梁震害及分析

从结构抗震设计的观点看，桥梁震害可以归结为两大类，即地基失效引起的破坏和结构强烈振动引起的破坏。地基失效破坏是由于地基失效产生的相对位移引起的结构破坏，属于静力作用范畴；而结构强烈振动引起的破坏则是由于振动产生的惯性力引起的破坏，属于动力作用范畴。地基失效是由于地基丧失承载能力所引起的破坏，这类破坏现象是人为工程难以抵御的，应尽量通过场地选择避免。地震强烈振动引起的破坏是由于结构内力或变形过大引起桥梁结构遭遇的地震动强度远超设计强度，结构无法抵御其作用力而破坏，从而导致的结构破坏甚至倒塌。此外，由于结构设计和细部构造，以及施工方法上的缺陷，使得这类结构无法达到预期抗震性能，是导致结构破坏的一个主要原因。

桥梁结构主要由上部结构、支座、墩台以及基础四大部分组成。为便于了解和掌握桥梁的主要震害特征，本节桥梁震害按这四大组成部分介绍。

9.1.1 上部结构的震害

桥梁上部结构震害主要归结为三个方面：上部结构自身的震害、上部结构的移位震害以及上部结构碰撞震害。

（1）上部结构自身震害

桥梁上部结构自身遭受震害而被毁坏的情形较少。在发现的少数震害中，主要为钢结构的局部屈曲破坏。图9-1

图 9-1 1995年阪神地震中钢箱梁侧壁
和底板屈曲破坏

为 1995 年阪神地震中钢箱梁侧壁和底板屈曲破坏。

（2）上部结构移位震害

桥梁上部结构的移位震害在破坏性地震中极为常见，这种震害主要表现为桥梁上部结构的纵向移位、横向移位以及扭转移位，尤其是伸缩缝位置比较容易发生移位震害。图 9-2～图 9-5 为汶川地震中桥梁上部结构移位震害实例。

图 9-2　2008 汶川地震主梁纵向移位

图 9-3　2008 汶川地震主梁横向移位

图 9-4　2008 年汶川地震中庙子坪大桥引桥落梁震害

图 9-5　2008 年汶川地震百花大桥第五联坍塌震害

（3）上部结构的碰撞震害

如果相邻结构的间隙过小，在地震中就有可能会发生碰撞，产生非常大的撞击力，从而使结构受到破坏。桥梁在地震中的碰撞，比较典型的有：上部结构与桥台的碰撞，相邻跨上部结构的碰撞，以及相邻桥梁间的碰撞。相关破坏实例见图 9-6～图 9-8。

274

图 9-6　2008 年汶川地震中寿江大桥主梁与桥台碰撞

图 9-7　2008 年汶川地震中梁间碰撞震害

9.1.2　支座的震害

桥梁支座是桥梁结构体系中抗震性能比较薄弱的一个环节，在历次破坏性地震中，支座的震害现象都较普遍。如在日本阪神地震中，支座损坏的比例达到了调查总数的 28%。其原因主要是支座设计没有充分考虑抗震的要求，连接与阻挡等构造措施不足，以及某些支座形式和材料本身的缺陷。支座的破坏会引起力的传递方式的变化，从而对结构其他部位的抗震性能产生影响，进一步加重震害。因此，支座的震害需要特别关注。

图 9-8　1989 年美国洛马·普里埃塔地震相邻桥梁结构碰撞震害

在我国，板式橡胶支座在公路桥梁中的应用非常广泛，而在 2008 年的汶川地震中，这种支座的震害现象非常多见，主要表现为移位震害，如图 9-9 所示。原因在于板式橡胶支座一般直接置于支座垫石，且将主梁直接置于支座上，支座与主梁及垫石间的水平抗力主要依赖于接触面的摩擦力。在地震作用下，大量支座产生移位震害，其中相当一部分甚至滑出垫石以外，造成支座脱落。

此外，当支座与上下部结构之间的连接强度不足或者支座自身强度不足时，也会发生相应的锚固破坏或构造破坏，如图 9-10 所示为汶川地震中发生的支座震害。

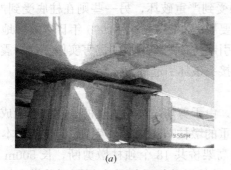

(a)

(b)

图 9-9　汶川地震中桥梁板式橡胶支座位移震害

(c)   (d)

图 9-9   汶川地震中桥梁板式橡胶支座位移震害（续）

图 9-10   汶川地震中盆式橡胶支座震害

9.1.3   下部结构的震害

下部结构的严重破坏是引起桥梁倒塌并在震后难以修复使用的主要原因。主要震害如下：

1. 桥梁墩柱的震害

桥梁结构中普遍采用的钢筋混凝土墩柱，其破坏形式主要有弯曲破坏和剪切破坏。弯曲破坏是延性的，多表现为开裂、混凝土压溃剥落、钢筋裸露和弯曲等，并会产生很大的塑性变形。而剪切破坏是脆性的，伴随着强度和刚度的急剧下降。比较高柔的桥墩，多为弯曲型破坏；而矮粗的桥墩，多为剪切破坏；介于两者之间的，为弯剪型。另外，因搭接钢筋长度不足，也可能发生桥梁墩柱基脚破坏。

（1）墩柱的弯曲破坏

桥梁墩柱的弯曲破坏非常常见，其原因主要是约束箍筋配置不足、纵向钢筋的搭接或焊接不牢等引起的墩柱的延性能力不足。

图 9-11 为 1994 年美国北岭地震中 La Cienega-Venice 下穿式立交桥的墩柱弯曲破坏。该桥建于 1964 年，上部结构支承在直径 1.2m 的圆柱墩上，桥墩配有 12～48 根直径 35.8mm 的主筋和直径 12.7mm 的环形箍筋。箍筋采用搭接，间距为 305mm，体积配箍率约为 0.15%。地震中，一些桥墩在柱顶受到严重破坏，另一些则在柱底受到严重破坏。显然，箍筋不足是桥墩遭受严重破坏的主要原因。图 9-12 为 1995 年日本阪神地震中，阪神高速线上一个墩柱发生弯曲破坏，从而引起桥梁严重倒塌的震害实例。这一震害现象是由于约束箍筋的不足以及纵向主筋的焊接接头破坏引起的。

（2）墩柱的剪切破坏

桥梁墩柱的剪切破坏也是非常常见的。由于剪切破坏是脆性的，往往会造成墩柱以及上部结构的倒塌，震害较为严重。最为惨重的墩柱剪切破坏发生在 1995 年日本的阪神地震，在地震中，阪神高速线在神户市内的高架桥共 18 个独柱墩剪断，长 500m 左右的梁侧向倾倒（图 9-13）。模拟分析结果表明，独柱墩剪切破坏的主要原因是纵向钢筋过早切断（有 1/3 纵筋在距墩底 1/5 墩高处被切断）和约束箍筋不足；独柱墩剪切破坏导致重量

图 9-11　1994 年北岭地震中立交桥的墩柱弯曲破坏

图 9-12　1995 年阪神地震中墩柱倒塌

较大的梁体侧倾、造成桥梁倒塌。图 9-14 为 1995 年日本阪神地震中一个高架桥矮墩发生剪切破坏的实例，这一破坏由纵向钢筋的连接失效和约束箍筋不足所引起。

图 9-13　阪神地震中独柱墩的倒塌

图 9-14　阪神地震中矮墩的剪切毁坏

（3）墩柱的基脚破坏

墩柱基脚的震害相当少见，但一旦出现，则可能导致墩梁倒塌的严重后果。在 1971 年美国的圣·费南多地震中，就发生了一例（见图 9-15）。图中，22 根螺纹钢筋从桩基础中拔出，导致桥墩倒塌。很显然，是由于墩底主钢筋的构造处理不当，造成墩柱主筋锚固失效引起的。

2. 框架墩的震害

框架墩的震害主要表现为：盖梁的破坏，墩柱的破坏以及节点的破坏。盖梁的破坏形式主要有：剪切强度不足（当地震作用和重力叠加时）引起的剪切破坏；盖梁负弯矩钢筋的过早截断引起的弯曲破坏，以及盖梁钢筋的锚固长度不够引起的破坏。框架墩柱的破坏形式与其他墩柱类似。而节点的破坏主要是剪切破坏。

最为惨重的框架墩震害出现在 1989 年美国洛马·普里埃塔地震，高速公路 880 号线 Cy—

图 9-15　圣·费南多地震中墩柱基脚主筋拔出

图9-16　美国洛马·普里埃塔地震中
Cypress高架桥上层框架塌落

press高架桥上。该桥建成于1957年，上层框架柱底普遍采用与下层框架铰接的形式。该桥在地震发生之前，已按加州运输局的第一阶段加固计划在相邻梁跨间安装了纵向约束装置，并计划于1990～1992年对下部结构进行加固。地震中，该桥有一段800m长的上层桥面因墩柱断裂塌落在下层桥面上，上层框架完全毁坏（图9-16）。发生震害的主要原因是，梁柱结点配筋不足，竖直柱体配筋连续性和横向箍筋不足。另外，图中也显示，盖梁钢筋的

锚固长度不够也是震害的原因之一。图9-17为美国洛马·普里埃塔地震中框架墩节点剪切破坏的实例。

(a)　　　　　　　　　　　　　　　　(b)

图9-17　美国洛马·普里埃塔地震中框架墩节点的剪切破坏
(a)下节点剪切破坏；(b)挑臂节点剪切裂缝

3.桥台的震害

在地震中，桥台的震害较为常见。除了地基丧失承载力（如砂土液化）等引起的桥台滑移外，桥台的震害主要表现为台身与上部结构（如梁）的碰撞破坏以及桥台向后倾斜。图9-18为1994年美国北岭地震中一个桥台碰撞破坏的实例。图9-19则是1999年台湾集集地震中桥台向后倾斜的震害实例。这一震害与台后填土的不够密实有关。

图9-18　美国北岭地震中桥台碰撞破坏　　　　　图9-19　台湾集集地震中桥台的震害

9.1.4 基础的震害

大量震害表明：地基失效（如土体滑移和砂土液化）是桥梁基础产生震害的主要原因。如在1964年美国的阿拉斯加地震和日本的新潟地震，以及中国1975年的海城地震和1976年的唐山地震中，都有大量地基失效引起桥梁基础震害的实例。虽然在软弱地基上采用桩基础的结构往往比无桩基础的结构具有更好的抗震性能，但是在地震作用下，群桩基础依然是整座桥梁中的抗震薄弱部位。除了地基失效这一主要原因外，群桩基础还会发生由于上部结构传下来的惯性力所引起的桩基剪切、弯曲破坏，更有桩基设计不当所引起的震害，如桩基没有深入稳定土层足够长度，桩顶与承台连接构造措施不足等。另外需要指出的是，桩基震害有极大的隐蔽性。许多桩基的震害是通过上部结构的震害体现出来的。但是，有时上部结构震害轻微，而开挖基础却发现桩基已产生严重损坏，甚至发生断裂破坏，在中国唐山地震、日本新潟地震中都有这样的实例。

1989年洛马·普里埃塔地震中，穿过Struve沼泽地的桩基公路桥发生倒塌震害。桥址处上部土层由软黏土和冲积砂土组成，所以没有液化问题，桩基没有发生竖向沉降，但桩与桩周土发生了30~45cm的脱空，造成地基土对桩身的横向约束力不足。于是，在上部结构传下来的地震惯性力作用下，桩身产生过大的横向位移，最终导致桩顶弯曲、剪切破坏。

整体而言，桥梁抗震设计理论与方法是随着人类对地震破坏特性的深入认识而不断发展的过程，实际应用中，桥梁抗震设计中需要重视和解决的主要问题在于：

(1) 要重视桥梁结构的总体设计，选择较理想的抗震结构体系；

(2) 要重视延性抗震，避免出现脆性破坏；

(3) 要重视结构的局部构造设计，避免出现构造缺陷；

(4) 要重视桥梁支承连接部位的抗震设计，避免出现落梁病害；

(5) 而对复杂桥梁（斜弯桥、高墩桥梁或墩刚度变化很大的桥梁），则应进行细致的地震反应分析。

9.2 桥梁抗震设计的一般规定

对桥梁抗震设计，首先需掌握桥梁抗震设计的一般规定。本节主要介绍桥梁抗震设防标准、抗震设防思想、抗震设计流程以及地震动输入的选择等。

9.2.1 桥梁结构的抗震设防标准基本概念

工程抗震设防标准是指根据地震动背景，为保证工程结构在寿命期内的地震损失（经济损失及人员伤亡）不超过规定的水平或社会可接受的水平，规定工程结构必须具备的抗震能力。因此，抗震设防标准是工程项目进行抗震设计的准则，也是工程抗震设计中需要解决的首要问题。桥梁工程的抗震设防，既要使震前用于抗震设防的经济投入不超过我国当前的经济能力，又要使地震中经过抗震设计的桥梁的破坏程度限制在人们可以承受的范围内。换言之，需要在经济与安全之间寻求一个合理的平衡点。

决定工程抗震设防标准的基本因素有三个，即社会经济状况、地震危险性和工程结构的重要性。确定工程抗震设防标准时，需要综合考虑工程的抗震设防原则、设防目标、设防环境、设防参数、设防水准。

设防原则是指对工程进行抗震设防的总要求和总目的。我国《城市桥梁抗震设计规范》CJJ 166—2011 的抗震设防原则是："使城市桥梁经抗震设防后，减轻结构的地震破坏，避免人员伤亡，减少工程直接经济损失和因交通运输中断或阻滞导致的间接经济损失"。

设防目标是根据设防原则对工程设防要求达到的具体目标。我国《城市桥梁抗震设计规范》CJJ 166—2011 的设防目标为：在 E1 地震作用下，各类桥梁结构总体反应在弹性，基本无损伤，震后立即使用；在 E2 地震作用下，甲类桥梁结构轻微损坏，震后不需修复或经简单修复可继续使用，乙类桥梁有限损伤，经抢修可恢复使用，永久性修复后恢复正常运营功能，丙类桥梁不产生严重的结构损伤，经临时加固，可供紧急救援车辆使用，丁类桥梁中不致倒塌。

设防环境是指拟设防工程的地震危险，这应由地震危险性分析或地震区划图给出的地震危险性程度来确定。设防环境是确定设防目标和设防标准的重要依据。

设防参数是指在考虑工程抗震设防时，采用哪种物理量（参数）来进行工程设防。国内外常用的参数为烈度和地震动两种参数。但烈度比较粗糙，最大的缺陷是不单纯代表地震动的强度，还包含着以往建筑物的易损性概念。2001 年，我国颁布了《中国地震动参数区划图》代替了以往的《中国地震烈度区划图》。此后，我国的工程抗震设防参数就逐步由地震烈度向地震动参数过渡。

设防水准是指在工程设计中，根据客观的设防环境和已定的设防目标，并考虑具体的社会经济条件来确定的设防地震概率水平，一般用地震超越概率或地震重现期来表示。所谓地震超越概率，是指一定场地在未来一定时间内遭遇到最大或等于给定地震的概率，常以年超越概率或设计基准期超越概率表示。而地震重现期是指一定场地重复出现大于或等于给定地震的平均时间间隔。地震重现期 T 与设计基准期 T_0 内超越概率 P 之间的换算关系为：

$$T = -T_0/\ln(1-P) \tag{9-1}$$

例如，基本烈度对应的概率水平为 50 年 10% 超越概率，其重现期为 475 年。

9.2.2 多级设防的抗震设计思想

随着国内外震害资料的不断增加，人们对地震动特性以及地震作用下各类结构的动力响应特征、破坏机理、构件能力的研究和认识也不断加深，而另一方面，由于经济的原因，社会、团体组织对不同的结构在不同水准地震作用下结构预期抗震性能会有不同的要求。例如对于常规桥梁，一般期望其在发生概率较高的小震作用下不发生损坏满足正常使用功能要求，以保证地区经济的正常运行，而在发生概率较小的大震作用下，则要求结构不倒塌，以满足安全性的需要。而对于重要通行线路上的桥梁，或生命线紧急通行计划中的桥梁，则不仅期望其在小震下不发生损坏，还应确保其在大震发生后仍具有一定的可通行能力，以满足应急救灾以及震后恢复重建工作的需要。这些因素，不断地促进抗震设计思想和方法的发展，由原来的单一设防水准逐渐向多水准设防、多性能目标准则的基于性能的抗震设计方向发展。

（1）双水准设防、三水准设防，两阶段设计

近十年来，美国、日本及我国等国家的地震工程专家先后提出了分类设防的抗震设计思想，即"小震不坏、中震可修、大震不倒"。我国《建筑抗震设计规范》GB 50011—2010 就是采用三水准设防、两阶段设计方法：第一阶段设计取第一水准的地震动参数计算结构的弹性地震作用标准值和相应的地震作用效应，进行构件截面的承载力验算；第二阶段设计取第三水准的地震动参数进行结构薄弱部位的弹塑性层间变形验算，并采取相应的构造措施。我国《公路桥梁抗震设计细则》JTG/T B02-01—2008 以及《城市桥梁抗震设计规范》CJJ 166—2011 采用两水准设防、两阶段设计。即第一阶段的抗震设计，对应 E1 地震作用，采用弹性设计；第二阶段的抗震设计，对应 E2 地震作用，采用延性抗震设计方法，来保证结构具有足够的延性能力，通过验算，确保结构的延性能力大于延性需求，并引入能力保护设计原则，确保塑性铰只在选定的位置出现，并且不出现剪切破坏等破坏模式，同时通过抗震构造措施设计，确保结构具有足够的位移能力。

（2）三水准设防，三阶段设计

新西兰抗震设计规范采用三级设防、三阶段设计的抗震设计方法，香港昂船洲大桥（主跨 1018 斜拉桥）也采用了三级设防、三阶段设计的设计方法，用正常使用极限状态、承载能力极限状态和结构完整性极限状态相应的结构性能目标作为控制目标。我国的《铁路工程抗震设计规范》GB 50111—2006 分别规定了铁路工程构筑物应达到的三个抗震性能标准，以及对应的构筑物设防目标作为控制目标。

（3）基于性能的多水准设防、多性能目标的抗震设计

基于性能的抗震设计思想，主要包括结构抗震性能等级的定义，抗震性能目标的选择，以及通过正确设计实现性能目标三部分。对于具体的工程结构，基于性能的抗震设计过程是：首先，设计人员提出几种抗震性能目标及对应的造价；其次，由社会团体或业主选择结构应达到的性能目标；最后由设计人员根据所选定的性能目标进行抗震设计，使结构满足预期的抗震性能目标。

基于性能的结构抗震设计，实际上是对人们早已认识的"多级抗震设防"思想的进一步细化。这一设计思想使抗震设防目标与设计过程直接相联系，设计工程师可以更准确地把握结构在不同的地震动水平下的实际性能，使所设计的结构更经济、合理。但是，要真正实现基于性能的抗震设计，目前还需要在以下几方面进行大量的研究：①不同场地、不同超越概率设计地震的确定；②结构抗震性能等级的定量描述：用"不倒塌"、"确保生命安全"等定性的术语描述性能等级是远远不够的，工程人员需要的是可用于设计的、由工程术语明确表达的性能指标（如强度、变形、延性等）；③在设计和性能校核过程中，需求与能力计算的研究，包括不同设计阶段所采用的分析方法和与之相协调的分析模型的建立，不同性能等级下结构构件、附属物及整个结构体系各力学参数的定量计算等。

9.2.3 桥梁工程抗震设防标准的确定

对于桥梁工程，抗震设防标准的科学决策非常困难，因为桥梁工程的地震损失分析，特别是由于桥梁工程遭到地震破坏而引起的经济损失和人员伤亡分析在目前条件下几乎无法进行。因此，现行的桥梁工程抗震设防标准在很大程度上是依据人们的主观经验和判断决定的，一般考虑以下三方面因素：

（1）桥梁的重要性、抢修和修复的难易程度；

（2）地震破坏后，桥梁结构功能丧失可能引起的损失；

（3）建设单位所能承担抗震防灾的最大经济能力。

在确定桥梁工程的抗震设防标准时，除了必须规定抗震设防水准外，还必须同时规定对应的结构性能目标。如采用统一的结构性能目标，则抗震设防目标不是单一的，因此设防水准往往也不是单一的，而是多级的。

桥梁工程的抗震设防标准可以是指行业的最低设防标准，由桥梁抗震设计规范规定，这主要是政府的行为和决策；也可以是指某个重大工程具体采用的抗震设防标准，应高于行业的最低标准，由业主进行决策和选择。

（1）桥梁的最低抗震设防标准

桥梁的最低抗震设防标准由相关的桥梁抗震设计规范规定，铁路桥梁、公路桥梁和城市桥梁的抗震设防标准应分别满足现行《铁路工程抗震设计规范》、《公路桥梁抗震设计细则》和《城市桥梁抗震设计规范》的要求。《公路桥梁抗震设计细则》和《城市桥梁抗震设计规范》的结构抗震性能目标差别不大，但在设防地震概率水准上，后者稍大。

《公路桥梁抗震设计细则》根据公路等级及桥梁的重要性和修复（抢修）的难易程度，将桥梁划分为 A、B、C 和 D 四个抗震设防类别，其中 A 类桥梁是指单跨跨径超过 150m 的特大桥，B 类桥梁是指除 A 类以外的高速公路和一级公路上的桥梁及二级公路上的大桥、特大桥等，C 类桥梁是指 A 类、B 类、D 类以外的公路桥梁，D 类桥梁是指位于三、四级公路上的中桥、小桥。对各类别桥梁，基于场地的地震基本加速度，通过赋予不同的抗震重要性系数规定了 E1 和 E2 两级设防地震，对应的重现期如表 9-1 所示。此外，考虑到场地条件和设防环境对不同概率水平的地震动参数的影响，规范采用了场地系数来调整地震动加速度峰值，如表 9-2 所示。

各类桥梁的抗震重要性系数及对应的重现期 表 9-1

桥梁分类	E1 地震作用		E2 地震作用	
	重要性系数	重现期(年)	重要性系数	重现期(年)
A	1.0	475	1.7	2000
B	0.43(0.5)	75(100)	1.3(1.7)	1000(2000)
C	0.34	50	1.0	475
D	0.23	25	—	—

注：高速公路和一级公路上的大桥、特大桥，其抗震重要性系数取 B 类括号内的值。

场地系数 表 9-2

桥梁分类	6	7		8		9
场地类型	0.05g	0.10g	0.15g	0.20g	0.30g	0.4g
Ⅰ	1.2	1.0	0.9	0.9	0.9	0.9
Ⅱ	1.0	1.0	1.0	1.0	1.0	1.0
Ⅲ	1.1	1.3	1.2	1.2	1.0	0.9
Ⅳ	1.2	1.4	1.3	1.3	1.0	0.9

《城市桥梁抗震设计规范》将桥梁按其在城市交通网络中位置的重要性以及承担的交

通量，分为甲、乙、丙、丁四个抗震设防类别，其中，甲类桥梁是指悬索桥、斜拉桥以及主跨大于 150m 的大跨度拱桥，乙类桥梁是指交通网络中枢纽位置、快速路上的桥梁，丙类桥梁是指城市主干路和轨道交通桥梁，其他桥梁为丁类桥梁。对各类桥梁分别规定了 E1 和 E2 两级设防地震参数：对于甲类桥梁，E1 和 E2 地震动参数应按地震安全性评价结果取值，其他各类桥梁的 E1 和 E2 地震峰值加速度 a 的取值，则基于场地基本地震加速度值，乘以地震调整系数（表 9-3）得到。甲类桥梁的 E1 和 E2 地震相应的地震重现期分别为 475 年和 2500 年，乙、丙和丁类桥梁的 E1 地震作用是在《建筑结构抗震设计规范》中多遇地震（重现期 50 年）参数的基础上，分别乘以 1.7、1.3 和 1.0 的重要性系数得到的，而 E2 地震作用直接采用《建筑结构抗震设计规范》中的罕遇地震（重现期 2000～2450 年）。

各类桥梁 E1 和 E2 地震调整系数   表 9-3

桥梁分类	E1 地震作用				E2 地震作用			
	6 度	7 度	8 度	9 度	6 度	7 度	8 度	9 度
乙类	0.61	0.61	0.61	0.61	—	2.2(2.05)	2.0(1.7)	1.55
丙类	0.46	0.46	0.46	0.46	—	2.2(2.05)	2.0(1.7)	1.55
丁类	0.35	0.35	0.35	0.35	—	—	—	—

（2）重大桥梁工程的抗震设防标准

对于重大的桥梁工程，其抗震设防标准可由业主根据工程的重要性、自身经济能力和所能承受的风险水平进行选择报批，应不低于规范的抗震设防标准。但应强调的是，抗震设防标准应同时明确每一设防水准对应的结构性能要求以及验算指标。

重大桥梁工程往往包括主桥和引桥，其中主桥为大跨度桥梁，而引桥往往为梁式桥。在考虑桥梁整体的抗震设防标准，确定 E1、E2 两级地震概率水平及对应的性能要求时，主、引桥既要通盘考虑，又应有所区别。整个桥梁工程的最大设防地震是由 E2 地震决定的，在确定 E2 地震的概率水平时，应该考虑到对于整个交通网而言，主、引桥梁同等重要，因为引桥对于主桥具有不可替代性，所以主、引桥应采用统一的概率水平。另一方面，应考虑到桥梁各部分结构的震后抢修和加固的难易程度有所不同，如引桥相对于主桥而言，比较易于震后抢修和加固，而在主桥中，辅助墩和过渡墩又比主塔易于抢修和加固，对于比较容易抢修和加固的，可以采用较低的性能水平。

例如，苏通大桥工程是一项特大型的桥梁工程，桥长约为 8000m，包括主航道桥、港区专用航道桥和引桥三部分。其中，主航道桥为主跨 1088m 的双塔斜拉桥（世界斜拉桥第一桥）、港区专用航道桥为 268m 的预应力混凝土连续刚构桥，引桥为多联跨，分别为 30m、50m 和 75m 的多跨连续梁。这一工程投资巨大，而且是交通网上的枢纽工程，在政治经济上具有非常重要的地位，在抗震救灾中的作用也将会非常巨大。因此苏通大桥的抗震设计采用了较高的设防标准，并且根据各部分桥梁的重要性以及地震破坏后桥梁结构修复（抢修）的难易程度，对主航道桥、港区专用航道桥和引桥分别采用两种不同的设防标准，见表 9-4。桥梁抗震设防标准必须通过有效的校核手段得以实现，表 9-5 为苏通大桥各构件的目标性能校核。

表 9-4

桥梁	抗震设防水准	E2 地震作用
主航道桥	P1:重现期 1000 年	结构处于弹性工作状态,震后不需修理即可正常通车
	P2:重现期 2500 年	主塔允许出现不需修复的微小裂缝,边墩允许局部损坏,支座等连接构件正常工作,其他构件无损坏
引桥、专用航道桥	P1:重现期 500 年	桥墩允许出现不需修复的轻微损坏,其他受力构件完好,震后可正常通车
	P2:重现期 2500 年	桥墩有限损坏,经抢修可恢复使用,永久性加固后可恢复运营,主梁、支座、基础正常工作

苏通大桥各结构构件的目标性能校核 表 9-5

结构构件		抗震设防水准	
		P1	P2
主航道桥	主塔	校核应力	校核承载能力
	斜拉桥	—	校核应力
	钢主梁	—	校核应力
	支座		固定支座校核剪力,滑动支座校核位移
	边墩	校核应力	考虑延性折减后校核承载能力
	承台	校核应力	校核承载能力
	桩基础	校核应力	校核承载能力
	梁端		校核位移
引桥	主梁		校核应力
	支座	—	固定支座校核剪力,滑动支座校核位移
	桥墩	校核承载能力	考虑延性折减后校核承载能力
	基础	校核应力	校核承载能力
	梁端		校核位移

9.2.4 桥梁工程抗震设计流程

桥梁工程在其使用期内,要承受多种作用的影响,包括永久作用、可变作用和偶然作用三大类。地震是桥梁工程的一种偶然作用,在使用期内不一定会出现,但一旦出现,对结构的影响很大。桥梁工程必须首先确保运行功能,即满足永久作用和可变作用的要求,这是静力设计的目标。其次,保证桥梁工程在地震下的安全性也非常重要,因此要进行抗震设计。目前桥梁工程的抗震设计一般配合静力设计进行,并贯穿桥梁结构设计的全过程。

与静力设计一样,桥梁工程的抗震设计也是一项综合性的工作。桥梁抗震设计的任务,是选择合理的结构形式,合理地分配结构的刚度、质量和阻尼等,并正确估计地震响应对结构造成的破坏,以便通过结构、构造和其他抗震措施,使损失控制在限定的范围内。

桥梁工程的抗震设计过程一般包括七个步骤,即抗震设防标准选定、地震输入选择、抗震概念设计、延性抗震设计(或减隔震设计)、地震反应分析、抗震性能验算以及抗震措施，如图 9-20 所示。其中，虚框中的部分工作量最大，也最为复杂。如果采用两级设防的抗震设计思想，虚框中的地震反应分析和抗震验算就要做两次循环，即对于每一个设防水准，进行一次地震反应分析，并进行相应的抗震性能验算，直到结构的抗震性能满足要求。

需要注意的是，规范所规定的桥梁抗震设防标准是一种最低标准，对于实际桥梁结构的抗震设防标准设防选择可以根据实际需要选择更高标准。常规桥梁的抗震设计，可以采用两种抗震设计策略，即延性抗震设计和减隔震设计。对于延性抗震设计，桥梁的弹塑性变形、耗能部位通常位于桥墩；而对于减隔震设计，桥梁的耗能部位同时选择在位于桥梁上、下部之间的连接构件（支座、耗能装置），结构构件则基本在弹性范围工作。

完成桥梁的抗震性能验算之后，还有非常重要的最后一步，即选择合理的抗震措施，主要涉及支承连接部位宽度设计，各种防落梁装置设计，以及碰撞缓冲等，并应满足相关抗震规范的要求。

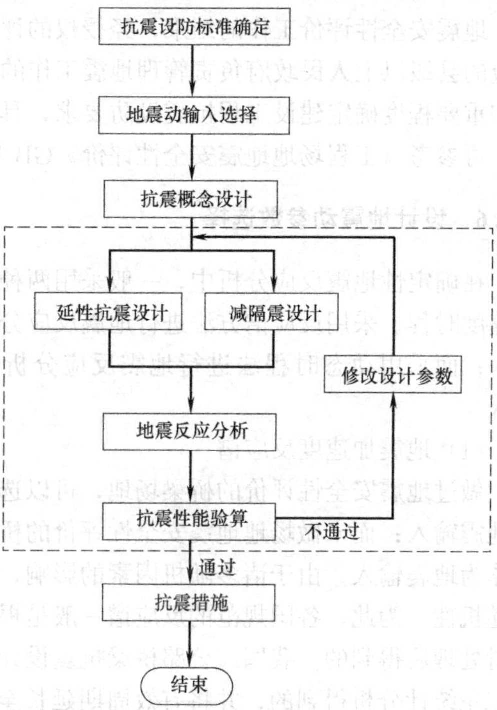

图 9-20 桥梁工程抗震设计流程图

9.2.5 桥梁场地地震安全性评价

地震安全性评价是指对具体建设工程地区或场地周围的地震地质、地球物理、地震活动性、地形变化等进行研究，采用地震危险性概率分析方法，按照工程应采用的风险概率水准，科学地给出相应的工程规划和设计所需的有关抗震设防要求地震参数和基础资料。地震安全性评价工作一般包括地震危险性分析、场地土层地震反应分析和场地的地震地质灾害评价三部分。

地震危险性是指某一场地（或某一区域、地区、国家）在一定时期内可能遭受到最大地震破坏影响，可以用地震烈度或地面运动参数来表示。目前，场地的地震危险性分析普遍采用概率方法，具体要求包括：查明工程场地周围地震环境和地震活动性，判定并划分出潜在震源的位置、规模和地震活动频度，给出可能的震源模式，确定各潜在震源的发震概率，最后根据地震衰减规律和地震危险性分析的概率模型，计算出场地不同地震参数持续时间。

将地震危险性分析得到的基岩地震加速反应谱进行标准化处理，得到目标反应谱，进一步合成基岩加速度时程，作为场地地震反应分析的地震输入。对于水平成层、横向不均匀性较小的场地，可采用一维剪切模型进行场地土层地震反应分析，该模式为覆盖在基岩上的一系列完全理想的已知层厚、土特性的水平成层模型。但对于存在局部地形等影响、横向不均匀性较大的场地，则需采用二维甚至三维模型进行场地土层地震反应分析。通过场地的地震反应分析，可以得到各土层地震加速度时程，并进一步换算为地震加速度反应谱，经标准化后可得到设计加速度反应谱，供工程结构的抗震设计采用。进一步地，还要以设计加速度反应谱为目标，拟合出符合工程结构抗震设计要求的地震加速度时程。

地震安全性评价工作的结果，经授权的评审机构审定通过后，按照分级负责的原则由相应的县级以上人民政府负责管理地震工作的部门或机构根据审定的结果，综合工程的类别和重要程度确定建设工程抗震设防要求，具有法定效力。关于地震安全性评价的详细内容，可参考《工程场地地震安全性评价》GB 17741—2005。

9.2.6 设计地震动参数选择

在确定性地震反应分析中，一般采用两种地震动输入，即地震加速度反应谱和地震动加速度时程。采用反应谱方法进行地震反应分析时，一般采用地震加速度反应谱作为地震输入；而采用动态时程法进行地震反应分析时，一般采用地震动加速度时程作为地震输入。

（1）地震加速度反应谱

做过地震安全性评价的桥梁场地，可以选取地震安全性评价报告提供的设计反应谱作为地震输入；而未做场地地震安全性评价的桥梁场地，一般选取现行桥梁抗震规范的反应谱作为地震输入。由于诸多随机因素的影响，使得由不同记录计算得到的反应谱具有很大的随机性。为此，各国规范的反应谱一般是根据很多条地震记录统计平均后，进行一定的平滑处理后得到的。我国《公路桥梁抗震设计细则》采用的反应谱是通过对 823 条水平强震记录统计分析得到的，并将有效周期延长至 10s。我国《城市桥梁抗震设计规范》则采用了《建筑抗震设计规范》相同的反应谱形式，有效周期成分 6s。

对于竖向地震作用，我国《公路桥梁抗震设计细则》和《城市桥梁抗震设计规范》采用的竖向地震动加速度反应谱是由水平向设计加速度反应谱以竖向/水平向谱比函数 R 得到。

（2）地震动加速度时程

目前，在桥梁抗震设计中，地震动加速度时程的选择主要有三种方法，即直接利用强震记录、采用人工地震加速度时程和规划标准化地震加速度时程。选择加速度时程时，必须把握住三个特征，即加速度峰值的大小、波形和强震持续时间。在选择强震记录时，除了最大峰值加速度应符合桥梁所在地区的设防要求外，场地条件也应尽量接近，也就是该地震波的主要周期应尽量接近于桥址场地附近同类地址条件下的强震记录，则是最佳选择，应优先采用。人工地震加速度时程是根据随机振动理论产生的符合所需统计特征（加速度峰值、频谱特性、持续时间）的地震加速度时程。生成人工地震加速度时程可以有两条途径：一是以规范设计反应谱为目标拟合而成；二是对建桥桥址场地进行地震安全性评价，以提供场地的人工地震加速度时程。规范标准化地震加速度时程由相关的规范提供，如日本桥梁抗震规范就提供了 18 组人工地震时程记录供选用。需要特别指出的是，采用地震加速时程进行地震反应分析时，一般要选取多组地震加速时程以供比较分析，如美国 AASHTO 规范规定为 5 组，我国《公路桥梁抗震设计细则》和《城市桥梁抗震设计规范》均规定不得少于 3 组（对于地震反应分析结果，3 组取最大值，7 组可取平均值）。

（3）以设计反应谱为目标的地震加速时程拟合

我国《公路桥梁抗震设计细则》和《城市桥梁抗震设计规范》均规定：未进行地震安全性评价的桥址，可以以规范设计加速度反应谱为目标拟合设计加速度时程；也可选用与设定地震震级、距离、场地特性大体相近的实际地震加速度记录，通过时域方法调整，使其加速度反应谱与本规则设计加速度反应谱匹配。因此，对未进行地震安全性评价的桥址上的桥梁进行地震反应分析时，需要解决地震加速度时程拟合或调整问题，目标均是与设计反应谱相匹配，而在工程场地的地震安全性评价报告中，也需要以设计反应谱为目标拟合出符合抗震设计要求的地震加速度时程。

9.2.7 地震动输入模式

地震具有很强的随机性。地震发生时，不仅其大小是随机的，其方向也是随机的。在地震反应分析时，需要选择最不利的方向进行地震输入，包括水平方向和竖向。

在一般桥梁的地震反应分析中，可只考虑水平方向地震作用，而且直线桥梁可分别考虑顺桥向和横桥向的地震作用，并分别进行验算，不考虑正交地震作用的组合。对于曲线桥梁，则需要寻找最不利输入方向下的地震反应。一般的方法是，分别沿相邻两桥墩连线方向和垂直于连线水平方向进行多方向地震输入，比较地震反应的结果，以确定最不利地震水平输入方向，再进行地震反应分析。

关于竖向地震输入，我国《公路桥梁抗震设计细则》以及《城市桥梁抗震设计规范》都规定，抗震设防烈度为 8 度和 9 度时的拱式结构、长悬臂桥梁结构和大跨度结构，以及竖向作用引起的地震效应很重要时，应考虑竖向地震的作用。其中，拱桥对于竖向地震动非常敏感，一般都应考虑两种方式，如纵桥向＋竖向、横桥向＋竖向。

另一方面，地震动具有空间变化特征。地震时，桥梁各支承点处的实际地震动是不一致的。在实际工程的地震反应分析中，根据对地震动空间变化特性的考虑与否，又可将地震动的输入方式分为同步、不同步多点输入。对于中、小桥梁，可假设所有支承点上的水平地面运动都是相同的，因而进行同步输入。对于桥梁长度（或单跨跨度）很大的桥梁，各支承点可能位于显著不同的场地土上，由此导致各支承处输入地震动的不同，在地震反应分析中就要考虑多点支承的不同激励，简称多点激振。即使场地土情况变化不大，也可能因地震动沿桥纵轴向先后到达的时间差，引起各支承处输入地震时程的相位差，简称行波效应。欧洲规范指出，当存在地质不连续或明显的不同地貌特征，或桥长大于 600m 时，要考虑地震运动的空间变化性。又如，当桥梁墩台具有深基础（如桩基础），有时需要考虑多点不同步输入的问题。

9.2.8 地震作用组合

地震作用属于偶然作用，通常只与永久作用进行组合。永久作用通常包括结构重力（恒载）、预应力、土压力、水压力，而地震作用通常包括地震动的作用和地震土压力、水压力等。进行桥梁抗震设计时，应进行包括各种作用效应的最不利组合。在地震作用下，除了结构内力反应以外，支座以及梁端等的位移反应需要特别关注，为防止发生支座脱落或落梁震害，我国《城市桥梁抗震设计规划》规定在进行支座位移验算时，还应考虑

50%均匀温度作用效应。对于轨道交通桥梁，还应该考虑部分活载的作用。我国《铁路工程抗震设计规范》以及《城市桥梁抗震设计规划》均规定，轨道交通桥梁应按有车和无车分别进行分析和验算。当桥上有车时，顺桥方向，由于车轮的作用，地面运动的加速度很难传递到列车上，因此顺桥向不计活载所产生的水平地震作用；活载竖向力应按列车竖向静活载的100%计入；活载的横向地震作用，考虑车辆弹簧对横向振动有一定的消能作用，而且地震的主要振动方向也不一定与横向一致，因此横桥向计入50%活载引起的地震作用，作用于轨顶以上的2m处。

9.3 桥梁结构的地震反应分析

进行地震反应分析，正确预测地震对桥梁结构的影响是进行桥梁抗震设计的基础，也是桥梁抗震设计中最为复杂的部分。在地震反应分析中，需要考虑相关因素的影响，包括各种非线性因素、阻尼问题以及桩-土-结构相互作用等。对大跨桥梁，还要考虑多点激励及行波效应等影响。

桥梁结构的地震反应分析是一个抗震动力学问题。动力学问题均具有三大要素，即输入（激励）、系统、输出（反应）。地震地面运动为系统的输入；研究对象—桥梁结构可视为系统，尤其是采用有限元法时，该系统则为由众多离散单元在各节点处连接起来的一个集合体；而系统的输出则是地震反应。实质上，地震反应分析即为已知地震输入和结构系统，求地震反应的问题。因此，桥梁结构的地震反应分析主要解决以下三个关键问题：

(1) 确定合适的地震输入；

(2) 建立结构系统的数学模型及振动方程；

(3) 选择合适的方法求解地震振动方程得到地震反应。

9.3.1 桥梁结构地震反应分析方法

桥梁结构的抗震反应分析必须以地震场地运动为依据。然而由于实际强震记录的不足，这个关键问题目前尚未很好解决，仍然是结构抗震设计计算中最薄弱的环节。实际工程中，解决办法是，根据桥址区地质构造情况、地震历史资料、场地情况，并参考一些地面运动的记录来确定作为设计依据的地震参数。由于地震过程本身具有随机的性质，地震反应分析中所采用的地震动参数具有不确定性，所以发展了两种地震反应分析方法：一种是以地震运动为确定过程的确定性地震反应分析，另一种是地震运动为随机过程的概率性地震反应分析。目前，概率性地震反应分析还不十分成熟，要应用于工程实践中还有待于进一步研究。世界各国的桥梁抗震设计规范中普遍采用的是确定性地震反应分析方法。

一个世纪以来，逐步建立并发展起来的确定性地震反应分析方法主要有静力法、动力反应谱法和动态时程分析法。

1. 静力法

该方法假定结构物与地震具有相同的振动，将结构物在地面运动加速度作用下产生的惯性力视作作用于结构物上的抗震力。静力法仅将地震加速度形成的惯性力作为结构地震破坏的单一因素，忽略了结构动力特性这一重要因素，因而有较大的局限性。该方法仅适用于刚度很大的结构，如重力式桥台等。目前实际工作中较为常用的主要为动力反应谱法及动态时程分析法。

2. 反应谱法

动力反应谱法同时考虑了地面运动和结构的动力特性，比静力法有了很大的进步。反应谱方法通过反应谱概念巧妙地将动力问题静力化，概念简单、计算方便，可以用较少的计算量获得结构的最大反应值，目前世界各国规范都把它当作一种基本的分析手段。但是，反应谱方法也存在一些缺陷。如反应谱只是弹性范围内的概念，当结构在强烈地震下进入塑性工作阶段时即不能直接应用；另一方面，地震作用是一个时间过程，但反应谱方法只能得到最大反应，不能反应结构在地震动过程中的完整历程，也不能反映地震动持续时间的影响；对多振型反应谱法，还存在振型组合问题等。此外，基于弹性反应谱理论的现行规范设计方法，还往往使设计者只重视结构强度，而忽略了结构所应具有的非弹性变形能力即延性。目前实际应用中主要有规范反应谱及设计反应谱，规范反应谱为规范所给定的普适性的反应谱，而根据实际结构所在地质条件等所制定的反应谱则为设计反应谱。对于常规桥梁，采用规范反应谱即可满足设计需要，对于大跨桥梁一般采用场地安平报告给定的设计反应谱。必须注意的是，一个场地记录到的地震动与多种因素有关，比如与场地条件、震中距、震源深度、震级、震源机制和传播路径等诸多因素有关。由于诸多随机因素的影响，使得由不同记录得到的加速度反应谱具有很大的随机性。只有在大量地震加速度记录输入后绘制得到众多反应谱曲线的基础上，再经过平均与光滑化之后，才可以得到供设计使用的规范反应谱曲线。

（1）设计加速度反应谱

我国现行的《公路桥梁抗震设计细则》JTG/T B02-01—2008 中所采用的水平设计加速度反应谱，是国家地震局工程力学研究所根据 900 多条国内外地震加速度反应谱进行统计分析，用近似分类方法确定的四类场地土的反应谱曲线（临界阻尼比 0.05），后又加修订完成的，如图 9-21 所示。

阻尼比为 0.05 的水平设计加速度反应谱 S 由式（9-2）确定：

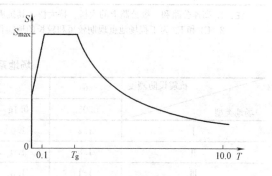

图 9-21 水平设计加速度反应谱

$$S=\begin{cases} S_{max}(5.5T+0.45) & T<0.1s \\ S_{max} & 0.1s \leqslant T \leqslant T_g \\ S_{max}(T_g/T) & T>T_g \end{cases} \tag{9-2}$$

式中 T_g——特征周期（s），按桥址位置在《中国地震动反应谱特征周期区划土》上查取，根据场地类型按表 9-6 确定；

T——结构自振周期（s）；

S_{max}——水平设计加速度反应谱最大值。

场地加速度反应谱特征周期 T_g 表 9-6

区划图上的特征周期(s)	场地类型划分			
	I	II	III	IV
0.35	0.25	0.35	0.45	0.65
0.40	0.30	0.40	0.55	0.75
0.45	0.35	0.45	0.65	0.90

水平设计加速度反应谱最大值 S_{max} 由式（9-3）确定：

$$S_{max} = 2.25 C_i C_s C_d A \tag{9-3}$$

式中 C_i——抗震重要性系数，按表 9-7 取值；

C_s——场地系数，按表 9-8 取值；

C_d——阻尼调整系数，按式（9-4）确定；

A——水平向设计基本地震动加速度峰值，按表 9-9 取值。

抗震重要性系数 C_i 表 9-7

桥梁抗震设防类别	路线等级及构造物	重要性修正系数	
		E1 地震作用	E2 地震作用
A	单跨跨径超过 150m 的特大桥	1.0	1.7
B	单跨跨径不超过 150m 的高速公路、一级公路上的桥梁，单跨跨径不超过 150m 的二级公路上的特大桥、大桥	0.43(0.5)	1.3(1.7)
C	二级公路上的中、小桥，单跨跨径不超过 150m 的三、四级公路上的特大桥、大桥	0.34	1.0
D	三级公路上的中、小桥	0.23	—

注：1. 高速公路和一级公路上的大桥、特大桥，其抗震重要性系数取 B 类括号内的值；

2. E1 和 E2 为工程场地重现期较短和较长的地震作用，分别对应于第一和第二级设防水准。

场地系数 C_s 表 9-8

抗震设防烈度	6	7		8		9
场地类型	0.05g	0.1g	0.15g	0.2g	0.3g	0.4g
I	1.2	1.0	0.9	0.9	0.9	0.9
II	1.0	1.0	1.0	1.0	1.0	1.0
III	1.1	1.3	1.2	1.2	1.0	0.9
IV	1.0	1.4	1.3	1.3	1.0	0.9

抗震设防烈度和水平向设计基本地震动加速度峰值 A 表 9-9

抗震设防烈度	6	7	8	9
A	0.05g	0.10(0.15)g	0.20(0.30)g	0.40g

阻尼调整系数，除有专门规定外，结构阻尼比应取 0.05，式（9-4）中的阻尼调整系数 C_d 取值为 1.0。当结构的阻尼比按有关规定取值不等于 0.05 时，阻尼调整系数 C_d 应按式取值：

$$C_d = 1 + \frac{0.05 - \xi}{0.06 + 1.7\xi} \geq 0.55 \tag{9-4}$$

竖向设计加速度反应谱由水平向加速度反应谱乘以下式给出的竖向/水平向谱比函数 R。

基岩场地：

$$R = 0.65 \tag{9-5}$$

$$土层场地 R = \begin{cases} 1.0 & T < 0.1\text{s} \\ 1.0 - 2.5(T - 0.1) & 0.1\text{s} \leqslant T < 0.3\text{s} \\ 0.5 & T \geqslant 0.3\text{s} \end{cases} \tag{9-6}$$

（2）多自由度体系设计反应谱法

对于单自由度体系，可直接利用规范给定反应谱确定地震作用，但对于不能简化为单自由度系统的复杂桥梁，则需考虑不同振型的地震响应。多自由度体系中不同振型均对结构体系地震响应有不同贡献，可通过振型分解的方法进行求解，其基本原理可用下式表示：

$$[M]\{\ddot{u}\} + [C]\{\dot{u}\} + [K]\{u\} = -[M]\{I\}\ddot{\delta}_g\{t\} \tag{9-7}$$

式中　$\{u\}$——结构相对位移向量；

　　　$[M]$——结构质量矩阵；

　　　$[C]$——结构阻尼矩阵；

　　　$[K]$——结构刚度矩阵；

　　　$\{I\}$——影响向量。

利用振型的正交性，式（9-7）可分解为：

$$\ddot{q}_i + 2\xi_i\omega_i\dot{q}_i + \omega_i^2 q_i = -\gamma_i\ddot{\delta}_g\{t\} \tag{9-8}$$

式中　q_i——振型空间中的广义坐标；

　　　γ_i——第 j 阶振型参与系数。

$$\gamma_i = \frac{\{\varphi\}_i^T[M]\{I\}}{\{\varphi\}_i^T[M]\{\varphi\}_j}$$

相应地，结构的第 j 质点水平方向上由第 i 阶振型引起的最大地震力为：

$$P_{ij} = \gamma_i\varphi_{ji}S_{h1}G_j/g \tag{9-9}$$

式中　φ_{ji}——第 i 振型中第 j 质点上的振型比值；

　　　S_{h1}——相应水平方向的加速度反应谱值；

其余符号意义同前。

从式（9-9）可较为方便地计算出各阶振型的最大地震响应，但必须注意的是，各阶振型的最大地震反应并不可能同时发生。因此，从设计的经济角度出发，在利用式（9-9）计算第 j 质点水平方向上最大地震作用时，不能直接将各阶地震力对该质点地震力的贡献进行简单求和。目前，通用的方法是采用振型组合，常用的组合方法有 SRSS 法和 CQC 法。

（3）反应谱法在桥梁结构中应用

根据地震震害调查，桥梁上部结构直接受震破坏的情况很少，主要的破坏在墩台部位，因此桥梁抗震的重点在于墩台的抗震设计。

1）在地震作用下，规则桥梁重力式桥墩顺桥向和横桥向的水平地震力，采用反应谱法计算时，可按式（9-10）计算，其结构计算简图如图 9-22 所示：

$$E_{i\mathrm{hp}} = S_{\mathrm{h}1} \gamma_1 X_{1i} G_i / g \tag{9-10}$$

$$\gamma_1 = \frac{\sum\limits_{i=0}^{n} X_{1i} G_i}{\sum\limits_{i=0}^{n} X_{1i}^2 G_i} \tag{9-11}$$

式中　$E_{i\mathrm{hp}}$——作用于梁桥桥墩质点 i 的水平地震荷载（kN）；

$S_{\mathrm{h}1}$——水平方向的加速度反应谱值；

γ_1——桥墩顺桥向或横桥向的基本振型参与系数；

X_{1i}——桥墩基本振型在第 i 分段重心处的相对水平位移，对于实体桥墩，当 H/B >5 时，$X_{1i} = X_{\mathrm{f}} + \dfrac{1-X_{\mathrm{f}}}{H} H_i$（一般适用于顺桥向）；当 $H/B < 5$ 时，$X_{1i} = X_{\mathrm{f}} + \left(\dfrac{H_i}{H}\right)^{1/3} (1-X_{\mathrm{f}})$（一般适用于横桥向）；

X_{f}——考虑地基变形时，顺桥向作用于支座顶面或横桥向作用于上部结构质量重心上的单位水平力在一般冲刷线或基础顶面引起的水平位移与支座顶面或上部结构质量重心处的水平位移之比值；

H_i——一般冲刷线或基础顶面至墩身各分段重心处的垂直距离（m）；

H——桥墩的计算高度，即一般冲刷线或基础顶面至支座顶面或上部结构质量重心处的垂直距离（m）；

B——顺桥向或横桥向的墩身最大宽度（m）（见图 9-23）；

$G_{i=0}$——桥梁上部结构重力，对于简支梁桥，计算顺桥向地震荷载时为相应于墩顶固定支座的一孔梁的重力；计算横桥向地震荷载时为相邻两孔梁重力的一半；$G_{i=1,2,3\cdots}$ 为桥墩墩身各分段的重力（kN）。

对于考虑多振型参与组合的情况，引入第 i 振型的振型参与系数：

$$\gamma_i = \frac{\{\varphi\}_i^{\mathrm{T}} [M] \{I\}}{\{\varphi\}_i^{\mathrm{T}} [M] \{\varphi\}_i} \tag{9-12}$$

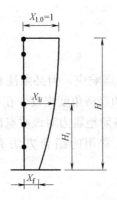

图 9-22　结构计算简图

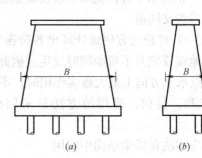

图 9-23　墩身最大宽度 B

(a) 横桥向；(b) 顺桥向

2）规则桥梁的柱式桥墩采用反应谱法计算时，顺桥向水平荷载可采用下列简化公式计算，其计算简图如图 9-24 所示。

$$E_{htp} = S_{h1} G_t / g \tag{9-13}$$

$$G_t = G_{sp} + G_{cp} + \eta G_p \tag{9-14}$$

$$\eta = 0.16(X_f^2 + X_{f1/2}^2 + X_f X_{f1/2} + X_{f1/2} + 1) \tag{9-15}$$

式中 E_{htp}——作用于支座顶面处的水平地震荷载（kN）；

      G_t——支座顶面处的换算质点重力（kN）；

      G_{sp}——梁桥上部结构重力，对于简支梁桥，计算地震荷载时为相应于墩顶固定支座的一孔梁的重力（kN）；

      G_{cp}——盖梁重力（kN）；

      G_p——墩身重力，对于扩大基础，为基础顶面以上墩身重力（kN）；对于桩基础，为一般冲刷线以上墩身重力（kN）；

      η——墩身重力换算系数；

    $X_{f1/2}$——考虑地基变形时，顺桥向作用在支座顶面上的单位水平力在墩身计算高度 $H/2$ 处引起的水平位移与支座顶面的水平位移之比值。

3. 动态时程分析法

动态时程分析法是随着强震记录的增多和计算机技术的广泛应用而发展起来的，是公认的精细分析方法。目前，大多数国家除对常用的中小跨度桥梁仍采用反应谱方法计算外，对重要、复杂、大跨的桥梁抗震设计计算都建议采用动态时程分析法。原因是，大跨复杂桥梁的地震反应比较复杂，往往会受到地基和结构的复杂相互作用、地震时程相位差及不同地震时程多分量多点输入、结构各种复杂非线性因素（包括几何、材料、边界连接条件非线性）以及分块阻尼等的影响，而采用时程分析可以精确地考虑这些因素的影响，是公认的精细分析方法。同时，采用动态时程分析法进行地震反应分析，也可以使桥梁工程师更清楚结构地震动力破坏的机理，是正确提高桥梁抗震能力的有效途径。

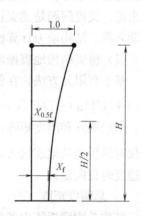

图 9-24   柔性墩计算简图

动态时程分析法从选定合适的地震动输入（地震动加速度时程）出发，采用多节点多自由度的结构有限元动力计算模型建立地震动方程，然后采用逐步积分法对方程进行求解，计算地震过程中每一瞬时结构的位移、速度和加速度反应，从而分析出结构在地震作用下弹性和非弹性阶段的内力变化以及构件逐步开裂、损坏直至倒塌的全过程。多质点体系的地震震动方式如式（9-7）所示。

（1）直接积分法

对上述方程的求解方法较多，目前主要采用直接积分法。该方法又分为显式积分法和隐式积分法，采用何种方法主要受精确度、稳定性以及计算效率三方面控制。常用的显式积分法有中心差分法，但该方法易产生误差积累而导致计算发散，为提高计算精度，其积分计算时间间隔须非常小，这影响了计算效率。由于隐式积分法可较好地控制误差累计，计算结果稳定性好，是实际工程应用中最常采用的方法。隐式积分法目前较为成熟的有 Newmark-β 法、Wilson-θ 法、Runge-Kutta 法等，具体原理与方法本节不再赘述。

（2）振型分解法

前述的直接积分方法适用于各种单自由度体系和多自由体系，而且，由于没有应用叠加原理，因此既适用于线性地震反应分析，也适用于非线性地震反应分析（对增量平衡方程进行求解，需要迭代计算）。不过，对于多自由体系的线性地震反应分析，还可以基于振型分解法进行时程反应分析。与前述的反应谱方法对比，相同的是，这种时程反应分析方法同样需要选择计算的振型阶数；不同的是，由于时程分析是针对每一时刻对各方向、各振型的反应进行叠加，因此没有反应谱的振型组合和方向组合带来的误差。与一般的直接积分法相比，对于一般的桥梁工程，可以通过计算少量振型的反应得到机构的反应时程。不过，需要强调的是，这种计算方法只适用于线弹性且采用比例阻尼矩阵结构的时程反应分析。

9.3.2　一般桥梁结构的地震反应分析

对一般桥梁结构进行地震反应分析时，首先要选择合适的地震输入，然后建立有限元模型对原型结构的受力特性进行数学描述，即将结构离散为一系列相互关联的数学单元，建立地震振动方程，最后选择合适的地震反应分析方法，进行地震反应计算。对于抗震设计来说，关键问题是建立正确的动力计算模型，然后正确进行地震反应计算。下面从地震振动方程、结构动力计算模型以及地震反应计算要点三个方面进行阐述。

（1）桥梁结构地震振动方程

基于有限元方法，在各支承点采用一致地震输入时，多质点体系的地震振动方程 $[M]\{\ddot{u}\}+[C]\{\dot{u}\}+[K]\{u\}=-[M]\{I\}\ddot{\delta}_g\{t\}$ 中，M、C 和 K 分别为 n 质点体系的质量矩阵、阻尼矩阵和刚度矩阵；u 为质点对地面的相对位移矢量，是时间 t 的函数；I 为列阵，如仅有纵桥向的地震输入，则对应于纵桥向自由度取 1，其余为 0；$\ddot{\delta}_g(t)$ 为地面地震动加速度时程向量。

1）总刚度矩阵

结构总刚度矩阵由各单元刚度矩阵经坐标变换聚合而成。如假定结构单元的恢复力特性是线性的，则单元刚度矩阵为弹性刚度矩阵，对应的地震反应分析为线性地震反应分析。但是，在强震作用下，桥梁结构的构件将会进入塑性工作阶段，要模拟结构进入塑性时逐步开裂、损坏，甚至倒塌的全过程，结构构件的恢复力模型应假定为非线性的，则刚度矩阵将是变系数的，所对应的地震反应分析为非线性的地震反应分析。桥梁结构的非线性，除了构件材料的物理非线性（恢复力和位移的非线性关系）以外，还有支承连接条件的非线性，大跨度桥梁在大变形状态下还有几何非线性问题。

2）总质量矩阵

结构总质量矩阵由各单元质量矩阵经坐标变换聚合而成。严格来说，单元质量矩阵应与单元刚度矩阵一样，采用有限元方法推导得到，这种质量矩阵称为一致质量矩阵（具有非零非对角元素）。但在实际的结构动力分析中，一般都采用集中（堆聚）质量矩阵，即直接将整个单元的质量人为地集中（堆聚）在单元节点上，这样得到的质量矩阵为对角矩阵。分析比较表明，采用集中质量矩阵计算结构动力特性的结果，并不比采用一致质量矩阵时差（与试验值相比），有时甚至还更好些，但相应计算工作量少。

3）总阻尼矩阵

大部分的桥梁结构基本上是均质的，可以认为阻尼不引起振型耦合，这样的阻尼即我们通常说的比例阻尼。比例阻尼一般采用瑞利阻尼假设，即结构阻尼矩阵可由结构质量矩阵和刚度矩阵线性组合而得：

$$C = a_0 M + a_1 K \tag{9-16}$$

此时，阻尼矩阵具有正交性，即：

$$\phi_j^T C \phi_i = 0 \quad (i \neq j) \tag{9-17}$$

式中　ϕ_i、ϕ_j——分别为结构的第 i、j 阶振型矢量，由下式可得：

$$\xi_n = \frac{a_0}{2\omega_n} + \frac{a_1 \omega_n}{2} \tag{9-18}$$

一般情况下，可以人为控制频率 ω_n、ω_m 的阻尼比相等，即 $\xi_m = \xi_n = \xi$，代入上式可得：

$$\begin{Bmatrix} a_0 \\ a_1 \end{Bmatrix} = \frac{2\xi}{\omega_n + \omega_m} \begin{bmatrix} \omega_n \omega_m \\ 1 \end{bmatrix} \tag{9-19}$$

可见，确定结构的阻尼矩阵，关键在于确定结构的振型阻尼比 ξ，以及两阶控制频率 ω_n、ω_m。结构的振型阻尼比与结构材料和所承受的应力水平有关，应力水平越大，阻尼比则越大，对于桥梁地震反应分析，混凝土结构的振型阻尼比 ξ 一般取 5%。两阶控制频率取值，要考虑对结构总反应的贡献较大的阵型，对于梁式桥，ω_n 一般取计算方向的第一阶振型频率，ω_m 则可以取后几阶对结构振动贡献大的振型的频率。

对材料明显非均质的桥梁，如斜拉桥、悬索桥等，结构的不同部分由不同类型的材料组成，各部分有不同的阻尼机理，此时会引起振型耦合，即阻尼矩阵的正交性不存在了。这种阻尼称为非比例阻尼。用 Clough 的非比例阻尼理论，假设一结构由几种不同类型的材料组成，则结构中的同种材料部分，其阻尼矩阵仍满足瑞利假设，即：

$$C_i = a_{0i} M + a_{1i} K_i \quad (i = 1, \cdots, n) \tag{9-20}$$

当把各个阻尼矩阵 C_i 如同单刚叠加成总刚那样进行叠加，就可形成总的非比例阻尼矩阵 C。此时，C 不具有正交性。

（2）桥梁结构动力计算模型

在地震反应分析中，桥梁结构的动力计算模型必须真实反映结构的动力特性，因此，必须真实地模拟桥梁结构的刚度、质量和阻尼分布，具体来说，就是要真实描述结构各构件的几何、材料特性，以及各种构件的边界连接条件。本节从计算模型类型的选择、后续结构的模拟方法，以及结构各部分构件的模拟方法三个方面进行介绍。

1）模型类型的选择

根据对桥梁结构的离散化程度，可以将常用的桥梁结构动力计算模型分为三个层次，从粗糙到精细排列依次为集中参数模型、构件模型和有限元模型。其中，集中参数模型看起来最为简单，通常将结构的质量、刚度和阻尼集中堆聚在一系列离散的节点上，适用于比较规则的桥梁，而且要求使用者熟悉桥梁的动力特征和地震反应特性，能够正确地对结构参数进行等效简化。构件模型基于每一构件的力和位移关系建立振动方程，能够模拟机构的总体几何形状和地震反应。而有限元模型直接基于材料本构关系建立，能够用大量的微小单元精确模拟结构的几何形状，理论上能够非常精确地描述结构的动力特性。从集中参数模型、构件模型到有限元模型，结构的离散化程度越来越高，模型越来越精细，参数取值越来越复杂，而地震反应计算越来越困难。另一方面，与线弹性的地震反应分析相比，弹塑性的地震反应分析工作量更大，计算更困难。所以，通常采用较简单的模型进行较复杂的地震反应过程分析，如非线性时程分析，而采用较复杂的模型进行较简单的地震反应过程分析，如弹性反应谱分析。

在实际桥梁工程的地震反应分析中，需要根据结构的动力特性和分析目的（需要得到的地震反应分量）选择合适的动力模型，一般来说，对于规则桥梁，通常采用集中参数模型，而对于非规则桥梁，通常采用构件模型。这里主要介绍构件层次的模型。

2）后续结构的模拟方法

建立一般桥梁的动力计算模型时，应尽量建立全桥计算模型。但是，对于桥梁长度很长的桥梁，可以选取具有典型结构或特殊地段或有特殊构造的多联桥梁（一般不少于 3 联），建立多个局部桥梁模型，进行地震反应分析。

实际上，在地震作用下，整座桥梁不论在纵桥向还是横桥向都是耦联在一起振动的，因此，对于每一个局部桥梁模型，应合理考虑后续结构的耦联振动影响，常用的方法是，在所取计算模型的末端再加上一联桥梁或桥台模拟，但这附加的机构部分仅作为边界条件，其地震反应分析结果一般不作为设计依据。

3）结构各部分构件的模拟方法

采用有限元法对桥梁结构进行离散、建立动力计算模型时，可以将结构分为上部结构、桥墩柱、支座以及墩台基础的几部分分别描述。

① 上部结构的模拟

一般来说，桥梁上部结构的设计主要由运营荷载控制。震害资料也表明，上部结构自身的震害非常少见。在桥梁抗震设计中，也希望上部结构在设计地震下基本保持弹性。因此，进行桥梁抗震分析时，一般不采用复杂的三维实体单元或板单元，而是采用能反映上部结构质量分布和刚度特征的简化的脊梁模型（梁单元）来模拟上部结构的工作特性。桥梁结构的地震惯性力主要集中在上部结构，控制下部结构（抗震设计的重点）设计的主要是上部结构通过支座传递下来的水平惯性力。而这一惯性力，主要取决于上部结构的质量、下部结构的刚度，以及支座连接条件。因此，在桥梁抗震设计中，桥梁上部结构的刚度模拟不必太精细，桥梁的主梁在许多情况下甚至可以假设为刚体，但上部结构的质量必须尽可能正确模拟，其中除了结构自身的质量以外，还包括桥面铺装、护栏的二期恒载的质量。

叠合梁是桥梁上部结构经常采用的一种形式，如果要真实反映上部结构的动力特征，则可以采用梁单元和板单元组合的方法来模拟上部结构的刚度和质量特征，即纵梁和横梁采用梁单元模拟，而混凝土桥面板采用板单元模拟。

② 墩柱的模拟

在桥梁地震反应分析中，墩柱是关键的结构构件。上部结构的重力和地震惯性力通过墩柱传递给基础，而地震输入又通过墩柱传递给上部结构。另一方面，目前普遍接受的抗震设计思想一般要求墩柱具备一定的非弹性变形及耗能能力。因此，正确建立墩柱的设计模型，即正确模拟墩柱的刚度和质量分布非常重要。

桥梁墩柱一般采用梁单元模拟，但单元的划分要恰当。因为单元的划分决定了堆聚质量的分布，从而决定振型的形状和地震惯性力的分布。对于一般的混凝土桥梁，上部结构的惯性力贡献对墩柱的地震反应起控制作用，墩柱自身的贡献较小。这时，墩柱的单元划分可以适当粗糙，但每个墩柱至少三个单元。反之，如果是重力式桥墩，或者高墩，桥墩自身的贡献则比较大，此时，桥墩的单元划分就不能太粗糙。

在地震作用下，桥梁钢筋混凝土桥墩一般会产生裂缝，截面刚度也将因此而发生变化，应该采用合适的开裂截面惯性矩来代替毛截面惯性矩，但实际构件的开裂截面惯性矩是与截面的开裂程度相关的。我国《公路桥梁抗震设计细则》JTG/T B02-01—2008 以及《城市桥梁抗震设计规范》CJJ 166—2011 中规定，在 E1 地震作用下，构件一般可采用毛截面惯性矩，以期得到更加偏于安全的地震内力反应分

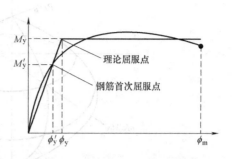

图 9-25　截面弯矩—曲率关系曲线

析结果，但在 E2 地震作用下，延性构件应采用有效截面惯性矩，对应的截面刚度为钢筋首次屈服时的割线刚度（图 9-25），以期得到更偏于安全的地震位移分析结果。

$$E_c \times I_{\text{eff}} = \frac{M_y}{\phi_y}$$
(9-21)

式中　E_c——桥墩混凝土的弹性模量；

　　　I_{eff}——桥墩有效截面抗弯惯性矩；

　　　M_y——理论屈服弯矩；

　　　ϕ_y——截面理论屈服曲率。

另外，如果需要分析墩柱的弹塑性反应，则应采用适当的弹塑性单元模拟潜在塑性铰区的工作特性。目前，模拟钢筋混凝土墩柱弹塑性性能的方法很多，主要有实体有限元方法、纤维单元法、基于屈服面概念的弹塑性梁柱单元方法和弹性模型的方法。这些方法的离散化程度和模型的粗细程度不同，难度和实际效果也不大一样。一般来说，越精细的模型，所要求的计算量和存储量越大，数值计算的难度也越大，结果的稳定性也越差；反之，简单易行的方法却往往能得到稳定合理的结果。由于地震动本身是随机的，而混凝土材料的离散性又比较大，因此在地震反应分析中过分追求精度没有多大意义。所以，对实际桥梁过程进行弹塑性地震反应分析时，基于屈服面的弹塑性梁柱单元能正确的把握墩柱的整体弹塑性性能，是目前比较实用的一种分析方法。图 9-26 为一典型的钢筋混凝土桥墩屈服面，屈服面以内代表未屈服，屈服面以外代表已经屈服，而屈服面上代表刚刚屈服。

③ 支座的模拟

支承连接条件的变化，对桥梁的动力特征、内力和位移反应均有很大的影响。在地震反应分析中，固定支座一般可采用主从关系（从节点的位移与主节点一致）进行处理；而桥梁中广泛采用的各种橡胶支座、减隔震支座，以及各种限位装置（如各种挡块）等，严格地说都是非线性的，需要采用特殊的非线性单元进行处理。

各种支座的可活动方向与约束性是很复杂的，很难进行准确的模拟。在工程应用中，对支座的非线性特性大多采用较简单的恢复力模型来表达。一般来说，在地震作用下，支座的水平刚度对桥梁主体结构的地震反应影响较大。因而在地震反应分析中，支座在竖向和三个转动方向的刚度可根据其在各个方向的可活动性，粗略地取完全自由或主从，以简

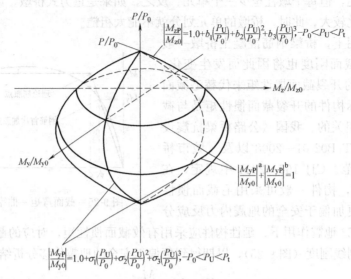

图 9-26 典型的钢筋混凝土墩柱截面屈服面

化分析；而支座在水平方向的刚度，对于不能移动的自由度，可取大刚度或主从处理，对于可移动的自由度，则应根据支座的特点选取合适的恢复力模型加以确定。

目前，桥梁工程中常用的活动支座可以分为三类：一是仅提供纵向柔性的普通板式橡胶支座；二是聚四氟乙烯滑板支座，包括滑板式板式橡胶支座、盆式支座和球型钢支座；三是减隔震支座，包括铅芯橡胶支座、双曲面减隔震钢支座等。下面依次介绍这三种支座的恢复力模型。

对于板式橡胶支座，大量试验结果表明，其滞回曲线呈狭长形，可以近似作线性处理。因此，地震反应分析中，恢复力模型可以取为直线形，即：

$$F(x) = K \cdot x \tag{9-22}$$

式中　x——上部结构与墩顶的相对位移；

　　　K——支座的等效剪切刚度，计算公式为：

$$K = \frac{GA}{\sum t} \tag{9-23}$$

　　　G——支座的剪切模量，现行规范建议取 1200kN/m^2；

　　　A——支座的剪切面积；

　　　$\sum t$——橡胶片的总厚度。

各种聚四氟乙烯滑板支座的试验表明，其动力滞回曲线类似于理想弹塑性材料的应力—应变关系，可采用如图 9-27 所示的恢复力模型。图中，$F_{\max}$ 为滑动摩擦力；x 为上部结构与墩顶的相对位移；x_y 为滑动位移。弹性恢复力最大值与滑动摩擦力相等，即：

$$K \cdot x_y = F_{\max} = f \cdot N \tag{9-24}$$

式中　f——滑动摩擦系数，线性规范建议取 0.02；

　　　N——支座所承担的上部结构恒载。

因此临界位移值为：

$$x_y = \frac{f \cdot N}{K} \tag{9-25}$$

在聚四氟乙烯滑板橡胶支座中，弹性位移 x_y 是由橡胶的剪切变形完成的。因此，K 为橡胶支座的水平剪切刚度。在活动盆式支座和活动球型支座中，相对位移几乎完全是由聚四氟乙烯滑板和不锈钢的相对滑动完成的，因此，它们同样可以采用如图 9-27 所示的恢复力模型，只是临界位移 x_y 很小，可根据试验取值，建议取 $2\sim3\text{mm}$，这一取值对地震反应影响很小。

理想的减隔震支座的恢复力模型与一般的聚四氟乙烯滑板支座类似，只是滑动后刚度不为零，如图 9-28 所示，因此具有自复位能力。对于减隔震支座，滑动后刚度值对支座位移影响很大，需要进行优化。

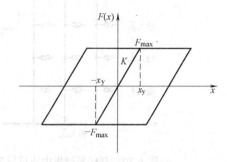

图 9-27　滑板支座的恢复模型

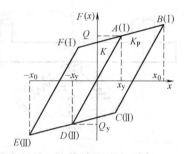

图 9-28　减隔震支座的恢复力模型

④ 基础的模拟

地震时，桥梁上部结构的惯性力通过基础传给地基，会使地基产生变形。在较硬土层中，这种变形远比地震动产生的变形小。因此，当桥梁建在坚硬的地基上时，往往可以忽略这一变形，即假定地基是刚性的。然而，当桥梁建于软弱土层时，地基的变形则不会很小，不仅会使上部结构产生移动和摆动，而且会改变结构的地震输入，此时，按刚性地基假定的计算结果就会有较大的误差，这是由地基与结构的动力相互作用引起的。

在较坚硬的场地土中，桥梁基础往往采用刚性扩大基础，此时，桥梁墩底一般可采用固定边界条件，即进行固接处理。而在软弱土层中，桥梁基础的最常用形式是桩基础。桩-土-结构动力相互作用使结构的动力特性、阻尼和地震反应发生改变，而忽略这种改变并不总是偏安全的。

对于中小跨度桩基桥梁，分析表明，对于桥梁结构本身的反应，只要对边界作适当的模拟就能得到较满意的结果。考虑桩基边界条件最常用的处理方法是用承台底 6 个自由度的弹簧刚度模拟桩土相互作用（图 9-29）。这 6 个弹簧刚度是竖向刚度、顺桥向和横桥向的抗推刚度、绕竖轴的抗转动刚度和绕两个水平轴的抗转动刚度。它们的计算方法与静力计算相同，所不同的仅是抗力取值比静力的大，一般取 $m_{动}=(2\sim3)m_{静}$。

在大跨度桥梁的地震反应分析中，一般应考虑桩-土-结构相互作用。考虑这一相互作用的理想模型是将桥梁结构和一定范围内的场地土共同建模，属于基岩地震动，进行一体化分析，但这种方法过于复杂，难以应用于实际工程。目前的常用方法是集中质量法，即将地基和基础离散为质量-弹簧-阻尼系统，并与上部结构系统联合作为一个整体，沿深度方向输入相应土层的地震动进行地震反应分析。如图 9-30 所示，将各单桩按同样的方式集中为若干个点，然后将两个水平方向的弹簧和阻尼器直接加在群桩中的每一单桩的相应节点上，在每一土弹簧处输入对应土层的自由场地地震动加速时程。这一方法力学意义简单明了，可直接算出单桩内力，但对于大规模的群桩基础，所需附加的弹簧和阻尼器数量庞大，模型相当复杂，不利于工程的实际运用。对于每一弹簧，一种方法是采用线性刚度假定，如采用我国规范"m法"计算刚度，另一种方法是考虑土的非线性，如采用P-y曲线法。

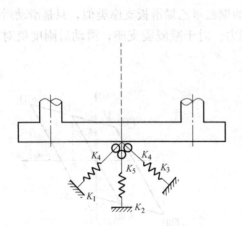

图 9-29 群桩基础 6 弹簧模型

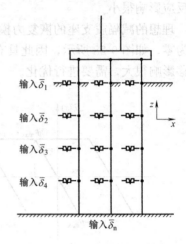

图 9-30 群桩基础集中质量模型

"m法"是我国公路桥梁常用的一种桩基静力设计方法，m值定义如下式所示：

$$\delta_{zx} = mzx_z \tag{9-26}$$

式中 δ_{zx}——土体对桩的横向抗力；

z——土层的深度；

x_z——在z处的横向位移（该处土的横向变位值）。

由此可求出等代土弹簧的刚度 k_s：

$$k_s = \frac{p_s}{x_z} = \frac{1}{x_z} A\delta_{zx} = \frac{1}{x_z}(ab_p)(mzx_z) = ab_p mz \tag{9-27}$$

式中 a——土层的厚度；

b_p——桩的计算宽度，按照规范的有关规定取值。

对于高桩承台基础，还可以采用一些简化模型近似模拟桩土系统对桥梁结构地震反应的影响，如弹性嵌固模型和等效嵌固模型（图 9-31 和图 9-32）。

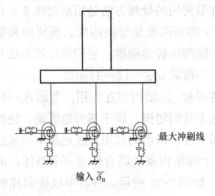

图 9-31 弹性嵌固模型

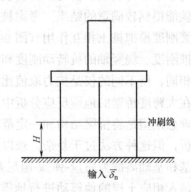

图 9-32 等效嵌固模型

300

弹性嵌固模型在冲刷线处将桩身截断，将地震作用下冲刷线以下的桩土相互作用，用弹簧单元或阻抗矩阵来模拟，并输入冲刷线处自由场地地震动加速度时程。如果不考虑土体非线性影响，该阻抗矩阵一般形如下式所示：

$$
K=\begin{bmatrix} K_{x,x} & & & & & K_{x,ry} \\ & K_{y,y} & & & K_{y,rx} & \\ & & K_{z,z} & & & \\ & & & K_{rx,rx} & & \\ \text{对称} & & & & K_{ry,ry} & \\ & & & & & K_{rz,rz} \end{bmatrix}
\tag{9-28}
$$

式中　$K_{x,x}$、$K_{y,y}$、$K_{z,z}$、$K_{rx,rx}$、$K_{ry,ry}$、$K_{rz,rz}$——冲刷线一下桩土系统在纵桥向、横桥向、竖向的平动和转动刚度；

$K_{x,ry}$——纵桥向平动和很敲响转动的耦合刚度；

$K_{y,rx}$——横桥向平动和纵桥向的耦合刚度。

这些参数都可以由桩基的地质资料采用刚度静力等效，由桩基础设计规范"m 法"求得。

该模型的最大特点是忽略了冲刷线以下土中桩身惯性力的影响，仅考虑弹性刚度与阻尼，并且地震输入忽略了分土层输入的影响。

等效嵌固模型将桩身在冲刷线以下一定深度处嵌固，并输入冲刷线处自由场地地震动加速度时程，而等效嵌固深度 H 根据单桩水平刚度等效的原则来确定。在不考虑桩与桩之间所产生的群桩效应时，嵌固深度 H 的数学表达式为：

$$
H=\sqrt[3]{\frac{12EI}{\rho_2}}-l_0
\tag{9-29}
$$

式中　EI——单桩的抗弯惯矩；

ρ_2——单桩的水平抗推刚度；

l_0——桩在冲刷线或地面线以上的长度。

许多桩基础的计算分析表明，根据单桩水平刚度等效原则确定的嵌固深度 H 仍然处于 3～5 倍直径范围内。该模型的最大特点是建模简单，对群桩平动刚度有较好的模拟效果，但对转动刚度模拟较差，适用于承台平面尺寸较大、桩数较多的大型桥梁群桩基础。

4）桥梁建模实例

某城市快速路四跨高架连续桥梁，标准联跨径组合为 $4\times29m$，见图 9-33。桥宽 24.5m，双向六车道，主梁为单箱四室截面；下部结构为带系梁双柱墩，墩高为 10m，墩柱采用实心钢筋混凝土截面，尺寸为 1.3m×1.8m，墩柱轴线横向间距为 5.7m；矩形承台 11.6m×7.2m，高 2.5m，重 522t；群桩基础，桩长 40m，桩数 12 根，桩径 1.0m；断面布置如图 9-34 所示。

对该高架桥进行地震反应分析时，主梁简化为沿轴线方向上的单梁模型，每一跨主梁划分为三个梁单元，单元的截面刚度由整个箱梁截面计算得到，而每一单元的质量包括箱梁自身的质量、桥面铺装和防撞栏杆的质量，堆聚在单元两节点上，单元的节点位置通常

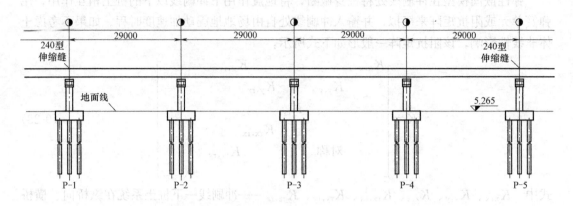

图 9-33 四跨高架连续梁（尺寸单位：mm）

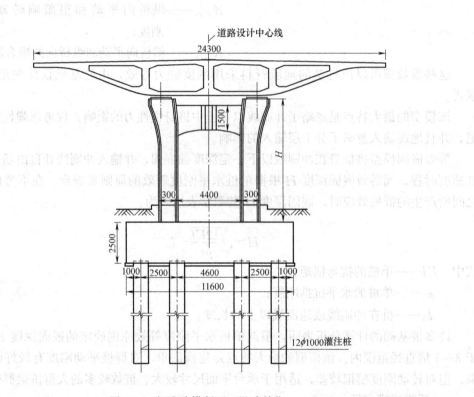

图 9-34 标准跨横断面（尺寸单位：mm）

选在几面的质心处。为模拟主梁与支座的连接，在各墩位处的支座顶，也就是梁底处建立节点，并与相同截面位置处的主梁单元节点间建立刚臂连接或刚性主从约束，由此形成典型的脊梁单元模型（图 9-35）。

该桥支座为球形钢支座，支座布置如表 9-10 所示。支座采用连接单元模拟，各个方向的力学特性根据各类支座的约束条件确定，如表 9-11 所示。其中，支座在三个转动方向的刚度取 0，而支座在三个平动方向的刚度，对于约束自由度，取大刚度或主从处理，对于可滑动自由度，动力特性和反应谱分析时取 0，时程反应分析时则采用图 9-27 的非线性恢复力模型。

支座布置状况

表 9-10

墩号	P-1	P-2	P-3	P-4	P-5
左支座	QZ6000DX	QZ15000SX	QZ12500GD	QZ15000DX	QZ6000DX
右支座	QZ6000DX	QZ15000SX	QZ12500DY	QZ15000SX	QZ6000SX

注：GD—固定支座；DX—纵向滑动支座；DY—横向滑动支座；SX—双向滑动支座。

支座约束参数 (75) 表 9-11

支座类型	x	y	z	R_x	R_y	R_z
GD 系列	1	1	1	0	0	0
DX 系列	0/B	1	1	0	0	0
DY 系列	1	0/B	1	0	0	0
SX 系列	0/B	0/B	1	0	0	0

注：1. x、y、z 分别为纵向、横向和竖向，R_x、R_y、R_z 分别为绕 x 轴、绕 y 轴和绕 z 轴方向；

2. "0" 表示自由，"1" 表示固结，"/B" 表示时程分析时用非线性滑动支座模型。

桥墩的立柱与系梁模型模拟为梁柱单元，每一立柱划分为四个单元，系梁划分为两个单元，系梁端部与墩身节点连接采用刚性主从约束（图 9-36）。此外，弹塑性地震反应分析时，还应在潜在塑性铰部位建立合适的塑性铰机制。

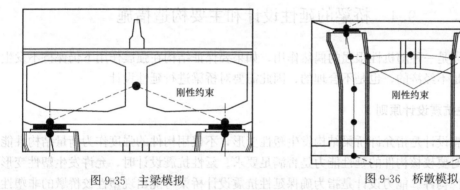

图 9-35 主梁模拟

图 9-36 桥墩模拟

承台视为刚体，模拟为质点，并与墩底以及桩顶各节点直接形成刚性主从约束。

为简化起见，对于桩基仅考虑其刚度因素影响，而忽略其惯性力的影响（考虑土层中的桩基运动加速度相对较小）。在此选用弹性嵌固模型，即在桩顶每根单桩处施加 6×6 的桩土相互作用弹簧刚度矩阵，用以模拟单桩子结构在桩顶处的刚度（图 9-37）。其中单桩弹簧的刚度计算采用 "m 法"，并考虑了群桩效应的影响。

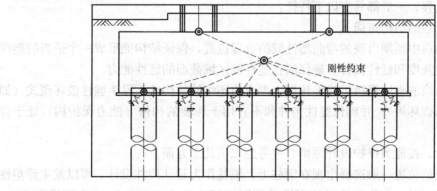

图 9-37 基础模拟

最后，该标准联桥的动力有限元分析模型如图 9-38 所示。需要指出的是，为考虑后续结构的影响，在计算模型的两端还应各加建一联桥梁模型。

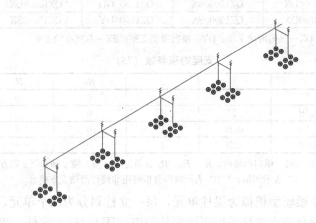

图 9-38　标准联桥有限元分析模型

9.4　桥梁的延性设计和主要构造措施

由于地震是一种随机性很强的偶然作用，如果要保证结构在强震作用下仍保持不发生损伤，显然是不经济的，也是不合理的，因此需要对桥梁进行延性设计。

9.4.1　延性抗震设计原则

延性抗震设计是指允许桥梁结构发生塑性变形，不仅用构件的强度作为衡量结构性能的指标，同时要校核构件的延性能力是否满足要求。延性抗震设计时，允许发生塑性变形的构件叫延性构件。能力设计是指为确保延性抗震设计桥梁可能出现塑性铰桥墩的非塑性铰区、基础和上部结构构件不发生塑性变形和剪切破坏，必须对上述部位、构件进行加强设计，以保证非塑性铰区的弹性能力高于塑性铰区。采用能力保护设计原则设计的构件叫能力保护构件。

能力保护设计原则的基本思想在于：通过设计，使结构体系中的延性构件和能力保护构件形成强度等级差异，确保结构构件不发生脆性的破坏模式。基于能力保护设计原则的结构抗震设计过程，一般都具有以下特征：

（1）选择合理的结构布局。

（2）选择地震中预期出现的弯曲塑性铰的合理位置，保证结构能形成一个适当的塑性耗能机制；通过强度和延性设计，确保潜在塑性铰区域截面的延性能力。

（3）确立适当的强度等级，确保预期出现弯曲塑性铰的构件不发生脆性破坏模式（如剪切破坏、黏结破坏等），并确保脆性构件和不宜用于耗能的构件（能力保护构）处于弹性反应范围。

具体到梁桥，按能力保护设计原则，应考虑以下几个方面：

（1）塑性铰的位置一般选择出现在墩柱上，墩柱作为延性构件设计，可以发生弹塑性变形，耗散地震能量。《公路桥梁抗震设计细则》JTG/T B02-01—2008 规定沿顺桥向，连续梁桥和简支梁桥墩柱的底部区域、连续刚构桥墩柱的端部区域为塑性铰区域；沿横桥向，单柱墩的底部区域、双柱墩或多柱墩的端部区域为塑性铰区域。典型墩柱塑性铰区域如图 9-39 所示。

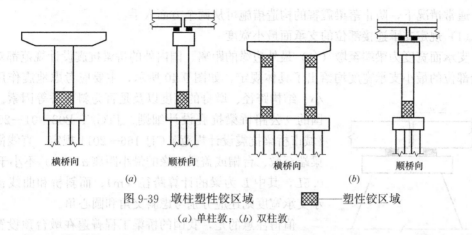

图 9-39　墩柱塑性铰区域　　▨——塑性铰区域
(a) 单柱墩；(b) 双柱墩

（2）墩柱的设计剪力值按能力设计方法计算，应为与柱的极限弯矩（考虑超强系数）所对应的剪力。在计算设计剪力值时应考虑所有潜在的塑性铰位置，以确定最大的设计剪力。

（3）盖梁、节点及基础按能力保护构件设计，其设计弯矩、设计剪力和设计轴力应为与柱的极限弯矩（考虑超强系数）所对应的弯矩、剪力和轴力；在计算盖梁、节点和基础的设计弯矩、设计剪力和轴力值时，应考虑所有潜在的塑性铰位置，以确定最大的设计弯矩、剪力和轴力。

9.4.2　桥梁结构的合理设计对策和构造措施

各种桥梁震害根据其产生机理可划分为四类，即支承部件失效、碰撞引起的破坏、桥墩和桥台的破坏以及基础的破坏，为了保护桥梁结构在抗震作用下的安全性，必须确定合理设计对策和构造措施。具体如下：

1. 支承连接部件设计与构造措施

在地震中，如果支承连接部件失效，桥梁结构则会丧失整体性，原有传力途径失效，计算简图不再明确。更为严重的是，上部结构可能与下部结构脱开，导致梁体坠毁。而落梁的强烈冲击力又可能使下部结构遭受严重的破坏，进而可能导致整个结构的垮塌。这种落梁震害往往难以处理和再利用，结构修复的成本非常大，周期也非常长。因此，这种因支承连接部件失效而导致的落梁震害在设计中应竭力予以避免。

支承连接部件失效一般始于支座破坏。支座一般分为固定支座和活动支座。固定支座破坏主要表现为支座与梁的连接构件、支座部件，以及墩台上的锚固构件破坏，主要由强度不足引起的。而活动支座的破坏主要是支座位移超出了允许范围（脱落），由支座的位移能力不足所引起。如墩、台顶，以及挂梁支承牛腿处设置支承面过窄，且无可靠约束装置，则可能产生落梁。一般而言，在高墩、相邻墩、台刚度突变处，斜弯桥，两种结构体系过渡孔处，这类落梁震害往往较为常见。

要控制落梁震害，首先需在结构体系上进行统筹考虑，通过合理选择和设置结构的延性部位，避免支撑连接部件成为地震作用的首要薄弱环节。但由于地震作用的随机性以及结构自身的不确定性等，在结构设计中，还应当通过适当的构造措施来减少落梁震害风险。

通常情况下，防止落梁震害的构造措施可从两个方面入手：

（1）规定支承连接部位的支承面最小宽度

支承面宽度为梁端至墩（台）最外边缘的距离。国内外的桥梁抗震设计规范都对支承连接部位的最小支承宽度均给出了具体规定，如图9-40所示，主要应考虑地震作用的大小、结构跨径、墩身的高度以及是否为斜弯桥等因素。如我国的《公路桥梁抗震设计细则》JTG/T B02—01—2008和《城市桥梁抗震设计规范》CJJ 166—2011规定：直线简支梁梁端至墩、台帽或盖梁边缘的最小距离a（cm）不小于$70+0.5L$，其中L为梁的计算跨径（m）；而斜桥和曲线桥的最小支承宽度则还应分别考虑斜交角和圆心角。

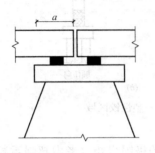

图9-40 梁端至墩、台帽或盖梁边缘的最小距离

值得注意的是，我国的桥梁工程普遍在墩台顶设置支座垫石，因此当发生支座脱离后，主梁的坠落高度不仅包括支座的高度，还包含垫石的高度。较大的坠落高度会导致较大的冲击力，造成主梁折断或增大落梁的风险，即使不发生落梁，也会导致较大的路面高差，影响道路的通行能力。这种震害在2008年的汶川地震中表现较为明显。因此，《城市桥梁抗震设计规范》CJJ 166—2011规定：过渡墩及桥台处的支座垫石不宜高于10cm，且顺桥向宜与墩、台最外边缘平齐。

（2）在相邻梁之间以及梁、墩之间安装约束装置

目前在桥梁上广泛使用的梁、墩（台）约束装置为在墩帽、盖梁或者桥台上设置混凝土挡块，并通常设置在横桥向。从大量桥梁的震害调查来看，这种挡块尽管在地震中破坏较多，也较严重，但从总体上看却可以有效地限制上部结构的移位，降低落梁风险。在上海的内环线内改扩建工程中，这种混凝土挡块还被发展为同时应用于墩（台）与梁之间纵向和横向约束。

除了混凝土挡块以外，还可采用其他的约束装置，如图9-41所示，采用连接钢板、预应力钢筋（钢绞线）或缆索将主梁与桥墩（台）相连，或将主梁与主梁相连。这些约束装置的设计要点是：在正常使用条件下，要有足够的变形冗余度，以满足温度、制动力等作用的变形需要，而在地震作用下，结构的相对变形较大时，又要有足够的约束能力防止落梁震害的发生。

2. 碰撞破坏的设计与构造措施

在地震中，碰撞产生的撞击力非常大，往往会使结构构件受到破坏，尤其当上部结构与桥台发生碰撞时，往往会导致背墙结构损伤，严重时则会导致桥台向后倾斜，产生较大位移，进而可能导致落梁震害。这种震害往往会使桥梁的通行能力受到影响，当发生落梁时则会导致交通中断。而且，这种震害的修复也往往较为困难、成本较高、周期较长，因此应尽量避免。

对于相邻桥梁间的碰撞，通过设置较大的间距可以避免。而相邻跨上部结构之间以及上部结构与桥台之间的碰撞却很难避免，因为在地震这种随机荷载作用下，碰撞过程很难

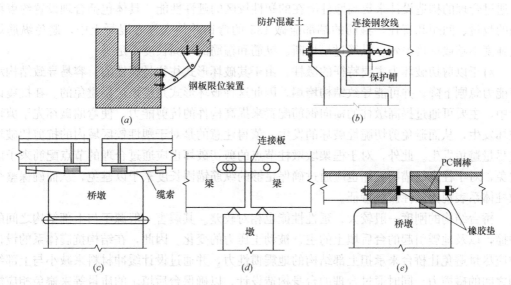

图 9-41　常用限位装置

(a) 钢板连接式；(b) 预应力钢绞线连接式；(c) 缆索连接式；(d) 连接板连梁装置；(e) 预应力钢棒连梁装置

准确模拟。因此，比较实用的做法是在梁与梁之间、梁与桥台之间加装缓冲材料，如橡胶垫等弹性衬垫，以减小撞击力，如图 9-42 所示。

3. 桥墩和桥台的设计与构造措施

桥墩是支撑上部结构的主要构件，同时也是承担结构地震惯性力的主要构件。若桥墩发生垮塌，则上部结构也难幸免，道路交通将完全中断，震后往往需要拆除重建才能恢复道路通行能力。但若桥墩发生了一定的损伤但并未倒塌，则桥梁震后一般可具有一定的限载通行能力，能满足救灾紧急车辆通行的需要。并且这种桥墩的损伤，往往也易于检查、修复或更换，因此从结构体系上看，当结构在强震下不可避免要发生损伤时，若能控制损伤部位发生在桥墩上，并且控制损伤的程度不会导致结构倒塌，则不失为一种经济合理的选择。

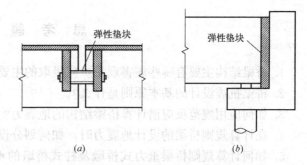

图 9-42　梁与梁以及梁与桥台之间的缓冲设施

(a) 梁间碰撞缓冲；(b) 梁、台间碰撞缓冲

桥梁工程中普遍采用的钢筋混凝土桥墩的破坏形式主要有两种：一种是弯曲破坏为主；另一种是剪切破坏为主。

对于以弯曲破坏为主要特征的桥柱，往往在完全破坏以前具有一定的延性变形能力，既有助于延长结构的基本周期，使其与地震能量作用的频率相远离，同时墩柱的塑性区域还将具有一定的耗能能力，可进一步减少结构的地震反应。因此，对于这种以弯曲为主要特征的墩柱破坏形式在强震下应是容许的，其设计的关键是控制损伤发生的程度，避免发生结构倒塌。在抗震设计中，首先要根据结构的受力特点合理选择墩柱的潜在塑性铰区，并通过合理的构造设计来提高墩柱潜在的塑性铰区的延性性能，具体包括合理设置约束箍筋的数量、间距和直径，箍筋的端部应做135°的弯钩并伸入核心混凝土中，避免纵筋焊接强度不够或搭接失效、纵筋过早切断、纵筋和箍筋的锚固长度不足等。

对于以剪切破坏为主要特征的墩柱，由于其破坏形式往往是脆性的，容易导致结构承载能力急剧下降，并可能导致结构垮塌，因此这种破坏形式是应该严格避免的。在抗震设计中，主要可通过提高墩柱的横向钢筋配置来提高构件的抗剪能力，使弯曲破坏先于剪切破坏发生，从而避免剪切脆性破坏的发生，值得注意的是对于塑性铰区域内的抗剪切破坏应尽量避免发生。此外，对于框架墩墩柱节点的剪切破坏也应通过合理的节点配筋来予以避免，对于柱脚的锚固破坏也应通过确保足够的纵筋锚固长度来予以避免，从而确保整个墩柱体系表现为延性破坏特征。

桥台结构的刚度一般较大，延性性能也相对较差。其震害一般源于与上部结构之间的碰撞，以及地震引起的台后填土的主、被动土压力的变化。因此，在结构抗震体系的设计中应尽量避免让桥台来承担上部结构的地震惯性力，并通过设计缓冲材料来减小与上部结构之间的碰撞力，同时通过合理的台身构造设计，以确保台后填土的质量等来避免相应震害的发生。

4. 基础设计与构造措施

桥梁中大量采用的桩基础，其震害往往有极大的隐蔽性，震后不易发现，而且修复比较困难，应尽量避免。震害调查发现，软土地基中常用的桩基础，有不少震害是由于桩基自身设计强度的不足或构造处理不当引起的。因此，应通过采用能力保护设计方法，给桩基提供足够的强度，最大限度地防止桩基出现破坏。另外，需要重视构造设计，如加强桩顶与承台连接构造措施，延长桩基深入稳定土层的长度等。

思 考 题

1. 桥梁结构主要有哪些震害现象？应吸取的主要桥梁震害经验教训是什么？
2. 桥梁抗震设计的基本原则是什么？
3. 如何应用规范反应谱计算桥梁结构的地震力？
4. 在计算规则桥梁的设计地震力时，如何划分设计振动单元？
5. 如何计算规则桥梁重力式桥墩及柱式桥墩的水平地震荷载？说明计算简图、理论背景及应用条件。
6. 对全联均采用同类型板式橡胶支座的连续梁桥和准连续梁桥，如何计算梁桥抗侧力桥墩的水平地震荷载？说明计算简图、理论背景及应用条件。
7. 对采用板式橡胶支座的多跨简支梁桥，其结构计算简图是什么？
8. 什么是桥梁抗震设计中的能力设计原理？它与常规静力设计方法有何区别？
9. 桥梁抗震设计应遵循哪几条基本原则？
10. 桥梁抗震设防标准是什么？
11. 从抗震概念设计出发，理想的桥梁结构体系应是怎样？
12. 防落梁的构造措施主要有哪些？

第10章 地下结构抗震设计

长期以来，人们一直认为地下结构具有良好的抗震性能，然而1995年日本阪神地震中，以地铁车站、地下隧道为代表的大型地下结构首次遭受严重破坏，充分暴露出地下结构抗震能力的弱点，随着地下空间开发和地下结构建设规模的不断加大，地下空间结构的抗震设计及其安全性评价的重要性、迫切性越来越明显。

10.1 地下结构的震害现象及其分析

随着地下结构数量的增多和地下结构震害的频繁出现，以及通过对地下结构的震害的调查分析可知，地下结构震害主要是地铁和隧道的破坏。

10.1.1 地铁震害及震害分析

阪神地震对地铁结构造成的破坏是世界地震史上大型地下空间结构在地震中遭受严重破坏的首例。地铁破坏形式可分为区间隧道、地铁车站及其连接部分的破坏。从现有资料看，地铁震害以地铁车站的破坏最为严重，地铁区间隧道在地震中则破坏相对较轻。

地铁车站的破坏形式（如图10-1、图10-2所示）主要有中柱和顶板的开裂、坍塌以及侧墙开裂，归纳起来，神户地铁结构的破坏有以下主要特点：

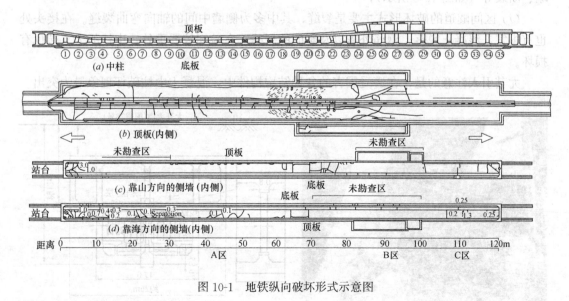

图 10-1 地铁纵向破坏形式示意图

(1) 不对称结构发生的破坏比对称结构严重；
(2) 上层破坏比下层破坏严重；

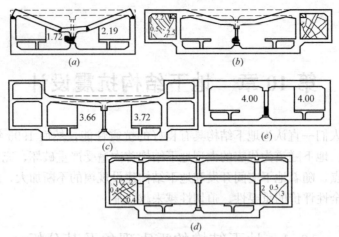

图 10-2　地铁横向破坏形式断面示意图

(a) 柱 10；(b) 柱 19 及其横向墙；(c) 柱 24；(d) 柱 28 及其横向墙（图中数字表裂纹宽度 mm）；(e) 柱 31

（3）车站的破坏主要发生在中柱上，出现了大量裂缝；柱表层混凝土发生不同程度的脱落，钢筋暴露，部分发生严重屈曲；大开站有一大半中柱因断裂而倒塌，有横墙处，中柱破坏较轻；

（4）地下结构上部土层厚度越厚，破坏越轻；

（5）地铁站房上层中柱的中间部位几乎压碎，而线路段中柱仅在中间位置出现竖向裂缝；

（6）纵墙和横墙均出现大量的斜向裂纹。顶板、侧墙也受到不同程度的损害，且其破坏程度与中柱密切相关；当中柱破坏较为严重时，顶板和侧墙就会出现很多裂缝，以至坍塌、断裂等（如图 10-3 所示）；

（7）区间隧道的破坏形式主要是裂缝，其中多为侧墙中间的轴向弯曲裂缝。在接头处也有损害；混凝土脱落，钢筋外露以及竖向的裂缝。在破坏较严重处，中柱的上下端也有损坏。

尤其引人注意的是，在遭受震害的各种结构构件中，混凝土中柱破坏现象最为突出。

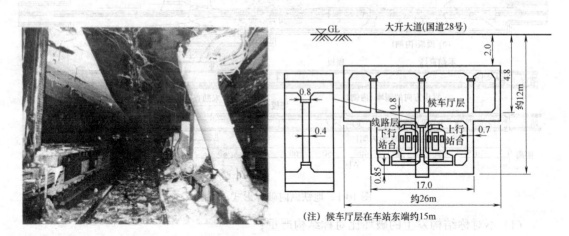

图 10-3　地铁大开站破坏及结构示意图

从所测到的地震记录可以看出，阪神地震的一个显著特点是地面地震动的竖向分量较高，并且竖向分量与水平分量的比值变化很大，从 0.4～1.4。由于竖向地震作用比较大，车站中部呈 A 字形向上顶起，随之的反作用力将车站顶板向下压，形成 V 形沉陷，结果中柱承受不了由此而产生的荷载，同时又由于地震时地层产生水平振动，地铁车站随之振动，而车站顶、底板处的地层水平位移不一致，在车站的顶、底板处产生相对位移，使中柱在剪切力和弯矩的作用下发生剪切破坏，两方面的综合作用使得柱子丧失承载力，导致顶板塌陷。

通过震害现象分析得到以下的初步结论：

（1）地震时相邻地层间的相对位移是影响地下结构破坏的主要因素。相对位移较大处，地下结构破坏严重，反之，结构破坏较轻。

（2）中柱的破坏是整个地铁结构破坏的根本原因，在水平地震动作用下，地下结构产生平时使用状态下所没有的较大的水平剪力和弯矩，使中柱的剪力超过其抗剪强度产生剪切破坏。

（3）地震中竖向震动在地下结构中所起的作用不能忽视，竖向震动使中柱轴力大幅增加，水平振动和竖向振动的共同作用加剧中柱的破坏。

（4）由于地层条件及截面尺寸的变化，在相邻地层、相邻构件间产生的竖向相对位移对结构内力的影响也不能忽视。

10.1.2 隧道震害及震害分析

地下隧道一般被认为是一种抗震性能较好的结构，然而在强烈地震作用下，坐落在地震断裂带或特殊的地质上（如隧道周围土体有软弱层）的隧道仍会破坏。现有资料中隧道结构发生较轻的震害较多：例如 1983 年 5 月 19 日震中距上海市 150 km 以外的海面上发生里氏 6 级地震时，上海市打浦路管片隧道里出现了 5 条裂缝，泥水挤漏入隧道与竖井的结合部。1995 年阪神地震中，神户市部分隧道也出现裂纹和剥落等程度较轻的破坏。地下隧道的破坏形式主要有裂纹、剥落、底部隆起或倾斜等，具体如下：

1. 衬砌的剪切移位

当隧道建在断层破碎带上时，常常会发生这种形式的破坏。在台湾"9·21"地震中，位于断层带上的一座输水隧道就发生了这种破坏。由于断层的移位，该输水隧道在进水口下游 180m 处发生了剪切滑移（如图 10-4 所示），隧道在竖直方向分开 4m，在水平方向分开 3m，整个隧道发生严重破坏。

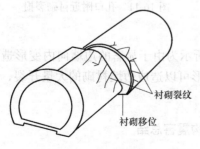
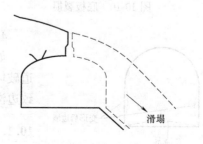

图 10-4 衬砌剪切移位　　　　　　　图 10-5 边坡破坏造成的隧道坍塌

2. 边坡破坏造成的隧道坍塌

地震中由于边坡破坏造成的隧道坍塌（如图 10-5 所示）。

3. 衬砌开裂

在地震中，衬砌开裂是最常发生的现象。这种形式的破坏又可分为纵向裂损（如图 10-6 所示）、横向裂损（如图 10-7 所示）、斜向裂损（如图 10-8 所示）、斜向裂损进一步发展所致的环向裂损（如图 10-9 所示）、底板裂损（如图 10-10 所示）以及沿着孔口如电缆槽、避车洞或避人洞发生的裂损（如图 10-11 所示）。

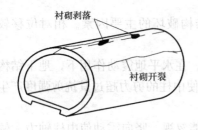

图 10-6 衬砌纵向裂损

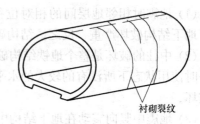

图 10-7 衬砌横向裂损

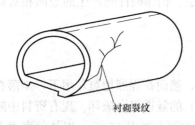

图 10-8 衬砌斜向裂损

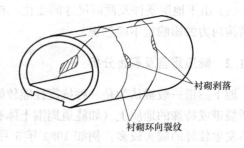

图 10-9 衬砌环向裂损

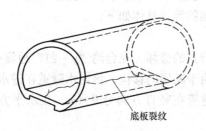

图 10-10 底板裂损

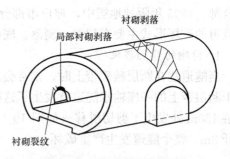

图 10-11 孔口附近衬砌裂损

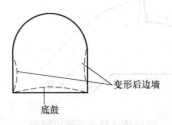

图 10-12 边墙变形

4. 边墙变形

如图 10-12 所示为由于显著的边墙向内变形造成的隧道破坏，这种变形可以造成边墙衬砌的大量开裂，甚至导致边沟的倒塌。

10.1.3 地下结构震害总结

地震中地下空间结构的破坏特点：深埋比浅埋轻，地

312

质条件好的比地质条件差的轻，地下结构延伸长度短者比长者轻，有衬砌者比无衬砌者轻。地震波动产生的地下结构的震害一般发生在烈度 7 度以上的地震区，地面平均加速度超过 0.12g 以上，特别是 9 度以上的地震区，地下结构会发生明显的破坏。

地下结构的震害主要发生的部位：

（1）地下空间结构与地面结构的交界处，如隧道洞口的进出口部位；

（2）结构断面形状和刚度发生突变的部位，如两洞相交或平洞与竖井的相交部位、隧洞的转弯部位；

（3）结构周围岩土特性发生突变的部位，岩体比较软弱或节理、裂纹、地形变化比较大的部位，结构与断层、软弱带相交的部位等。

地震引起的地下结构破坏的主要原因如下：

（1）地基失效、围岩失稳引起的破坏

由于地基沉陷、液化及围岩失稳等原因而导致结构开裂、倾斜、下沉或者使结构破坏，结构不能正常使用。

（2）地震惯性力引起的破坏

主要指由地震引起的强烈的地层运动，在结构产生的惯性力，附加于静荷载之上，最终导致总应力超过材料强度而达到破坏状态。

其中，第一种类型的破坏多数发生在岩性变化较大、断层破碎带、浅埋地段或隧道结构刚度远大于地层刚度的围岩中；第二种类型的破坏多数发生在洞口附近，这时地震惯性力的作用表现的比较明显。有时在地下结构的洞口附近和浅埋地段可能还会受到上述双重类型的破坏作用。

10.2 地下结构的抗震设计

10.2.1 地下结构地震反应分析方法和抗震设计

由于结构的地震作用下分析方法是由结构在地震作用下的动力反应特性决定的，下面我们就简要介绍与地面结构相比较，地下结构的地震反应特点。

1. 地下结构的地震反应特点

如果以入射地震波作用为输入，结构的地震反应作为输出的话，则地面结构犹如一个强滤波系统，它将输入的地震波中与地面结构（地面结构就好比是突出的悬臂梁）频率相合拍的成分加以显著放大，因而随着结构刚度和质量分布的变化，输出的结构反应的频率成分和振动的持续时间都将发生很大的变化，即使在入射地震波结束以后，结构的衰减自由振动仍将持续一段时间。

而地下结构则不同，它受到周围岩土介质的强约束作用，其地震反应的波形和入射地震波形相比，基本上不发生什么变化，而且，只要地下结构的尺寸与地震波长相比还比较小的话（一般情况均如此）；它的存在对地震波场地的扰动很小，其地震反应的波形将与自由场地所测到的地震波形十分接近，地下结构和地面结构地震反应的差别如图 10-13 所示。

由以上分析和地震震害分析可知，与地面结构相比，地下结构的地震反应特点有：

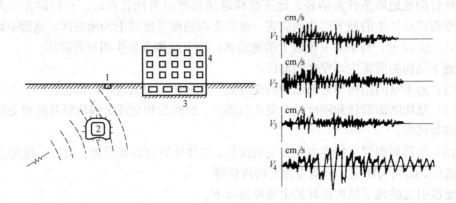

图 10-13 地下结构和地面结构的地震反应

（1）地下结构的振动变形受周围地基土的约束作用显著，结构的动力反应一般不明显表现出自振特性；地面结构则较为明显地表现出自振特性。

（2）地下结构的存在对周围地基地震动的影响一般很小（指地下结构的尺寸相对于地震波长的比例较小的情况）；地面结构的存在则对该处自由场的地层震动发生较大的扰动。

（3）地下结构的振动形态受地震波入射方向的影响较大，入射方向发生不大的变化，地下结构各点的变形和应力可以发生很大的变化；地面结构的振动形态受地震波入射方向的影响相对较小。

（4）地下结构在振动中的主要应变一般与地震加速度大小的联系不是很明显；但与周围岩土介质在地震作用下的应变或变形的关系密切。对地面结构来说，地震加速度则是影响结构动力反应大小的一个主要原因。

总的看来，对地面结构和地下结构来说，虽然结构的自振特性与地基振动场对结构动力反应产生重要影响，但对地面结构来说，结构的形状、质量、刚度的变化，即其自振特性的变化，对结构地震反应的影响很大，可以引起质的变化；而对地下结构来说，对地震反应起主要作用的因素是地基的运动特性，一般来说，结构形状的改变，对反应的影响相对较小，仅产生量的变化。因此，在当前所进行的研究工作中，对地面结构来说，结构自振特性的研究占很大的比重，而对地下结构来说，地基地震动的研究则占比较大的比重。

2. 地下结构地震反应分析方法和抗震设计

由震害分析可知地震对地下结构主要会产生两方面的作用：剪切错位和振动。其中，剪切错位通常是由基岩的剪切位移所引起的，一般都发生在地质构造带附近。这种作用主要取决于地下结构围岩的特性，用结构来约束围岩土层的变形是不可能的，有效的办法就是在选址时尽量避开这种不利土层地段，否则应采取相应的加固措施，尽量减轻震害。因此，在进行地下结构的地震作用分析时，应在假设围岩不会丧失其整体性的前提下，考虑地下结构的振动效应。

由于地基、地下结构以及土-结构相互作用的复杂性，地震作用下地下结构的动力响应规律和震害机制尚未形成统一、明晰的看法，由此导致抗震分析方法名目繁多。目前，设计中使用的较多的有①适用于平面应变问题的地震反应分析方法——等效侧力法、等效水平地震加速度法、反应位移法；②适用于空间结构模型的地震反应分析方法——土层-结构时程分析法。下面就这几种方法作简单介绍。

314

（1）等效侧力法

等效侧力法又称惯性力法、拟静力法。它将地下结构的地震反应简化为作用在节点上的等效水平地震惯性力的作用效应，从而可采用结构力学的方法计算结构的动内力。但由于其计算结果与实际地震中观测到的动土压力结果有较大的差别，且等效侧力系数取值需要事先确定，普遍适用性较差。其中《铁路工程抗震设计规范》GB 50111—2006 给出的隧道衬砌和明洞上任一质点的水平地震力公式如下：

$$F_{ihk} = \eta A_g m_i \tag{10-1}$$

式中　F_{ihk}——计算质点的水平地震力（kN）；

　　　η——水平地震修正系数，岩石地基取值 0.20，非岩石地基取值 0.25；

　　　A_g——地震动峰值加速度（m/s²）；

　　　m_i——计算质点的构筑物质量或计算柱质量（t）。

（2）等效水平地震加速度法。

将地下结构的地震反应简化为沿垂直向线性分布的等效水平地震加速度的作用效应，计算采用的数值方法常为有限元法。建立计算模型时，土体可采用平面应变单元、结构可采用梁单元进行建模。计算模型的底面采用固定边界，侧面采用水平滑移边界，如图 10-14 所示。模型底面可取设计基岩面，顶面取地表面，侧面边界到结构的距离宜取结构水平有效宽度的 3~5 倍。

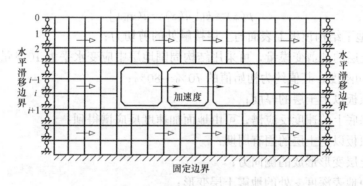

图 10-14　等效水平地震加速度法的平面应变计算模型

（3）反应位移法

反应位移法的主要思想是认为地下结构在地震时的响应主要取决于周围地层的运动，将地层在地震时产生的位移差（相对位移）通过地基弹簧以静荷载的形式作用在结构物上，从而求得结构物的应力等。由于该方法考虑了地下结构响应的特点，能够较为真实地反映地下结构的受力特点，是一种有效的设计方法。

采用位移法计算时，将土层动力反应位移的最大值作为强制位移施加于地基弹簧的非结构连接端的节点上，然后按静力原理计算内力。土层动力反应位移的最大值可通过输入地震波的动力有限元计算确定。

由于反应位移法中地基弹簧的弹性模量对抗震计算的最终结果有非常大的影响。因此，如何合理估计其弹性模量是这种方法的关键因素。

此外，实际应用该方法时，如何选择作用在地下结构上的等效侧向荷载，也是一个必须考虑的问题。近年来的研究表明，将反应位移法用于地下结构横断面的抗震计算时，可主要考虑：①地层变形（即强制位移的计算），及地震时结构两侧土层变形形成的侧向力 $p(z)$；②结构自重产生的惯性力；③结构与周围土层之间的剪切力 τ。

以图 10-15 所示长条形地下结构为例，其横截面上的惯性力，可取结构的质量乘以最大加速度，并施加在结构的重心上。τ 和 $p(z)$ 可按下列公式计算：

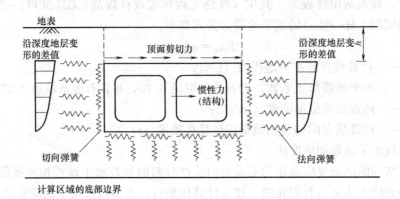

图 10-15　反应位移法的等效荷载

$$\tau = \frac{G}{\pi H} S_v T_s \tag{10-2}$$

$$p(z) = k_h [u(z) - u(z_b)] \tag{10-3}$$

式中　τ——地下结构顶板上表面与土层接触处的剪切力；

　　G——土层的动剪变模量，可采用结构周围地层中应变水平为 10^{-4} 量级的地层的剪切刚度，其值约为初始值的 $70\%\sim80\%$；

　　H——顶板以上土层的厚度；

　　S_v——基底上的速度反应谱，可由地面加速度反应谱得到；

　　T_s——顶板以上土层的固有周期；

　　$p(z)$——土层变形形成的侧向力；

　　$u(z)$——距地表深度 z 处的地震土层变形；

　　z_b——地下结构底面距地表面的深度；

　　k_h——地震时单位面积的水平向土层弹簧系数，可采用不包含地下结构的土层有限元网格，在地下结构处施加单位水平力然后求出对应的水平变形得到。

（4）土层-结构时程分析法

土层-结构时程分析法即直接动力法，是最经典的方法。其基本原理为：将地震运动视为一个随时间而变化的过程，并将地下建筑结构和周围岩土体介质视为共同受力变形的整体，通过直接输入地震加速度记录，在满足变形协调条件的前提下分别计算结构物和岩土体介质在各时刻的位移、速度、加速度以及应变和内力，验算场地的稳定性和结构截面设计。

时程分析法有普遍适用性，尤其是需按空间结构模型分析时可采用这一方法，且迄今尚无其他计算方法可予以代替。但其可操作性、可信度究竟如何，一直是人们关心和怀疑的问题，从工程应用角度看，地下建筑结构的线性、非线性时程分析至少有以下几个方面是值得关注的：

1）计算区域及边界条件。根据软土地区的研究成果，时程分析法网格划分时，侧向边界宜取至离相邻结构边墙至少 3 倍结构宽度处，底部边界取至基岩表面，或经时程分析试算趋于稳定的深度处，上部边界取至地表。计算的边界条件，侧面边界可采用自由场边界，底部边界离结构底面较远时可取为输入地震加速度时程的固定边界，地表为自由变形边界。

2）地面以下地震作用的大小。地面下设计基本地震加速度值随深度逐渐减小是公认的，取值各国有不同的规定；一般在基岩面取地表的 1/2，基岩至地表按深度线性内插。我国《水工建筑物抗震设计规范》规定地表为基岩面时，基岩面下 50m 及其以下部位的设计地震加速度代表值可取为地表规定值的 1/2，不足 50m 处可按深度由线性插值确定。对于进行地震安全性评价的场地，则可根据具体情况按一维或多维的模型进行分析后确定其减小的规律。

3）地下结构的重力。地下建筑结构静力设计时，水、土压力是主要荷载，故在确定地下结构的重力荷载的代表值时，应包含水、土压力的标准值。

4）土层的计算参数。根据软土地区的研究成果，软土的动力特性可采用 Davidenkov 模型表述，动剪变模量 G、阻尼比 λ 与动剪应变 γ_d 之间满足关系式：

λ 与动剪应变 γ_d 之间满足关系式：

$$\frac{G}{G_{max}} = 1 - \left[\frac{(\gamma_d/\gamma_0)^{2B}}{1+(\gamma_d/\gamma_0)^{2B}} \right]^A \tag{10-4}$$

$$\frac{\lambda}{\lambda_{max}} = \left[1 - \frac{G}{G_{max}} \right]^\beta \tag{10-5}$$

式中　G_{max}——最大动剪变模量；

$\quad\quad\gamma_0$——参考应变；

$\quad\quad\lambda_{max}$——最大阻尼比；

$\quad A、B、\beta$——拟合参数。

以上参数可由土的动力特性试验确定，缺乏资料时也可按下列经验公式估算。

$$G_{max} = \rho c_s^2 \tag{10-6}$$

$$\lambda_{max} = \alpha_2 - \alpha_3 (\sigma_v')^{\frac{1}{2}} \tag{10-7}$$

$$\sigma_v' = \sum_{i=1}^n \gamma_i' h_i \tag{10-8}$$

式中　ρ——质量密度；

$\quad\quad c_s$——剪切波速；

$\quad\quad\sigma_v'$——有效上覆压力；

$\quad\quad\gamma_i'$——第 i 层土的有效重度；

$\quad\quad h_i$——第 i 层土的厚度；

$\alpha_2、\alpha_3$——经验常数，可由当地试验数据拟合分析确定。

3. 地下结构的抗震计算模型，应根据结构实际情况确定并符合下列要求

地下建筑结构抗震计算模型的最大特点是，除了结构自身受力、传力途径的模拟外，还需要正确模拟周围土层的影响。

（1）应能较准确地反映周围挡土结构和内部各构件的实际受力情况；周围挡土结构的

内部结构，可采用与地上建筑同样的计算模型；

（2）周围地层分布均匀、规则且具有对称轴的纵向较长的地下建筑，结构分析可选择平面应变分析模型并采用反应位移法或等效水平地震加速度法、等效侧力法计算；

（3）长宽比和高宽比均小于3和第（2）款以外的地下建筑，宜采用空间结构分析计算模型并采用土层-结构时程分析法计算。

4. 地下结构的抗震计算的设计参数，应符合下列要求

（1）地震作用的方向应符合下列要求：

1）按平面应变模型分析的地下结构，可仅计算横向的水平地震作用；

2）不规则的地下结构，宜同时计算结构横向和纵向的水平地震作用；

3）地下空间综合体等体型复杂的地下结构，8、9度时尚宜计算竖向地震作用。

（2）地震作用的取值应随地下的深度比地面相应减小；基岩处的地震作用可取地面的一半，地面至基岩的不同深度处可按插入法确定，地表、土层界面和基岩面较平坦时，也可采用一维波动法确定，土层界面、基岩面或地表起伏较大时，宜采用二维或三维有限元法确定。

（3）结构的重力荷载代表值应取结构、构件自重和水、土压力的标准值及各可变荷载的组合值之和。

（4）采用土层-结构时程分析方法和等效水平加速度法时，土、岩石的动力特性参数可由试验确定。

5. 地下结构抗震验算内容

（1）应进行多遇地震下承载力和变形的验算。

（2）对不规则的地下建筑以及地下变电站和地下空间综合体等，应进行罕遇地震作用下的抗震变形验算。考虑地下建筑修复的难度较大，将罕遇地震作用下混凝土结构弹塑性层间位移角的限值取为 $[\theta_p]=1/250$。

（3）在有可能液化的地基中建造地下建筑结构时，应注意检验其抗浮稳定性，并在必要时采取措施加固地基，以防地震时结构周围的场地液化。鉴于经采取措施加固后地基的动力特性将有变化，应根据实测标准贯入锤击数与临界锤击数的比值确定液化折减系数，并进而计算地下连续墙和抗拔桩等的摩阻力。

6. 可不进行计算分析的地下建筑的范围

按建筑抗震规范要求采取抗震措施的下列建筑，可不进行地震作用计算和抗震验算：

（1）设防烈度为7度时Ⅰ、Ⅱ类场地中的丙类建筑；

（2）设防烈度为8度（0.20g）Ⅰ、Ⅱ类场时，不超过2层、体型规则的中小跨度丙类建筑。

10.2.2 地下结构抗震设计原则

从现有的震害资料可知，地下空间结构相对于地上结构具有较好的抗震性能，但是为了适应今后大量开发利用地下空间的需要，必须加强对地下结构抗震设计的研究，就目前所掌握的有关资料，提出地下结构抗震设计的主要原则如下：

1. 抗震设防目标

由于地下建筑种类较多，有的结构抗震能力强，有的使用要求高，因此相应的抗震设

防要求也不相同。

高层建筑的地下室（包括设置防震缝与主楼对应范围分开的地下室）属于附建式地下建筑，考虑到在楼房倒塌后一般弃之不用，因此其性能要求通常与地面建筑一致。

单建式地下建筑其要求略高于高层建筑的地下室。主要考虑以下三点：（1）单建式地下建筑在附近房屋倒塌后，仍常有继续服役的必要，其使用功能的重要性常高于高层建筑地下室；（2）地下结构一般不宜带缝工作，尤其是在地下水位较高的场合，其整体性要求高于地面建筑；（3）地下空间通常是不可再生的资源，损坏后一般不能推倒重来，需原地修复，难度较大。

《建筑抗震设计规范》给出乙类和丙类单建式地下结构的抗震等级，其余类别可按《建筑抗震设计规范》相关规定提高或降低。抗震等级规定：丙类钢筋混凝土地下结构的抗震等级 6、7 度时不应低于四级，8、9 度时不宜低于三级。乙类钢筋混凝土地下结构的抗震等级 6、7 度不宜低于三级，8、9 度不宜低于二级。

2. 地下结构的场地和持力层

建设场地的地形、地质条件对地下建筑结构的抗震性能均有直接或间接的影响。选择在密实、均匀、稳定的地基上建造，有利于结构在经受地震作用时保持稳定。应避开断层破碎带，应避开沿河岸陡坡、不稳定山坡等不良工程地质场地。地下空间结构的同一单元不宜设置在性质截然不同的持力层上。持力层有软弱黏性土、液化土、新填土或严重不均匀土层时，宜采取措施予以加固改造，或设法加强基础的整体性和刚性。

3. 地下结构体系布置要求

地下建筑的建筑布置应力求体型简单，纵向、横向外形平顺，剖面形状、构件组成和尺寸不沿纵向经常变化，使其抗震能力提高。

地下空间结构体系，应具有合理而简捷的地震作用传递途径。各个结构单元应形成独立的抗震结构体系，不应因某一结构单元的破坏而影响另一个结构单元。每个结构单元在地震作用下应有多道防线，避免部分结构构件破坏而导致整个结构单元体系丧失抗震能力或对重力荷载及周围岩土压力丧失承载力。地下结构应具有合理的刚度和强度分布，避免因局部削弱或突变而形成抗震薄弱部位，从而产生过大的应力集中或塑性变形集中。

岩石地下建筑的口部结构往往是抗震能力薄弱的部位，洞口的地形、地质条件则对口部结构的抗震稳定性有直接的影响，故应特别注意洞口位置和口部结构类型的选择的合理性。

4. 地下结构构件抗震设计要求

在地震作用下，结构构件除应具备足够的强度外，同时还应具备良好的变形能力和耗能能力。砌体结构构件应采取结构措施，以加强结构构件之间的节点连接和结构的整体性，并改善结构的总体变形能力。混凝土结构构件，应合理选择截面，配置纵向钢筋和箍筋，避免剪切先于弯曲破坏和混凝土受压破坏先于钢筋的屈服。构件节点承载力，不应低于其连接构件承载力，以避免节点先于连接构件破坏。应使结构构件与周围岩土介质之间紧密接触，并注意结构构件的防腐蚀和耐久性。

5. 非结构构件抗震设计要求

附属的非结构构件和装饰贴面、吊顶等，应与主体结构有可靠的连接或锚固，以免在地震作用下倒塌或塌落。各种管线接头应采用柔性连接，支撑或悬挂管线的构件必须固定在主体构件中。

10.2.3 地下结构抗震构造措施

由于地震活动的随机性，地下空间结构位置的特殊性，地下结构与周围土体相互作用等因素的影响，目前的科学水平还不能对地下空间结构进行较为准确的定量抗震计算设计。因此，地下结构的抗震设计同时应注意做好结构的抗震概念设计，即正确的场地选择、合理的结构选型和布置，正确的构造措施等，以确保地下结构有良好的抗震性能。

地下结构的震害现象不易于发现，但有裂纹或其他变形时，将会发生渗水、漏水等现象，严重影响使用。为了尽量减轻可能的地震灾害并使其便于修复，必须采取相应有效的抗震构造措施：

（1）对于浅埋矩形框架结构的车站和隧道，宜采用现浇钢筋混凝土结构，避免采用装配式和部分装配式结构。特别应保证侧墙板与顶板、梁板与柱节点的刚度、强度及延性。加强中柱与顶板、中板钢筋连接，连续墙与顶板的钢筋连接进一步加强，防止楼板崩塌。可能的情况下，中柱采用钢骨或钢管混凝土柱代替钢筋混凝土柱，或是中柱和梁或顶板的节点处，采用弹性节点（苏联在修建塔什干地铁时，采用了中柱顶端和横梁活动连接的方式），增加延性，提高抗震性能。

（2）对于盾构法施工区间隧道，尽可能采用错缝拼装，加深接头榫槽深度，增强纵向整体性。接缝间用高强螺栓连接，保持结构的连续性。车站与隧道接连段，隧道可能产生较大的不均匀沉降和剪切力，应有可靠连接，最好设抗震缝。

（3）洞口和浅埋段是地下空间结构最容易遭受地震破坏的部位，采取相应的措施有：设置柔性连接器以减弱这些部位与主隧道结构的连接刚度；在洞口和浅埋段加密钢支承的间距；衬砌采用钢纤维混凝土。要与地表的抗震措施相结合，防止滑坡、液化和不均匀沉降等相关震害。

（4）遵循建筑结构抗震的构造概念和相关规范规定，下面列出相关的几项措施：

1）隧道选线时，尽可能避开活动的断层、易产生液化的地层及滑动地段等；

2）对于有可能液化的地层，注浆加固和换土等技术措施可有效地消除或减轻液化危害。对液化土层未采取措施时，应考虑其上浮的可能性，必要时采取抗浮措施。地基中包含薄的液化土夹层时，以加强地下结构而不是加固地基为好。当基坑开挖中采用深度大于20m 的地下连续墙作为围护结构时，坑内土体将因受到地下连续墙的挟持包围而形成较好的场地条件，地震时一般不可能液化。这两种情况，周围土体都存在液化土，在承载力及抗浮稳定性验算中，仍应计入周围土层液化引起的土压力增加和摩阻力降低等因素的影响。

3）对于盾构法施工的隧道，宜每隔一定距离设置抗震变形缝；对于明挖隧道，当其纵向为连续结构时，纵筋的设计宜考虑地震力的影响；

4）明挖隧道尽可能用纵向连续的墙代替立柱；

5）采用装配式结构时，要加强接缝的连接措施，以增强整体性；

6）在不同结构的连接部位，宜采用柔性接头；

7）尽可能使隧道刚度与地层刚度相适应。

（5）汶川地震中公路隧道的震害调查表明，当断层破碎带的复合式支护采用素混凝土内衬时，地震下内衬结构严重裂损并大量坍塌，而采用钢筋混凝土内衬结构的隧道口部地段，复合式支护的内衬结构仅出现裂缝。因此，要求在断层破碎带中采用钢筋混凝土内衬结构。

思 考 题

1. 地铁破坏现象有哪些？地铁中，钢筋混凝土中柱破坏的主要原因有哪些？
2. 地下空间结构和地面建筑结构的动力特性有哪些区别？
3. 总结一下地下空间结构震害的机理。
4. 具体谈一下地下空间结构的抗震设计原则以及相对应的构造措施。

第11章 隔震与耗能减震结构设计

11.1 结构减震的概述与分类

传统结构抗震是通过增强结构本身的抗震性能（强度、刚度、延性）来抵御地震作用，即由结构本身储存和消耗地震能量，这是被动消极的抗震对策。由于人们尚不能准确地估计未来地震作用的强度和特性，按传统抗震方法设计的结构自我调节的能力弱，因此，强震作用下易产生严重破坏或倒塌，造成重大的经济损失和人员伤亡。合理有效的抗震途径是对结构施加控制装置（系统），由控制装置与结构共同承受地震作用，即共同储存和耗散地震能量，以调谐和减轻结构的地震反应。这种结构抗震途径称为结构减震控制，这是积极主动的抗震对策，是抗震对策的重大突破和发展。

结构减震控制根据是否需要外部能源输入可分为被动控制、主动控制、半主动控制和混合控制（如图11-1所示）。

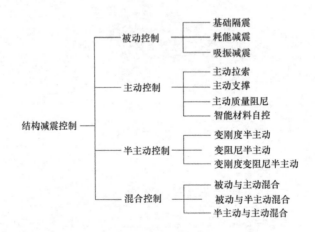

图 11-1 结构减震控制分类

被动控制——不需要外部能源输入提供控制力，控制过程不依赖于结构反应和外界干扰信息的控制方法，如基础隔震、耗能减震和吸振减震等均为被动控制。

主动控制——需要外部能源输入提供控制力，控制过程依赖于结构反应信息或外界干扰信息的控制方法。主动控制系统由传感器、运算器和施力作动器三部分组成。主动控制是将现代控制理论和自动控制技术应用于结构抗震的高新技术。

半主动控制——不需要外部能源输入直接提供控制力，控制过程依赖于结构反应信息或外界干扰力信息的控制方法。

混合控制——不同控制方式相结合的控制方法。

结构减震控制的研究与应用已有 40 余年的历史。以改变结构频率为主的隔震技术是结构抗减震控制技术中研究和应用最多、最成熟的技术，国内外已建隔震建筑数千栋，并在桥梁、地铁等工程中大量应用，其中一些隔震建筑已在几次大地震中成功经受考验。以增加结构阻尼为主的被动耗能减震理论与技术已趋成熟，并已成功用于工程结构的抗震抗风控制中。

结构减震的主动控制具有很广的适用范围，控制效果好，已进行了大量的理论研究，并已在少数试点工程中应用，但控制系统结构复杂，造价昂贵，所需巨大能源在强烈地震时无法完全保证，其应用遇到很大困难。

混合控制是将主动控制与被动控制结合起来的一种控制方法，只要合理选取控制技术的较优组合，吸取各控制技术的优点，避免其缺点，可形成较为成熟且先进有效的组合控制技术，但其本质上仍是一种完全主动控制技术，仍需外界输入较多能量。

半主动控制以被动控制为主，只是应用少量能量对被动控制系统的工作状态进行切换，以适应系统对最优状态的跟踪，它既具有被动控制系统的可靠性，又具有主动控制系统的强适应性，通过一定的控制律可以达到主动控制系统的控制效果，是一种具有前景的控制技术。

近年来，智能驱动材料控制装置的研究和发展为土木工程结构的减震控制开辟了新的天地，将为土木工程结构减震控制的第二代高性能耗能器和主动控制驱动器的研制和开发提供基础，从而使结构与其感知、驱动和执行部件一体化的减震控制智能系统（intelligent control system）设计成为可能。

目前，世界上许多国家开展了结构减震技术与理论的研究，并致力于该技术的推广应用。一些国家，如美国、日本、新西兰、加拿大等已制定了隔震或耗能减震设计的规范或标准。我国已在《建筑抗震设计规范》中纳入了隔震与消耗减震的内容。并制定了《橡胶支座》GB 20688.2—2006 第 2 部分：桥梁隔震橡胶支座，《橡胶支座》GB 20688.3—2006 第 3 部分：建筑隔震橡胶支座和《叠层橡胶支座隔震技术规程》CECS 126—2001，《建筑消能减震技术规程》也即将颁布。

11.2 隔震结构设计

11.2.1 结构隔震的原理与隔震结构的特点

1. 结构隔震的概念与原理

在建筑物下部结构与上部结构之间设置隔震装置（或系统）形成隔震层，把房屋结构与下部结构隔离开来，利用隔震装置来隔离或耗散地震能量以避免或减少地震能量向上部结构传输，以减少建筑物的地震反应，实现地震时隔震层以上主体结构只发生微小的相对运动和变形，从而使建筑物在地震作用下不损坏或倒塌，这种抗震方法称之为房屋隔震。图 11-2 为隔震结构的模型图。隔震系统一般由隔震器、阻尼器等构

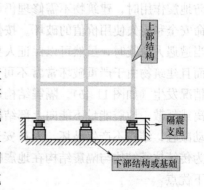

图 11-2 隔震结构的模型图

成，它具有竖向刚度大、水平刚度小、能提供较大阻尼的特点。

隔震结构的原理可用建筑物的地震反应谱来说明，图 11-3 (a)、(b) 分别为普通建筑物的加速度反应谱和位移反应谱。从图 11-3 中可以看出，建筑物的地震反应取决于自振周期和阻尼特性两个因素。一般中低层钢筋混凝土或砌体结构建筑物刚度大、周期短，基本周期（T_0）正好与地震动卓越周期相近，所以，建筑物的加速度反应比地面运动的加速度放大若干倍，而位移反应则较小，如图 11-3 中 A 点所示。采用隔震措施后，建筑物的基本周期（T_1）大大延长，避开了地面运动的卓越周期，使建筑物的加速度大大降低，若阻尼保持不变，则位移反应增加，如图 11-3 中 B 点所示。由于这种结构的反应以第一振型为主，而该振型不与其他振型耦联，整个上部结构像一个刚体，加速度沿结构高度接近均匀分布，上部结构自身的相对位移很小。若增大结构的阻尼，则加速度反应继续减小，位移反应得到明显抑制，如图 11-3 中 C 点所示。

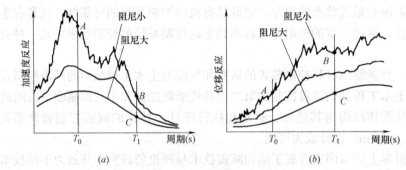

图 11-3　结构反应谱曲线

(a) 加速度反应谱；(b) 位移反应谱

综上所述，隔震结构的原理就是通过设置隔震装置系统形成隔震层，延长结构的周期，适当增加结构的阻尼，使结构的加速度反应大大减小，同时使结构的位移集中于隔震层，上部结构像刚体一样，自身相对位移很小，结构基本上处于弹性工作状态（如图 11-4d），从而使建筑物不产生破坏或倒塌。

2. 隔震结构的特点

抗震设计的原则是在多遇地震作用下，建筑物基本不产生损坏和影响使用功能；在设防地震作用时，建筑物不需修理仍可继续使用；在罕遇地震作用下，建筑物不发生危及生命安全和丧失使用价值的破坏。按传统抗震设计的建筑物，不能避免地震时的强烈晃动，当遭遇大地震时，虽然可以保证人身安全，但不能保证建筑物及其内部设备及设施安全，而且建筑物由于严重破坏常常不可修复（如图 11-4a），如果用隔震结构就可以避免这类情况发生（如图 11-4b）。隔震结构通过隔震层的集中大变形和所提供的阻尼将地震能量隔离或耗散，地震能量不能向上部结构全部传输，因而，上部结构的地震反应大大减小，振动减轻，结构不产生破坏，人员安全和财产安全均可以得到保证（如图 11-4d）。图 11-4 为传统抗震结构与隔震结构在地震时的反应对比。与传统抗震结构相比，隔震结构具有以下优点：

（1）提高了地震时结构的安全性；

（2）上部结构设计更加灵活，抗震措施简单明了；

（3）防止内部物品的振动、移动、翻倒，减少了次生灾害；

（4）防止非结构构件的损坏；

（5）抑制了振动时的不舒适感，提高了安全感和居住性；

（6）可以保持室内机械、仪表、器具等的使用功能；

（7）震后无需修复，具有明显的社会和经济效益；

（8）经合理设计，可以降低工程造价。

3. 隔震结构适用范围

隔震结构体系可以用于下列类型的建筑物：

（1）医院、银行、保险、通信、警察、消防、电力等重要建筑；

（2）首脑机关、指挥中心以及放置贵重设备、物品的房屋；

（3）图书馆和纪念性建筑；

（4）一般工业与民用建筑。

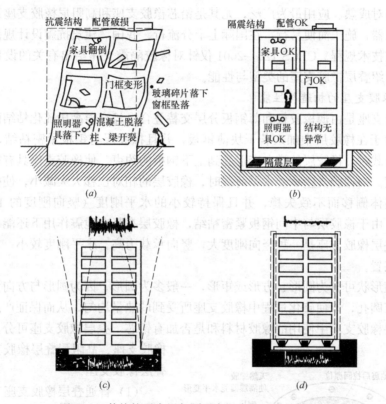

图 11-4　传统抗震房屋与隔震房屋在地震中的情况对比

（a）传统抗震房屋——强烈晃动；（b）隔震房屋——轻微晃动；（c）传统房屋的地震反应；（d）隔震房屋的地震反应

11.2.2　隔震系统的组成与类型

1. 隔震系统的组成

隔震系统一般由隔震器、阻尼器、地基微震动与风反应控制装置等部分组成。在实际应用中，通常可使几种功能由同一元件完成，以方便使用。

隔震器的主要作用是：一方面在竖向支撑建筑物的重量，另一方面在水平向具有弹性，能提供一定的水平刚度，延长建筑物的基本周期，以避开地震动的卓越周期，降低建筑物的地震反应，能提供较大的变形能力和自复位能力。

阻尼器的主要作用是吸收或耗散地震能量，抑制结构产生大的位移反应，同时在地震终了时帮助隔震器迅速复位。

地基微震动与风反应控制装置的主要作用是增加隔震系统的初期刚度，使建筑物在风荷载或轻微地震作用下保持稳定。

常用的隔震器有叠层橡胶支座、螺旋弹簧支座、摩擦滑移支座等。目前国内外应用最广泛的是叠层橡胶支座，它又可分为普通橡胶支座、铅芯橡胶支座、高阻尼橡胶支座等。

常用的阻尼器有弹塑性阻尼器、黏弹性阻尼器、黏滞阻尼器、摩擦阻尼器等。

常用的隔震系统主要有：叠层橡胶支座隔震系统、摩擦滑移加阻尼器隔震系统、摩擦滑移摆隔震系统等。

目前，隔震系统形式多样，各有其优缺点，并且都在不断发展。其中叠层橡胶支座隔震系统技术相对成熟、应用最为广泛，尤其是铅芯橡胶支座和高阻尼橡胶支座系统，由于不用另附阻尼器，施工简便易行，在国际上十分流行。我国《建筑抗震设计规范》和《夹层橡胶垫隔震技术规程》CECS 126—2001 仅针对橡胶隔震支座给出有关的设计要求。因此下面主要介绍叠层橡胶支座的类型与性能。

2. 叠层橡胶支座的构造与性能

叠层橡胶支座是由薄橡胶板和薄钢板分层交替叠合，经高温高压硫化粘结而成，如图11-5 所示。由于在橡胶层中加入若干块薄钢板，并且橡胶层与钢板紧密粘结，当橡胶支座承受竖向荷载时，橡胶层的横向变形受到上下钢板的约束，使橡胶支座具有很大的竖向承载力和刚度。当橡胶支座承受水平荷载时，橡胶层的相对位移大大减小，使橡胶支座可达到很大的整体侧移而不致失稳，并且保持较小的水平刚度（竖向刚度的 $1/1000 \sim 1/500$）。并且，由于橡胶层与中间钢板紧密粘结，橡胶层在竖向地震作用下还能承受一定拉力。因此，叠层橡胶支座是一种竖向刚度大，竖向承载力高，水平刚度较小，水平变形能力大的隔震装置。

橡胶支座形状可分为圆形、方形或矩形，一般多为圆形，因为圆形与方向无关。支座中心一般设有圆孔，以使硫化过程中橡胶支座所受到的热量均匀，从而保证产品质量。

根据叠层橡胶支座中使用的橡胶材料和是否加有铅芯，叠层橡胶支座可分为普通叠层橡胶支座、高阻尼叠层橡胶支座、铅芯叠层橡胶支座。

（1）普通叠层橡胶支座

普通叠层橡胶支座是采用拉伸较强、徐变较小、温度变化对性能影响不大的天然橡胶制作而成。这种支座具有高弹性、低阻尼的特点。图 11-6 所示为其滞回曲线。为取得所需的隔震层的滞回性能，普通叠层橡胶支座必须和阻尼器配合使用。

（2）高阻尼叠层橡胶支座

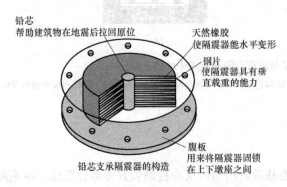

铅芯
帮助建筑物在地震后拉回原位

天然橡胶
使隔震器能水平变形

钢片
使隔震器具有垂直载重的能力

腹板
用来将隔震器固锁在上下墩座之间

铅芯支承隔震器的构造

图 11-5　橡胶支座的形状与构造详图

高阻尼叠层橡胶支座是采用特殊配制的具有高阻尼的橡胶材料制作而成，其形状与普通叠层橡胶支座相同。图 11-7 为该类支座的滞回曲线。

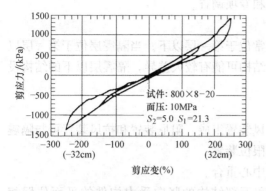

图 11-6　普通叠层橡胶支座的滞回曲线

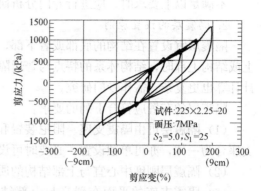

图 11-7　高阻尼叠层橡胶支座的滞回曲线

（3）铅芯叠层橡胶支座

铅芯叠层橡胶支座是在叠层橡胶支座中部圆形孔中压入铅而成，其构造如图 11-5 所示。由于铅具有较低的屈服点和较高的塑性变形能力，可使铅芯叠层橡胶支座的阻尼比达到 20％～30％。图 11-8 为铅芯叠层橡胶支座的滞回曲线。铅芯具有提高支座的吸能能力，确保支座有适度的阻尼，同时又具有增加支座的初始刚度，控制风反应和抵抗微震的作用。铅芯橡胶支座既具有隔震作用，又具有阻尼作用，因此可单独使用，无需另设阻尼器，使隔震系统的组成变得比较简单，可以节省空间，在施工上也较为有利。

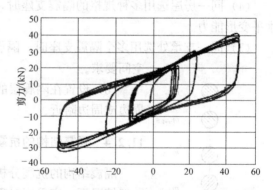

图 11-8　铅芯叠层橡胶支座的滞回曲线

我国目前使用最普遍的是铅芯叠层橡胶支座，普通叠层橡胶支座亦有少量应用，高阻尼叠层橡胶支座目前在我国尚无使用。

11.2.3　隔震结构的设计要求

1. 隔震结构方案的选择

隔震结构主要用于对抗震安全性和使用功能有较高要求或专门要求的建筑，符合以下各项要求的建筑可采用隔震方案：

（1）结构高宽比宜小于 4，且不应大于相关规范规程对非隔震结构的具体规定；

（2）建筑变形特征接近剪切变形，建筑最大高度应满足《建筑抗震设计规范》非隔震结构要求；

（3）建筑场地宜为 Ⅰ、Ⅱ、Ⅲ 类，并应选用稳定性较好的基础类型；

（4）风荷载和其他非地震作用的水平荷载标准值产生的水平力不宜超过结构的总重力的 10％。

隔震建筑方案的采用，应根据建筑抗震设防类别、抗震设防烈度、建筑高度、场地条件、地基、结构材料和施工等因素，经技术、经济和使用条件综合比较确定。

不满足以上要求时，应进行专门分析研究和专项调查。

2. 隔震层的设置原则

隔震层宜设置在结构的底部或者下部，通常位于第一层以下。当隔震层位于第一层以上或结构上部时，结构体系的特点与普通隔震结构可能有较大差异，隔震层以下的结构设计计算也更复杂，需作专门研究。

隔震层的布置应符合下列的要求：

（1）隔震层可由隔震支座、阻尼装置和抗风装置组成。阻尼装置和抗风装置可与隔震支座合为一体，亦可单独设置。必要时可设置限位装置。

（2）隔震层刚度中心宜与上部结构的质量中心重合。

（3）隔震支座的平面布置宜与上部结构和下部结构的竖向受力构件的平面位置相对应。

（4）同一房屋选用多种规格的隔震支座时，应注意充分发挥每个橡胶支座的承载力和水平变形能力。

（5）同一支承处选用多个隔震支座时，隔震支座之间的净距应大于安装操作所需要的空间要求。

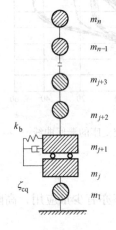

图 11-9　隔震结构
计算简图

（6）设置在隔震层的抗风装置宜对称、分散地布置在建筑物的周边或周边附近。

11.2.4　隔震结构的抗震分析

隔震结构的抗震分析方法主要采用底部剪力法和时程分析法。一般情况下，宜采用时程分析法计算隔震和非隔震结构，计算简图可采用剪切型结构模型（如图 11-9），当上部结构体型复杂或隔震层以上结构的质心与隔震层刚度中心不重合时，应计入扭转效应的影响。一般情况下上部结构可采用线弹性模型，隔震层根据不同的情况可采用线弹性模型或双线型模型。输入地震波的反应谱特性和数量，应符合《建筑抗震设计规范》的有关要求；计算结果宜取其包络值；当处于发震断层 10km 以内时，输入地震波应考虑近场影响系数，5km 以内取 1.5，5km 以外可取不小于 1.25。

11.2.5　上部结构的抗震设计

隔震房屋可根据不同的结构类型，按下列原则调整对应非隔震结构的地震作用计算、抗震验算：

（1）对于多层结构，水平地震作用沿高度可按重力荷载代表值分布。

（2）隔震层以上结构的水平地震作用可根据水平向减震系数确定。

（3）由于隔震层对竖向隔震效果不明显，故当设防烈度为 9 度时和 8 度且水平向减震系数不大于 0.3 时，隔震层以上的结构应进行竖向地震作用的计算。

（4）隔震后的上部结构按相关规范和规定进行设计时，地震作用可以降低，抗震措施也可以适当降低。隔震后结构的水平地震作用大致归纳为比非隔震时降低半度、一度和一度半三个档次，如表 11-1 所示（对于一般橡胶支座）；而隔震后的上部结构的抗震措施，一般橡胶支座以水平向减震系数 0.40 为界划分，只能按降低一度分档，即以 $\beta = 0.40$ 分档，如表 11-2 所示。

水平向减震系数与隔震后结构水平作用所对应烈度的分档 表 11-1

本地设防烈度区 （设计基本地震加速度）	水平向减震系数 β		
	$0.53 \geqslant \beta \geqslant 0.40$	$0.40 > \beta > 0.27$	$\beta \leqslant 0.27$
$9(0.40g)$	$8(0.30g)$	$8(0.20g)$	$7(0.15g)$
$8(0.30g)$	$8(0.20g)$	$7(0.15g)$	$7(0.10g)$
$8(0.20g)$	$7(0.15g)$	$7(0.10g)$	$7(0.10g)$
$7(0.15g)$	$7(0.10g)$	$7(0.10g)$	$6(0.05g)$
$7(0.10g)$	$7(0.10g)$	$6(0.05g)$	$6(0.05g)$

水平向减震系数与隔震后上部结构抗震措施所对应烈度的分档 表 11-2

本地设防烈度区 （设计基本地震加速度）		$9(0.40g)$	$8(0.30g)$	$8(0.20g)$	$7(0.15g)$	$7(0.10g)$
水平向减震系数 β	$\beta \geqslant 0.40$	$8(0.30g)$	$8(0.20g)$	$7(0.15g)$	$7(0.10g)$	$7(0.10g)$
	$\beta < 0.40$	$8(0.20g)$	$7(0.15g)$	$7(0.10g)$	$7(0.10g)$	$6(0.05g)$

计算隔震结构水平地震作用时，水平向减震系数可按下列原则确定：

（1）对于多层建筑，水平向减震系数为按弹性计算所得的隔震房屋和非隔震房屋在多遇地震作用下各层最大层间剪力的最大比值；对于高层建筑，还应计算隔震房屋与非隔震房屋各层倾覆力矩的最大比值，并与层间剪力的最大比值相比较，取二者的较大值。

（2）隔震层的水平等效刚度 K_h 和等效黏滞阻尼比 ζ_{eq} 可按下列公式确定：

$$K_h = \sum K_j \tag{11-1a}$$

$$\zeta_{eq} = \sum K_j \zeta_j / K_h \tag{11-1b}$$

式中　ζ_{eq}——隔震层等效黏滞阻尼比；

　　　K_h——隔震层水平等效刚度；

　　　ζ_j——第 j 隔震支座由试验确定的等效黏滞阻尼比，单独设置阻尼器时，应包括该阻尼器的相应阻尼比；

　　　K_j——第 j 隔震支座由试验确定的水平等效刚度。

水平向减震系数计算时，K_j、ζ_j 宜采用隔震支座剪切变形为 100% 时的等效刚度和等效黏滞阻尼比；验算罕遇地震时，K_j、ζ_j 宜采用隔震支座剪切变形 250% 时的等效刚度和等效黏滞阻尼比；当隔震支座直径较大时（直径大于等于 600mm），K_j、ζ_j 可采用隔震支座剪切变形为 100% 时的等效刚度和等效黏滞阻尼比。当采用时程分析时，应以试验所得滞回曲线作为计算依据。

11.2.6　隔震层的设计与验算

隔震支座的规格、数量和布置应根据竖向承载力、侧向刚度和阻尼的要求通过计算确定。隔震支座应进行竖向承载力和水平向抗风和抗震验算。

1. 隔震层的竖向受压承载力验算

橡胶隔震支座的压应力既是确保橡胶隔震支座在无地震时正常使用的重要指标，也是直接影响橡胶隔震支座在地震作用时其他各种力学性能的重要指标。它是设计或选用隔震支座的关键因素之一。在永久荷载和可变荷载作用下组合的竖向压应力设计值，不应超过表 11-3 的规定，其橡胶支座在罕遇地震的水平和竖向地震同时作用下，拉应力不应大于 1MPa。

橡胶隔震支座压应力限值 表 11-3

建筑类别	甲类建筑	乙类建筑	丙类建筑
压应力限值(MPa)	10	12	15

注：1. 压应力设计值应按永久荷载和可变荷载的组合计算；其中楼面活荷载应按现行国家标准《建筑结构荷载规范》GB 50009 的规定乘以折减系数；

2. 对需验算倾覆的结构，压应力应包括水平地震作用效应组合；

3. 对需进行竖向地震作用计算的结构，压应力设计值尚应包括竖向地震作用效应组合；

4. 当橡胶支座的第二形状系数（有效直径与各橡胶层总厚度之比）小于 5.0 时，应降低压应力限值；小于 5 不小于 4 时降低 20%，小于 4 不小于 3 时降低 40%；

5. 外径小于 300mm 的橡胶支座，丙类建筑的压应力限值为 10MPa。

规定隔震支座控制拉应力，主要是考虑以下三个因素：

(1) 橡胶受拉后内部有损伤，降低了支座的弹性性能；

(2) 隔震支座出现拉应力，意味着上部结构存在倾覆危险；

(3) 规定隔震支座拉应力 $\sigma_t < 1$MPa，理由是：①广州大学工程抗震研究中心所作的橡胶垫的抗拉试验中，其极限抗拉强度为 $2.0 \sim 2.5$MPa；②美国 UBC 规范采用的容许抗拉强度为 1.5MPa。

2. 抗风装置应按下式要求进行验算

$$\gamma_w V_{WK} \leqslant V_{RW} \qquad (11-2)$$

式中 V_{RW}——抗风装置的水平承载力设计值，当抗风装置是隔震支座的组成部分时，取隔震支座的水平屈服荷载设计值；当抗风装置单独设置时，取抗风装置的水平承载力，可按材料屈服强度设计值确定；

γ_w——风荷载分项系数，采用 1.4；

V_{WK}——风荷载作用下隔震层的水平剪力标准值。

3. 隔震支座的弹性恢复力应符合下列要求

$$K_{100} t_r \geqslant 1.4 V_{RW} \qquad (11-3)$$

式中 K_{100}——隔震支座在水平剪切应变 100% 时的等效刚度；

t_r——橡胶垫的厚度。

4. 隔震支座在罕遇地震作用下的水平位移验算

隔震支座在罕遇地震作用下的水平位移应满足下式要求：

$$u_i \leqslant [u_i] \qquad (11-4)$$

$$u_i = \eta_i u_c \qquad (11-5)$$

式中 u_i——罕遇地震作用下，第 i 个隔震支座考虑扭转的水平位移；

$[u_i]$——第 i 个隔震支座的水平位移限值；对橡胶隔震支座，不宜超过该支座橡胶直径的 0.55 倍和支座橡胶总厚度 3.0 倍二者中的较小值；

u_c——罕遇地震下隔震层质心处或不考虑扭转的水平位移；

η_i——第 i 个隔震支座的扭转影响系数，应取考虑扭转和不考虑扭转时 i 支座计算位移的比值；当隔震层以上结构的质心与隔震层刚度中心在两个主轴方向均无偏心时，边支座的扭转影响系数不应小于 1.15。

罕遇地震下的水平位移宜采用时程分析法计算，对砌体结构及与其基本周期相当的结构，隔震层质心处在罕遇地震下的水平位移可按下式计算：

$$u_e = \lambda_s \alpha_1 (\zeta_{eq}) G / K_h \qquad (11\text{-}6)$$

式中 λ_s——近场系数，距发震断层 5km 以内取 1.5，5～10km 取不小于 1.25；

$\alpha_1(\zeta_{eq})$——罕遇地震下的地震影响系数值，可根据隔震层参数，按第 4 章有关规定计算；

K_h——罕遇地震下隔震层的水平等效刚度，按式（11-1a）确定。

隔震层扭转影响系数，应取考虑扭转和不考虑扭转时 i 支座计算位移的比值。当隔震支座的平面布置为矩形或接近矩形时，可按下列方法确定：

（1）当隔震层以上结构的质心与隔震层刚度中心在两个主轴方向均无偏心时，边支座的扭转影响系数不宜小于 1.15。

（2）仅考虑单向地震作用的扭转时，扭转影响系数可按下列公式估计：

$$\eta = 1 + 12 e s_i / (a^2 + b^2) \qquad (11\text{-}7)$$

式中 e——上部结构质心与隔震层刚度中心在垂直于地震作用方向的偏心距，如图 11-10 所示；

s_i——第 i 个隔震支座与隔震层刚度中心在垂直于地震作用方向的距离；

a、b——隔震层平面的两个边长。

对边支座，其扭转影响系数不宜小于 1.15；当隔震层和上部结构采取有效的抗扭措施后或扭转周期小于平动周期的 70%，扭转影响系数可取 1.15。

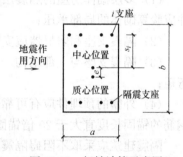

图 11-10 扭转计算示意图

（3）同时考虑双向地震作用的扭转时，可仍按公式（11-7）计算；但式中的偏心距 (e) 应采用下列公式中的较大值代替：

$$e = \sqrt{e_x^2 + (0.85 e_y)^2} \qquad (11\text{-}8a)$$

$$e = \sqrt{e_y^2 + (0.85 e_x)^2} \qquad (11\text{-}8b)$$

式中 e_x——y 方向地震作用时的偏心距；

e_y——x 方向地震作用时的偏心距。

对边支座，其扭转影响系数不宜小于 1.2。

11. 2. 7　隔震层以下结构及基础抗震设计要点

对隔震层以下的结构部分，主要设计要求是：保证隔震设计能在罕遇地震下发挥隔震效果。因此，需进行与本地区设防地震、罕遇地震有关的验算，并适当提高抗液化措施。

（1）隔震层支墩、支柱及相连构件，应采用隔震结构罕遇地震下隔震支座底部的竖向力、水平力和力矩进行承载力验算。

(2) 隔震层以下的结构（包括地下室和隔震塔楼下的底盘）中直接支承隔震层以上结构的相关构件，应满足嵌固的刚度比和隔震后设防地震的抗震承载力要求，并按罕遇地震进行抗剪承载力验算。隔震层以下地面以上的结构在罕遇地震下的层间位移角限值应满足表 11-4 要求。

(3) 隔震建筑地基基础的抗震验算和地基处理仍应按本地区抗震设防烈度进行，甲、乙类建筑的抗液化措施应按提高一个液化等级确定，直到全部消除液化沉陷。

表 11-4

隔震层以下地面以上结构罕遇地震作用下层间弹塑性位移角限值

下部结构类型	$[\theta_p]$
钢筋混凝土框架结构和钢结构	1/100
钢筋混凝土框架-抗震墙	1/200
钢筋混凝土抗震墙	1/250

11.2.8 隔震结构的构造措施

1. 隔震层的构造要求

隔震层应由隔震装置和抗风装置组成，隔震支座和阻尼装置的连接构造，应符合下列要求：

(1) 多层砌体房屋的隔震层位于地下室顶部时，隔震支座不宜直接放置在砌体墙上，并应验算砌体的局部承压；

(2) 隔震支座和阻尼器应安装在便于维护人员接近的部位；

(3) 隔震支座与上部结构，基础结构之间的连接件，应能传递支座的最大水平剪力和弯矩；

(4) 外露的预埋件应有可靠的防锈措施。预埋件的锚固钢筋应与钢板牢固连接；锚固钢筋的锚固长度宜大于 20 倍锚固钢筋直径，且不应小于 250mm。

隔震建筑应采取不阻碍隔震层在罕遇地震发生大变形的措施：上部结构的周边应设置竖向隔离缝，缝宽不宜小于各隔震支座在罕遇地震下的最大水平位移值的 1.2 倍且不小于 200mm，对两相邻隔震结构，其缝宽取最大水平位移值之和，且不小于 400mm；上部结构与下部结构之间，应设置完全贯通的水平隔离缝，缝高可取 20mm，并用柔性材料填充，当设置水平隔离缝确有困难时，应设置可靠的水平滑移垫层；在穿越隔震层的门廊、楼梯、电梯、车道等部位，应防止可能的碰撞。

穿过隔震层的设备配管、配线应采用柔性连接或其他有效措施以适应隔震层的罕遇地震水平位移；采用钢筋或刚架接地的避雷设备，应设置跨越隔震层的接地配线。

2. 隔震层顶部梁板体系的构造要求

为了保证隔震层能够整体协调工作，隔震层顶部应设置平面内刚度足够大的梁板体系。隔震层顶部梁、板的刚度和承载力，宜大于一般楼盖梁板的刚度和承载力；隔震支座相关部位应采用现浇混凝土梁板结构，现浇板厚度不应小于 160mm；隔震支座上方的纵横梁应采用现浇钢筋混凝土结构。

隔震支座附近的梁柱受力状态复杂，地震时还会受冲切，因此，应考虑冲切和局部承压，加密箍筋并根据需要配置网状钢筋。

3. 上部结构的主要构造要求

隔震层以上结构的抗震措施，当水平向减震系数大于 0.40 时（设置阻尼器时为 0.38）不应降低非隔震时的有关要求；水平向减震系数不大于 0.40 时（设置阻尼器时为 0.38），可适当降低非隔震时的要求，但烈度降低不得超过 1 度，与抵抗竖向地震作用有关的抗震构造措施不应降低。与抵抗竖向地震作用有关的抗震构造措施对钢筋混凝土结构，柱和墙肢的轴压比控制应仍按非隔震的有关规定采用，对砌体结构，指外墙尽端墙体的最小尺寸和圈梁应仍按非隔震的有关规定采用。具体的构造要求见《建筑抗震设计规范》。

11.3 耗能减震结构设计

11.3.1 结构耗能减震原理与耗能减震结构特点

结构耗能减震技术是在结构物某些部位（如支撑、剪力墙、节点、连接缝或连接件、楼层空间、相邻建筑间、主附结构间等）设置耗能（阻尼）装置（或元件），通过耗能（阻尼）装置产生摩擦、弯曲（或剪切、扭转）弹塑（或黏弹）性滞回变形等来耗散或吸收地震输入结构中的能量，以减小主体结构地震反应，从而避免结构产生破坏或倒塌，达到减震控震的目的。装有耗能（阻尼）装置的结构称为耗能减震结构。

耗能减震的原理可以从能量的角度来描述，如图 11-11 所示，结构在地震中任意时刻的能量方程为：

传统抗震结构　　　　　　$E_{in} = E_v + E_c + E_k + E_h$　　　　　　(11-9)

耗能减震结构　　　　　$E'_{in} = E'_v + E'_c + E'_k + E'_h + E'_d$　　　　(11-10)

式中　E_{in}、E'_{in}——地震过程中输入传统抗震结构、耗能减震结构体系的能量；

　　　E_v、E'_v——传统抗震结构、耗能减震结构体系的动能；

　　　E_c、E'_c——传统抗震结构、耗能减震结构体系的黏滞阻尼耗能；

　　　E_k、E'_k——传统抗震结构、耗能减震结构体系的弹性应变能；

　　　E_h、E'_h——传统抗震结构、耗能减震结构体系的滞回耗能；

　　　E'_d——耗能（阻尼）装置或耗能元件耗散或吸收的能量。

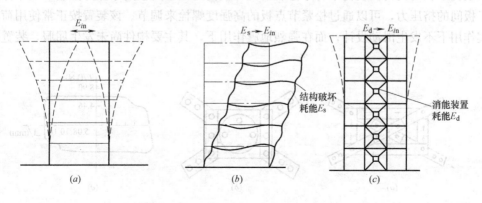

图 11-11　结构能量转换途径对比

(a) 地震输入；(b) 传统抗震结构；(c) 耗能减震结构

在上述能量方程中，由于E_V或（E_V'）和E_k或（E_k'）仅仅是能量转换，不能耗能，E_c和E_c'只占总能量的很小部分（约5%），可以忽略不计。在传统的抗震结构中，主要依靠E_k消耗输入结构的地震能量，但因结构构件在利用其自身弹塑性变形消耗地震能量的同时，构件本身将遭到损伤甚至破坏，某一结构构件耗能越多，则其破坏越严重。在耗能减震结构体系中，耗能（阻尼）装置或元件在主体结构进入非弹性状态前率先进入耗能工作状态，充分发挥耗能作用，耗散大量输入结构体系的地震能量，则结构本身需消耗的能量很少，这意味着结构反应将大大减小，从而有效地保护了主体结构，使其不再受到损伤或破坏。

一般来说，结构的损伤程度与结构的最大变形Δ_{max}和滞回耗能（或累积塑性变形）E_h成正比，可以表达为：

$$D = f(\Delta_{max}, E_h) \tag{11-11}$$

在耗能减震结构中，由于最大变形Δ_{max}'和构件的滞回耗能E_h'较之传统抗震结构的最大变形Δ_{max}和滞回耗能E_h大大减少，因此结构的损伤大大减少。

耗能减震结构具有减震机理明确、减震效果显著、安全可靠、经济合理、技术先进、适用范围广等特点。目前，已被成功应用于工程结构的减震控制中。

11.3.2 耗能减震装置的类型与性能

1. 耗能减震装置的类型与性能

耗能减震装置的种类很多，根据耗能机制的不同可分为摩擦耗能器、钢弹塑性耗能器、铅挤压阻尼器、黏弹性阻尼器、黏滞阻尼器以及铅橡胶阻尼器、铅黏弹性阻尼器等；根据耗能器耗能的依赖性可分为速度相关型（如黏弹性阻尼器和黏滞阻尼器）和位移相关型（如摩擦耗能器、钢弹塑性耗能器和铅挤压阻尼器）等。

（1）摩擦耗能器

摩擦耗能器是根据摩擦做功而耗散能量的原理而设计的。目前已有多种不同构造的摩擦耗能器，如Pall型摩擦耗能器，摩擦筒制震器，限位摩擦耗能器，摩擦滑动螺栓节点及摩擦剪切铰耗能器等。图11-12（a）、（b）为Pall等设计的摩擦耗能装置，它是一可滑动而改变形状的机构。机构带有摩擦制动板，机构的滑移受板间摩擦力控制，而摩擦力取决于板间的挤压力，可以通过松紧节点板的高强度螺栓来调节。该装置按正常使用荷载及小震作用下不发生滑动设计，而在强烈地震作用下，其主要构件尚未发生屈服，装置即产

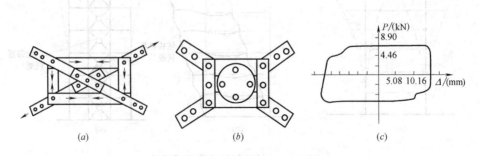

$$(a) \qquad\qquad (b) \qquad\qquad (c)$$

图11-12 Pall型摩擦耗能器及典型滞回曲线

生滑移以摩擦功耗散地震能量，并改变了结构的自振频率，从而使结构在强震中改变动力特性，达到减震目的。

摩擦耗能器种类很多，但都具有很好的滞回特性，滞回环呈矩形，耗能能力强，工作性能稳定等特点。图 11-12（c）为其典型的滞回曲线。摩擦耗能器一般安装在支撑上形成摩擦耗能支撑。

（2）钢弹塑性耗能器

软钢具有较好的屈服后性能，利用其进入弹塑性范围后的良好滞回特性，目前已研究开发了多种耗能装置，如加劲阻尼（ADAS）装置、锥形钢耗能器、圆环（或方框）钢耗能器、双环耗能器、加劲圆环耗能器、低屈服点钢耗能器等。这类耗能器具有滞回性能稳定、耗能能力大、长期可靠并不受环境与温度影响的特点。

加劲阻尼装置是由数块相互平行的 X 形、三角形或开孔矩形钢板通过定位件组装而成的耗能减震装置，如图 11-13 所示。它一般安装在人字形支撑顶部和框架梁之间（如图 11-14a 所示），在地震作用下，框架层间相对变形引起装置顶部相对于底部的水平运动，使钢板产生弯曲屈服，利用弹塑性滞回变形耗散地震能量。图 11-14（b）为 8 块三角形钢板组成的加劲阻尼装置的滞回曲线。

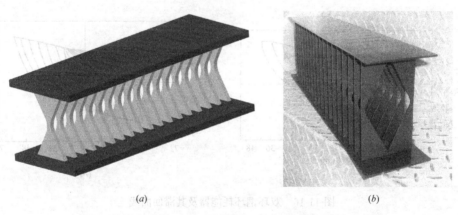

图 11-13　不同构造的加劲耗能器

(a) X 形加劲耗能器；(b) 开孔式加劲耗能器

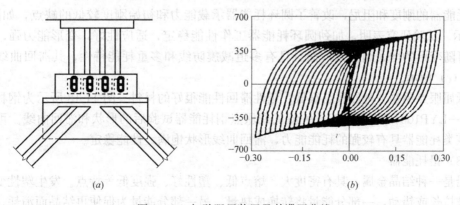

图 11-14　加劲阻尼装置及其滞回曲线

双圆环耗能器由两个简单的耗能圆环构成，如图 11-15 所示，这种耗能器既保留了圆环耗能器变形大、构造简单、制作方便等的特点，又提高了初始的承载能力和刚度，使其耗能能力大为改善。试验研究表明，这耗能器的滞回环为典型的纺锤形，形状饱满，具有稳定的滞变回路，如图 11-16 所示。

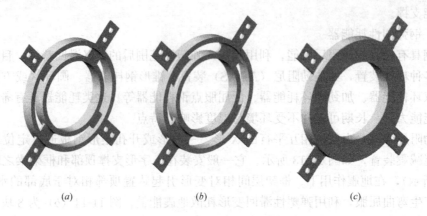

图 11-15　双环软钢耗能器
(a) 双环软钢耗能器；(b) 局部加强双环软钢耗能器；(c) 加盖双环软钢耗能器

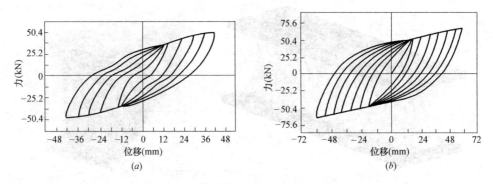

图 11-16　双环钢环耗能器及其滞回曲线
(a) 双环耗能器的滞回曲线；(b) 局部加强双环耗能器的滞回曲线

加劲圆环耗能器由耗能圆环和加劲弧板构成，即在圆环耗能器中附加弧形钢板以提高圆环耗能器的刚度和阻尼，改善了圆环耗能器承载能力和初始刚度较低的缺点，如图 11-17 所示。试验研究表明，加劲圆环耗能器工作性能稳定，适应性好，变形能力强，耗能能力可随变形的增大而提高，而且具有多道减震防线和多重耗能特性，其滞回曲线与图 11-17 (c) 所示。

低屈服点钢是一种屈服点很低、延性滞回性能很好的材料。图 11-18 所示为钢材型号为 BT—LYP100，宽厚比 D/t 为 40 的屈服点钢耗能器试验后的形状和滞回曲线。可以看出，该类耗能器具有较强的耗能能力，滞回曲线形状饱满，性能稳定。

(3) 铅耗能器

铅是一种结晶金属，具有密度大、熔点低、塑性好、强度低等特点。发生塑性变形时晶格被拉长或错动，一部分能量将转换成热量，另一部分能量为促使再结晶而消耗，使铅的组织和性能回复至变形前的状态。铅的动态回复与再结晶过程在常温下进行，耗时短且

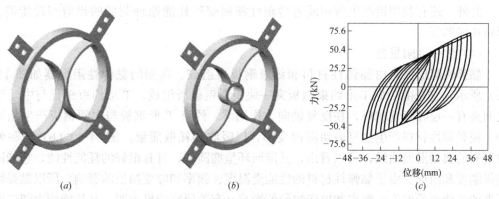

图 11-17 不同构造的加劲圆环耗能器

(a) X形加劲圆环耗能器；(b) 碟形加劲圆环耗能器；(c) X形加劲圆环耗能器的滞回曲线

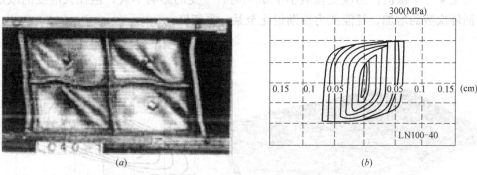

图 11-18 低屈服点钢阻尼器的构造与典型滞回曲线

(a) 低屈服点钢阻尼器的构造；(b) 低屈服点钢阻尼器的滞回曲线

无疲劳现象，因此具有稳定的耗能能力。图 11-19 为利用铅挤压产生塑性变形耗散能量的原理制成的阻尼器。图 11-19 (a) 为收缩管型，图 11-19 (b) 为鼓凸轴型，当中心轴相对钢管运动时，铅被挤压，通过中心轴与管壁间形成的挤压口而产生塑性挤压变形耗散能量。铅挤压耗能器具有"库仑摩擦"的特点，其滞回曲线基本呈矩形，如图 11-19 (c)，在地震作用下，挤压力和耗能能力基本上与速度无关。

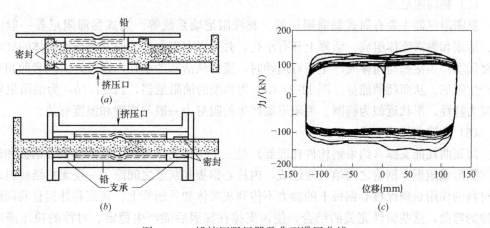

图 11-19 铅挤压阻尼器及典型滞回曲线

此外，还有利用铅产生剪切或弯剪塑性滞回变形耗能原理制成的铅剪切耗能器、U形铅耗能器等。

（4）黏弹性阻尼器

黏弹性阻尼器是由黏弹性材料和约束钢板所组成。典型的黏弹性阻尼器如图 11-20（a）所示，它是由 2 个 T 形约束钢板夹一块矩形钢板所组成，T 形约束钢板与中间钢板之间夹有一层黏弹性材料，在反复轴向力作用下，约束 T 形钢板与中间钢板产生相对运动，使黏弹性材料产生往复剪切滞回变形，以吸收和耗散能量。图 11-20（b）为黏弹性阻尼器的典型滞回曲线，可以看出，其滞回环呈椭圆形，具有很好的耗能性能，它能同时提供刚度和阻尼。由于黏弹性材料的性能受温度、频率和应变幅值的影响，所以黏弹性阻尼器的性能也受温度、频率和应变幅值的影响，有关研究结果表明，其耗能能力随着温度的增加而降低；随着频率的增加而增加，便在高频下，随着循环次数的增加，耗能能力逐渐退化至某一平衡值；当应变幅值小于 50% 时，应变的影响不大，但在大应变的激励下，随着循环次数的增加，耗能能力逐渐退化至某一平衡值。

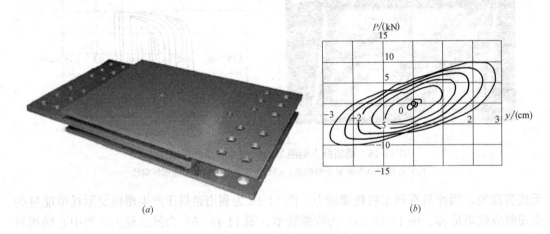

（a）   （b）

图 11-20　黏弹性阻尼器及滞回曲线
（a）黏弹性阻尼器；（b）黏弹性阻尼器滞回曲线

（5）黏滞阻尼器

黏滞阻尼器主要有筒式黏滞阻尼器、黏滞阻尼墙系统等。筒式黏滞阻尼器一般由缸体、活塞和黏滞流体组成、活塞上开有小孔，并可以在充有硅油或其他黏性流体的缸内作往复运动。当活塞与筒体间产生相对运动时，流体从活塞的小孔内通过，对两者的相对运动产生阻尼，从而耗散能量。图 11-21（a）为典型的油阻尼器，11-21（b）为油阻尼器的恢复力特性，形状近似为椭圆。油阻尼器产生的阻尼力一般与速度和温度有关。

（6）防屈曲耗能支撑

防屈曲耗能支撑（约束钢构件耗能器）是一个结构支撑构件，它由内核心钢板和外方形（圆形或矩形）钢管之间填灰浆组成，内核心钢板和灰浆之间涂了一层无粘结材料，这种材料的作用是确保核心钢板上的轴力不传到灰浆体和外钢管上，灰浆和外钢管共同阻止支撑的弯曲，这些组件完美的结合，使该支撑在屈服后能产生稳定、对称的拉压滞回性能。其构造如图 11-22（a）所示。经过合理设计的无粘结支撑不但可具有高刚度和高韧

338

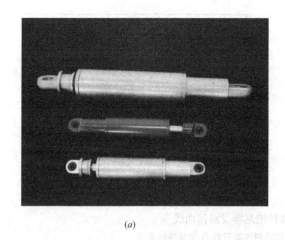
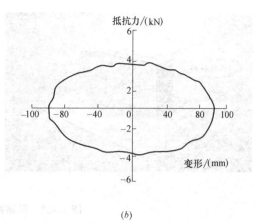

(a)   *(b)*

图 11-21　油阻尼器及滞回曲线

(a) 油阻尼器；*(b)* 油阻尼器的恢复力特性

性，并且其不屈曲的特性更能展现钢材良好的滞回耗能能力，如图 11-22 (*b*) 为双核心构件无粘结支撑的应力-应变滞回曲线，因此，无粘结支撑同时具有同心斜撑和滞回型耗能元件的功能，而且还具有良好的抗震应用价值。

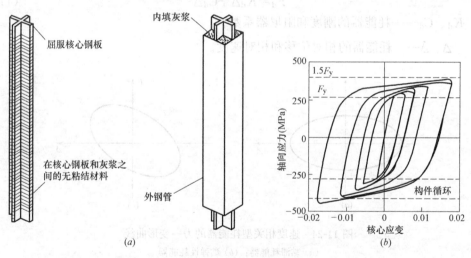

(a)   *(b)*

图 11-22　防屈曲耗能支撑及其典型滞回曲线

(a) 防屈曲耗能支撑的构造；*(b)* 双核心构件防屈曲耗能支撑的滞回曲线

（7）铅黏弹性阻尼器

铅黏弹性阻尼器是由黏弹性材料、薄钢板、剪切钢板、约束钢板、铅芯、连接板所组成。如图 11-23 (*a*) 所示。黏弹性材料、薄钢板、剪切钢板、约束钢板通过高温高压硫化为一体，中心预留圆孔，为制作时能均匀受热，保证阻尼器质量和铅芯灌入预留位置，铅芯灌入后两端用盖板封住。其在地震作用下结构层间产生相对变形，铅黏弹性阻尼器上下连接板间产生相对变形，阻尼器中的铅在产生剪切变形的同时产生挤压变形而耗能，而黏弹材料产生剪切变形耗能。试验得到的滞回曲线如图 11-23 (*b*) 所示，试验表明：铅黏弹性阻尼器有良好的滞回耗能性能。

339

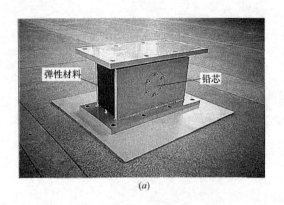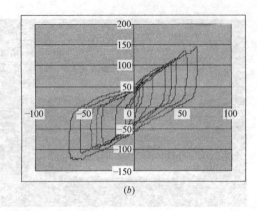

弹性材料　　　　铅芯

(a)　　　　　　　　　　　(b)

图 11-23　铅黏弹性阻尼器及滞回曲线

(a) 铅黏弹性阻尼器；(b) 铅黏弹性阻尼器力-位移滞回曲线

2. 耗能器的恢复力模型

(1) 速度相关型耗能器的恢复力模型

图 11-24 为速度相关型耗能器的恢复力—变形曲线。速度相关型耗能器的恢复力与变形和速度的关系一般可以表示为：

$$F_d = K_d \Delta + C_d \dot{\Delta} \tag{11-12}$$

式中　K_d、C_d——耗能器的刚度和阻尼器系数；

　　　　Δ、$\dot{\Delta}$——耗能器的相对位移和相对速度。

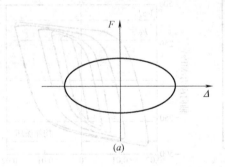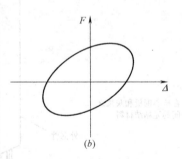

(a)　　　　　　　　　　　(b)

图 11-24　速度相关型耗能器的力—变形曲线

(a) 黏滞耗能器；(b) 黏弹性耗能器

对于黏滞阻尼器，一般 $K_d = 0$，$C_d = C_0$，阻尼力仅与速度有关，可表示为：

$$F_d = C_0 \tag{11-13}$$

式中　C_0——黏滞阻尼器的阻尼系数，可由阻尼器的产品型号给定或由试验确定。

对于黏弹性阻尼器，刚度 K_d 和阻尼系数一般由下式确定：

$$C_d = \frac{A \eta G'(\bar{\omega})}{\bar{\omega} h}$$

$$K_d = \frac{A G'(\bar{\omega})}{h}$$

式中　$\eta = G''(\omega)/G'(\omega)$——黏弹性材料的损失因子；

　　　　$G(\bar{\omega})$——黏弹性材料的剪切模量，一般与频率和速度有关，由黏弹性

340

材料特性曲线确定；

A——黏弹性材料层的受剪面积；

h——黏弹性材料层的厚度；

$\bar{\omega}$——结构振动的频率。

（2）滞变型耗能器的恢复力模型

软钢类耗能器具有类似的滞回性能，可采用相似的计算模型，仅其特征参数不同。该类耗能器的最理想的数学模型可采用 Ramberg—Osgood 模型，但由于其不便于计算分析，故可采用图 11-25（a）所示的折线型弹性—应变硬化模型来描述，恢复力和变形的关系可表示为：

$$F_{\mathrm{d}}=K_1\Delta_{\mathrm{y}}+\alpha_0 K_1(\Delta-\Delta_{\mathrm{y}}) \tag{11-14}$$

式中　K_1——初始刚度；

α_0——第二刚度系数；

Δ_{y}——屈服变形。

摩擦耗能器和铅耗能器的滞回曲线近似为"矩形"，具有较好的库仑特性，且基本不受荷载大小、频率、循环次数等的影响，故可采用图 11-25（b）所示的刚塑性恢复力模型。

对于摩擦耗能器，恢复力可由下式计算：

$$F_{\mathrm{d}}=F_0\,\mathrm{sgn}(\dot{\Delta}(t)) \tag{11-15}$$

式中　F_{d}——静摩擦力；

sgn（　）——符号函数。

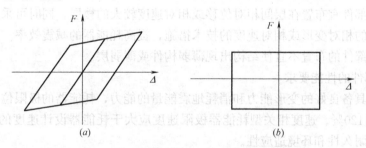

图 11-25　滞变型耗能器的力—变形曲线

（a）金属耗能器；（b）摩擦耗能器和铅耗能器

对于铅挤压阻尼器，恢复力可按下式计算：

$$F_{\mathrm{d}}=\beta_1\sigma_{\mathrm{y}}\ln(A_1/A_2)+f_0 \tag{11-16}$$

式中　β_1——大于 1.0 的系数；

A_1——铅变形前的面积；

A_2——发生塑性后的截面面积；

f_0——摩擦力。

11.3.3　耗能减震结构的设计要求

1. 耗能减震部件的布置

耗能减震结构应根据多遇地震下的预期减震要求及罕遇地震下的预期结构位移控制要

求，设置适当的耗能部件，耗能部件可由耗能器及斜支撑、梁或节点等支撑构件组成。图 11-26 为耗能器的几种设置形式。

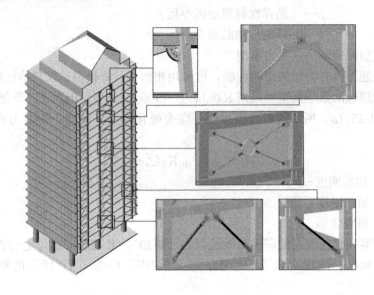

图 11-26　耗能器在结构中的设置

耗能部件的设置应满足以下要求：

（1）耗能部件的布置宜使结构在两个主轴方向的动力特性相近。

（2）耗能部件的竖向布置宜使结构沿高度方向刚度均匀。

（3）耗能部件宜布置在层间相对位移或相对速度较大的楼层，同时可采用合理形式增加耗能器两端的相对变形或相对速度的技术措施，提高耗能器的减震效率。

（4）耗能部件的布置不宜使结构出现薄弱构件或薄弱层。

2. 耗能部件的性能要求

耗能器应具备良好的变形能力和消耗地震能量的能力，耗能器的极限位移应大于耗能器设计位移的 120%。速度相关型耗能器极限速度应大于耗能器设计速度的 120%，同时应具有良好的耐久性和环境适应性。

（1）位移相关型耗能器与斜撑、墙体或梁等支承构件组成耗能部件时，耗能部件的恢复力模型参数符合下列要求：

$$\frac{\Delta u_{py}}{\Delta u_{sy}} \leqslant 2/3 \qquad (11-17)$$

式中　Δu_{py}——耗能部件在水平方向的屈服位移或起滑位移；

　　　Δu_{sy}——设置耗能部件的主体结构层间屈服位移。

（2）黏弹性耗能器的黏弹性材料总厚度应满足下列要求：

$$t_v \geqslant \Delta u_{dmax}/[\gamma] \qquad (11-18)$$

式中　t_v——黏弹性耗能器的黏弹性材料的总厚度；

　　　Δu_{dmax}——沿耗能器方向耗能器最大可能的位移；

　　　$[\gamma]$——黏弹性材料允许的最大剪切应变。

（3）速度线性相关型耗能器与斜撑、墙体或梁等支承构件组成耗能部件时，支承构件沿耗能器消能方向的刚度应满足下式要求：

$$K_b \geqslant 6\pi C_d / T_1 \qquad (11\text{-}19)$$

式中　K_b——支撑构件沿耗能器方向的刚度；

　　　C_d——耗能器的线性阻尼系数；

　　　T_1——耗能减震结构的基本自振周期。

3. 消能子框架的截面抗震验算宜符合下列规定

（1）消能子框架中梁、柱（墙）构件宜按重要构件设计，并应考虑罕遇地震作用效应和其他荷载作用标准值的效应，其值应小于构件极限承载力标准值。

（2）消能子框架中的梁、柱和墙截面设计应考虑消能器在极限位移或极限速度下的阻尼力作用效应。

（3）消能部件采用高强度螺栓或焊接连接时，消能子框架节点部位组合弯矩设计值应考虑消能部件端部的附加弯矩。

（4）消能子框架的节点和构件应进行消能器极限位移和极限速度下的消能器引起的阻尼力作用下的截面验算。

（5）当消能器的轴心与结构构件的轴线有偏差时，结构构件应考虑附加弯矩或因偏心而引起的平面外弯曲的影响。

11.3.4　耗能减震结构体系的抗震计算分析

耗能减震结构体系的抗震计算分析，当耗能减震体系的主要结构构件基本处于弹性工作阶段时，可采取线性分析方法作简化估算，并根据结构的变形特征和高度等，分别采用底部剪力法、振型分解反应谱法和时程分析法；对主体结构进入弹塑性阶段的情况，应根据主体结构体系特征，采用静力非线性分析方法或非线性时程分析方法，在非线性分析中，耗能减震结构的恢复力模型应包括结构恢复力模型和耗能部件的恢复力模型。

分析时，耗能减震结构的自振周期应根据耗能减震结构的总刚度确定，耗能减震结构的总刚度应为结构刚度和耗能部件有效刚度的总和；耗能减震结构的总阻尼比应为结构阻尼比和耗能部件附加给结构的有效阻尼比的总和，多遇和罕遇地震下的总阻尼比应分别计算；耗能部件有效刚度和有效阻尼比，应通过试验确定。

耗能部件附加给结构的有效阻尼比和有效刚度，可按以下方法确定：

位移相关型耗能部件和非线性速度相关型耗能部件附加给结构的有效刚度应采用等效线性化方法确定。

当采用底部剪力法、振型分解反应谱法和静力非线性法时，耗能部件附加给结构的有效阻尼比可按下式估算：

$$\zeta_a = \sum_j W_{cj} / (4\pi W_s) \qquad (11\text{-}20)$$

式中　ζ_a——耗能减震结构的附加有效阻尼比；

　　　W_{cj}——第 j 个耗能部件在结构预期层间位移 Δu_j 下往复循环一周所消耗的能量；

　　　W_s——设置耗能部件的结构在预期位移下的总应变能。

当耗能部件在结构上分布较均匀，且附加给结构的有效阻尼比小于 20% 时，耗能部件附加给结构的有效阻尼比也可采用强行解耦方法确定。

不考虑扭转影响时，耗能减震结构在其水平地震作用下的总应变能可按下式估算：

$$W_s = \frac{1}{2} \sum (F_i U_i) \tag{11-21}$$

式中　F_i——质点 i 的水平地震作用标准值；

　　　U_i——质点 i 对应与水平地震作用标准值的位移；

　　　W_s——设置耗能部件的结构在预期位移下的总应变能。

速度线性相关耗能器在水平地震作用下往复循环一圈所消耗的能量 W_{cj}，可按下式估算：

$$W_{cj} = (2\pi^2/T_1)C_j \cos^2\theta_j \Delta u_j^2 \tag{11-22}$$

式中　T_1——耗能减震结构的基本自振周期；

　　　C_j——第 j 个耗能器的线性阻尼系数；

　　　θ_j——第 j 个耗能器的耗能方向和水平面的夹角；

　　　Δu_j——第 j 个耗能器两端的相对水平位移。

当耗能器的阻尼系数和有效刚度与结构振动周期有关时，可取相应于耗能减震结构基本自振周期的值。

位移相关型、速度非线性相关型耗能器在水平地震作用下往复循环一圈所消耗的能量 W_{cj}，可按下式估算：

$$W_{cj} = A_j \tag{11-23}$$

式中　A_j——第 j 个耗能器的恢复力滞回环在相对水平位移 ΔU_j 时的面积。

对于非线性黏滞耗能器在水平地震作用下往复循环一周所消耗的能量，可按下式估算：

$$W_{cj} = \lambda F_{dj\max} \Delta u_j \tag{11-24}$$

式中　λ——阻尼指数的函数，见表 11-5；

　　　$F_{dj\max}$——第 j 个耗能器在相应水平地震作用下的最大阻尼力。

阻尼指数的函数 λ 取值　　　　　　　　　　　　　表 11-5

阻尼指数 α	λ 值	阻尼指数 α	λ 值
0.25	3.7	0.75	3.3
0.5	3.5	1	3.1

注：其他阻尼指数对应的 λ 值可线性插值。

11.3.5　耗能减震结构的连接与构造

耗能部件一般由耗能器和斜撑、墙体、梁等支撑构件组成。因此耗能部件的连接和构造，包括以下三种情况：第一，耗能器支撑构件的连接和构造；第二，耗能器和支撑构件及主体结构连接；第三，支撑构件与主体结构的连接和构造。

消能器与主体结构的连接一般分为：支撑形、墙形、柱形、门架式和腋撑形等，设计时应根据各工程具体情况和消能器的类型合理选择连接形式。

耗能器与支撑构件和主体结构的连接及支撑构件与主体结构的连接一般通过预埋件或连接件来实现。连接的形式和构造因耗能器的类型构造及支撑件和主体结构的材料不同而不同。耗能器与支撑构件和主体结构的连接一般采用螺栓形式或刚性连接，或采用销栓形式连接，支撑构件为钢支撑，当主体结构为钢筋混凝土结构时，支撑构件与预埋件采用焊缝连接，如图 11-27 所示，或者采用螺栓连接；当主体结构为钢结构时，支撑构件与主体结构的连接可直接连接或通过连接板连接，既可采用焊缝连接，也可采用螺栓连接。

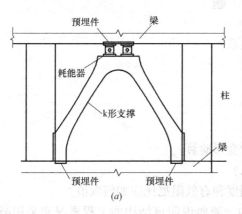

图 11-27　K 形耗能支撑构造图及实物图

(*a*) 耗能支撑连接构造图；(*b*) 支撑图片

耗能器与支撑构件和主体结构的连接及支撑构件与主体结构的连接，应符合钢构件连接或钢与钢筋混凝土构件连接的构造要求，对耗能器与支撑构件及主体结构的连接应能承担耗能器施加给连接节点的最大作用力。对与耗能部件相连接的结构构件，应计入耗能部件传递的附件内力，并将其传递到基础。

预埋件焊缝、螺栓的计算和构造均需符合相应规范的规定。此外，耗能器和连接构件还需根据有关规范进行防火设计。

11.3.6　耗能减震结构构造措施

1. 除消能子框架外的主体结构的构造措施应符合下列要求

(1) 除消能子框架外的主体结构的抗震等级应按现行国家标准《建筑抗震设计规范》GB 50011—2010 取值。

(2) 当消能减震结构的抗震性能明显提高时，除消能子框架外的主体结构的抗震构造措施要求可适当降低，降低程度可根据消能减震主体结构地震剪力与不设置消能减震结构的地震剪力之比确定，最大降低程度应控制在 1 度以内。

2. 消能部件子框架结构的抗震措施应符合下列要求

(1) 消能子框架结构的抗震措施要求应按本地区抗震设防烈度要求确定。

(2) 消能子框架为混凝土或型钢混凝土构件时，构件的箍筋加密区长度、箍筋最大间距和箍筋最小直径，应满足现行国家标准《混凝土结构设计规范》GB 50010—2010 和本规程的要求；消能部件子框架为剪力墙时，其端部宜设暗柱，其箍筋加密区长度、箍筋最大间距和箍筋最小直径，应不低于现行国家标准《混凝土结构设计规范》GB 50010—2010 和本规程的框架柱的要求。

注：箍筋加密区长度宜从连接板外侧计算。

(3) 消能部件子框架为钢结构构件时，钢梁、钢柱节点的构造措施应按现行国家标准

《钢结构设计规范》GB 50017 和现行行业标准《高层民用建筑钢结构技术规程》JGJ 99 中心支撑的要求确定。

思 考 题

1. 隔震结构和传统抗震结构有何区别和联系？
2. 隔震和耗能减震有何异同？
3. 隔震装置有哪些性能要求？
4. 隔震结构的布置应满足哪些要求？
5. 什么是水平向减震系数？如何取值？
6. 如何进行隔震结构在罕遇地震作用下的变形验算？
7. 耗能器有哪些类型？其性能特点是什么？
8. 耗能部件附加给耗能减震结构的有效刚度和有效阻尼比应如何取值？
9. 介绍几个已建成的隔震、耗能减震结构，简要说明该结构的工程概况和采用减震方式和方法

习 题

参数同第 5 章的习题 1，如果在此结构的基础上增加叠层橡胶隔震支座以减少地震作用，试设计该隔震结构。

参 考 文 献

[1] 建筑抗震设计规范 GB 50011—2010. 北京：中国建筑工业出版社，2010.

[2] 混凝土结构设计规范 GB 50010—2010. 北京：中国建筑工业出版社，2011.

[3] 建筑工程抗震设防分类标准 GB 50223—2008. 北京：中国建筑工业出版社，2008.

[4] 建筑结构荷载规范 GB 50009—2001. 北京：中国建筑工业出版社，2001.

[5] 建筑结构可靠度设计统一标准 GB 50068—2001. 北京：中国建筑工业出版社，2001.

[6] 钢结构设计规范 GB 50017—2003. 北京：中国计划出版社，2003.

[7] 砌体结构设计规范 GB 50003—2011. 北京：中国建筑工业出版社 2012.

[8] 高层民用建筑钢结构技术规程 JGJ 99—98. 北京：中国建筑工业出版社，1998.

[9] 高层建筑混凝土结构技术规程 JGJ 3—2010. 北京：中国建筑工业出版社，2010.

[10] 铁路工程抗震设计规范 GB 50111—2006. 北京：中国计划出版社，2006.

[11] 公路桥梁抗震设计细则 JTG/T B02—01—2008. 北京：人民交通出版社，2008.

[12] 城市桥梁抗震设计规范 CJJ 166—2011. 北京：中国建筑工业出版社，2011.

[13] 公路工程抗震设计规范 JTJ 004—89. 北京：人民交通出版社，1990.

[14] 胡聿贤著. 地震工程学（第二版）. 北京：地震出版社，2006.

[15] 易方民，高小旺，苏经宇编著. 建筑抗震设计规范理解与应用（第二版）（按 GB 5011—2010）.
北京：中国建筑工业出版社，2011.

[16] 刘伯权，吴涛等编著. 建筑结构抗震设计. 北京：机械工业出版社，2011.

[17] 尚守平，周福霖. 结构抗震设计（第二版）. 北京：高等教育出版社，2010.

[18] 中国地震烈度表 GB/T 17742—1999. 北京：中国建筑工业出版社 1999.

[19] 胡聿贤著. 地震工程学. 北京：地震出版社，1988.

[20] 周福霖. 工程结构减震控制. 北京：地震出版社，1997.

[21] 范立础编著. 桥梁抗震. 上海：同济大学出版社，1997.

[22] 李国豪主编. 桥梁结构稳定与振动. 北京：中国铁道出版社，1992.

[23] 俞载道. 结构动力学基础. 上海：同济大学出版社，1987.

[24] 范立础，卓卫东. 桥梁延性抗震设计. 北京：人民交通出版社，2001.

[25] 范立础，王志强. 桥梁减隔震设计. 北京：人民交通出版社，2001.

[26] 范立础，胡世德，叶爱君著. 大跨度桥梁抗震设计. 北京：人民交通出版社，2001.

[27] 李爱群，高振世主编. 工程结构抗震与防灾. 南京：东南大学出版社，2003.

[28] 李国强，李杰，苏小卒编著. 建筑结构抗震设计. 北京：中国建筑工业出版社，2002.

[29] 马成松主编. 建筑结构抗震设计. 武汉：武汉理工大学出版社，2010.

[30] R. W. Clough, J. Penzien 著. 王光远等译. 结构动力学. 北京：科学出版社，1981.

[31] 施岚青主编. 建筑结构抗震设计专题精讲. 机械工业出版社，2011.

[32] 陈国兴等. 工程结构抗震设计原理. 北京：中国水利水电出版社，2002.

[33] 丰定国，王社良. 抗震结构设计. 武汉：武汉工业大学出版社，2002.

[34] 郭继武编著. 建筑抗震设计. 北京：中国建筑工业出版社，2002.

[35] 吕西林，周德源等. 抗震设计理论与实例. 上海：同济大学出版社，2002.

[36] 龚思礼主编. 建筑抗震设计手册（第二版）. 北京：中国建筑工业出版社，2003.

[37] 薛素铎，赵均等编著. 建筑抗震设计. 北京：科学出版社，2003.

[38] 唐岱新主编. 砌体结构. 北京：高等教育出版社，2003.

[39] 中国建筑科学研究院主编. 2008 年汶川地震建筑震害图片集. 北京：中国建筑工业出版社，2008.

[40] 陈兴冲，韩建平等. 工程结构抗震设计. 重庆：重庆大学出版社，2001.

[41] 王松涛，曹资. 现代抗震设计方法. 北京：中国建筑工业出版社，1997.

[42] 高振世，朱继澄等. 建筑结构抗震设计. 北京：中国建筑工业出版社，1997.

[43] 刘大海，杨翠如等. 高层建筑抗震设计. 北京：中国建筑工业出版社，1993.

[44] 住房和城乡建设部执业资格注册中心主编. 全国一级注册结构工程师专业考试历年试题及标准解答. 北京：机械工业出版社，2011.

[45] 阎兴华，韩淼. 工程结构抗震设计. 北京：中国计量出版社，2000.

[46] 丰定国，清敏，钱国芳等. 工程结构抗震. 北京：地震出版社，1999.

[47] 何度心，龙生，陆干文，周雍年编著. 桥梁抗震计算. 北京：地震出版社，1991.

[48] 于翔，跃堂，郭志昆. 人防工程的抗地震问题. 地下空间，Vol. 21, No. 1，2001. 3.

[49] 于翔. 铁建设中应充分考虑抗地震作用——阪神地震破坏的启示. 铁道建筑技术，2000.

[50] 王秀英，刘维宁，张弥. 地下结构震害类型及机理研究. 中国安全科学学报，Vol. 13. No. 11，2003. 11.

[51] 郑永来，杨林德. 地下结构震害与抗震对策. 工程抗震，1999（4）.

[52] 于翔，陈启亮，赵跃堂，王明洋，国胜兵. 地下结构抗震研究方法及其现状. 解放军理工大学学报，Vol. 1.，No. 5，2000. 10.

[53] 李向辉. 浅谈地下结构的抗震设计及 ANSYS 软件在其中的应用. 岩土工程界，Vol. 7. No. 5，2004.

[54] 周健，苏燕，董鹏. 软土地层地铁及地下构筑物抗震动力分析研究现状. 地下空间，Vol. 23. No. 2，2003. 6.

[55] 季倩倩，杨林德. 地下铁道震害与震害修复措施. 灾害学，Vol. 16.，No. 2，2001. 6.

[56] 王瑞民，罗奇峰. 阪神地震中地下结构和隧道的破坏现象浅析. 灾害学，Vol. 13. No. 2，1998. 6.

[57] 尚昊，郭志昆，张武刚. 大断面地下结构抗震模型试验 GEOTECHNICAL ENGINEERING WORLD，Vol. 5. No. 10，2002.

[58] 林皋，梁青槐. 地下结构的抗震设计. 土木工程党报，Vol. 29. No. 1，1996. 2.

[59] 中国赴日地震考察团. 日本阪神大地震考察. 北京：地震出版社，1995.

[60] 中国工程院课题组. 中国城市地下空间开发利用研究（3）. 北京：中国建筑工业出版社，2001.

[61] 施仲衡，张弥等. 地下铁道设计与施工. 西安：陕西科学技术出版社，1997.

[62] 张庆贺，朱合华，庄荣等. 地铁与轻轨. 北京：人民交通出版社，2002.

[63] 建筑抗震设计规范 GB 50011—2010 统一培训教材. 北京：地震出版社，2010.

[64] 【法】米兰·扎塞克著. 贾凡译. 卢理杰，懂万慧等审. 建筑抗震概论. 北京：中国建筑工业出版社，2010.

[65] 王昌兴. 建筑结构抗震设计及工程应用. 北京：中国建筑工业出版社，2008.

[66] 郑永来，杨林德，李文艺，周健. 地下结构抗震. 上海：同济大学出版社，2005.

[67] 周云，张文芳，宗兰. 土木工程抗震设计（第二版）. 北京：科学出版社，2011.

[68] 朱炳寅. 建筑抗震设计规范应用与分析. GB 50011—2010. 北京：中国建筑工业出版社，2011.

[69] 施岚青主编. 注册结构工程师专业考试应试指南. 北京：中国建筑工业出版社，2011.

[70] 黄世敏 杨沈等. 建筑震害与设计对策. 北京：中国计划业出版社，2009.

[71] Priestley M J N, Seible F, Calvi G M. Seismic design and retrofit of bridges. New York：John Wiley & Sons，1996.

[72] Seismic Design Criteria, Version1. 1, Sacraments, California, California Department of Transportation (CALTRANS)，Division of Structures，1999.

[73] AASHTO. Specifications for LRFD seismic bridge design. Washington DC：American Association of Stste Highway and Transportation Officials，2007.

[74] Eurocode 8. Design provisions for earthquake resistance of structures. London：European Committee for Standardization，1994.

[75] 柳炳康，沈小璞主编. 工程结构抗震设计. 武汉：武汉理工大学出版社，2005.